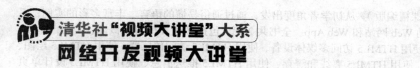

HTML5 APP 开发从入门到精通
（微课精编版）

前端科技　编著

清华大学出版社

北　京

内容简介

《HTML5 APP 开发从入门到精通（微课精编版）》从初学者角度出发，通过通俗易懂的语言、丰富多彩的实例，系统讲解了利用 HTML5 的相关技术开发移动 Web 网站和 Web App。全书共 24 章，包括移动 APP 开发概述、HTML5 基础、JavaScript 基础、使用 HTML5 访问位置、使用 HTML5 访问多媒体设备、使用 HTML5 访问传感器、使用 HTML5 绘图、使用 HTML5 多媒体、使用 HTML5 表单、使用 HTML5 离线和缓存、使用 HTML5 推送消息、使用 HTML5 设计单页无刷新应用、安装 jQuery Mobile、视图、移动布局、列表视图、栏目构件、按钮组件、表单组件、主题样式、脚本开发、发布移动 APP、实战开发项目等内容。本书各章节注重实例间的联系和各功能间的难易层次，内容讲解以文字描述和图例并重，力求生动易懂，并对软件应用过程中的难点、重点和可能出现的问题给予详细讲解和提示。

除纸质内容外，本书还配备了多样化、全方位的学习资源，主要内容如下：

- ☑ 239 节同步教学微视频
- ☑ 12 项拓展知识微阅读
- ☑ 167 个实例案例分析
- ☑ 116 个在线微练习
- ☑ 15000 项设计素材资源
- ☑ 4800 个前端开发案例
- ☑ 48 本权威参考学习手册
- ☑ 1036 道企业面试真题

本书内容翔实、结构清晰、循序渐进，基础知识与案例实战紧密结合，既可作为 HTML5、JavaScript 和 CSS3 初学者的入门教材，也适合中高级用户进一步学习和参考。

图书在版编目（CIP）数据

HTML5 APP 开发从入门到精通：微课精编版 / 前端科技编著. —北京：清华大学出版社，2019
（清华社"视频大讲堂"大系 网络开发视频大讲堂）
ISBN 978-7-302-52047-4

Ⅰ. ①H…　Ⅱ. ①前…　Ⅲ. ①超文本标记语言—程序设计　Ⅳ. ①TP312.8

中国版本图书馆CIP数据核字（2019）第009034号

责任编辑：贾小红
封面设计：李志伟
版式设计：文森时代
责任校对：马军令
责任印制：杨　艳

出版发行：清华大学出版社
　　　网　　址：http://www.tup.com.cn，http://www.wqbook.com
　　　地　　址：北京清华大学学研大厦 A 座　　　邮　　编：100084
　　　社 总 机：010-62770175　　　邮　　购：010-62786544
　　　投稿与读者服务：010-62776969，c-service@tup.tsinghua.edu.cn
　　　质 量 反 馈：010-62772015，zhiliang@tup.tsinghua.edu.cn

印　刷　者：北京富博印刷有限公司
装　订　者：北京市密云县京文制本装订厂
经　　销：全国新华书店
开　　本：203mm×260mm　　　印　张：30　　　字　数：920 千字
版　　次：2019 年 7 月第 1 版　　　印　次：2019 年 7 月第 1 次印刷
定　　价：89.80 元

产品编号：081813-01

如何使用本书

本书提供了多样化、全方位的学习资源，帮助读者轻松掌握 HTML5 APP 开发技术，从小白快速成长为前端开发高手。

纸质书

视频讲解

拓展学习

在线练习

电子书

手机端 +PC 端，线上线下同步学习

1. 获取学习权限

学习本书前，请先刮开图书封底的二维码涂层，使用手机扫描，即可获取本书资源的学习权限。再扫描正文章节对应的 4 类二维码，可以观看视频讲解，阅读线上资源，查阅权威参考资料和在线练习提升，全程易懂、好学、速查、高效、实用。

2. 观看视频讲解

对于初学者来说，精彩的知识讲解和透彻的实例解析能够引导其快速入门，轻松理解和掌握知识要点。本书中大部分案例都录制了视频，可以使用手机在线观看，也可以离线观看，还可以推送到计算机，在大屏幕上观看。

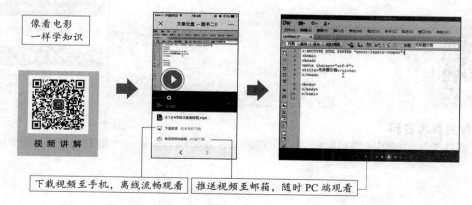

Note

3. 拓展线上阅读

一本书的厚度有限，但掌握一门技术却需要大量的知识积累。本书选择了那些与学习、就业关系紧密的核心知识点放在书中，而将大量的拓展性知识放在云盘上，读者扫描"线上阅读"二维码，即可免费阅读数百页的前端开发学习资料，获取大量的额外知识。

将一页知识
拓展为两页

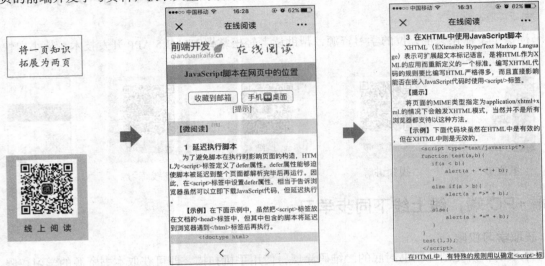

线 上 阅 读

4. 进行在线练习

为方便读者巩固基础知识，提升实战能力，本书附赠了大量的前端练习题目。读者扫描最后一节的"在线练习"二维码，即可通过反复的实操训练加深对知识的领悟程度。

学习＋模仿＋练习，
打造超强实战能力

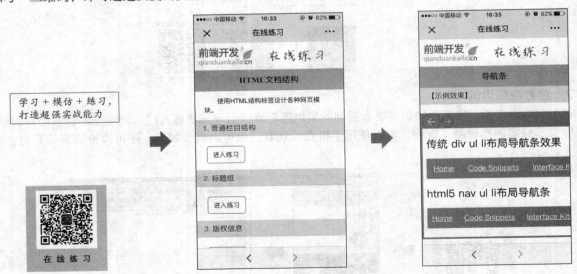

在 线 练 习

5. 查阅权威参考资料

扫描"权威参考"二维码，即可跳转到对应知识的官方文档上。通过大量查阅，真正领悟技术内涵。

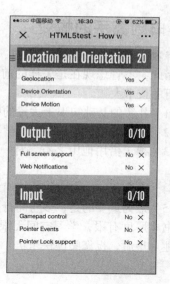

6. 其他 PC 端资源下载方式

除了前面介绍过的可以直接将视频、拓展阅读等资源推送到邮箱之外，还提供了如下几种 PC 端资源获取方式。

- ☑ 登录清华大学出版社官方网站（www.tup.com.cn），在对应图书页面下查找资源的下载方式。
- ☑ 申请加入 QQ 群、微信群，获得资源的下载方式。
- ☑ 扫描图书封底"文泉云盘"二维码，获得资源的下载方式。

小白学习电子书

为方便读者全面提升，本书赠送了"前端开发百问百答"小白学习电子书。这些内容精挑细选，希望成为您学习路上的好帮手，关键时刻解您所需。

扫描小白手册封面的二维码，可在手机、平板电脑上学习小白手册内容。

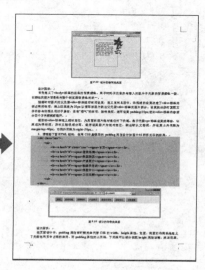

从小白到高手的蜕变

谷歌的创始人拉里·佩奇说过，如果你刻意练习某件事超过 10000 个小时，那么你就可以达到世界级。

因此，不管您现在是怎样的前端开发小白，只要您按照下面的步骤来学习，假以时日，您会成为令自己惊讶的技术大咖。

（1）扎实的基础知识＋大量的中小实例训练＋有针对性地做一些综合案例。

（2）大量的项目案例观摩、学习、操练，塑造一定的项目思维。

（3）善于借用他山之石，对一些成熟的开源代码、设计素材，能够做到拿来就用，学会站在巨人的肩膀上。

（4）多参阅一些官方权威指南，拓展自己对技术的理解和应用能力。

（5）最为重要的是，多与同行交流，在切磋中不断进步。

书本厚度有限，学习空间无限。纸张价格有限，知识价值无限。希望本书能帮您真正收获知识和学习的乐趣。最后，祝您阅读快乐！

前　言

"网络开发视频大讲堂"系列丛书因其编写细腻、讲解透彻、实用易学、配备全程视频等，备受读者欢迎。丛书累计销售近 20 万册，其中，《HTML5+CSS3 从入门到精通》累计销售 10 万册。同时，系列书被上百所高校选为教学参考用书。

本次改版，在继承前版优点的基础上，进一步对图书内容进行了优化，选择面试、就业最急需的内容，重新录制了视频，同时增加了许多当前流行的前端技术，提供了"入门学习→实例应用→项目开发→能力测试→面试"等各个阶段的海量开发资源库，实战容量更大，以帮助读者快速掌握前端开发所需要的核心精髓内容。

随着移动 Web 的快速普及，智能移动终端设备已经是人们日常生活中不可或缺的一部分。众所周知，智能移动终端设备是 iOS 与 Android 的天下，但是 iOS 和 Android 开发门槛比较高。随着 HTML5 技术的不断发展与成熟，移动应用开发领域迎来了崭新的时代。

本书以 HTML5 为主体，配合 jQuery Mobile 框架制作移动 APP，由基础到高级循序渐进，通过范例帮助读者进行实战练习。

本书内容

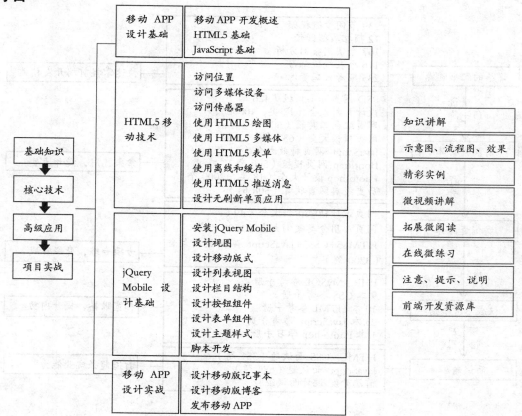

本书特点

1. 由浅入深，编排合理，实用易学

本书系统地讲解了 HTML5+jQuery Mobile 技术在网页设计中各个方面应用的知识，循序渐进，配合大量实例，帮助读者奠定坚实的理论基础。本书全面、细致地展示 HTML5 和 jQuery Mobile 的基础知识，同时讲解在 Web 时代中备受欢迎的 HTML5 的新知识，让读者能够真正学习到 HTML5 最实用、最流行的技术。

2. 跟着案例和视频学，入门更容易

跟着例子学习，通过训练提升，是初学者最好的学习方式。本书案例丰富详尽，且都附有详尽的代码注释及清晰的视频讲解。跟着这些案例边做边学，可以避免学到的知识流于表面、限于理论，尽情感受编程带来的快乐和成就感。

3. 4 大类线上资源，多元化学习体验

为了传递更多知识，本书力求突破传统纸质书的厚度限制。本书提供了 4 大类线上微资源，通过手机扫码，读者可随时观看讲解视频，拓展阅读相关知识，在线练习强化提升，还可以查阅官方权威资料，全程便捷、高效，感受不一样的学习体验。

4. 精彩栏目，易错点、重点、难点贴心提醒

本书根据初学者特点，在一些易错点、重点、难点位置精心设置了"注意""提示"等小栏目。通过这些小栏目，读者会更留心相关的知识点和概念，绕过陷阱，掌握很多应用技巧。

本书配套资源

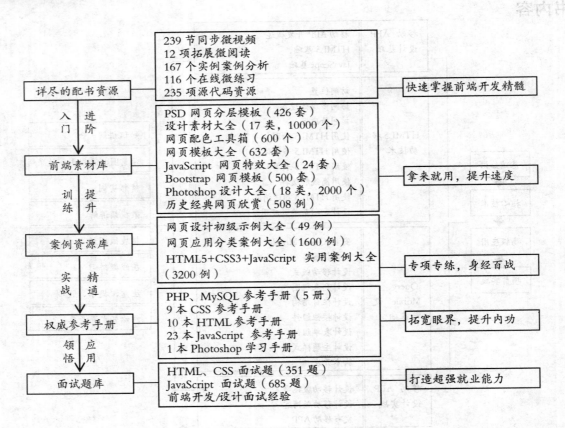

读者对象

- ☑ HTML5 初学者。
- ☑ HTML5 移动应用开发人员。
- ☑ 自学网页设计或网站开发的大中专学生。
- ☑ jQuery Mobile 和 Bootstrap 初学者和开发人员。
- ☑ 本书也可以作为各大中专院校相关专业的教学辅导和参考用书，或作为相关培训机构的培训教材。

读前须知

本书所有 HTML5 示例都应该嵌套在一个有效文档的 <body> 标签中，同时，CSS 包含在内部或外部样式表中。对于包含重复性的代码，限于版面，本书会省略显示，详细代码可以参阅本书源码示例。

本书列举了很多外部学习资源，这些链接地址可能会因时间而变动或调整。所以在此说明，这些链接仅供参考，本书无法保证所有链接是长期有效的。

本书所列出的插图可能会与读者的具体操作界面有所差别，这可能是由于系统平台、浏览器版本等不同所致，在此特别说明，读者应以实际情况为准。

本书上机练习中的示例要用到 Opera Mobile Emulator 等移动平台浏览器。因此，为了测试所有内容，读者需要安装上述类型的最新版本浏览器。

读者服务

学习本书时，请先扫描封底的权限二维码（需要刮开涂层）获取学习权限，然后即可免费学习书中的所有线上线下资源。

本书所附赠的超值资源库内容，读者可登录清华大学出版社网站（www.tup.com.cn），在对应图书页面下获取其下载方式。也可扫描图书封底的"文泉云盘"二维码，获取其下载方式。

本书提供 QQ 群（668118468、697651657）、微信公众号（qianduankaifa_cn）、服务网站（www.qianduankaifa.cn）等互动渠道，提供在线技术交流、学习答疑、技术资讯、视频课堂、在线勘误等功能。在这里，您可以结识大量志同道合的朋友，在交流和切磋中不断成长。

读者对本书有什么好的意见和建议，也可以通过邮箱（qianduanjiaoshi@163.com）发邮件给我们。

关于作者

前端科技是由一群在校骨干教师和一线资深开发人员组成的创业团队，主要从事 Web 开发、教学和培训，所编写的图书在网店及实体店的销量名列前茅，受到了广大读者的好评，让数十万的读者轻松跨进了Web 开发的大门，为 IT 技术的普及和应用做出了积极贡献。尽管已竭尽全力，但由于水平有限，书中疏漏和不足之处在所难免，欢迎各位读者朋友批评、指正。

编者
2019 年 3 月

目 录

Contents

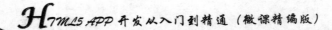

第1章

移动 APP 开发概述

互联网日新月异，移动互联网蓬勃发展，智能终端设备已经走进千家万户。如今每个人或多或少都会接触到各种智能设备，都需要了解和使用 APP 功能。Web 应用作为 APP 的一种存在形式，也必将受到越来越高的重视。本章将简单介绍移动 Web 开发需要了解的基本知识和概念。

【学习重点】

▶▶ 了解前端开发、移动 Web 开发等概念。

▶▶ 了解移动 Web 与原生应用的区别。

▶▶ 了解移动 Web 开发需要掌握的知识和技能。

1.1 从移动开发说起

移动 Web 开发属于前端开发的一个子集，是指在移动设备上的 Web 前端开发工作。

1.1.1 关于移动开发

以 iPhone 为标志的移动设备的爆发为起点，用户每天的上网方式发生了很大改变。原本固定地点的 PC（Personal Computer，个人计算机）互联变为了如今随时随地的移动互联，几乎人人都拥有一台属于自己的智能手机，时时刻刻与世界的任何一个角落发生着联系。

传统前端开发者的日常工作内容也悄悄地发生了变化，开始由 PC 端迁移至移动端。同时，开发技术也不断地升级换代。对于移动开发来说，各种技术之间的关系如图 1.1 所示。

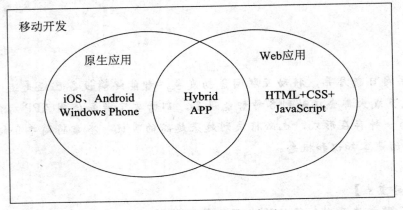

图 1.1 移动开发关系示意图

1.1.2 移动 Web 开发历史

在前端开发这个大领域，移动 Web 前端开发虽然被认可的时间比较晚，但是发展势头比较迅猛。在 HTML5 的带动下，出现了一系列新的标准和技术，前端开发框架也如同雨后春笋般涌现出来。诸如 Google、Facebook、阿里巴巴、腾讯等这些互联网巨头，率先嗅到移动 Web 前端开发的重要性，开始大规模地对 Web 前端进行重构。同时，也有越来越多的公司加入混合应用开发的队伍中来。

在 2005 年以前，主流网页的页面风格比较简陋，而且没有过多交互。通常，后端工程师会使用后端模板完成页面渲染。同时，后端工程师也会书写少量的 JavaScript 代码完成一些基础的页面交互，如验证表单输入信息。这个时期的特点是，前端的工作主要指页面制作，通常由后端工程师使用后端 Web 框架完成，或者由 UI 设计师完成。

Google 在 2005 年推出 Web 邮箱 Gmail。为了提高用户体验，Google 使用了大量的 Ajax 技术，将 Gmail 实现为一个单页应用，JavaScript 作为第一编程语言在项目里被大量使用。

这段时间还是纯粹的 PC 时代，在这期间，也有 Web 前端工程师的称呼，但概念其实比较混乱。有可能指的是 UI 设计师，也有可能指的是偏 Web 开发的后端工程师。随着 PC Web 应用的日超复杂化，大量具备软件工程知识的开发者慢慢地转向前端领域，促进着该行业的快速发展。

随着智能手机的普及，PC 业务慢慢向移动端转移，移动端 APP 开始大面积兴起，业务版本的快速迭代，也使得原生移动的开发方式的缺点暴露得越来越明显。除开发成本过高以及同一个 APP 需要在 iOS 和 Android 端实现两次之外，最致命的缺点是每次更新都需要发版，用户也需要重新安装 APP。

为了解决这些问题，在 2012 年，Hybrid 技术开始被大规模使用。Hybrid 开发的 APP 基于 Web 技术，一套代码多处运行，而且可以达到即时更新的效果。为了让 Hybrid APP 能够接近 Native APP（原生应用）的视觉体验和交互体验，对 Web 开发者的能力要求也达到了一个新的高度。

Web 前端技术不断地向纵深发展。在纵向上，Node.js 把边界扩展到服务器端开发；在横向上，React Native 试图使用 Web 技术开发 Native APP。在新兴领域，如 VR、AR、物联网等，也都在试图制定相关标准。其他方面，如微信小程序，也是使用 Web 技术开发的。

回顾历史，展望未来，Web 前端希望的定位是能够扩展到所有与表现层相关的领域，解决人机交互的问题。

1.1.3　移动 Web 开发的问题

移动 Web 开发也存在很多问题。

☑　浏览器种类繁多、参差不齐。

除了系统原生浏览器，还有很多第三方浏览器，如 UC、百度、腾讯、360、遨游等。这些浏览器对 HTML5 的支持程度不一，对网页的渲染和交互也各有不同，除此之外还有一些浏览器性能堪忧，这大大增加了 Web 前端开发的成本。

☑　网速仍然是性能瓶颈。

在 PC 时代，网速是困扰用户和开发者的一大难题，到了移动时代，这个问题更是被加倍放大。移动设备所处的网络环境差，是客观存在的普遍现象。无论是 2G、3G 还是 4G，网速都是阻碍 Web 应用发展的一个瓶颈。很多时候，开发者都要为网页快速加载做质量上，甚至功能上的让步。

☑　多框架带来的高门槛。

在众多开发技术中，Web 前端可以算是比较易学的一种。它没有服务端错综复杂的业务逻辑，也不用配置臃肿的开发环境，JavaScript 语言更是简单轻量。但是如今，为了解决 Web 前端开发工程化、模块化以及开发和维护成本等一系列问题，出现了一大批前端开发框架。别说新入门的开发者，即便是有多年经验的前端高手，想要全部掌握这些框架，也是一个艰难的任务。

当然，这些 Web 问题随着时间的推移，技术的不断进步，会被一一解决。

1.1.4　移动 Web 开发的前景

近两年，市场对 Web 前端工程师的需求非常旺盛，读者可以从各大招聘网站的统计数据感受得到。同时，Web 前端行业一直在扩展自己的应用边界，前端已不再是一个只有 HTML、CSS 和 JavaScript 的领域，因此读者也应该不断地对自身技术边界进行开拓。

1.1.5　比较桌面和移动端 Web 开发

PC Web 和移动 Web 开发所需要掌握的基本知识体系并没有太大区别，不同的只是终端，如电脑、手机，终端具有不同的特性。

总之，如果以前从事过 PC Web 开发工作，现在转向移动 Web 开发，PC Web 的绝大部分知识仍旧被需要，并且依然有效。当然，开发人员还需要学习一些与移动 Web 开发相关的新知识。

1.2　HTML5 与移动 Web 开发

HTML5 技术早在 2011 年就已经被各大浏览器厂商所支持，但是该标准真正制定的完成时间是 2014 年 10 月 29 日。HTML5 具有以下特性，以适应移动 Web 开发。

- ☑ 语义化：HTML5 拥有更加丰富的标签，对微数据、微结构等有着非常友好的支持，赋予网页更好的语义和结构。
- ☑ 本地存储：HTML5 使 Web 应用拥有更短的启动时间，更快的联网速度，甚至可以做到离线使用。
- ☑ 设备兼容：HTML5 为开发者提供了非常丰富的 API，让开发者能够在功能上有更好的体验和优化选择。
- ☑ 连接特性：Server-Sent Event 和 WebSocket 技术，使得连接效率更高，特别是在实时聊天和网页游戏方面，大大改善了用户体验。
- ☑ 多媒体：支持音频和视频播放，打破了对 Flash 等外部插件的依赖，降低开发成本，提高开发效率，改善了用户体验。
- ☑ 图形特效：HTML5 提供了如 Canvas、WebGL 等图形和三维功能，使普通网页也能呈现惊人的视觉效果。

除以上这些实用特性之外，HTML5 还提供了更多新功能，这些新功能在移动 Web 开发中至关重要，简单说明如下。

- ☑ 视口控制。

设计师在设计网页时，一般都会固定网页宽度，如在 PC 端是 1000 像素或者 1200 像素等，在移动端是 640 像素或者 750 像素等。然而，这些网页在移动设备上被浏览时会不完整显示，因为设备的宽度远远不够。例如，iPhone 6 的视口宽度是 375 像素，完全满足不了网页需求。

为了弥补这一点，移动设备的浏览器会把视口放大，一般是 980 像素或 1024 像素。但这样会让浏览器出现横向滚动条，因为设备实际可视区域比浏览器自设的这个宽度要小很多。要想解决这个问题，就需要引入 Viewport 属性。

Viewport 属性通过一个 <meta> 标签引入，例如：

```
<meta name="viewport" content="
    width=device-width,
    initial-scale=1.0,
    maximum-scale=1.0,
    user-scalable=0">
```

上面代码的作用是让当前 Viewport 的宽度等于设备的宽度，同时不允许用户手动缩放。

- ☑ 媒体查询。

CSS3 新增媒体查询功能，允许开发者基于设备的不同特性来应用不同的样式。例如，通过对视口宽度的判断，网页输出不同的展示效果。如网页在 iPhone 7 下默认字号为 12 像素，而在 iPhone 7 Plus 下默认字号采用 14 像素；如设备是 iPad，可采用多列布局展示等。

除此之外，还有各种布局方式，以及丰富的设备 API，这些在后续的章节中都会向读者一一介绍。

1.3 移动 Web 与原生应用比较

移动 Web 与原生应用这两种开发方式没有孰好孰坏之分，它们各有优劣。本节将对其优势和劣势逐一剖析。

1.3.1 移动 Web

移动 Web 指的是以移动端浏览器为载体面向网页的开发应用，这种应用一般需要通过一个 URL 打开。

1. 移动 Web 的优势

☑ 跨平台：Web 应用运行在浏览器上，不直接与系统打交道。只要系统安装了浏览器，就可以打开该应用。

☑ 开发成本低：开发者不需要掌握多种开发语言和框架，只需要一个开发团队，就可以完成所有移动设备的前端开发工作。

☑ 更容易迭代：应用所有资源都在服务端，不需要用户主动安装更新就可以实现产品的升级迭代。

2. 移动 Web 的劣势

☑ 功能有限：因为 Web 应用没有直接跟系统对接，只能使用浏览器提供的部分功能，很多硬件设备独特功能无法使用。

☑ 操作体验欠佳：由于 Web 应用运行在浏览器上，用户的操作并非由系统直接接收并响应，再加上浏览器质量参差不齐，操作体验势必有所下降。

☑ 无法离线使用：虽然 HTML5 提供了离线存储功能，但并不代表用户在首次访问应用时本地已存在。

☑ 很难被发现：用户获取应用的方式一般通过前往应用商店下载，Web 应用并不具备在商店展示的条件。

1.3.2 原生应用

原生应用就是针对不同的操作系统，采用不同的开发语言和框架，专门针对某一类设备而研发的应用。

1. 原生应用的优势

☑ 功能完善：原生应用几乎具有设备所有功能的访问权限，可以满足用户的各种需求。

☑ 体验更好：速度快、性能高，使得原生应用的用户体验更具优势。

☑ 可离线使用：由于原生应用所有的程序代码和静态资源在用户安装时已经下载到本地，即便在断网的情况下，用户也可以进行部分操作。

☑ 发现机会大：无论是第一次下载（从应用商店），还是再一次使用（从设备图标打开），原生应用的机会都远大于 Web 应用。

2. 原生应用的劣势

☑ 开发成本高：有多少种操作系统，就需要开发多少套应用程序，不仅开发成本很高，而且维护成本也不容小觑。

☑ 迭代不可控：首先更新上线需要应用商店的审核，其次用户何时升级也是完全不受控制的。

☑ 内容限制：各应用商店都有自己的规范条例，原生应用的功能和内容需要完全符合这些条例才允许上架。

总之，鉴于 Web 应用和原生应用各自的优劣势，已经有越来越多的 APP 走向混合开发的模式，即原生和 Web 同时存在。原生部分为用户提供更好的使用体验，Web 部分可以实现更为快速的迭代更新。

1.3.3 如何选择应用方案

在进行移动应用技术方案选择的时候，用户首先需要选择什么样的技术方案来实现开发需求呢？

☑ 使用 Web 移动应用，如 jQuery Mobile 等。

☑ 使用原生应用，如 iOS 等。

两种方案各有利弊，适用场景也各有不同。

Web 移动应用的优势在于，通过 HTML5 以及浏览器的支持，可以低成本地开发兼容性良好、跨移动平台的应用。在应用的部署过程中，可以不用依赖于设备和更新分发，具体说明如下。

☑ Web 移动应用更新或者重新部署到 Web 服务器之后，用户使用手机再打开这个网站，手机中的应用也就实现了同时更新。Web 移动应用同样可以基于 HTML5 语言保存一定的用户本地数据，这样可以改善移动应用的运行速度。

☑ Web 移动应用不需要占用移动设备有限的存储空间。对于地理位置定位等应用，很多移动设备浏览器在支持 HTML5 语言的时候，也提供了相应的支持。这也为 Web 移动应用支持更多应用场景提供了便利。

当然，Web 移动应用在开发、运营和维护过程中，会受到一定限制。例如，移动网络速度比较慢或网络连接不够稳定，则 Web 移动应用的用户打开应用页面的速度会变慢，移动网络覆盖不到的地方则不能打开 Web 移动应用界面。此外，运行 Web 移动应用还可能产生网络流量费用。由于 Web 移动应用通过浏览器呈现界面并与用户交互，所以如果所应用的场景需要开发额外的手机底层应用，例如某种特定格式的视频播放器，则可能会受到限制。

原生应用会在执行效率、使用过程成本和一些需要与硬件资源交互的环境下表现出明显的优势。不足之处在于安装、部署和推广成本高，需要考虑到应用程序与移动设备的兼容性等。

Web 移动应用可以胜任大多数移动平台开发需求，例如，新闻资讯、内容订阅、移动办公、远程监控、电子游戏和娱乐等。特别是在很多细分市场中，Web 移动应用将非常具有优势，如移动阅读。

1.4 移动 Web 开发知识结构

随着互联网技术的不断更新、发展，Web 前端这个职能的定义范围也越来越广，能力要求越来越高，Web 前端工程师也成为一个独立的职业和角色，站在互联网舞台的中央位置。

作为移动 Web 前端工程师，应该掌握的知识和技能是比较庞杂的。下面我们简单梳理一下移动 Web 前端工程师起步需要掌握的知识结构。

1）基础知识

☑ 了解操作系统。

☑ 了解编译原理。

☑ 了解网络知识。

☑ 了解数据库的功能和类型。

☑ 理解数据结构。

☑ 掌握简单的算法实现。

☑ 理解面向对象程序设计基本思路和方法。

☑ 了解设计模式的相关概念，并掌握简单、常用的前端设计模式。

2）静态网页设计

☑ 熟练掌握 HTML/HTML5。

☑ 熟练掌握 CSS/CSS3。

☑ 熟练使用 Photoshop、Sketch 等工具。

☑ 可以使用预编译工具，如 Sass、Less。

☑ 可以实现数据可视化，如 Canvas、SVG。

3）编程语言

☑ 熟练掌握 JavaScript/ECMAScript 6、ECMAScript 7。

☑ 可以使用 TypeScript。

☑ 可以使用 Dart。

4）开发工具

☑ 熟练使用一种编辑器，如 Visual Studio Code、Sublime Text、Webstorm 等。

☑ 熟练使用一种代码调试工具，如 Chrome 开发者工具、Weinre 等。

☑ 会用代码管理工具，如 GIT。

☑ 会用性能测试工具，如 YSlow。

☑ 会用文档工具，如 JSDoc。

5）移动端前沿技术

☑ Hybrid/Cordova。

☑ React Native/Weex。

☑ 微信小程序。

☑ PWA。

6）浏览器技术

☑ 了解浏览器兼容性。

☑ 了解 HTTP 协议。

☑ 理解浏览器的性能，如资源加载性能、页面渲染性能等。

☑ 理解浏览器的安全，如 XSS、CSRF。

7）库 / 框架

☑ JavaScript 库，如 jQuery Mobile、Zepto。

☑ UI 库，如 BootStrap。

☑ 渲染模板，如 Nunjucks。

☑ MVVM 框架，如 React、Vue.js、Angular。

☑ 数据可视化库，如 D3、Echarts。

☑ Node.js，如 Koa。

8）代码质量

☑ 代码检查，如 CSSUnt、ESLint。

☑ 单元测试，如 Mocha、Jasmine。

☑ 自动化测试，如 Karma。

Note

9）工程化

☑ 模块化标准，如 AMD、CMD、CommonJS。

☑ 包管理器，如 NPM、Yam。

☑ 构建工具，如 Gulp、WebPack、Rollup。

☑ CI/CD。

Web 前端工程师虽然有时被误解为 UI 设计师。但其实静态页面制作只是他们日常工作中的一小部分，主要的工作是进行浏览器端编码。随着 Node.js 的流行，一部分后端编码逻辑也变成了 Web 前端工程师的工作内容之一。可见，计算机基础知识是一名软件工程师必须掌握的，Web 前端工程师也不例外。

1.5　初识移动 Web 开发技术

下面再来说说移动 Web 开发中应该首先知道的一些技术问题。

1.5.1　移动 Web 设计

1．移动设备统计分析

拥有全面的用户数据，无疑能帮助我们做出更符合用户需求的产品。内部数据能帮我们精确了解目标用户群的特征；而外部数据能告诉我们大环境下的手机用户状况，并且能在内部数据不够充分的时候给予一些非常有用的信息。

从外部数据来看，国内浏览器品牌市场占有率前三甲的分别为苹果 Safari、谷歌 Android、Opera Mini。当然，作为中国的 Web 移动应用开发者，不能忽视强大的山寨机市场，这类手机通常使用的是 MTK 操作系统。国内易观智库发布数据显示：QQ 浏览器、UC 浏览器及百度浏览器占据中国第三方手机浏览器市场前三名。

2．手机浏览器兼容性测试结果概要

以下所说的"大多数"是指在测试过的机型中，发生此类状况的手机占比达 50% 及以上，"部分"为 20%～50%，"少数"为 20% 及以下。而这个概率也只限于所测试过的机型，虽然这里采集的样本尽量覆盖各种特征的手机，但并不代表所有手机的情况。

1）HTML 部分

① 大多数手机不支持的特性：表单元素的 disable 属性。

② 部分手机不支持的特性如下。

☑ button 标签。

☑ input[type=file] 标签。

☑ iframe 标签。

虽然只有部分手机不支持这几个标签，但因为这些标签在页面中往往具有非常重要的功能，所以属于高危标签，要谨慎使用。

③ 少数手机不支持的特性：select 标签。

该标签如果被赋予比较复杂的 CSS 属性，可能会导致显示不正常，如 vertical-align:middle。

2）CSS 部分

① 大部分手机不支持的特性如下。

☑ font-family 属性：因为手机基本上只安装了宋体这一种中文字体。

☑ font-family:bold;：对中文字符无效，但对英文字符一般是有效的。

☑ font-style: italic;：对中文字符无效，但对英文字符一般是有效的。

☑ font-size 属性：如果 12px 的中文和 14px 的中文看起来几乎一样大，但是字符大小为 18px 的时候也许就能看出来一些区别。

☑ white-space/word-wrap 属性：无法设置强制换行，所以当网页有很多中文的时候，需要特别关注不要让过多连写的英文字符撑开页面。

☑ background-position 属性：虽然该属性不被支持，但背景图片的其他属性设定是支持的。

☑ position 属性。

☑ overflow 属性。

☑ display 属性。

☑ min-height 和 min-width 属性。

② 部分手机不支持的特性如下。

☑ height 属性：对 height 的支持不太好。

☑ padding 属性。

☑ margin 属性：更高比例的手机不支持 margin 的负值。

③ 少数手机不支持的特性：少数手机对 CSS 完全不支持。

3）JavaScript 部分

部分手机支持基本的 DOM 操作、事件等。支持（包括不完全支持）JavaScript 的手机比例大约在一半左右。当然，对于开发人员来说，最重要的不是这个比例，而是要如何做好 JavaScript 的优雅降级。

4）其他部分

☑ 部分手机不支持 png8 和 png24，所以尽量使用 jpg 和 gif 格式的图片。

☑ 对于平滑的渐变等精细的图片细节，部分手机的色彩支持度并不能达到要求，所以慎用有平滑渐变的设计。

☑ 部分手机对于超大图片，既不进行缩放，也不显示横向滚动条。

☑ 少数手机在打开超过 20k 大小的页面时，会显示内存不足。

3．开发中可能遇到的问题

下面是开发人员可能遇到的问题

（1）手机网页编码需要遵循的规范

XHTML Mobile Profile 规范（WAP-277-XHTMLMP-20011029-a.pdf），简称为 XHTML MP，也就是通常说的 WAP2.0 规范。XHTMLMP 是为不支持 XHTML 的全部特性且资源有限的客户端所设计的。它以 XHTML Basic 为基础，加入了一些来自 XHTML 1.0 的元素和属性。这些内容包括一些其他元素和对内部样式表的支持。与 XHTML Basic 相同，XHTML MP 是严格的 XHTML 1.0 子集。

（2）网页文档推荐使用的扩展名

推荐命名为 xhtml，按 WAP2.0 的规范标准写成 html/htm 等也是可以的。但少数手机对 html 支持得不好。

（3）现今大多数网站中一行字数上限为 14 个中文字符的原因

由于手持设备的特殊性，其页面中实际文字大小未必是我们在 CSS 中设定的文字大小。尤其是第三方浏览器，如 Nokia5310，其内置浏览器页面内文字大小与 CSS 设定相符，但是第三方浏览器 OperaMini 与 UCWEB 页面内文字大小却大于 CSS 设定。经测试，其文本大概在 16px 左右。假如屏幕分辨率宽度为

Note

240px，去除外边距，那么一行显示 14 个字以内是比较保险（避免文本换行）的做法。

（4）使用 WCSS 还是 CSS

WCSS（WAP Cascading Style Sheet 或称 WAP CSS）是移动版本的 CSS 样式表。它是 CSS2 的一个子集，去掉了一些不适于移动互联网特性的属性，并加入一些具有 WAP 特性的扩展（如 -wap- input-format/-wap-input-required/display:-wap-marquee 等）。需要留意的是，这些特殊的属性扩展并不是很实用，所以在实际的项目开发中，不推荐使用 WCSS 特有的属性。

（5）避免空值属性

如果属性值为空，在 Web 页面中是完全没有问题的，但是在大部分手机网页上会报错。

（6）网页大小限制

建议低版本页面不超过 15k，高版本页面不超过 60k。

（7）用手机模拟器和第三方手机浏览器的在线模拟器来测试页面是否可靠

有条件的话，建议在手机实体上进行测试。因为目标客户群的手机设备总是在不断变化的，这些手机模拟器通常不能完全正确地模拟页面在手机上的显示情况，如图片色彩、页面大小限制等就很难在模拟器上测试出来。当然，一些第三方手机浏览器的在线模拟器还是可以进行测试的，第三方浏览器相对来说受手机设备的影响较小。

1.5.2　关于 WebKit

WebKit 是一种浏览器引擎，支撑着苹果（iOS）和安卓（Android）两大主流移动系统的内置浏览器。WebKit 是一个开源项目，催生了面向移动设备的现代 Web 应用程序。WebKit 还应用在桌面 Safari 浏览器内，该浏览器是 Mac OS 平台默认的浏览器。

WebKit 优先支持 HTML 和 CSS 特性。实际上，WebKit 还支持尚未被其他浏览器采纳的一些 CSS 样式和 HTML5 特性。HTML5 规范是一个技术草案集，涵盖了各种基于浏览器的技术，包括客户端 SQL 存储、转变、转型和转换等。HTML5 的出现已经有一段时间了，虽然尚未完成，但是一旦其特性集因主要浏览器平台支持的加入而逐渐稳定后，Web 应用程序的简陋开端将成为永久的记忆。Web 应用程序开发将成为主导，移动将一跃成为首选，而不再是后备之选。

WebKit 是 HTML+CSS 精致的解析引擎，再配以 iPhone 和 Android 平台上的高度直观的 UI。实际上就使得几乎任何一个基于 HTML 的 Web 站点都能呈现在此设备上。Web 页能被正确呈现，不会再有原来的移动浏览器那种体验（内容被包裹起来或是根本不显示）。

页面加载后，内容通常被完全缩放以便整个页面都可见，但内容会被缩放得非常小，甚至不可读，如图 1.2 所示。不过，页面是可滚动、放大、缩小的，这就提供了对全部内容的访问。浏览器默认地使用 980px 宽的视见区或逻辑尺寸。

虽然网页可以在 WebKit 中正确呈现，但是，一个以鼠标为中心的设备（如笔记本或台式机）与一个以触摸为中心的设备（如 iPhone 或 Android 智能手机）还是有区别的。其中主要的差异包括"可单击"区域的物理大小、"悬浮样式"的缺少以及完全不同的事件顺序。如下面所列出的是在设计一个能被移动用户正常查看的 Web 站点时需要注意的一些事项。

☑　iPhone/Android 浏览器呈现的屏幕是可读的，大大好于传统的移动浏览器，所以不要急于制作网站的移动版本。

☑　手指要大过鼠标指针。在设计可单击的导航时要特别注意这一点。不要把链接相互放得太靠近，因为用户不太可能单击了一个链接而不触及相邻的链接。

☑　悬浮样式将不再奏效，因为手指不能完成鼠标指针进行的"悬浮"。

☑　与 mouse-down、mouse-move 等相关的事件在基于触摸的设备上会有所不同。这类事件中有一些将被取消，另外不要指望移动设备上的事件顺序与桌面浏览器上的一样。

要使一个 Web 站点对 iPhone 或 Android 用户具有友好性，面临的最为明显的一个挑战就是屏幕大小。本节使用的实际移动屏幕尺寸是 320px × 480px。由于用户可能会选择横向查看 Web 内容，所以屏幕大小也可以是 480px × 320px。

WebKit 能很好地呈现面向桌面的 Web 页面。但是文本可能会太小以至于若不进行缩放或其他操作，就无法有效阅读内容。那么，该如何应对这个问题呢？

最为直观也是最不唐突的适合移动用户的方式是使用一个特殊的视口标记。<meta> 标签是一个放入 HTML 文档的 <head> 标签的 HTML 标记。下面是一个使用 viewport 标记的简单例子：

```
<meta name="viewport" content="width=device-width" />
```

这个 <meta> 标签被添加到一个 HTML 页面后，此页面被缩放到更为适合这个移动设备的大小，如图 1.3 所示。如果浏览器不支持此标记，它会简单地忽略此标记。

图 1.2　页面被缩放的效果

图 1.3　页面放大显示的效果

为了设置特定的值，将 viewport metatag 的 content 属性设为一个显式的值：

```
<meta name="viewport" content="width=device-width, initial-scale=1.0 user-scalable=yes" />
```

改变初始值，屏幕就可以按要求被放大或缩小。将值分别设置在 1.0 ～ 1.3 对于 iPhone 和 Android 平台是比较合适的。viewport metatag 还支持最小和最大伸缩，可用来限制用户对呈现页面的控制力。

随着来自不同制造商、针对不同用户群的更多设备的出现，Android 有望具备更多样的物理特点。在开发应用程序并以 Android 这类移动设备为目标时，开发人员一定要考虑屏幕尺寸、形态系数以及分辨率方面的潜在多样性。

第2章

HTML5 基础

（ 视频讲解：1 小时 3 分钟）

2014 年 10 月 28 日，W3C 的 HTML 工作组发布了 HTML5 的正式推荐标准。HTML5 是构建移动 Web 应用的核心，它增加了支持 Web 应用的许多新特性，以及更符合开发者使用习惯的新元素。并重点关注定义清晰的、一致的准则，以确保 Web 应用和内容在不同浏览器中的互操作性。本章将讲解 HTML5 语言基础，对于继承 HTML4 的内容就不再赘述，有关 HTML5 API 中与移动 Web 应用相关的部分将在后面各章中逐步展开讲解。

权威参考

【学习重点】

▶▶ 了解 HTML 版本和 HTML5 的开发历史。

▶▶ 熟悉 HTML5 的基本语法特性。

▶▶ 构建普通页面。

▶▶ 创建页眉、页脚和标记导航。

▶▶ 标记网页主要区域。

▶▶ 创建文章，定义区块。

视频讲解

Note

2.1　HTML5 概述

从 2010 年开始，HTML5 和 CSS3 一直就是互联网技术应用的热点。以 HTML5+CSS3 为主的 Web 应用使互联网进入一个崭新的发展阶段。

2.1.1　HTML 历史

HTML 从诞生至今，经历了近 30 年的发展，其中经历的版本及发布日期如表 2.1 所示。

表 2.1　HTML 语言的发展过程

版　　本	发　布　日　期	说　　　　明
超文本标记语言（第一版）	1993 年 6 月	作为互联网工程工作小组（IETF）工作草案发布，非标准
HTML 2.0	1995 年 11 月	作为 RFC 1866 发布，在 RFC 2854 于 2000 年 6 月发布之后被宣布已经过时
HTML 3.2	1996 年 1 月 14 日	W3C 推荐标准
HTML 4.0	1997 年 12 月 18 日	W3C 推荐标准
HTML 4.01	1999 年 12 月 24 日	微小改进，W3C 推荐标准
ISO HTML	2000 年 5 月 15 日	基于严格的 HTML 4.01 语法，是国际标准化组织和国际电工委员会的标准
XHTML 1.0	2000 年 1 月 26 日	W3C 推荐标准，修订后于 2002 年 8 月 1 日重新发布
XHTML 1.1	2001 年 5 月 31 日	较 1.0 有微小改进
XHTML 2.0 草案	没有发布	2009 年，W3C 停止了 XHTML 2.0 工作组的工作
HTML5 草案	2008 年 1 月	HTML5 规范先是以草案发布
HTML5	2014 年 10 月 28 日	W3C 推荐标准
HTML5.1	2017 年 10 月 3 日	W3C 发布 HTML5 第 1 个更新版本（http://www.w3.org/TR/html51/）
HTML5.2	2017 年 12 月 14 日	W3C 发布 HTML5 第 2 个更新版本（http://www.w3.org/TR/html52/）
HTML5.3	2018 年 3 月 15 日	W3C 发布 HTML5 第 3 个更新版本（http://www.w3.org/TR/html53/）

> 提示：从上面 HTML 发展列表来看，HTML 没有 1.0 版本，这主要是因为当时有很多不同的版本。有些人认为 Tim Berners-Lee 的版本应该算初版，但是其版本中还没有 img 元素，也就是说 HTML 刚开始时仅能够显示文本信息。

2.1.2　浏览器检测

HTML5 发展的速度非常快，因此不用担心浏览器的支持问题。用户可以访问 www.caniuse.com 网站，该网站按照浏览器的版本提供了详尽的 HTML5 功能支持情况。

权威参考1

如果通过浏览器访问 www.html5test.com，该网站会直接显示用户浏览器对 HTML5 规范的支持情况。另外，还可以使用 Modernizr（JavaScript 库）进行特性检测，它提供了非常先进的 HTML5 和 CSS3 检测功能。建议使用 Modernizr 检测当前浏览器是否支持某些特性。

权威参考2

2.1.3　HTML5 语法特性

HTML5 以 HTML4 为基础，对 HTML4 进行了全面升级改造。与 HTML4 相比，HTML5 在语法上有很大的变化，具体说明如下。

1．内容类型

HTML5 的文件扩展名和内容类型保持不变。例如，扩展名仍然为 ".html" 或 ".htm"，内容类型（ContentType）仍然为 "text/html"。

2．文档类型

在 HTML4 中，文档类型的声明方法如下：

```
<!DOCTYPE html PUBLIC "-//W3C//DTD XHTML 1.0 Transitional//EN" "http://www.w3.org/TR/xhtml1/DTD/xhtml1-transitional.dtd">
```

在 HTML5 中，文档类型的声明方法如下。

```
<!DOCTYPE html>
```

当使用工具时，开发人员也可以在 DOCTYPE 声明中加入 SYSTEM 识别符，声明方法如下：

```
<!DOCTYPE HTML SYSTEM "about:legacy-compat">
```

在 HTML5 中，DOCTYPE 声明方式是不区分大小写的，引号也不区分是单引号还是双引号。

> **注意**：使用 HTML5 的 DOCTYPE 会触发浏览器以标准模式显示页面。众所周知，网页都有多种显示模式，如怪异模式（Quirks）、标准模式（Standards）。浏览器根据 DOCTYPE 来识别该使用哪种解析模式。

3．字符编码

HTML4 使用 meta 元素定义文档的字符编码，如下所示。

```
<meta http-equiv="Content-Type" content="text/html;charset=UTF-8">
```

HTML5 继续沿用 meta 元素定义文档的字符编码，但是简化了 charset 属性的写法，如下所示。

```
<meta charset="UTF-8">
```

对于 HTML5 来说，上述两种方法都有效，用户可以继续使用前面一种方式，即通过 content 元素的属性来指定，但是不能同时混用两种方式。

> **注意**：在传统网站中，可能会存在下面的标记。在 HTML5 中，这种字符编码方式将被认为是错误的。
> ```
> <meta charset="UTF-8" http-equiv="Content-Type" content="text/html;charset=UTF-8">
> ```

从 HTML5 开始，对于文件的字符编码推荐使用 UTF-8。

4．标记省略

在 HTML5 中，元素的标记可以分为 3 种类型：不允许写结束标记、可以省略结束标记、开始标记和结束标记全部可以省略。下面简单介绍这 3 种类型各包括哪些 HTML5 新元素。

第一，不允许写结束标记的元素有：area、base、br、col、command、embed、hr、img、input、keygen、link、meta、param、source、track、wbr。

第二，可以省略结束标记的元素有：li、dt、dd、p、rt、rp、optgroup、option、colgroup、thead、tbody、tfoot、tr、td、th。

第三，可以省略全部标记的元素有：html、head、body、colgroup、tbody。

> 提示：不允许写结束标记的元素是指不允许使用开始标记与结束标记将元素括起来的形式，只允许使用 < 元素 /> 的形式进行书写。例如：
> ☑　错误的书写方式。
> `<br></br>`
> ☑　正确的书写方式。
> `<br/>`

在 HTML5 之前的版本中，`<br>` 这种写法可以继续沿用。

可以省略全部标记的元素是指元素可以完全被省略。注意，该元素还是以隐式的方式存在的。例如，将 body 元素省略，但它在文档结构中还是存在的，可以使用 document.body 访问。

5．布尔值

布尔型属性，如 disabled 与 readonly 等，当只写属性而不指定属性值时，属性值为 true；如果属性值为 false，可以不使用该属性。另外，要想将属性值设定为 true，也可以将属性名设定为属性值，或将空字符串设定为属性值。

【示例 1】　下面是几种正确的书写方法。

```
<!-- 只写属性，不写属性值，代表属性为 true-->
<input type="checkbox" checked>
<!-- 不写属性，代表属性为 false-->
<input type="checkbox">
<!-- 属性值 = 属性名，代表属性为 true-->
<input type="checkbox" checked="checked">
<!-- 属性值 = 空字符串，代表属性为 true-->
<input type="checkbox" checked="">
```

6．属性值

属性值可以加双引号，也可以加单引号。HTML5 在此基础上做了一些改进，当属性值不包括空字符串、<、>、=、单引号或双引号等字符时，属性值两边的引号可以省略。

【示例 2】　下面的写法都是合法的。

```
<input type="text">
<input type='text'>
<input type=text>
```

视频讲解

2.2　HTML5 文档

目前最新主流浏览器对 HTML5 都提供了很好的支持，下面结合示例介绍如何正确创建 HTML5 文档。

2.2.1　编写第一个 HTML5 文档

本节示例将遵循 HTML5 语法规范编写一个文档。本例文档省略了 <html>、<head>、<body> 等标签，使用 HTML5 的 DOCTYPE 声明文档类型，简化 <meta> 的 charset 属性设置，省略 <p> 标签的结束标记，使用 < 元素 /> 的方式来结束 <meta> 和
 标签等。

```
<!DOCTYPE html>
<meta charset="UTF-8">
<title>HTML5 基本语法 </title>
<h1>HTML5 的目标 </h1>
<p>HTML5 的目标是为了能够创建更简单的 Web 程序，书写出更简洁的 HTML 代码。
<br/> 例如，为了使 Web 应用程序的开发变得更容易，提供了很多 API；为了使 HTML 变得更简洁，开发出了新的属性、新的元素等。总体来说，为下一代 Web 平台提供了许许多多新的功能。
```

这段代码在 IE 浏览器中的运行结果如图 2.1 所示。

图 2.1　编写 HTML5 文档

短短几行代码就完成了一个页面的设计，这充分说明了 HTML5 语法的简洁性。同时，HTML5 不是一种 XML 语言，其语法也很随意。下面从这两方面进行逐句分析。

第一行代码如下：

```
<!DOCTYPE HTML>
```

不需要包含版本号，仅告诉浏览器需要一个 doctype 来触发标准模式，可谓简明扼要。

接下来说明文档的字符编码，否则将出现浏览器不能正确解析的情况。

```
<meta charset="utf-8">
```

语法同样也很简单，HTML5 不区分大小写，不需要标记结束符，不介意属性值是否加引号，即下列代码是等效的。

```
<meta charset="utf-8">
<META charset="utf-8" />
<META charset=utf-8>
```

主体可以省略主体标记，直接编写需要显示的内容。虽然代码省略了 <html>、<head> 和 <body> 标记，但浏览器解析时，会自动进行添加。但是，考虑到代码的可维护性，代码应该尽量增加这些基本结构标签。

2.2.2 比较 HTML4 与 HTML5 文档结构

下面通过示例具体说明 HTML5 是如何使用全新的结构化标签编写网页的。

【示例 1】 本例设计将页面分成上、中、下 3 部分：上面显示网站标题；中间分两部分，左侧为辅助栏，右侧显示网页正文内容；下面显示版权信息，如图 2.2 所示。使用 HTML4 构建文档基本结构如下。

```
<div id="header">[ 标题栏 ]</div>
<div id="aside">[ 侧边栏 ]</div>
<div id="article">[ 正文内容 ]</div>
<div id="footer">[ 页脚栏 ]</div>
```

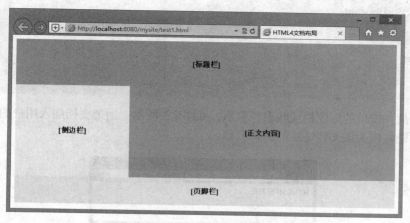

图 2.2 简单的网页布局

尽管上述代码不存在任何语法错误，也可以在 HTML5 中很好地解析，但该页面结构对于浏览器来说是不具有区分度的。对于不同的用户来说，ID 命名可能因人而异。这对浏览器来说，就无法辨别每个 div 元素在页面中的作用，因此也必然会影响其对页面的语义解析。

【示例 2】 下面使用 HTML5 新增元素重新构建页面结构，明确定义每部分在页面中的作用。

```
<header>[ 标题栏 ]</header>
<aside>[ 侧边栏 ]</aside>
<article>[ 正文内容 ]</article>
<footer>[ 页脚栏 ]</footer>
```

虽然两段代码不一样，但比较上述两段代码，使用 HTML5 新增元素创建的页面代码更简洁、明晰。可以很容易地看出，使用 <div id="header">、<div id="aside">、<div id="article"> 和 <div id="footer"> 这些标记元素没有任何语义，浏览器也不能根据标记的 ID 名称来推断它的作用，因为 ID 名称是随意变化的。

HTML5 新增元素 header 明确地告诉浏览器此处是页头，aside 元素用于构建页面辅助栏目，article 元素用于构建页面正文内容，footer 元素定义页脚注释内容。这样极大地提高了开发者的便利性和浏览器的解析效率。

视频讲解

2.3　头部信息

HTML 文档的头部区域存储着各种网页基本信息（也称元信息），这些信息主要被浏览器所采用，不会显示在网页中。另外，搜索引擎也会检索这些信息，因此重视并设置这些头部信息非常重要。

2.3.1　定义网页标题

使用 <title> 标签可定义网页标题。例如：

```
<html>
<head>
<title>HTML5 标签说明 </title>
</head>
<body>
HTML5 标签列表
</body>
</html>
```

浏览器会把它放在窗口的标题栏或状态栏显示，如图 2.3 所示。当把文档加入用户的链接列表、收藏夹或书签列表时，标题将作为该文档链接的默认名称。

图 2.3　显示网页标题

title 元素必须位于 head 部分。页面标题会被 Google、百度等搜索引擎采用，从而能够大致了解页面内容，并将页面标题作为搜索结果中的链接显示，如图 2.4 所示。它也是判断搜索结果中页面相关度的重要因素。

图 2.4　网页标题在搜索引擎中的作用

总之，让每个页面的 title 是唯一的，可以提升搜索引擎结果排名，并让访问者获得更好的体验。页面标题也出现在访问者的 History 面板、收藏夹列表以及书签列表中。

提示：title 元素是必需的，title 中不能包含任何格式、HTML、图像或指向其他页面的链接。一般网页编辑器会预先为页面标题填上默认文字，开发人员要确保用自己的标题替换它们。

很多开发人员不太重视 title 文字，仅简单地输入网站名称，并将其复制到全站每个网页中。如果流量是网站追求的指标之一，这样做会对网站产生很大的损失。不同搜索引擎确定网页排名和内容索引规则的算法是不一样的。不过，title 通常都扮演着重要的角色。搜索引擎会将 title 作为判断页面主要内容的指标，并将页面内容按照与之相关的文字进行索引。

有效的 title 应包含几个与页面内容密切相关的关键字。作为一种最佳实践，开发人员选择能简要概括文档内容的文字作为 title 文字，这些文字既要对屏幕阅读器用户友好，又要有利于搜索引擎排名。

将网站名称放入 title，同时将页面特有的关键字放在网站名称的前面会更好。建议将 title 的核心内容放在前 60 个字符中，因为搜索引擎通常将超过此数目（作为基准）的字符截断。不同浏览器显示在标题栏中的字符数上限不尽相同。浏览器标签页会将标题截得更短，因为它占的空间较少。

2.3.2　定义网页元信息

<meta> 标签可以定义网页的元信息，例如，定义针对搜索引擎的描述和关键词，一般网站都必须设置这两条元信息，方便搜索引擎检索。

☑　定义网页的描述信息：

```
<meta name="description" content=" 标准网页设计专业技术资讯 " />
```

☑　定义页面的关键词：

```
<meta name="keywords" content="HTML,DHTML, CSS, XML, XHTML, JavaScript" />
```

<meta> 标签位于文档的头部，<head> 标签内，不包含任何内容。使用 <meta> 标签的属性可以定义与文档相关联的名称 / 值对。<meta> 标签可用属性说明，如表 2.2 所示。

表 2.2　<meta> 标签属性列表

属　　性	说　　明
content	必需的，定义与 http-equiv 或 name 属性相关联的元信息
http-equiv	把 content 属性关联到 HTTP 头部。取值包括 content-type、expires、refresh 和 set-cookie
name	把 content 属性关联到一个名称。取值包括 author、description、keywords、generator 和 revised 等
scheme	定义用于翻译 content 属性值的格式
charset	定义文档的字符编码

【示例】　下面列举常用元信息的设置代码，更多元信息的设置可以参考 HTML 手册。

使 http-equiv 等于 content-type，可以设置网页的编码信息。

☑　设置 UTF8 编码：

```
<meta http-equiv="content-type" content="text/html; charset=UTF-8" />
```

提示，HTML5 简化了字符编码设置方式为 <meta charset="utf-8">，其作用是相同的。

☑ 设置简体中文 gb2312 编码：

```
<meta http-equiv="content-type" content="text/html; charset=gb2312" />
```

📢 **注意**：每个 HTML 文档都需要设置字符编码类型，否则可能会出现乱码。其中 UTF-8 是国际通用编码，独立于任何语言，因此都可以使用。

使用 content-language 属性值定义页面语言的代码。如下所示为设置中文版本语言：

```
<meta http-equiv="content-language" content="zh-CN" />
```

使用 refresh 属性值可以设置页面刷新时间或跳转页面，如 5 秒钟之后刷新页面：

```
<meta http-equiv="refresh" content="5" />
```

5 秒钟之后跳转到百度首页：

```
<meta http-equiv="refresh" content="5; url= https://www.baidu.com/" />
```

使用 expires 属性值设置网页缓存时间：

```
<meta http-equiv="expires" content="Sunday 20 October 2019 01:00 GMT" />
```

也可以使用如下方式设置页面不缓存：

```
<meta http-equiv="pragma" content="no-cache" />
```

类似设置：

```
<meta name="author" content="https://www.baidu.com/" />      <!-- 设置网页作者 -->
<meta name="copyright" content=" https://www.baidu.com/" />  <!-- 设置网页版权 -->
<meta name="date" content="2019-01-12T20:50:30+00:00" />     <!-- 设置创建时间 -->
<meta name="robots" content="none" />                         <!-- 设置禁止搜索引擎检索 -->
```

2.3.3 定义文档视口

移动 Web 开发经常会出现 viewport（视口）问题。viewport 就是浏览器显示页面内容的屏幕区域。一般移动设备的浏览器默认都设置一个 <meta name="viewport"> 标签，定义一个虚拟的布局视口，用于解决早期的页面在手机上显示的问题。

iOS、Android 基本都将这个视口分辨率设置为 980px，所以桌面网页基本能够在手机上呈现，只不过看上去很小，用户可以通过手动缩放网页阅读。这种方式用户体验很差，建议使用 <meta name="viewport"> 标签设置视图大小。

<meta name="viewport"> 标签的设置代码如下。

```
<meta id="viewport" name="viewport" content="width=device-width; initial-scale=1.0; maximum-scale=1; user-scalable=no;">
```

各属性说明如表 2.3 所示。

【示例】 本示例为在页面中输入一个标题和两段文本，如果没有设置文档视口，页面在移动设备中所呈现的效果如图 2.5 所示；而设置文档视口之后，呈现的效果如图 2.6 所示。

表 2.3　<meta name="viewport"> 标签的设置说明

属　性	取　值	说　　明
width	正整数或 device-width	定义视口的宽度，单位为像素
height	正整数或 device-height	定义视口的高度，单位为像素，一般不用
initial-scale	[0.0-10.0]	定义初始缩放值
minimum-scale	[0.0-10.0]	定义缩小的最小比例，它必须小于或等于 maximum-scale 设置
maximum-scale	[0.0-10.0]	定义放大的最大比例，它必须大于或等于 minimum-scale 设置
user-scalable	yes/no	定义是否允许用户手动缩放页面，默认值为 yes

```
<!doctype html>
<html>
<head>
<meta charset="utf-8">
<title> 设置文档视口 </title>
<meta name="viewport" content="width=device-width, initial-scale=1">
</head>
<body>
<h1>width=device-width, initial-scale=1</h1>
<p>width=device-width 将 layout viewport（布局视口）的宽度设置为 ideal viewport（理想视口）的宽度。</p>
<p>initial-scale=1 表示将 layout viewport（布局视口）的宽度设置为 ideal viewport（理想视口）的宽度。</p>
</body>
</html>
```

提示，ideal viewport（理想视口）通常就是我们说的设备的屏幕分辨率。

图 2.5　默认被缩小的页面视图

图 2.6　保持正常的布局视图

2.3.4　移动 Web 头信息

线上阅读

本节为线上拓展内容，介绍移动版 HTML5 中 head 头部信息设置说明。本节内容适合高阶读者参考，初级读者可以有选择性地阅读，需要时备查使用。详细内容请扫码阅读。

2.4　构建基本结构

视频讲解

HTML 文档的主体部分包括了要在浏览器中显示的所有信息。这些信息需要在特定的结构中呈现，下面介绍网页通用结构的设计方法。

2.4.1　定义文档结构

HTML5 包含一百多个标签，大部分继承自 HTML4，新增加 30 个标签。这些标签基本上都被放置在主体区域内（<body>），我们将在各章节中逐一进行说明。

正确选用 HTML5 标签可以避免代码冗余。设计网页不仅需要使用 <div> 标签来构建网页通用结构，还要使用下面几类标签完善网页结构。

- ☑ <h1>、<h2>、<h3>、<h4>、<h5>、<h6>：定义文档标题。1 表示一级标题，6 表示六级标题，常用标题包括一级、二级和三级。
- ☑ <p>：定义段落文本。
- ☑ <ul>、<ol>、<li> 等：定义信息列表、导航列表和榜单结构等。
- ☑ <table>、<tr>、<td> 等：定义表格结构。
- ☑ <form>、<input>、<textarea> 等：定义表单结构。
- ☑ <span>：定义行内包含框。

【示例】　本示例是一个简单的 HTML 页面，使用少量 HTML 标签。它演示了一个简单的文档应该包含的内容，以及主体内容是如何在浏览器中显示的。

第 1 步，新建文本文件，输入下面的代码。

```
<html>
    <head>
        <meta charset="utf-8">
        <title> 一个简单的文档包含内容 </title>
    </head>
    <body>
        <h1> 我的第一个网页文档 </h1>
        <p>HTML 文档必须包含三个部分：</p>
        <ul>
            <li>html——网页包含框 </li>
            <li>head——头部区域 </li>
            <li>body——主体内容 </li>
        </ul>
    </body>
</html>
```

第 2 步，保存文本文件，命名为 test，设置扩展名为 .html。

第 3 步，使用浏览器打开这个文件，则可以看到如图 2.7 所示的预览效果。

为了更好地选用标签，读者可以参考 w3school 网站的 http://www.w3school.com.cn/tags/index.asp 页面信息。其中，DTD 列描述标签在哪种 DOCTYPE 文档类型是允许使用的：

权 威 参 考

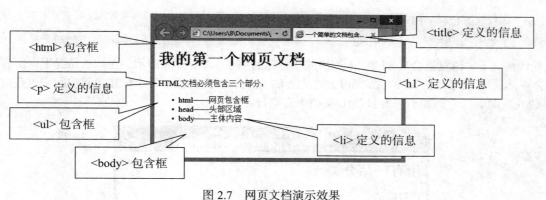

图 2.7　网页文档演示效果

S=Strict；T=Transitional；F=Frameset。

2.4.2　定义内容标题

　　HTML 提供了六级标题用于创建页面信息的层级关系。使用 h1、h2、h3、h4、h5 和 h6 元素对各级标题进行标记。其中 h1 是最高级别的标题，h2 是 h1 的子标题，h3 是 h2 的子标题，以此类推。

　　【示例 1】　标题代表了文档的大纲。设计网页内容时，可以根据需要为内容的每个主要部分指定一个标题和任意数量的子标题，以及子子标题等。

```
<h1> 唐诗欣赏 </h1>
<h2> 春晓 </h2>
<h3> 孟浩然 </h3>
<p> 春眠不觉晓，处处闻啼鸟。</p>
<p> 夜来风雨声，花落知多少。</p>
```

　　在上面的示例中，标记为 h2 的"春晓"是标记为 h1 的顶级标题"唐诗欣赏"的子标题。"孟浩然"是h3，它就成了"春晓"的子标题，也是 h1 的子子标题。如果继续编写页面其余部分的代码，相关的内容（段落、图像、视频等）就要紧跟在对应的标题后面。

　　对任何页面来说，分级标题都可以是最重要的 HTML 元素。由于标题通常传达的是页面的主题，因此，对搜索引擎而言，如果标题与搜索词匹配，这些标题就会被赋予很高的权重，尤其是等级最高的 h1。当然不是页面中的 h1 越多越好，搜索引擎还是足够聪明的。

　　【示例 2】　使用标题组织内容。在本示例中，产品指南有 3 个主要的部分，每个部分都有不同层级的子标题。标题之间的空格和缩进只是为了让层级关系更清楚一些，它们不会影响最终的显示效果。

```
<h1> 所有产品分类 </h1>
    <h2> 进口商品 </h2>
    <h2> 食品饮料 </h2>
        <h3> 糖果 / 巧克力 </h3>
            <h4> 巧克力 果冻 </h4>
            <h4> 口香糖 棒棒糖 软糖 奶糖 QQ 糖 </h4>
        <h3> 饼干糕点 </h3>
            <h4> 饼干 曲奇 </h4>
            <h4> 糕点 蛋卷 面包 薯片 / 膨化 </h4>
    <h2> 粮油副食 </h2>
```

```
<h3> 大米面粉 </h3>
<h3> 食用油 </h3>
```

在默认情况下，浏览器会从 h1 到 h6 逐级减小标题的字号，如图 2.8 所示。在默认情况下，所有的标题都以粗体显示，h1 的字号比 h2 的大，而 h2 的又比 h3 的大，以此类推。每个标题之间的间隔也是由浏览器默认的 CSS 定制的，它们并不代表 HTML 文档中有空行。

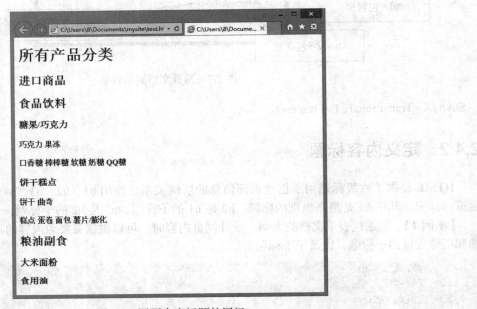

图 2.8　网页内容标题的层级

提示：创建分级标题要避免跳过某些级别，如从 h3 直接跳到 h5。不过，允许标题从低级别跳到高级别。例如，"<h4> 糕点 蛋卷 面包 薯片 / 膨化 </h4>" 后面紧跟着 "<h2> 粮油副食 </h2>" 是没有问题的。因为包含 "<h4> 糕点 蛋卷 面包 薯片 / 膨化 </h4>" 的 "<h2> 食品饮料 </h2>" 在这里结束了，而 "<h2> 粮油副食 </h2>" 的内容开始了。

不要使用 h1 ~ h6 标记副标题、标语以及无法成为独立标题的子标题。例如，假设有一篇新闻报道，它的主标题后面紧跟着一个副标题。这时，这个副标题就应替换为段落，或其他非标题元素。

```
<h1> 天猫超市 </h1>
<p> 在乎每件生活小事 </p>
```

提示，HTML5 包含了一个名为 hgroup 的元素，用于将连续的标题组合在一起，后来 W3C 将这个元素从 HTML 5.1 规范中移除。

```
<h1> 客观地看日本，理性地看中国 </h1>
<p class="subhead"> 日本距离我们并不远，但是如果真的要说它在这十年、二十年有什么样的发展和变化，又好
像对它了解得并不多。本文出自一个在日本呆了快 10 年的中国作者，来看看他描述的日本，那个除了老龄化和城市
干净这些标签之外的真实国度。</p>
```

上面代码是标记文章副标题的一种方法。添加一个 class，从而能够应用相应的 CSS。该 class 可以命名

为 subhead 等名称。

提示，曾有人提议在 HTML5 中引入 subhead 元素，用于对子标题、副标题、标语、署名等内容进行标记，但是未被 W3C 采纳。

2.4.3　使用 div 元素

有时在一段内容外包围一个容器，可以为其应用 CSS 样式或 JavaScript 效果。如果没有这个容器，页面就会不一样。评估内容考虑使用 article、section、aside 和 nav 等元素，却发现它们从语义上来讲都不合适。

这时，真正需要的是一个通用容器，一个完全没有任何语义的容器。这个容器就是 div 元素，用户可以为其添加样式或 JavaScript 效果。

【示例 1】　本示例为页面内容加上 div 以后，可以添加更多样式的通用容器。

```
<div>
    <article>
        <h1> 文章标题 </h1>
        <p> 文章内容 </p>
        <footer>
            <p> 注释信息 </p>
            <address><a href="#">W3C</a></address>
        </footer>
    </article>
</div>
```

现在有一个 div 包着所有的内容，页面的语义没有发生改变，现在我们有了一个可以用 CSS 添加样式的通用容器。

与 header、footer、main、article、section、aside、nav、h1 ～ h6 和 p 等元素一样，在默认情况下，div 元素自身没有任何默认样式，只是其包含的内容从新的一行开始。不过，我们可以对 div 添加样式以实现设计。

div 对使用 JavaScript 实现一些特定的交互行为或效果也是有帮助的。例如，在页面中展示一张照片或一个对话框，同时让背景页面覆盖一个半透明的层（这个层通常是一个 div）。

尽管 HTML 用于对内容的含义进行描述，但 div 并不是唯一没有语义价值的元素。span 是与 div 对应的一个元素：div 是块级内容的无语义容器，而 span 则是短语内容的无语义容器。例如它可以放在段落元素 p 之内。

【示例 2】　下面代码为段落文本中的部分信息进行分隔显示，以便应用不同的类样式。

```
<h1> 新闻标题 </h1>
<p> 新闻内容 </p>
<p>......</p>
<p> 发布于 <span class="date">2016 年 12 月 </span>，由 <span class="author"> 张三 </span> 编辑 </p>
```

> 提示：在 HTML 结构化元素中，div 是除 h1～h6 以外唯一早于 HTML5 出现的元素。在 HTML5 之前，div 包围大块内容（如页眉、页脚、主要内容、插图和附栏等），从而可用 CSS 为之添加样式。之前 div 没有任何语义，现在也一样。这就是 HTML5 引入 header、footer、main、article、section、aside 和 nav 的原因。这些类型的构造块在网页中普遍存在，因此它们可以成为具有独立含义的元素。在 HTML5 中，div 并没有消失，只是使用它的场合变少了。

对 article 和 aside 元素分别添加一些 CSS，让它们各自成为一栏。然而，大多数情况下，每栏都有不止一个区块的内容。例如，主要内容区第一个 article 下面可能还有另一个 article，或 section、aside 等。又如，也许想在第二栏再放一个 aside 显示指向关于其他网站的链接，或许再加一个其他类型的元素。这时可以将期望出现在同一栏的内容包在一个 div 里，然后对这个 div 添加相应的样式。但是不可以用 section，因为该元素并不能作为添加样式的通用容器。

div 没有任何语义。大多数时候，使用 header、footer、main（仅使用一次）、article、section、aside 或 nav 代替 div 会更合适。但是，如果语义上不合适，也不必为了刻意避免使用 div，而使用上述元素。div 适合所有页面容器，可以作为 HTML5 的备用容器使用。

2.4.4　使用 id 和 class

HTML 是简单的文档标识语言，而不是界面语言。文档结构大部分使用 <div> 标签来完成。为了能够识别不同的结构，一般通过定义 id 或 class 给它们赋予额外的语义，为 CSS 样式提供有效的"钩子"。

【示例 1】 构建一个简单的列表结构，并给它分配一个 id，自定义导航模块。

```
<ul id="nav">
    <li><a href="#"> 首页 </a></li>
    <li><a href="#"> 关于 </a></li>
    <li><a href="#"> 联系 </a></li>
</ul>
```

使用 id 标识页面上的元素时，id 名必须是唯一的。id 可以用来标识持久的结构性元素，例如主导航或内容区域；id 还可以用来标识一次性元素，如某个链接或表单元素。

在整个网站上，id 名应该应用于语义相似的元素以避免混淆。例如，如果联系人表单和联系人详细信息在不同的页面上，那么可以给它们分配同样的 id 名 contact。但是如果在外部样式表中给它们定义样式，就会遇到问题。因此使用不同的 id 名（如 contact_form 和 contact_details）就会简单得多。

与 id 不同，同一个 class 可以应用于页面上任意数量的元素，因此 class 非常适合标识样式相同的对象。例如，设计一个新闻页面，包含每条新闻的日期。此时不必给每个日期分配不同的 id，而是可以给所有日期分配类名 date。

> 提示：id 和 class 的名称一定要保持语义性，并与表现方式无关。例如，可以给导航元素分配 id 名为 right_nav，因为希望它出现在右边。但是，如果以后将它的位置改到左边，那么 CSS 和 HTML 就会发生歧义。所以，将这个元素命名为 sub_nav 或 nav_main 更合适，这种名称解释就不再涉及如何表现它。
>
> class 名称也是如此。例如，如果定义所有错误消息以红色显示，不要使用类名 red，而应该选择更有意义的名称，如 error 或 feedback。

> **注意**：class 和 id 名称需要区分大小写，虽然 CSS 不区分大小写，但是在标签中是否区分大小写取决于 HTML 文档类型。如果使用 XHTML 严谨型文档，那么 class 和 id 名是区分大小写的。最好的方式是保持一致的命名约定，如果在 HTML 中使用驼峰命名法，那么在 CSS 中也采用这种形式。

【示例 2】　在实际设计中，class 被广泛使用，这就容易产生滥用现象。例如，很多初学者在所有的元素上添加类，以便更方便地控制它们，这种现象被称为"多类症"。在某种程度上，这和使用基于表格的布局一样糟糕，因为它在文档中添加了无意义的代码。

```
<h1 class="newsHead"> 标题新闻 </h1>
<p class="newsText"> 新闻内容 </p>
<p>......</p>
<p class="newsText"><a href="news.php" class="newsLink"> 更多 </a></p>
```

【示例 3】　在上面的示例中，每个元素都使用一个与新闻相关的类名进行标识。这使新闻标题和正文可以采用与页面其他部分不同的样式。但是，不需要用这么多类来区分每个元素。可以将新闻条目放在一个包含框中，并加上类名 news，从而标识整个新闻条目。然后，可以使用包含框选择器识别新闻标题或文本。

```
<div class="news">
    <h1> 标题新闻 </h1>
    <p> 新闻内容 </p>
    <p>......</p>
    <p><a href="news.php"> 更多 </a></p>
</div>
```

以这种方式删除不必要的类有助于简化代码，使页面更简洁。过度依赖类名是不必要的，我们只需要在不适合使用 id 的情况下对元素应用类，而且尽可能少使用类。实际上，创建大多数文档常常只需要添加几个类。如果初学者发现自己添加了许多类，那么这很可能意味着创建的 HTML 文档结构有问题。

2.4.5　使用 title

使用 title 属性可以为文档中任何部分加上提示标签。不过，它们并不只是提示标签，加上它们之后屏幕阅读器可以为用户朗读 title 文本。因此使用 title 可以提升无障碍访问功能。

【示例】　可以为任何元素添加 title，不过用得最多的是链接。

```
<ul title=" 列表提示信息 ">
    <li><a href="#" title=" 链接提示信息 "> 列表项目 </a></li>
</ul>
```

当访问者为鼠标指向加了说明标签的元素时，title 就会显示。如果 img 元素同时包含 title 和 alt 属性，则提示框会采用 title 属性的内容，而不是 alt 属性的内容。

2.4.6　HTML 注释

可以在 HTML 文档中添加注释，标明区块开始和结束的位置，提示某段代码的意图，或者阻止内容显示等。这些注释只在源代码中可见，访问者在浏览器中是看不到它们的。

【示例】 下面的代码使用"<!--"和"-->"分隔符定义了 6 处注释。

```
<!-- 开始页面容器 -->
<div class="container">
    <header role="banner"></header>
    <!-- 应用 CSS 后的第一栏 -->
    <main role="main"></main>
    <!-- 结束第一栏 -->
    <!-- 应用 CSS 后的第二栏 -->
    <div class="sidebar"></div>
    <!-- 结束第二栏 -->
    <footer role="contentinfo"></footer>
</div>
<!-- 结束页面容器 -->
```

在主要区块的开头和结尾处添加注释是一种常见的做法，这样可以让一起合作的开发人员修改代码变得更加容易。

在发布网站之前，应该用浏览器查看一下加了注释的页面。这样能避免由于弄错注释格式导致注释内容直接暴露给访问者的情况出现。

2.5　构建语义结构

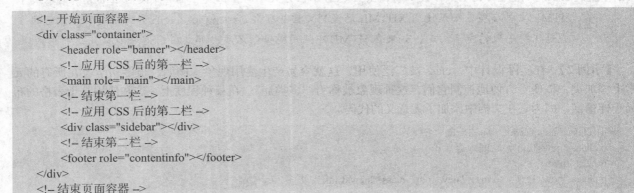

视 频 讲 解

HTML5 新增多个结构化元素，以方便用户创建更友好的页面主体框架，下面来详细学习。

2.5.1　定义页眉

如果页面中有一块包含一组介绍性或导航性内容的区域，应该用 header 元素对其进行标记。一个页面可以有任意数量的 header 元素，它们的含义根据上下文而有所不同。例如，处于页面顶端或接近这个位置的 header 可能代表整个页面的页眉（也称为页头）。

通常，页眉包括网站标志、主导航和其他全站链接，甚至搜索框。这是 header 元素最常见的使用形式，不过不是唯一的形式。

【示例 1】 本示例的这个 header 代表整个页面的页眉，它包含一组代表整个页面主导航的链接（在 nav 元素中）。可选的 role="banner" 并不适用于所有的页眉。它显式地指出该页眉为页面级的页眉，因此可以提高可访问性。

```
<header role="banner">
    <nav>
        <ul>
            <li><a href="#"> 公司新闻 </a></li>
            <li><a href="#"> 公司业务 </a></li>
            <li><a href="#"> 关于我们 </a></li>
        </ul>
    </nav>
</header>
```

这种页面级页眉的形式在网上很常见。它包含网站名称（通常为一个标识）、指向网站主要板块的导航链接，以及一个搜索框。

【示例 2】 header 也适合对页面一组介绍性或导航性内容进行标记。例如，一个区块的目录。

```
<main role="main">
    <article>
        <header>
            <h1>客户反馈 </h1>
            <nav>
                <ul>
                    <li><a href="#answer1"> 新产品什么时候上市？ </a>
                    <li><a href="#answer2"> 客户电话是多少？ </a>
                    <li> ...
                </ul>
            </nav>
        </header>
        <article id="answer1">
            <h2> 新产品什么时候上市？ </h2>
            <p>5 月 1 日上市 </p>
        </article>
        <article id="answer2">
            <h2> 客户电话是多少？ </h2>
            <p>010-66668888</p>
        </article>
    </article>
</main>
```

提示，header 只在必要时使用。大多数情况下，如果使用 h1 ～ h6 能满足需求，就没有必要用 header 将它包起来。header 与 h1 ～ h6 元素中的标题是不能互换的。它们都有各自的语义。

header 不能嵌套 footer 元素或另一个 header，也不能在 footer 或 address 元素嵌套 header。当然，不一定要像示例那样包含一个 nav 元素，不过在大多数情况下，如果 header 包含导航性链接，就可以用 nav。nav 包住链接列表是恰当的，因为它是页面的主要导航组。

2.5.2　定义导航

HTML 早期版本没有元素明确表示主导航链接的区域，HTML5 新增 nav 元素，用来定义导航。nav 中的链接可以指向页面中的内容，也可以指向其他页面或资源，或者两者兼具。无论是哪种情况，应该仅对文档中重要的链接群使用 nav。例如：

```
<header role="banner">
    <nav>
        <ul>
            <li><a href="#"> 公司新闻 </a></li>
            <li><a href="#"> 公司业务 </a></li>
            <li><a href="#"> 关于我们 </a></li>
        </ul>
    </nav>
```

```
</header>
```

这些链接（a 元素）代表一组重要的导航，因此将它们放入一个 nav 元素。role 属性并不是必需的，不过它可以提高可访问性。nav 元素不会对内容添加任何默认样式，除了开启一个新行以外，该元素没有任何默认样式。

一般习惯使用 ul 或 ol 元素对链接进行结构化。在 HTML5 中，nav 并没有取代这种最佳实践。应该继续使用这些元素，只是要在它们的外围简单地包一个 nav。

nav 能帮助不同设备和浏览器识别页面的主导航，并允许用户通过键盘直接跳至这些链接。这可以提高页面的可访问性，提升访问者的体验。

HTML5 规范不推荐对辅助性的页脚链接使用 nav，如"使用条款""隐私政策"等。不过，有时页脚会再次显示顶级全局导航，或者包含"商店位置""招聘信息"等重要链接。大多数情况推荐将页脚的此类链接放入 nav。同时，HTML5 不允许将 nav 嵌套在 address 元素中。

在页面中插入一组链接，并非意味着一定要将它们包在 nav 元素里。例如，一个新闻页面包含一篇文章，该页面包含 4 个链接列表，其中只有两个列表比较重要，可以包在 nav 中。而位于 aside 的次级导航和 footer 的链接可以忽略。

如何判断是否要对一组链接使用 nav？

这取决于内容的组织情况。一般应该将网站全局导航标记为 nav，用户可以跳至网站各个主要部分的导航。这种 nav 通常出现在页面级的 header 元素里面。

【示例】 在下面的页面中，只有两组链接放在 nav 里。另外两组由于不是主要的导航，而没有放 nav 里。

```html
<!-- 开始页面级页眉 -->
<header role="banner">
    <!-- 站点标识可以放在这里 -->
    <!-- 全站导航 -->
    <nav role="navigation">
        <ul></ul>
    </nav>
</header>
<!-- 开始主要内容 -->
<main role="main">
    <h1> 客户反馈 </h1>
    <article>
        <h2> 问题 </h2>
        <p> 反馈 </p>
    </article>
    <aside>
        <h2> 关于 </h2>
        <!-- 没有包含在 nav 里 -->
        <ul> </ul>
    </aside>
</main>
<!-- 开始附注栏 -->
<aside>
    <!-- 次级导航 -->
    <nav role="navigation">
        <ul>
```

```
                <li><a href="#"> 国外业务 </a></li>
                <li><a href="#"> 国内业务 </a></li>
            </ul>
        </nav>
</aside>
<!-- 开始页面级页脚 -->
<footer role="contentinfo">
        <!-- 辅助性链接并未包在 nav 中 -->
        <ul></ul>
</footer>
```

2.5.3　定义主要区域

一般网页都有一些不同的区块，如页眉、页脚、包含额外信息的附注栏以及指向其他网站的链接等。不过，一个页面只有一个部分代表其主要内容，可以将这样的内容包在 main 元素中，该元素在一个页面仅使用一次。

【示例】　下面的页面是一个完整的主体结构。main 元素包围着代表页面主题的内容。

```
<header role="banner">
        <nav role="navigation">[ 包含多个链接的 ul]</nav>
</header>
<main role="main">
        <article>
                <h1 id="gaudi"> 主要标题 </h1>
                <p>[ 页面主要区域的其他内容 ]</p>
        </article>
</main>
<aside role="complementary">
        <h1> 侧边标题 </h1>
        <p>[ 附注栏的其他内容 ] </p>
</aside>
<footer role="info">[ 版权 ]</footer>
```

main 元素是 HTML5 新添加的元素，一个页面仅使用一次。在 main 开始标签中加上 role="main"，这样可以帮助屏幕阅读器定位页面的主要区域。

与 p、header、footer 等元素一样，main 元素的内容显示在新的一行，除此之外不会影响页面的任何样式。如果创建的是 Web 应用，应该使用 main 包围其主要的功能。

注意，不能将 main 放置在 article、aside、footer、header 或 nav 元素中。

2.5.4　定义文章块

HTML5 的另一个新元素便是 article，使用它可以定义文章块。

【示例 1】　本示例演示了 article 元素的应用。

```
<header role="banner">
        <nav role="navigation">[ 包含多个链接的 ul]</nav>
</header>
<main role="main">
```

```
        <article>
            <h1 id="news"> 区块链 "时代号" 列车驶来 </h1>
            <p> 对于精英们来说，这个春节有点特殊。</p>
            <p> 他们身在曹营心在汉，他们被区块链搅动得燥热难耐，在兴奋、焦虑、恐慌、质疑中度过一个漫长
春节。</p>
            <h2 id="sub1">1. 三点钟无眠 </h2>
            <p><img src="images/0001.jpg" width="200"/> 春节期间，一个大佬云集的区块链群建立，因为有蔡文胜、
薛蛮子、徐小平等人的参与，群被封上了 "市值万亿"。这个名为 "三点钟无眠区块链" 的群，搅动了一池春水。</p>
            <h2 id="sub2">2. 被碾压的春节 </h2>
            <p>......</p>
        </article>
    </main>
```

为了精简，本示例对文章内容进行了缩写，略去了与上一节相同的 nav 代码。尽管在这个例子里只有段落和图像，但 article 可以包含各种类型的内容。

现在，页面有了 header、nav、main 和 article 元素，以及它们各自的内容。在不同的浏览器中，article 中标题的字号可能不同。可以应用 CSS 使它们在不同的浏览器中显示相同的大小。

article 用于定义文章类的内容，不过并不局限于此。在 HTML5 中，article 元素表示文档、页面、应用或网站中一个独立的容器，原则上是可独立分配或可再用的，就像聚合内容中的各部分。它可以是一篇论坛帖子、一篇杂志或报纸文章、一篇博客条目、一则用户提交的评论、一个交互式的小部件或小工具，或者任何其他独立的内容项。article 其他的例子包括电影或音乐评论、案例研究以及产品描述等。这些确定是独立的、可再分配的内容项。

可以将 article 嵌套在另一个 article 中，只要里面的 article 与外面的 article 是部分与整体的关系。一个页面可以有多个 article 元素。例如，博客的主页通常包括几篇最新的文章，其中每一篇都是其自身的 article。一个 article 可以包含一个或多个 section 元素。article 包含独立的 h1 ～ h6 元素。

【示例 2】 示例 1 只是使用 article 的一种方式，下面看看其他的用法。本示例展示了对基本的新闻报道或报告进行标记的方法。注意 footer 和 address 元素的使用。这里，address 只应用于其父元素 article（这里显示的 article），而非整个页面或任何嵌套在那个 article 里面的 article。

```
<article>
    <h1 id="news"> 区块链 "时代号" 列车驶来 </h1>
    <p> 对于精英们来说，这个春节有点特殊。</p>
    <!-- 文章的页脚，并非页面级的页脚 -->
    <footer>
        <p> 出处说明 </p>
        <address>
        访问网址 <a href="https://www.huxiu.com/article/233472.html"> 虎嗅 </a>
        </address>
    </footer>
</article>
```

【示例 3】 本示例展示了嵌套在父元素 article 里面的 article 元素。该例中嵌套的 article 是用户提交的评论，就像在博客或新闻网站上见到的评论部分。该例还显示了 section 元素和 time 元素的用法。这些只是使用 article 及相关元素的几个常见方式。

```
<article>
    <h1 id="news"> 区块链 "时代号" 列车驶来 </h1>
    <p> 对于精英们来说，这个春节有点特殊。</p>
```

```
        <section>
            <h2> 读者评论 </h2>
            <article>
                <footer> 发布时间
                    <time datetime="2018-02-20">2018-2-20</time>
                </footer>
                <p> 评论内容 </p>
            </article>
            <article>[ 下一则评论 ]</article>
        </section>
    </article>
```

每条读者评论都包含在一个 article 里，这些 article 元素则嵌套在主 article 中。

2.5.5 定义区块

section 元素代表文档或应用的一个一般的区块。section 是具有相似主题的一组内容，通常包含一个标题。section 包含章节、标签式对话框中的各种标签页和论文中带编号的区块。例如，网站的主页可以分成介绍、新闻条目、联系信息等区块。

section 定义通用的区块，但不要将它与 div 元素混淆。从语义上讲，section 标记的是页面中的特定区域，div 则不传达任何语义。

【示例1】 下面的代码将主体区域划分为 3 个独立的区块。

```
<main role="main">
    <h1> 主要标题 </h1>
    <section>
        <h2> 区块标题 1</h2>
        <ul> 标题列表 </ul>
    </section>
    <section>
        <h2> 区块标题 2</h2>
        <ul> 标题列表 </ul>
    </section>
    <section>
        <h2> 区块标题 3</h2>
        <ul> 标题列表 </ul>
    </section>
</main>
```

【示例2】 几乎所有新闻网站都会对新闻进行分类，每个类别都可以标记为一个 section。

```
<h1> 网页标题 </h1>
<section>
    <h2> 区块标题 1</h2>
    <ol>
        <li> 列表项目 1</li>
        <li> 列表项目 2</li>
        <li> 列表项目 3</li>
    </ol>
```

```
    </section>
    <section>
        <h2> 区块标题 2</h2>
        <ol>
            <li> 列表项目 1</li>
        </ol>
    </section>
```

与其他元素一样，section 并不影响页面的显示。

如果只是出于添加样式的原因，要对内容添加一个容器，应使用 div，而不是 section。

可以将 section 嵌套在 article 里，从而显式地标出报告、故事和手册等文章的不同部分或不同章节。例如，可以在本例中使用 section 元素包裹不同的内容。

使用 section 时，记住"具有相似主题的一组内容"，这也是 section 区别于 div 的另一个原因。section 和 article 的区别在于：section 在本质上组织性和结构性更强，而 article 代表的是自包含的容器。

在考虑是否使用 section 的时候，开发人员一定要仔细思考，不过也不必每次都担心是否用对。有时，些许主观并不会影响页面正常工作。

2.5.6　定义附栏

页面可能会有一部分内容与主体内容无关，但可以独立存在。在 HTML5 中，可以使用 aside 元素表示重要引述、侧栏、指向相关文章的一组链接（针对新闻网站）、广告、nav 元素组（如博客的友情链接）、微信或微博源和相关产品列表（通常针对电子商务网站）等。

表面上看，aside 元素表示侧栏，但该元素还可以用在页面的很多地方，具体依上下文而定。如果 aside 嵌套在页面主要内容内（而不是作为侧栏位于主要内容之外），则其中的内容应与其所在的内容密切相关，而不是仅与页面整体内容相关。

【示例】　在本示例中，aside 是有关次要信息，与页面主要关注的内容相关性稍差，且可以在没有这个上下文的情况下独立存在。可以将它嵌套在 article 里面，或者将它放在 article 后面，使用 CSS 让它看起来像侧栏。aside 里面的 role="complementary" 是可选的，可以提高可访问性。

```
<header role="banner">
    <nav role="navigation">[ 包含多个链接的 ul]</nav>
</header>
<main role="main">
    <article>
        <h1 id="gaudi"> 主要标题 </h1>
    </article>
</main>
<aside role="complementary">
    <h1> 次要标题 </h1>
    <p> 描述文本 </p>
    <ul>
        <li> 列表项 </li>
    </ul>
    <p><small> 出自：<a href="http://www.w3.org/" rel="external"><cite>W3C</cite></a></small></p>
</aside>
```

HTML 应该将附栏内容放在 main 之后。出于 SEO 和可访问性的目的，最好将重要的内容放在前面。CSS 可以改变它们在浏览器中的显示顺序。

对于与内容有关的图像，使用 figure 而非 aside。HTML5 不允许将 aside 嵌套在 address 元素内。

2.5.7 定义页脚

页脚一般位于页面底部，通常包括版权声明，还可能包括指向隐私政策页面的链接，以及其他类似的内容。HTML5 的 footer 元素可以用在这样的地方，但它同 header 一样，还可以用在其他的地方。

footer 元素表示嵌套它的最近的 article、aside、blockquote、body、details、fieldset、figure、nav、section 或 td 元素的页脚。只有当它最近的元素是 body 时，它才是整个页面的页脚。

如果一个 footer 包围所在区块（如一个 article）的所有内容，那么它代表的是像附录、索引、版权页和许可协议这样的内容。

页脚通常包含它所在区块的信息，如指向相关文档的链接、版权信息、作者及其他类似条目。页脚并不一定要位于所在元素的末尾，不过通常是这样的。

【示例 1】 在本示例中，这个 footer 代表页面的页脚，因为离它最近的元素是 body 元素。

```
<header role="banner">
    <nav role="navigation"> 链接列表 </nav>
</header>
<main role="main">
    <article>
        <h1 id="gaudi"> 主要标题 </h1>
        <h2> 次标题 </h2>
    </article>
</main>
<aside role="complementary">
    <h1> 次标题 </h1>
</aside>
<footer>
    <p><small> 版权信息 </small></p>
</footer>
```

页面有 header、nav、main、article、aside 和 footer 元素，当然并非每个页面都需要以上所有元素，但它们代表了 HTML 中页面的主要构成要素。

footer 元素本身不会为文本添加任何默认样式。这里，版权信息的字号比普通文本的小，这是因为它嵌套在 small 元素里。像其他内容一样，CSS 可以修改 footer 元素所含内容的字号。

提示：不能在 footer 里嵌套 header 或另一个 footer。同时，也不能将 footer 嵌套在 header 或 address 元素里。

【示例 2】 在本示例中，第一个 footer 包含在 article 内，因此是属于该 article 的页脚；第二个 footer 是页面级的。只能对页面级的 footer 使用 role="contentinfo"，且一个页面只能使用一次。

```
<article>
    <h1> 文章标题 </h1>
    <p> 文章内容 </p>
    <footer>
```

```
        <p> 注释信息 </p>
        <address><a href="#">W3C</a></address>
    </footer>
</article>
<footer role="contentinfo"> 版权信息 </footer>
```

2.5.8 使用 role

role 是 HTML5 新增属性，作用是告诉 Accessibility 类应用（如屏幕阅读器等）当前元素所扮演的角色，主要是供残障人士使用。使用 role 可以增强文本的可读性和语义化。

在 HTML5 元素内，标签本身就是有语义的，因此 role 作为可选属性使用，但是在很多流行的框架（如 Bootstrap）中都很重视类似的属性和声明，目的是兼容老版本的浏览器（用户代理）。

role 属性主要应用于文档结构和表单中。例如，设置输入密码框对于正常人可以用 placeholder 提示输入密码，但是对于残障人士是无效的，这个时候就需要 role 了。另外，老版本的浏览器由于不支持 HTML5 标签，所以有必要使用 role 属性。

例如，下面的代码告诉屏幕阅读器此处有一个复选框，且已经被选中。

```
<div role="checkbox" aria-checked="checked"> <input type="checkbox" checked></div>
```

下面是 role 常用的角色值。

☑ role="banner"（横幅）

面向全站的内容，通常包含网站标志、网站赞助者标志、全站搜索工具等。横幅通常显示在页面的顶端，而且通常横跨整个页面的宽度。

使用方法：将其添加到页面级的 header 元素，每个页面只用一次。

☑ role="navigation"（导航）

文档内不同部分或相关文档的导航性元素（通常为链接）的集合。

使用方法：与 nav 元素是对应关系。应将其添加到每个 nav 元素中，或其他包含导航性链接的容器中。这个角色可在每个页面上使用多次，但是同 nav 一样，不要过度使用该属性。

☑ role="main"（主体）

文档的主要内容。

使用方法：与 main 元素是对应关系。最好将其添加到 main 元素中，也可以添加到其他表示主体内容的元素（可能是 div）中。在每个页面仅使用一次。

☑ role="complementary"（补充性内容）

文档中作为主体内容补充的支撑部分，它对区分主体内容是有意义的。

使用方法：与 aside 元素是对应关系。应将其添加到 aside 或 div 元素中（前提是该 div 仅包含补充性内容）。一个页面可以包含多个 complementary 角色，但不要过度使用。

☑ role="contentinfo"（内容信息）

包含关于文档的信息的大块、可感知区域。这类信息的例子包括版权声明和指向隐私权声明的链接等。

使用方法：将其添加至整个页面的页脚中（通常为 footer 元素），且每个页面仅使用一次。

【示例】 下面的代码演示了文档结构如何应用 role。

```
<!-- 开始页面容器 -->
<div class="container">
```

```
<header role="banner">
    <nav role="navigation">[ 包含多个链接的列表 ]</nav>
</header>
<!-- 应用 CSS 后的第一栏 -->
<main role="main">
    <article></article>
    <article></article>
    [ 其他区块 ]
</main>
<!-- 结束第一栏 -->
<!-- 应用 CSS 后的第二栏 -->
<div class="sidebar">
    <aside role="complementary"></aside>
    <aside role="complementary"></aside>
    [ 其他区块 ]
</div>
<!-- 结束第二栏 -->
<footer role="contentinfo"></footer>
</div>
<!-- 结束页面容器 -->
```

注意，即便不使用 role 角色，页面看起来也没有任何差别，但是使用它们可以提升使用辅助设备的用户的体验。出于这个理由，推荐使用它们。

对表单元素来说，form 角色是多余的，search 用于标记搜索表单，application 则属于高级用法。当然，不要在页面上过多地使用 role 属性。过多的 role 属性会让使用屏幕阅读器的用户感到累赘，降低 role 的作用，影响整体体验。

2.6　案例实战

视频讲解

本节将借助 HTML5 新元素设计一个博客首页。

【操作步骤】

第 1 步，新建 HTML5 文档，保存为 test1.html。

第 2 步，根据上面各节介绍的知识，开始构建个人博客首页的框架结构。设计结构最大限度地选用 HTML5 新结构元素，所设计的模板页面基本结构如下所示。

```
<header>
    <h1>[ 网页标题 ]</h1>
    <h2>[ 次级标题 ]</h2>
    <h4>[ 标题提示 ]</h4>
</header>
<main>
    <nav>
        <h3>[ 导航栏 ]</h3>
        <a href="#"> 链接 1</a> <a href="#"> 链接 2</a> <a href="#"> 链接 3</a>
    </nav>
    <section>
```

```
        <h2>[ 文章块 ]</h2>
        <article>
            <header>
                <h1>[ 文章标题 ]</h1>
            </header>
            <p>[ 文章内容 ]</p>
            <footer>
                <h2>[ 文章脚注 ]</h2>
            </footer>
        </article>
    </section>
    <aside>
        <h3>[ 辅助信息 ]</h3>
    </aside>
    <footer>
        <h2>[ 网页脚注 ]</h2>
    </footer>
</main>
```

　　整个页面包括两个部分：标题和主要内容。标题部分又包括网站标题、副标题和提示性标题信息。主要内容包括 4 个部分：导航、文章块、侧边栏和脚注。文章块包括 3 个部分：标题、正文和脚注。

　　第 3 步，在模板页面基础上，开始细化本示例博客首页。下面仅给出本例首页的静态页面结构，如果用户需要后台动态生成内容，则可以考虑在模板结构基础上另外设计。把 test1.html 另存为 test2.html，细化后的静态首页效果如图 2.9 所示。

　　提示，限于篇幅，本节没有展示完整的页面代码，读者可以通过本节示例源代码了解完整的页面结构。

　　第 4 步，设计页面样式部分代码。这里主要使用了 CSS3 的一些新特性，如圆角（border-radius）和旋转变换等，通过 CSS3 设计的页面的显示效果如图 2.10 所示。相关 CSS3 技术介绍请参阅后面章节内容。

　　提示，考虑到本章重点学习 HTML5 新元素的应用，所以本节示例不再深入讲解 CSS 样式代码的设计过程，感兴趣的读者可以参考本节示例源代码中的 test3.html 文档。

图 2.9　细化后的首页页面效果

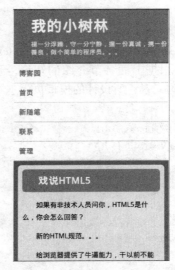

图 2.10　博客首页的页面完成效果

第 5 步，对于早期版本浏览器，或者不支持 HTML5 的浏览器，需要添加一个 CSS 样式，因为未知元素默认为行内显示（display:inline），HTML5 结构元素需要默认为块状显示。

```css
article, section, nav, aside, main, header, hgroup, footer {
    display: block;
}
```

第 6 步，一些浏览器不允许样式化不支持的元素。这种情形出现在 IE8 及以前的浏览器中，因此还需要使用下面的 JavaScript 脚本进行兼容。

```html
<!--[if lt IE 9]>
  <script>
    document.createElement("article");
    document.createElement("section");
    document.createElement("nav");
    document.createElement("aside");
    document.createElement("main");
    document.createElement("header" );
     document.createElement("hgroup" );
    document.createElement("footer" );
  </script>
<![endif]-->
```

第 7 步，如果浏览器禁用了脚本，则不会显示页面，可能会出问题。因为这些元素定义整个页面的结构。为了防止这种情况发生，可以加上 <noscript> 标签提示。

```html
<noscript>
  <h1> 警告 </h1>
  <p> 因为你的浏览器不支持 HTML5，一些元素是模拟使用 JavaScript。不幸的是，您的浏览器已禁用脚本。请启用它以显示此页。</p>
</noscript>
```

2.7　在线练习

在 线 练 习

本节将通过大量的上机示例，帮助初学者练习使用 HTML 结构标签设计各种网页模块。

第3章

JavaScript 基础

（视频讲解：2 小时 12 分钟）

JavaScript 是一种轻量级、解释型的 Web 开发语言，获得了所有设备的支持，是 Web 移动应用开发必须掌握的基础语言之一。本章将简单介绍 JavaScript 的基本用法。

【学习要点】
▶▶ 正确使用变量。
▶▶ 灵活使用表达式和运算符。
▶▶ 正确使用语句。
▶▶ 了解使用函数、对象和数组的基本方法。

3.1 在网页中使用 JavaScript

视频讲解

在 HTML 页面中嵌入 JavaScript 脚本需要使用 <script> 标签，在 <script> 标签中可以直接编写 JavaScript 代码，也可以编写单独的 JavaScript 文件，然后通过 <script> 标签导入 HTML 文档。

3.1.1 编写脚本

使用 <script> 标签有两种方式：在页面中嵌入 JavaScript 代码和导入外部 JavaScript 文件。

【示例 1】 直接在页面中嵌入 JavaScript 代码。

第 1 步，新建 HTML 文档，保存为 test.html，然后在 <head> 标签内插入一个 <script> 标签。

第 2 步，为 <script> 标签指定 type 属性值为 "text/javascript"。现代浏览器默认 <script> 标签的类型为 JavaScript 脚本，因此省略 type 属性依然能够被正确执行。

第 3 步，直接在 <script> 标签内部输入 JavaScript 代码：

```
<!doctype html>
<html>
<head>
<meta charset="utf-8">
<title>test</title>
<script type="text/javascript">
function hi(){
    document.write("<h1>Hello,World!</h1>");
}
hi();
</script>
</head>
<body>
</body>
</html>
```

上面的 JavaScript 脚本先定义了一个 hi() 函数，该函数被调用后会在页面中显示 "Hello,World!"。document 表示 DOM 网页文档对象，document.write() 表示调用 Document 对象的 write() 方法，在当前网页源代码中写入 HTML 字符串 "<h1>Hello,World!</h1>"。

调用 hi() 函数，浏览器将在页面中显示一级标题 "Hello,World!"。

第 4 步，保存网页文档，在浏览器中预览，显示效果如图 3.1 所示。

图 3.1　第一个 JavaScript 程序

【示例 2】 页面导入外部 JavaScript 文件。

第 1 步，新建文本文件，保存为 test.js。注意，扩展名为 .js，它表示该文本文件是 JavaScript 类型的文件。

第 2 步，打开 test.js 文本文件，在其中编写下面的代码，定义简单的输出函数。

```javascript
function hi(){
    alert("Hello,World!");
}
```

在上面的代码中，alert() 表示 Window 对象的方法，调用该方法将弹出一个提示对话框，显示参数字符串"Hello,World!"。

第 3 步，保存 JavaScript 文件，注意其与网页文件的位置关系。这里 JavaScript 文件位置与调用该文件的网页文件应位于相同目录下。

第 4 步，新建 HTML 文档，保存为 test1.html，然后在 <head> 标签内插入一个 <script> 标签。定义 src 属性，设置属性值为指向外部 JavaScript 文件的 URL。代码如下所示。

```html
<script type="text/javascript" src="test.js"></script>
```

第 5 步，在上面 <script> 标签的下一行继续插入一个 <script> 标签，直接在 <script> 标签内部输入 JavaScript 代码，调用外部 JavaScript 文件的 hi() 函数。

```html
<!doctype html>
<html>
<head>
<meta charset="utf-8">
<title>test</title>
<script type="text/javascript" src="test.js"></script>
<script type="text/javascript">
hi(); // 调用外部 JavaScript 文件的函数
</script>
</head>
<body>
</body>
</html>
```

第 6 步，保存网页文档，在浏览器中预览，显示效果如图 3.2 所示。

图 3.2　调用外部函数弹出提示对话框

线 上 阅 读

Note

3.1.2 脚本在网页中的位置

所有 <script> 标签都会按照它们在 HTML 中出现的先后顺序依次被浏览器解析。在不使用 <script> 标签的 defer 和 async 属性的情况下，浏览器只有在解析完前面 <script> 标签中的代码之后，才会开始解析后面的代码。

【示例 1】 在默认情况下，所有 <script> 标签都应该放在页面头部的 <head> 标签中。

```
<!doctype html>
<html>
<head>
<meta charset="utf-8">
<title>test</title>
<script type="text/javascript" src="test.js"></script>
<script type="text/javascript">
hi();
</script>
</head>
<body>
<!-- 网页内容 -->
</body>
</html>
```

这样就可以把所有外部文件（包括 CSS 文件和 JavaScript 文件）的引用都放在相同的地方。但是，文档的 <head> 标签包含所有 JavaScript 文件，意味着必须等到全部 JavaScript 代码都被下载、解析和执行完成以后，页面的内容才能开始呈现。如果页面需要很多 JavaScript 代码，无疑会导致浏览器在呈现页面时出现明显的延迟，而延迟期间浏览器窗口中将是一片空白。

【示例 2】 为了避免延迟问题，现代 Web 应用程序一般都把全部 JavaScript 引用放在 <body> 标签中页面的内容后面。

```
<!doctype html>
<html>
<head>
<meta charset="utf-8">
</head>
<body>
<!-- 网页内容 -->
<<title>test</title>
<script type="text/javascript" src="test.js"></script>
<script type="text/javascript">
hi();
</script>
/body>
</html>
</html>
```

这样，在解析包含的 JavaScript 代码之前，页面的内容将完全呈现在浏览器中，同时打开页面的速度会加快。

【拓展】

<script> 标签还有很多高级用法和需要注意的问题，感兴趣的读者可以扫码阅读。

3.2　JavaScript 基本规范

视频讲解

编写正确的 JavaScript 脚本，需要掌握最基本的规范，下面简单了解一下。

1. 大小写敏感

JavaScript 对大小写是非常敏感的，建议使用小写字符命名变量。对于复合变量，使用驼峰命名法命名；对于构造函数使用首字母大写。例如：

```
var Class = function(){};                    // 声明类型，习惯首字母大写
var myclass = new Class();                   // 声明变量，习惯小写
```

2. 格式化

JavaScript 一般会忽略分隔符，如空格符、制表符和换行符。在保证不引起歧义的情况下，用户可以利用分隔符对脚本进行格式化排版。

3. 代码注释

JavaScript 支持两种注释形式，如下所示。

☑　单行注释，以双斜杠进行标识，例如：

线 上 阅 读

```
// 这是注释，请不要解析我
```

☑　多行注释，以 "/*" 和 "*/" 分隔符进行标识，例如：

```
/*
多行注释
请不要解析我们
*/
```

【拓展】

本节简单介绍了 JavaScript 常见的脚本规范。作为一门高级语言，实际上它的规范是非常多的，感兴趣的读者可以扫码了解。

3.3　变量和类型

视频讲解

JavaScript 是一种弱类型语言，在定义变量时不需要指定类型，一个变量可以存储任何类型的值。在运算时，JavaScript 能自动转换数据类型。但是在特定条件下，开发人员还需要了解 JavaScript 的数据类型，以及掌握数据类型转换的基本方法。

3.3.1　变量

JavaScript 使用 var 关键字声明变量。声明变量的五种形式如下：

```
var a;                        //声明单个变量。var 关键字与变量名之间以空格分隔
var b, c;                     //声明多个变量。变量之间以逗号分隔
var d = 1;                    //声明并初始化变量。等号左侧是变量名，等号右侧是值
var e = 2, f = 3;             //声明并初始化多个变量。以逗号分隔多个变量
var e = f = 3;                //声明并初始化多个变量，且定义变量的值相同
```

声明变量之后，如果没有初始化，变量初始值为 undefined（未定义的值）。

JavaScript 变量可以分为全局变量和局部变量。全局变量在整个页面中可见，并允许在页面任何位置访问。局部变量只能在指定函数内可见，函数外面是不可见的，也不允许访问。

函数内部使用 var 关键字声明的变量就是局部变量，该变量的作用域仅限于当前函数体。不使用 var 关键字定义的变量都是全局变量，不管是在函数内还是在函数外，全局变量在整个页面脚本中都是可见的。

【示例】 本示例出使用 var 关键字在函数内外分别声明，并初始化变量 a，a 在不同作用域内显示为不同的值。相反如果不使用 var 关键字声明变量 b 时，会发现域外和域内的变量 b 显示相同的值，因为 b = "b(域内) = 域内变量
"; 将覆盖 var b = "b(域外) = 全局变量
"; 的值，在浏览器中预览的效果如图 3.3 所示。

```
var a = "a( 域外 ) = 全局变量 <br />";          //声明全局变量 a
var b = "b( 域外 ) = 全局变量 <br />";          //声明全局变量 b
function f() {
    var a = "a( 域内 ) = 域内变量 <br />";       //声明局部变量 a
    b = "b( 域内 ) = 域内变量 <br />";           //重写全局变量 b 的值
    document.write(a);                          //输出变量 a 的值
    document.write(b);                          //输出变量 b 的值
}
f();                                            //调用函数
document.write(a);                              //输出变量 a 的值
document.write(b);                              //输出变量 b 的值
```

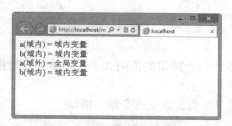

图 3.3 变量作用域

3.3.2 数据类型

JavaScript 定义了 6 种基本数据类型，如表 3.1 所示。

表 3.1 JavaScript 的 6 种基本数据类型

数 据 类 型	说 明
null	空值。表示变量不存在，当为对象的属性赋值为 null 时，表示删除该属性
undefined	未定义。当声明变量，而没有赋值时会显示该值。可以为变量赋值为 undefined

续表

数 据 类 型	说 明
number	数值。最原始的数据类型，表达式计算的载体
string	字符串。最抽象的数据类型，信息传播的载体
boolean	布尔值。最机械的数据类型，逻辑运算的载体
object	对象。面向对象的基础

【示例】 使用 typeof 运算符可以检测数据的基本类型。下面的代码使用 typeof 运算符分别检测常用直接量的值的类型。

```
alert(typeof 1);                    // 返回字符串 "number"
alert(typeof "1");                  // 返回字符串 "string"
alert(typeof true);                 // 返回字符串 "boolean"
alert(typeof {});                   // 返回字符串 "object"
alert(typeof []);                   // 返回字符串 "object "
alert(typeof function(){});         // 返回字符串 "function"
alert(typeof null);                 // 返回字符串 "object"
alert(typeof undefined);            // 返回字符串 "undefined"
```

3.4 表达式和运算符

视频讲解

JavaScript 运算符比较多，表达式的形式也比较灵活，它们是 JavaScript 编程的基础，需要读者认真学习。

3.4.1 表达式

表达式是可以运算，且必须返回一个确定的值的式子。表达式一般由常量、变量、运算符和子表达式构成。

最简单的表达式可以是一个简单的值、常量或变量。例如：

```
1                    // 数字表达式
"a"                  // 字符串表达式
true                 // 布尔值表达式
a                    // 变量表达式
```

值表达式的返回值为它本身，而变量表达式的返回值为变量存储或引用的值。

把这些简单的表达式合并为一个复杂的表达式，那么连接这些表达式的符号就是运算符。运算符就是根据特定算法定义的执行运算的命令。

【示例】 在本示例代码中，变量 a、b、c 就是最简单的变量表达式。1 和 2 是最简单的值表达式，"="和 "+" 是连接这些简单表达式的运算符，最后形成 3 个稍复杂的表达式："a = 1" "b = 2" 和 "c = a + b"。

```
var a = 1, b = 2;
var c = a + b;
```

3.4.2 运算符

运算符一般使用符号来表示，如 +、-、/、= 和 | 等，也有些运算符使用关键字来表示，如 delete、void 等。根据结合操作数的个数，JavaScript 运算符可以分为以下 3 种类型。

- ☑ 一元运算符：一个运算符能够结合一个操作数，把一个操作数运算后转换为另一个操作数，如 ++、-- 等。
- ☑ 二元运算符：一个运算符能够结合两个操作数，形成一个复杂的表达式。大部分运算符都属于二元运算符。
- ☑ 三元运算符：一个运算符能够结合三个操作数，把三个操作数合并为一个表达式，最后返回一个值。JavaScript 仅定义了一个三元运算符（?:），它相当于条件语句。

> 💡 提示：使用运算符应注意如下两个问题。
> - ☑ 了解并掌握每一种运算符的用途和用法。特别是一些特殊的运算符，需要识记和不断积累应用技巧。
> - ☑ 熟悉每个运算符的运算顺序、运算方向和运算类型。

注意，JavaScript 运算符的详细说明请扫码了解。

运算符比较多，用法灵活，要想完全掌握，需要读者认真学习，并不断实践和积累经验。下面通过几个实例讲解特殊运算符的用法。

线 上 阅 读

- ☑ 条件运算符

条件运算符（?:）是 JavaScript 唯一的一个三元运算符，其语法格式如下。

```
condition ? expr1 : expr2
```

condition 是一个逻辑表达式，当其为 true 时，执行 expr1 表达式，否则执行 expr2 表达式。条件运算符可以拆分为条件结构：

```
if(condition)
    expr1;
else
    expr2;
```

【示例 1】 借助三元运算符的初始化变量值为 "no value"，而不是默认的 undefined。下面的代码设计了当变量未声明或未初始化时，为其赋值为 "no value"；如果被初始化，则使用被赋予的值。

```
name = name ? name : "no value";          //通过三元运算符初始化变量的值
```

- ☑ 逗号运算符

逗号运算符（,）能够依次计算两个操作数并返回第 2 个操作数的值。

【示例 2】 在本示例中，先定义一个数组 a[]，然后利用逗号运算符在一个 for 循环体内同时计算两个变量值的变化。这时可以看到输出数组都是位于二维数组的对角线上，如图 3.4 所示。

```
var a = [];                               //声明并初始化变量 a 的值
for(var i = 0, j = 10; i <= 10; i ++ , j --){   //在循环体中使用逗号运算符实现额外计算任务
    a[i, j] = i + j;
    document.writeln("a[" + i + "," + j + "]= " + a[i, j]);
}
```

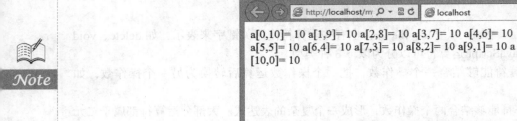

图 3.4　逗号运算符的计算效果

☑　void 运算符

void 运算符指定要计算一个表达式，但是不返回值，其语法格式如下。

```
javascript:void (expression)
javascript:void expression
```

expression 是一个 JavaScript 标准表达式，表达式外侧的圆括号是可选的。例如：

```
<a href="javascript:void(document.forms[0].submit())"> 提交表单 </a>
```

上面的代码创建了一个超链接，用户单击时不会发生任何事，void(0) 计算为 0，但在 JavaScript 上没有任何效果。

视频讲解

3.5　语句

线上阅读

语句就是 JavaScript 指令，通过这些指令可以设计程序的逻辑执行顺序。

提示：JavaScript 定义了很多语句，具体分类和说明请扫码阅读。

3.5.1　表达式语句和语句块

如果在表达式的尾部附加一个分号，它就会形成一个表达式语句。JavaScript 默认独立成行的表达式也是表达式语句，解析时自动补加分号。表达式语句是最简单、最基本的语句。这种语句一般按着从上到下的顺序依次执行。

【示例】　语句块就是由大括号包含的一个或多个语句。在下面的代码段中，第一行是一个表达式语句，第二行到第五行是一个语句块，该语句块中包含两个简单的表达式语句。

```
var a,b,c;                          // 表达式语句
{                                   // 语句块
    a=b=c=1
    a = b+ c;
}
```

3.5.2 条件语句

程序的基本逻辑结构包括 3 种：顺序、选择和循环。大部分控制语句都属于顺序结构，而条件语句属于选择结构，它主要包括 if 语句和 switch 语句。

1. if 语句

if 语句的基本语法如下。

```
if (condition)
    statements
```

其中，condition 是一个表达式，statements 是一个句子或段落。当 condition 表达式的结果不是 false 且不能够转换为 false 时，程序就执行 statements 从句的内容，否则就不执行。

【示例1】 下面的条件语句的从句是一个句子。该条件语句先判断指定变量是否被初始化，如果没有被初始化，则新建对象。

```
if(typeof(o) == "undefined")                    // 如果变量 o 未定义，则重新定义
    o = new Object();
```

【示例2】 下面的条件语句的从句是一个段落。该条件语句先判断变量 a 是否大于变量 b，如果大于则交换值。

```
if(a > b) {                                      // 如果 a 大于 b，则执行下面的语句块
    a = a - b;
    b = a + b;
    a = b - a;
}
```

如下语法形式在 if 语句的基本形式上还可以扩展，它表示如果 condition 表达式条件为 true，则执行 statements1 从句，否则执行 statements2 从句。

```
if (condition)
    statements1
else
    statements2
```

【示例3】 可以按如下方式在示例 2 的基础上扩展它的表现行为。如果 a 大于 b，则替换它们的值，否则输出提示信息，如图 3.5 所示。

图 3.5　条件语句的应用

```
var a = 2, b = 4;
if(a > b) {                                    // 如果 a 大于 b，则执行下面的语句块
    a = a - b;
    b = a + b;
    a = b - a;
}
else                                           // 如果 a 不大于 b，则输出提示信息
    document.write("b 大于 a，无法交换 ");
```

2. switch 语句

对于多条件的嵌套结构，更简洁的方法是使用 switch 语句，其语法格式如下。

```
switch (expression){
    case label1 :
        statement1;
        break;
    case label2 :
        statement2;
        break;
    ......
    default : statementn;
}
```

switch 语句首先计算 switch 关键字后面的表达式，然后按出现的先后顺序计算 case 后面的表达式，直到找到与 switch 表达式的值等同（===）的值为止。case 表达式通过等同运算来进行判断，表达式匹配的时候不进行类型转换。

如果没有一个 case 标签与 switch 后面的表达式匹配，switch 语句就开始执行标签为 default 的语句体。如果没有 default 标签，switch 语句就跳出整个结构体。在默认情况下，default 标签通常放在末尾，当然也可以放在 switch 主体的任意位置。

【示例 4】 本示例使用 prompt() 方法获取用户输入的值，然后根据输入的值判断用户是几年级，演示效果如图 3.6 所示。

```
var age = prompt(' 您好，请输入你的年级 ',"") ;
switch(age){
    case "1":
        alert(" 你上一年级！ ");
        break;
    case "2":
        alert(" 你上二年级！ ");
        break;
    case "3":
        alert(" 你上三年级！ ");
        break;
    default:
        alert(" 不知道你上几年级 ");
}
```

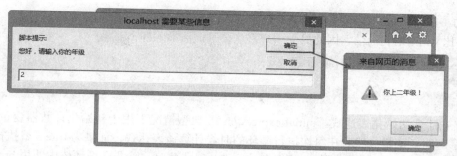

图 3.6　switch 语句的应用

3.5.3　循环语句

循环语句就是能够重复执行相同操作的语句。作为 JavaScript 的基本结构，循环语句在应用开发中也是经常使用。与 if 语句一样，循环语句也有两种基本语法形式：while 语句和 for 语句。

1．while 语句

while 语句的基本语法形式如下：

```
while (condition) {
    statements
}a
```

while 语句在每次循环开始之前都要计算 condition 表达式。如果为 true，则执行循环体内的语句；如果为 false，就跳出循环体，转而执行 while 语句后面的语句。

【示例 1】　在下面这个循环语句中，当变量 a 大于等于 10 之前，while 语句将循环 10 次输出显示变量 a 的值，变量 a 的值在结构体内不断递增。

```
var a = 0;
while (a < 10 ){
    document.write(a);
    a ++ ;
}
```

while 语句还有一种特殊的变体，其语法形式如下。

```
do
    statement
while (condition);
```

在这种语句体中，首先执行 statement 语句块一次，每次循环完成之后计算 condition 条件，并且会在每次条件计算为 true 的时候重新执行 statement 语句块。如果 condition 条件计算为 false，会跳转到 do/while 后面的语句。

【示例 2】　可将示例 1 改写为下面的形式。

```
var a = 0;
do{
    document.write(a);
    a ++ ;
}while (a < 10 );
```

2. for 语句

for 语句要比 while 语句简洁，因此更受用户喜欢，其语法形式如下。

```
for ([initial-expression;] [condition;] [increment-expression]) {
    statements
}
```

for 语句首先计算初始化表达式（initial-expression），典型情况下用于初始化计数器变量，该表达式可选用 var 关键字声明新变量。然后在每次执行循环的时候计算该表达式，如果为 true，就执行 statements 中的语句。该条件测试是可选的，如果缺省则条件永远为 true。此时，除非在循环体内使用 break 语句，否则不能终止循环。increment-expression 表达式通常用于更新或自增计数器变量。

【示例 3】 将上面的示例用 for 语句设计，则代码如下。

```
for(var i = 0; i < 10; i ++ ){
    document.write(i);
}
```

for 循环语句也可以引入多个计数器，并在每次循环中改变它们的值。例如：

```
for(var a = 1, b = 1, c = 1; a + b + c < 100; a ++ , b += 2 , c *= 2){
    document.write( "a=" + a + ",b=" + b + ",c=" + c + "<br/>");
}
```

上面的示例引入了 3 个计数器，并分别在每次循环中改变它们的值，循环的条件是 3 个计数器的总和小于 100，执行效果如图 3.7 所示。

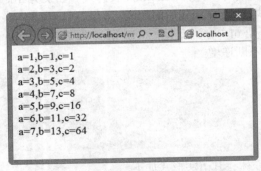

图 3.7　多计数器的循环语句运行效果

3.5.4　跳转语句

跳转语句能够从所在的分支、循环或从函数调用返回的语句跳出。JavaScript 的跳转语句包括 3 种：break 语句、continue 语句和 return 语句。

break 语句用来退出循环或者 switch 语句，其语法格式如下。

```
break;
```

【示例 1】 在下面这个示例中设置 while 语句的循环表达式永远为 true（while 能够转换数值 1 为 true）。然后在 while 循环结构体中设置一个 if 语句，判断当变量 i 大于 50 时，程序跳出 while 循环体。

```
var i = 0;
while(1){
    if(i > 50) break;
    i ++ ;
    document.write(i);
}
```

【**示例 2**】 跳转语句也可以与标记结合使用,实现跳转到指定的行,而不是仅仅跳出循环体。在下面的嵌套 for 循环体内,在外层 for 语句中定义一个标记 x,然后内层 for 语句使用 if 语句设置,当 a 大于 5 时跳出外层 for 语句,运行效果如图 3.8 所示。

```
x : for( a = 1 ; a < 10 ; a ++ ){                    // 添加标签
    document.write("<br />" + a + "<br />");
    for(var b = 1; b < 10; b ++ ){
        if(a > 5) break x;                          // 如果 a 大于 5,跳出标签
        document.write(b);
    }
}
```

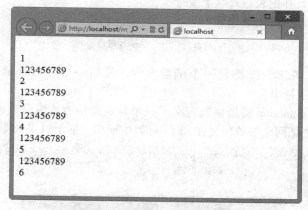

图 3.8 跳转语句与标记配合使用

continue 语句的用法与 break 语句相似,唯一的区别是 continue 语句不会退出循环,而是开始新的迭代(即重新执行循环语句)。不管带标记还是不带标记,continue 语句只能用在循环语句的循环体中。

return 语句用来指定函数的返回值,它只能用在函数或者闭包中,其语法形式如下。

```
return [expression]
```

当执行 return 语句时,程序先计算 expression 表达式,然后返回表达式的值,并将控制逻辑从函数体内返回。

3.6 函数

视频讲解

JavaScript 是函数式编程语言,在 JavaScript 脚本中随处可以看到函数,函数构成了 JavaScript 源代码的主体。

3.6.1 定义函数

定义函数的方法有以下两种。
- ☑ 使用 function 语句声明函数。
- ☑ 通过 Function 对象来构造函数。

使用 function 语句定义函数有以下两种方式：

```
// 方式 1：命名函数
function f(){
    // 函数体
}
// 方式 2：匿名函数
var f = function(){
    // 函数体
}
```

命名函数的方法也被称为声明式函数，而匿名函数的方法则被称为引用式函数或者函数表达式，即把函数看作一个复杂的表达式，并把表达式赋予变量。

使用 Function 对象构造函数的语法如下：

```
var function_name = new Function(arg1, arg2, ..., argN, function_body)
```

在上面的语法形式中，每个 arg 都是一个函数参数，最后一个参数是函数主体（要执行的代码）。Function 的所有参数必须是字符串。

【示例 1】 本示例通过 Function 构造函数定义了一个自定义函数，该函数包含两个参数。函数主体部分使用 document.write() 方法把两个参数包裹在 <h1> 标签中输出，显示效果如图 3.9 所示。

```
var say = new Function("name", "say", "document.write('<h1>' +   name + ' : ' + say + '</h1>');");
say(" 张三 ", "Hi!");                 // 调用函数
```

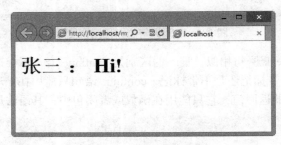

图 3.9　构造函数并执行调用

【示例 2】 在实际开发中，使用 function 定义函数要比 Function 构造函数方便，且执行效果更好。Function 仅用于特定的动态环境中，一般不建议使用。可以将上面的示例转换为 function 定义函数的方式，则代码如下：

```
var say = function(name, say){                // 定义函数
    document.write('<h1>' +   name + ' : ' + say + '</h1>');
}
say(" 张三 ", "Hi!");                 // 调用函数
```

3.6.2 调用函数

使用小括号运算符来实现调用函数。括号运算符可以包含多个参数列表，参数之间通过逗号进行分隔。

【示例】 本示例使用小括号调用函数 f，并把返回值传递给 document.write () 方法。

```
function f(){
    return "Hello,World！"; 	//设置函数返回值
}
document.write(f()); 	//调用函数，并输出返回值
```

提示：一个函数可以包含多个 return 语句，但是在调用函数时只有第一个 return 语句被执行，且该 return 语句后面的表达式的值作为函数的返回值返回，return 语句后面的代码被忽略。

函数的返回值没有类型限制，它可以返回任意类型的值。

3.6.3 函数参数

参数可以分为两种：形参和实参。

☑ 形参就是在定义函数时传递给函数的参数，即形式上的参数。

☑ 实参就是当函数被调用时传给函数的参数。

【示例1】 在本示例函数中，参数 a 和 b 就是形参，而调用函数中的 23 和 34 就是实参。

```
function add(a,b) { 	//形参 a 和 b
    return a+b;
}
alert(add(23,34)); 	//实参 23 和 34
```

函数的形参没有个数限制，可以为零个或多个。函数形参的数量可以通过函数的 length 属性获取。

【示例2】 上面的函数可以使用下面的语句读取函数的形参个数。

```
function add(a,b) {
    return a+b;
}
alert(add.length); 	//返回 2，形参的个数
```

一般情况下，函数的形参和实参个数是相等的，但是 JavaScript 没有规定两者必须相等。如果形参大于实参数，多出的形参值为 undefined；如果实参数大于形参数，多出的实参就无法被形参变量访问，从而被忽略。

【示例3】 在本示例中，如果在调用函数时，传递 3 个实参值，则函数将忽略第 3 个实参的值，最后提示的结果为 5。

```
function add(a,b) {
    return a+b;
}
alert(add(2,3,4)); 	//传递 3 个实参，第 3 个参数被忽略，提示值为 5
```

【示例4】 本示例在调用函数时，仅输入 1 个实参。这时，函数就把第二个形参的值默认为 undefined，然后将 undefined 与 2 相加。任何值与 undefined 进行运算的结果都返回 NaN（无效的数值），如图 3.10 所示。

```
function add(a,b) {
    return a+b;
}
alert(add(2));                        // 返回 undefined 与 2 相加的值，即为 NaN
```

图 3.10　形参与实参不一致时的运行结果

JavaScript 定义了 arguments 对象，利用该对象可以快速操纵函数的实参。使用 arguments.length 可以获取函数实参的个数，使用数组下标（arguments[n]）可以获取实际传递给函数的每个参数值。

【示例 5】　为了预防用户随意传递参数，函数体可以检测函数的形参和实参是否一致。如果不一致可以抛出异常，如果一致则执行正常的运算。

```
function add(a, b) {
    if(add.length != arguments.length)      // 检测形参和实参是否一致
        throw new Error(" 实参与形参不一致，请重新调用函数！ ");
    else
        return a + b;
}
try{                                        // 尝试调用函数
    alert(add(2));
}
catch(e){                                   // 捕获异常信息
    alert(e.message);
}
```

在函数 add() 中增加了一个条件检测，来判断函数的形参和实参的数量是否相同。如果不相同，则抛出一个错误信息对象；如果相同，则返回参数的和。然后调用函数，利用异常处理语句（try/catch）捕获错误信息，并在提示对话框中显示出来，如图 3.11 所示。

图 3.11　形参和实参不一致的异常处理

3.7 对象

视频讲解

对象（Object）是面向对象编程的核心概念，它是已经命名的数据集合，也是一种比较复杂的数据结构。

3.7.1 创建对象

在 JavaScript 中，对象是由 new 运算符生成的，生成对象的函数被称为类（或称构造函数、对象类型）。生成的对象被称为类的实例，简称为对象。

【示例1】 在本示例中，分别调用系统内置类型函数，实例化几个特殊对象。

```
var o = new Object();                  // 构造原型对象
var date = new Date();                 // 构造日期对象
var ptn = new RegExp("ab+c","i");      // 构造正则表达式对象
```

也可以通过大括号定义对象直接量，其基本用法如下：

```
{
    name : value,
    name1 : value1,
    ……
}
```

对象直接量是由一个列表构成，这个列表的元素是用冒号分隔的属性 / 值对。元素之间用逗号隔开，整个列表包含在大括号中。

【示例2】 在本示例中，使用对象直接量定义坐标点对象。

```
var point = {                          // 定义对象
    x:2.3,                             // 属性值
    y:-1.2                             // 属性值
};
```

3.7.2 访问对象

可以通过点号运算符（.）来访问对象的属性。

【示例1】 本示例使用点运算符访问对象 point 的 x 轴坐标值。

```
var point = {
    x:2.3,
    y:-1.2
};
var x = point.x;                       // 访问对象的属性值
```

对象的属性值可以是简单的值，也可以是复杂的值，如函数和对象。

当属性值为函数时，该属性就成为对象的方法，使用小括号可以访问该方法。

【示例2】 本示例使用点运算符访问对象 point 的 f 属性，然后使用小括号调用对象的方法 f()。

```
var point = {
    f : function(){                          // 对象方法
        return this.y;                       // 返回当前对象属性 y 的值
    },
    y : -1.2                                 // 对象属性
};
var y = point.f();                           // 调用对象的方法
```

上面的代码使用关键字 this 来代表当前对象，这里的 this 总是指向调用当前方法的对象 point。

属性值为对象时，就可以设计嵌套对象，可以连续使用点号运算符访问内部对象。

【示例3】 本示例设计了一个嵌套对象，然后连续使用点运算符访问内部对象的属性 a 的值。

```
var point = {                               // 外部对象
    x : {                                    // 嵌套对象
        a : 1,                               // 内部对象的属性
        b : 2
    },
    y : -1.2                                 // 外部对象的属性
};
var a = point.x.a;                          // 访问嵌套对象的属性值
```

提示：集合运算符（[]）也可以访问对象的属性，此时可以使用字符串下标来表示属性。例如，示例3
可以使用下面的方法访问嵌套对象的属性 a 的值。

```
var point = {
    x : {
        a : 1,
        b : 2
    },
    y : -1.2
};
var a = point["x"]["a"];                    // 访问嵌套对象的属性值
```

下标字符串是对象的属性名，属性名必须加上引号，表示其为下标字符串。

3.8 数组

视频讲解

对象是无序的数据集合，而数组（Array）是一组有序数据集合。它们之间可以相互转换，但是数组拥有大量方法，适合完成一些复杂的运算。

3.8.1 定义数组

定义数组通过构造函数 Array() 和运算符 new 来实现，具体实现方法如下。

　☑　定义空数组

```
var a = new Array();
```

通过这种方式定义的数组是一个没有任何元素的空数组。

☑ 定义带有参数的数组

```
var a = new Array(1,2,3,"4","5");
```

数组中每个参数都表示数组的一个元素值，数组的元素没有类型限制。可以通过数组下标来定位每个元素。通过数组的 length 属性确定数组的长度。

☑ 定义指定长度的数组

```
var a = new Array(6);
```

采用这种方式定义的数组拥有指定的元素个数，但是没有为元素初始化赋值，这时它们的初始值都是undefined。

定义数组时，可以省略 new 运算符，直接使用 Array() 函数来实现。例如，下面两行代码的功能是相同的。

```
var a = new Array(6);
var a = Array(6);
```

☑ 定义数组直接量

```
var a = [1,2,3,"4","5"];
```

使用中括号运算符定义的数组被称为数组直接量。使用数组直接量定义数组要比使用 Array() 函数定义数组速度要快，操作也更方便。

3.8.2　存取元素

使用 [] 运算符可以存取数组元素的值。方括号的左边是数组的引用，方括号内是非负整数值的表达式。例如，通过下面的方式可以读取数组中第 3 个元素的值，即显示为 3。

```
var a = [1,2,3,"4","5"];
alert(a[2]);
```

通过下面的方式可以修改元素的值：

```
var a = [1,2,3,"4","5"];
a[2]=2;
alert(a[2]);                      // 提示为 3
```

【示例】　使用数组的 length 属性和数组下标可以遍历数组元素，从而实现动态控制数组元素。本示例通过 for 语句遍历数组元素，把数组元素串联为字符串并显示输出，如图 3.12 所示。

```
var str = "";                     // 声明临时变量
var a = [1, 2, 3, 4, 5];          // 定义数组
for(var i = 0 ; i < a.length; i ++ ){   // 遍历数组，把数组元素串联为一个字符串
    str += a[i] + "-";
}
document.write(a + "<br />");     // 读取数组的值
document.write(str);              // 显示串联的字符串
```

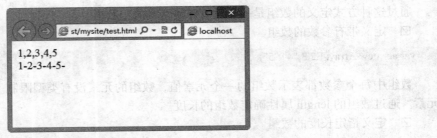

图 3.12　遍历数组元素

在 线 练 习

3.9　在线练习

如果想熟练掌握 JavaScript 语言，读者需要认真学习 JavaScript 语言的基础知识，同时还要强化上机训练。为此本节提供了大量的示例，方便练习，感兴趣的读者可以扫码实践。

第4章

使用 HTML5 访问位置

HTML5 Geolocation API 是 HTML5 新增的地理位置应用程序接口，它提供了一个可以准确感知浏览器用户当前位置的方法。如果浏览器支持，且设备具有定位功能，就能够直接使用这组 API 来获取当前位置信息。该 Geolocation API 可以应用于移动设备中的地理定位，允许用户在 Web 应用程序中共享位置信息，使其能够享受位置感知服务。

【学习重点】

▶▶ 了解位置信息。

▶▶ 使用 Geolocation API。

▶▶ 根据位置信息设计简单的定位应用。

4.1　Geolocation API 基础

在 HTML5 Geolocation API 之前，基于 IP 地址的地理定位方法是获得位置信息的唯一方式，但其返回的位置信息通常并不正确。基于 IP 地址的地理定位的实现方式是自动查找用户的 IP 地址，然后检索其注册的物理地址。

4.1.1　Geolocation API 应用场景

应用场景 1：设计一个 Web 应用程序，向用户提供附近商店打折优惠信息。使用 HTML5 Geolocation API 可以请求用户共享他们的位置，如果他们同意，应用程序就可以向其提供相关信息，告诉用户去附近哪家商店可以挑选到打折的商品。

应用场景 2：构建计算行走（跑步）路程的应用程序。想象一下，用户在开始跑步时通过手机浏览器启动应用程序的记录功能。在用户移动过程中，应用程序会记录已跑过的距离，还可以把跑步过程对应的坐标显示在地图上，甚至可以显示出海拔信息。如果用户正在和其他选手一起参加跑步比赛，应用程序甚至可以显示其对手的位置。

应用场景 3：基于 GPS 导航的社交网络应用，可以用它看到好友们当前所处的位置。知道了好友的方位，就可以挑选合适的咖啡馆。此外，还有很多特殊的应用。

4.1.2　位置信息来源

HTML5 Geolocation API 未指定设备使用哪种底层技术来定位应用程序的用户。相反，它只是用于检索信息的 API，而且该 API 检索到的数据只具有某种程度的准确性，它并不能保证设备返回的实际位置是精确的。设备可以使用下列数据。

☑　IP 地址
☑　三维坐标
　　➢　GPS 全球定位系统。
　　➢　从 RFID、Wi-Fi 和蓝牙到 Wi-Fi 的 MAC 地址。
　　➢　GSM 或 CDMA 手机的 ID。
☑　用户自定义数据
为了保证更高的准确度，许多设备使用一个或多个数据源的组合。

4.1.3　位置信息表示方式

位置信息主要由一对纬度和经度坐标组成，例如：

```
Latitude: 39.17222, Longitude: -120.13778
```

在这里，纬度（距离赤道以北或以南的数值表示）是 39.172 22，经度（距离英国格林威治以东或以西的数值表示）是 120.137 78，经纬度坐标可以用以下两种方式表示。

☑ 十进制格式，如 39.172 22。

☑ DMS 角度格式，如 39° 20'。

HTML5 Geolocation API 返回坐标的格式为十进制格式。

除了纬度和经度坐标之外，HTML5 Geolocation 还提供位置坐标的准确度，并提供其他一些元数据，具体情况取决于浏览器所在的硬件设备。这些元数据包括海拔、海拔准确度、行驶方向和速度等。如果这些元数据不存在则返回 null。

4.1.4 获取位置信息

HTML5 Geolocation API 的使用方法相当简单。请求一个位置信息，如果用户同意，浏览器就会返回位置信息，该位置信息是通过支持 HTML5 地理定位功能的底层设备，例如，通过笔记本电脑或手机提供给浏览器。位置信息由纬度、经度坐标和一些其他元数据组成。有了这些位置信息就可以构建引人注目的位置感知类应用程序。

HTML5 为 window.navigator 对象新增了一个 geolocation 属性，可以使用 Geolocation API 访问该属性，window.navigator 对象的 geolocation 属性包含三个方法，利用这些方法可以实现位置信息的读取。

使用 getCurrentPosition 方法可以取得用户当前的地理位置信息，该方法的用法如下所示。

```
void getCurrentPosition(onSuccess, onError, options) ;
```

第一个参数为获取当前地理位置信息成功时所执行的回调函数，第二个参数为获取当前地理位置信息失败时所执行的回调函数，第三个参数为一些可选属性的列表。其中，第二、第三个参数为可选属性。

getCurrentPosition 方法中的第一个参数为获取当前地理位置信息成功时所执行的回调函数，该参数的使用方法如下所示。

```
navigator.geolocation.getCurrentPosition(function(position){
    // 获取成功时的处理
})
```

获取地理位置信息成功时执行的回调函数用到了一个参数 position，它代表一个 position 对象，我们将在后面小节中对这个对象进行具体介绍。

getCurrentPosition 方法中的第 2 个参数为获取当前地理位置信息失败时所执行的回调函数。如果获取地理位置信息失败，可以通过该回调函数把错误信息提示给用户。当在浏览器中打开使用了 Geolocation API 来获得用户当前位置信息的页面时，浏览器会询问用户是否共享位置信息。如果在该画面中拒绝共享的话，也会引起错误的发生。

该回调函数使用一个 error 对象作为参数，该对象具有以下两个属性。

1）code 属性

code 属性包含三个值，简单说明如下。

☑ 属性值为 1 表示用户拒绝了位置服务。

☑ 属性值为 2 表示获取不到位置信息。

☑ 属性值为 3 表示获取信息超时错误。

2）message 属性

1 个字符串，该字符串包含了错误信息，这个错误信息在开发和调试时将很有用。因为有些浏览器中不支持 message 属性，如 Firefox。

在 getCurrentPosition 方法中使用第 2 个参数捕获错误信息的具体使用方法如下所示。

```
navigator.geolocation.getCurrentPosition(
        function(position){
            var cords = position.coords;
            showMap(coords.latitude, coords.longitude,coords.accuracy);
        },
        // 捕获错误信息
        function (error){
            var errorTypes = {
                    1: 位置服务被拒绝
                    2: 获取不到位置信息
                    3: 获取信息超时
            }
            alert( errorTypes[error.code]+ ":, 不能确定当前地理位置 ");
        }
);
```

getCurrentPosition 方法中的第 3 个参数可以省略，它是一些可选属性的列表，这些可选属性说明如下。

1）enableHighAccuracy

是否要求高精度的地理位置信息，这个参数在很多设备上设置了不使用，因为使用在设备上时需要结合设备电量、具体地理情况来综合考虑。因此，多数情况下将该属性设为默认，由设备自身来调整。

2）timeout

对地理位置信息的获取操作做一个超时限制（单位为毫秒）。如果在该时间内未获取到地理位置信息，则返回错误。

3）maximumAge

对地理位置信息进行缓存的有效时间的单位为毫秒，例如，maximumAge：120000（1 分钟是 60000）。如果 10 点整的时候获取过一次地理位置信息，10:01 的时候再次调用 navigator.geolocation.getCurrentPosition 重新获取地理位置信息，则返回的依然为 10:00 时的数据（因为设置的缓存有效时间为 2 分钟）。超过这个时间，缓存的地理位置信息被废弃，尝试重新获取地理位置信息。如果该值被指定为 0，则无条件重新获取新的地理位置信息。

这些可选属性的具体设置方法如下所示。

```
navigator.geolocation.getCurrentPosition(
        function(position){
            // 获取地理位置信息成功时所做的处理
        },
        function(error){
            // 获取地理位置信息失败时所做的处理
        },
        // 以下为可选属性
        {
            // 设缓存有效时间为 2 分钟
```

```
            maximumAge: 60*1000*2,
            //5 秒钟内未获取到地理位置信息则返回错误
            timeout: 5000
        }
    }
```

4.1.5 浏览器兼容性

各浏览器对 HTML5 Geolocation 的支持程度不同，并且还在不断更新。在 HTML5 的所有功能中，HTML5 Geolocation 是第一批被全部接受和实现的功能之一，这对于开发人员来说是个好消息。相关规范已达到一个非常成熟的阶段，不太可能有大的改变。各浏览器对 HTML5 Geolocation 的支持情况如表 4.1 所示。

表 4.1 浏览器支持概述

浏 览 器	说 明
IE	通过 Gears 插件支持
Firefox	3.5 及以上的版本支持
Opera	10 及以上的版本支持
Chrome	2.0 及以上的版本支持
Safari	4.0 及以上的版本支持

由于浏览器对它的支持程度不同，使用之前最好先检查浏览器是否支持 HTML5 Geolocation API，确保浏览器支持其所要完成的所有工作。这样当浏览器不支持时，HTML5 Geolocation API 就可以提供一些替代文本，提示用户升级浏览器或安装插件来增强现有浏览器的功能。

```
function loadDemo() {
    if(navigator.geolocation) {
        document.getElementById("support").innerHTML = " 支持 HTML5 Geolocation";
    } else {
        document.getElementById("support").innerHTML = " 当前浏览器不支持 HTML5 Geolocation";
    }
}
```

在上面的代码中，loadDemo 函数测试了浏览器的支持情况，这个函数是在页面加载的时候调用的。如果存在地理定位对象，navigator.geolocation 调用将返回该对象，否则将触发错误。页面上预先定义的 support 元素会根据检测结果显示支持情况的提示信息。

4.1.6 监测位置信息

使用 watchPosition 方法可以持续获取用户的当前地理位置信息，它会定期地自动获取。watchPosition 方法的基本语法如下所示。

```
int watchCurrentPosition(onSuccess, onError, options) ;
```

该方法参数的说明和使用与 getCurrentPosition 方法相同。调用该方法后会返回一个数字，这个数字的用法与 JavaScript 脚本中 setInterval 方法的返回值用法类似，可以被 clearWatch 方法使用，以停止对当前地理位置信息的监视。

4.1.7 停止获取位置信息

使用 clearWatch 方法可以停止对当前用户的地理位置信息的监视，具体用法如下所示。

```
void clearWatch(watchId);
```

参数 watchId 为调用 watchCurrentPosition 方法监视地理位置信息时的返回参数。

4.1.8 保护隐私

HTML5 Geolocation 规范提供了一套保护用户隐私的机制。除非得到用户明确许可，否则不可获取位置信息。

【操作步骤】

第 1 步，用户从浏览器中打开位置感知应用程序。

第 2 步，应用程序加载 Web 页面，然后调用 Geolocation 函数请求位置坐标。浏览器拦截这一请求，然后请求用户授权。

第 3 步，如果用户允许，浏览器从其宿主设备中检索坐标信息，如 IP 地址、Wi-Fi 或 GPS 坐标，这是浏览器的内部功能。

第 4 步，浏览器将坐标发送给受信任的外部定位服务，它返回一个详细位置信息，并将该位置信息发回给 HTML5 Geolocation 应用程序。

提示，应用程序不能直接访问设备，它只能请求浏览器代表它访问设备。

访问使用 HTML5 Geolocation API 的页面会触发隐私保护机制。如果仅仅是添加 HTML5 Geolocation 代码，而不被任何方法调用，则不会触发隐私保护机制。只要所添加的 HTML5 Geolocation 代码被执行，浏览器就会提示用户应用程序要共享位置。执行 HTML5 Geolocation 的方式很多，如调用 navigator.geolocation.getCurrentPosition 方法等。

除了询问用户是否允许共享其位置之外，Firefox 等浏览器还可以让用户选择记住该网站的位置服务权限，以便下次访问的时候不再弹出提示框，类似浏览器记住某些网站的密码。

4.1.9 处理位置信息

因为位置数据属于敏感信息，所以接收之后必须小心地处理、存储和重传。如果用户没有授权存储这些数据，那么应用程序应该在相应任务完成后，立即删除它们。如果要重传位置数据，建议先对其进行加密。在收集地理定位数据时，应用程序应该着重提示用户以下内容。

- ☑ 会收集位置数据。
- ☑ 为什么收集位置数据。
- ☑ 位置数据将保存多久。
- ☑ 怎样保证数据的安全。

☑ 如果用户同意共享，位置数据怎样共享。
☑ 用户怎样检查和更新他们的位置数据。

4.1.10 使用 position

如果获取地理位置信息成功，这些地理位置信息可以在获取成功后的回调函数中通过访问 position 对象的属性来得到。position 对象具有如下属性。

☑ latitude：当前地理位置的纬度。
☑ longitude：当前地理位置的经度。
☑ altitude：当前地理位置的海拔高度（不能获取时为 null）。
☑ accuracy：获取的纬度或经度的精度（以米为单位）。
☑ altitudeAccurancy：获取的海拔高度的精度（以米为单位）。
☑ heading：设备的前进方向。用面朝正北方向的顺时针旋转角度表示方向，不能获取时为 null。
☑ speed：设备的前进速度（以米 / 秒为单位，不能获取时为 null）。
☑ timestamp：获取地理位置信息时的时间。

【示例】 本示例使用 getCurrentPosition 方法获取当前位置的地理信息，并且在页面中显示 position 对象的所有属性。

```
<script type="text/javascript" src=http://maps.google.com/maps/api/js?sensor=false></script>
<script type="text/javascript">
function showObject(obj,k){    // 递归显示 object
    if(!obj){return;}
    for(var i in obj){
        if(typeof(obj[i])!="object" || obj[i]==null){
            for(var j=0;j<k;j++){
                document.write("    ");
            }
            document.write(i + " : " + obj[i] + "<br/>");
        } else {
            document.write(i + " : " + "<br/>");
            showObject(obj[i],k+1);
        }
    }
}
function get_location(){
    if(navigator.geolocation)
navigator.geolocation.getCurrentPosition(show_map,handle_error,{enableHighAccuracy:true, maximumAge:1000});
    else    alert(" 你的浏览器不支持使用 HTML5 来获取地理位置信息。");
}
function handle_error(err){ // 错误处理
    switch(err.code){
        case 1 :
            alert(" 位置服务被拒绝。");
            break;
        case 2 :
            alert(" 暂时获取不到位置信息。");
```

Note

```
                break;
            case 3:
                alert(" 获取信息超时。");
                break;
            default:
                alert(" 未知错误。");
                break;
        }
    }
    function show_map(position){    // 显示地理信息
        var latitude = position.coords.latitude;
        var longitude = position.coords.longitude;
        showObject(position,0);
    }
    get_location();
</script>
<div id="map" style="width:400px; height:400px"></div>
```

这段代码的运行结果在不同设备的浏览器上也不同，具体的运行结果取决于运行浏览器的设备。

4.2　案例实战

下面通过多个案例练习使用 HTML5 访问用户位置的方法和应用技巧。

注意，由于国家网络限制，内地访问谷歌地图不是很顺畅，建议读者选用高德地图或百度地图开发 API，也可以直接使用本书提供的用户 key（http://lbs.amap.com/）进行上机练习。

4.2.1　定位手机位置

本例演示通过 Wi-Fi、GPS 等方式获取当前地理位置的坐标。当用户打开浏览器时，页面会显示手机网络信号地理定位的当前坐标，同时用高德地图显示当前的地理位置，运行效果如图 4.1 所示。

图 4.1　定位手机位置

提示，第一次运行该页面时，浏览器会弹出"是否授权使用您的地理位置信息"的提示，该程序需要授权才可正常使用定位功能。

示例核心代码如下。

```html
<script type="text/javascript"
src="http://webapi.amap.com/maps?v=1.4.6&key=93f6f55b917f04781301bad658886335"></script>
    <p id="header" ></p>
    <div id="container"    style="width:400px; height:300px"></div>
    <script>
    if (navigator.geolocation) {
        // 通过 HTML5 的 getCurrnetPosition API 获取定位信息
        navigator.geolocation.getCurrentPosition(function(position) {
            var header = document.getElementById("header");
            header.innerHTML = "<p> 经度: " + position.coords.longitude + "<br> 维度: " + position.coords.latitude + "</p>";
            var map = new AMap.Map('container', {        // 在地图中央显示当前位置
                center: [position.coords.longitude, position.coords.latitude],
                zoom: 10                                 // 地图放大 10 倍显示
            });
            map.plugin(["AMap.ToolBar"], function() {  // 定义地图显示工具条
                map.addControl(new AMap.ToolBar());
            });
        <!-- 上面是定位，下面是标记 -->
        var marker;
        var icon = new AMap.Icon({        // 定义标记符号
            image: 'http://vdata.amap.com/icons/b18/1/2.png',
            size: new AMap.Size(24, 24)
        });
        marker = new AMap.Marker({        // 使用标记符号标记当前的地理位置
            offset: new AMap.Pixel(-12, -12),
            zIndex: 101,
            map: map
        });
        });
    } else {
        alert(" 您的浏览器不支持 HTML5 Geolocation API 定位 ");
    }
    </script>
```

4.2.2　获取经纬度及其详细地址

下面的示例演示了如何使用高德地图获取单击位置的经纬度，并根据经纬度获取该位置点的详细地址信息，演示效果如图 4.2 所示。

示例核心代码如下。

```html
    <script type="text/javascript" src="http://webapi.amap.com/maps?v=1.4.6&key=93f6f55b917f04781301bad658886335">
</script>
    <div id="container" style="width: 100%;height: 500px"></div>
    <script>
    var map = new AMap.Map("container", {
        resizeEnable: true,
```

```
        zoom:12,
        center: [116.397428, 39.90923]
});
// 为地图注册 click 事件，获取鼠标单击的经纬度坐标
var clickEventListener = map.on('click', function(e) {
        var lng = e.lnglat.getLng();
        var lat = e.lnglat.getLat();
        console.log(" 经度: "+lng+" 纬度 "+lat);
        var lnglatXY = [lng, lat];// 地图上所标点的坐标
        AMap.service('AMap.Geocoder',function() {// 回调函数
        geocoder = new AMap.Geocoder({ });
        geocoder.getAddress(lnglatXY, function (status, result) {
            if (status === 'complete' && result.info === 'OK') {
                // 获得有效的地址信息 : result.regeocode.formattedAddress
                console.log(result.regeocode.formattedAddress);
                var address = result.regeocode.formattedAddress;
            } else {
                // 获取地址失败
            }
        });
                                        })
});
</script>
```

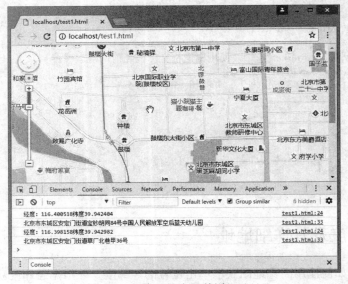

图 4.2　获取经纬度及其详细地址

4.2.3　输入提示查询位置

本例利用高德地图 API 设计一个定位交互操作，在地图界面设置一个文本框，允许用户输入关键词，然后自动匹配提示相关地点列表选项。用户选择匹配的关键词之后，页面会自动标记对应位置，效果如图 4.3 所示。本例使用了高德地图 API 中的 Autocomplete 和 PlaceSearch 类定位搜索。

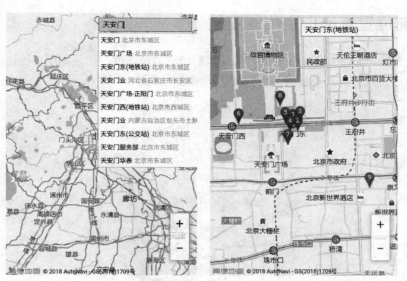

图 4.3 输入提示查询位置

示例核心代码如下。

```
<script type="text/javascript" src="http://webapi.amap.com/maps?v=1.4.6&&key=93f6f55b917f04781301bad658886335&
plugin=AMap.Autocomplete,AMap.PlaceSearch"></script>
    <div id="container"></div>
    <div id="myPageTop">
        <input id="tipinput" placeholder=" 请输入关键字 "/>
    </div>
    <script>
// 地图加载
var map = new AMap.Map("container", {
        resizeEnable: true
});
// 输入提示
var autoOptions = {
        input: "tipinput"
};
var auto = new AMap.Autocomplete(autoOptions);
var placeSearch = new AMap.PlaceSearch({
        map: map
});    // 构造地点查询类
AMap.event.addListener(auto, "select", select);    // 注册监听，选中某条记录时会触发
function select(e) {
        placeSearch.setCity(e.poi.adcode);
        placeSearch.search(e.poi.name);    // 关键字查询
}
map.plugin(["AMap.ToolBar"], function() {    // 定义工具条
        map.addControl(new AMap.ToolBar());
});
</script>
```

4.2.4 从当前位置查询指定位置路线

本例用 HTML5 Geolocation API 技术获取用户当前位置的经纬度。然后调用高德地图 API，根据用户在地图中单击的目标点位置，查询最佳的行走路线，演示效果如图 4.4 所示。

图 4.4 从当前位置查询指定位置路线

示例核心代码如下。

```
<script type="text/javascript" src="http://webapi.amap.com/maps?v=1.4.6&key=93f6f55b917f04781301bad658886335&plugin=AMap.Walking"></script>
<div id="container"></div>
<script>
if (navigator.geolocation) {
    // 通过 HTML5 的 getCurrnetPosition API 获取定位信息
    navigator.geolocation.getCurrentPosition(function(position) {
        var map = new AMap.Map('container', {        // 在地图中央显示当前位置
                center: [position.coords.longitude, position.coords.latitude],
                zoom: 15                              // 地图放大 15 倍显示
        });
        map.plugin(["AMap.ToolBar"], function() {   // 定义在地图中显示工具条
            map.addControl(new AMap.ToolBar());
        });
    <!-- 上面是定位，下面是标记 -->
    var marker;
    var icon = new AMap.Icon({          // 定义标记符号
        image: 'http://vdata.amap.com/icons/b18/1/2.png',
        size: new AMap.Size(24, 24)
    });
    marker = new AMap.Marker({          // 使用标记符号标记当前的地理位置
        offset: new AMap.Pixel(-12, -12),
```

```
                zIndex: 101,
                map: map
            });
            // 为地图注册 click 事件，获取鼠标单击的经纬度坐标
            map.on('click', function(e) {
                // 清除覆盖物
                if (walking)
                    walking.clearMap;
                var lng = e.lnglat.getLng();
                var lat = e.lnglat.getLat();
                // 步行导航
                var walking = new AMap.Walking({
                    map: map
                });
                // 根据起终点坐标规划步行路线
                walking.search([position.coords.longitude, position.coords.latitude], [lng, lat]);
            });
        });
    } else {
        alert(" 您的浏览器不支持 HTML5 Geolocation API 定位 ");
    }
</script>
```

4.2.5　记录行踪路线

本例设计在地图上记录用户运动的轨迹，如图 4.5 所示。启动页面，载入地图。单击"开始记录"按钮，随着用户的移动，在地图上同步呈现运动轨迹；单击"停止记录"按钮，停止记录轨迹，并清除历史记录轨迹。

图 4.5　记录行踪路线

【操作步骤】

第 1 步，本例采用高德地图，练习前需要在高德地图官网上申请 AppKey，或者直接使用本例源码，然后引入高德地图的 JavaScript，代码如下。

```
<script type="text/javascript" src="http://webapi.amap.com/maps?v=1.4.6&key=93f6f55b917f04781301bad658886335&plugin=AMap.Walking"></script>
```

第 2 步，设计页面结构，代码如下。

```
<!-- 控制记录轨迹的按钮 -->
<header>
    <button id="btnStart"> 开始记录 </button>
    <button id="btnStop"> 停止记录 </button>
</header>
<!-- 地图容器 -->
<div id="map"></div>
```

第 3 步，调用高德地图 API 绘制地图，并设置地图的中心点和较低的缩放级别，显示整个城市的地图，代码如下。

```
var map = new AMap.Map('map', {
    // 地图中心点
    center: [121.600000, 31.220000],
    // 默认的放大级别
    zoom: 20
});
// 给地图增加工具条，控制地图的放大和缩小
map.plugin(["AMap.ToolBar"], function () {
    map.addControl(new AMap.ToolBar());
});
```

通过 AMap.Map 构造函数构建地图对象，格式如下。

```
AMap.Map (container，options)
```

参数说明如下。

☑ container：地图容器元素的 ID 或者 DOM 对象。

☑ options：地图配置项，具体参考高德地图 API。

第 4 步，使用 HTML5 的地理信息接口获取当前的地理位置。

```
var geoOptions = {
    // 是否启用高精度定位（开启 GPS 定位），默认值为 false
    enableHighAccuracy: true,
    // 定位接口超时时间，单位为 ms，默认不超时
    timeout: 30000,
    // 位置最大缓存时间，单位为 ms，默认值为 0
    maximumAge: 1000
}
function getPosition(callback) {
    if (navigator.geolocation) {
```

```
            navigator.geolocation.getCurrentPosition(function (position) {
                var coords = position.coords;
                callback(coords);
            }, function (error) {
                switch (error.code) {
                    case 0:
                        alert(" 尝试获取您的位置信息时发生错误: " + error.message);
                        break;
                    case 1:
                        alert(" 用户拒绝了获取位置信息请求。");
                        break;
                    case 2:
                        alert(" 浏览器无法获取您的位置信息。");
                        break;
                    case 3:
                        alert(" 获取您位置信息超时。");
                        break;
                }
            }, geoOptions);
    }
}
```

上面代码定义了 getPosition 函数，函数调用 navigator.geolocation.getCurrentPosition 接口，获取当前地理位置，该接口的详细说明请参考上节内容。

本例需要记录用户的运动轨迹，因此需要获取高精度位置，所以将 options.enableHighAccuracy 设置为 true。在页面加载完毕后，调用定义的 getPosition 方法，获取当前地理位置。

第 5 步，获取地理信息之后，将当前位置设置为地图中心点，并放大地图。单击"开始记录"按钮，程序开始记录用户移动轨迹，代码如下：

```
function start() {
    timmer = navigator.geolocation.watchPosition(function (position) {
        var coords = position.coords;
        if (coords.accuracy > 20) {              // 过滤低精度的位置信息
            return;
        }
        coords = convert(coords.longitude, coords.latitude);      // 转换坐标信息
        console.log(coords);
        map.setCenter(new AMap.LngLat(coords.longitude, coords.latitude));
        lineArr.push([coords.longitude, coords.latitude]);
        renderTracer(getPath(lineArr));          // 调用方法，在地图上绘制路径
    }, function (error) {
        console.log(error)
    }, geoOptions);
}
```

采用 navigator.geolocation.watchPosition 接口监听位置信息的变化，得到更新的经纬度信息。去掉低精度数据，以避免绘制轨迹时，轨迹线存在较大误差。该接口的参数和 getCurrentPosition 接口一致。获取定位数据的时候，可以依据实际情况，去掉定位精准度较低的数据。

watchPosition 方法在非 HTTPS 的场景下无法获取定位权限。Chrome 可以先通过 getCurrentPosition 方法获取定位权限。限于篇幅，这里就不细致地介绍绘制轨迹的方法，完整代码请参考本书源码。提示，在实际开发中，建议采用 HTTPS 协议，以得到更好的体验。

4.3 在线练习

在 线 练 习

本节为课后练习，感兴趣的同学可以扫码进一步强化训练。

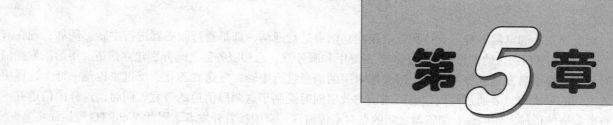

第5章

使用 HTML5 访问多媒体设备

手机摄像头是比较常用的设备，它可以用于微信的视频聊天，也可以用于美图秀秀等。当我们注册一个实名 APP 时，经常需要设置头像。头像一般来源于两个地方，一个是相册，另一个就是调用手机摄像头自拍，在生活类应用中也经常会遇到这类 APP。本章就来学习如何利用 HTML5 调用手机摄像头等多媒体设备。

【学习重点】

▶▶ 了解 WebRTC 的作用及其组成部分。

▶▶ 使用 getUserMedia 方法访问本地音频、视频输入设备。

5.1 WebRTC 基础

众所周知，浏览器本身不支持相互直接建立信道进行通信，都是通过服务器进行中转。例如，现在有两个客户端：甲和乙。他们想要通信，首先需要甲和服务器、乙和服务器之间分别建立信道。甲给乙发送消息时，甲先将消息发送到服务器上，服务器对甲的消息进行中转，发送到乙处，反过来也是一样。这样甲与乙之间的一次消息要通过两段信道，通信的效率同时受制于这两段信道的带宽。同时，这样的信道并不适合数据流的传输。如何建立浏览器之间的点对点传输，一直困扰着开发者，因此 WebRTC 应运而生。

5.1.1 认识 WebRTC

WebRTC 表示网页实时通信（Web Real-Time Communication），是一个支持网页浏览器进行实时语音对话或视频对话的技术。它是一个开源项目，旨在使浏览器能为实时通信（RTC）提供简单的 JavaScript 接口。简单说就是让浏览器提供 JavaScript 的即时通信接口。这个接口创立的信道并不像 WebSocket 一样打通一个浏览器与 WebSocket 服务器之间的通信，而是通过一系列的信令，建立一个浏览器与另一个浏览器之间（peer-to-peer）的信道，这个信道可以发送任何数据，而不需要经过服务器。并且 WebRTC 实现 MediaStream，通过浏览器调用设备的摄像头和麦克风，浏览器之间可以传递音频和视频。

目前，Chrome 26+、Firefox 24+、Opera 18+ 版本的浏览器均支持 WebRTC 的实现。Chrome 和 Opera 浏览器将 RTCPeerConnection 命名为 webkitRTCPeerConnection，Firefox 浏览器将 RTCPeerConnection 命名为 mozRTCPeerConnection。不过 WebRTC 标准稳定后，各个浏览器前缀将会被移除。

WebRTC 实现了 3 个 API，简单说明如下。

- ☑ MediaStream：能够通过设备的摄像头和麦克风获得视频、音频的同步流。
- ☑ RTCPeerConnection：用于构建点对点之间稳定、高效的流传输的组件。
- ☑ RTCDataChannel：在浏览器间（点对点）建立一个高吞吐量、低延时的信道，用于传输任意数据。

5.1.2 访问本地设备

MediaStream API 为 WebRTC 提供了从设备的摄像头、麦克风获取视频和音频流数据的功能。用户可以通过调用 navigator.getUserMedia() 访问本地设备，该方法包含 3 个参数。

- ☑ 约束对象（constraints object）。
- ☑ 调用成功的回调函数，如果调用成功，传递给它一个流对象。
- ☑ 调用失败的回调函数，如果调用失败，传递给它一个错误对象。

> 提示：由于浏览器之间的不同，经常会在标准版本的方法前面加上前缀，一个兼容版本代码如下。
>
> ```javascript
> var getUserMedia = (navigator.getUserMedia ||
>                     navigator.webkitGetUserMedia ||
>                     navigator.mozGetUserMedia ||
>                     navigator.msGetUserMedia);
> ```

【示例】 本示例演示了如何调用 getUserMedia 方法访问本地摄像头。

```
<video id="myVideo" width="400" height="300" autoplay></video>
<script>
navigator.getUserMedia = navigator.getUserMedia || navigator.webkitGetUserMedia || window.navigator.mozGetUserMedia;
window.URL = window.URL || window.webkitURL;
var video = document.getElementById('myVideo');
navigator.getUserMedia({video:true, audio:false},
function(stream) {
    video.src = window.URL.createObjectURL(stream);
},
function(err) {
    console.log(err);
});
</script>
```

在 Chrome 浏览器中打开页面，浏览器首先询问用户是否允许脚本访问本地摄像头，如图 5.1 所示。当用户单击"允许"按钮后，浏览器会显示从用户本地摄像头中捕捉的影像，如图 5.2 所示。

注意： HTML 文件要放在服务器上，否则会得到一个 NavigatorUserMediaError 的错误，显示 PermissionDeniedError。也可以在命令行中使用 cd 命令，进入 HTML 文件所在目录，找到 python -m SimpleHTTPServer（需要安装 python），或者在浏览器中输入 http://localhost:8000/{文件名称}.html 也可以。

图 5.1 询问权限

图 5.2 捕捉摄像头视频流

在 getUserMedia 方法中，第一个参数值为一个约束对象，该对象包含一个 video 属性和一个 audio 属性，属性值均为布尔类型。video 属性值为 true，表示捕捉视频信息；video 属性值为 false，表示不捕捉视频信息。audio 属性值为 true，表示捕捉音频信息；audio 属性值为 false，表示不捕捉音频信息。浏览器弹出的要求用户给予权限的请求时，也会根据约束对象的不同而有所改变。注意，在一个浏览器标签中设置的 getUserMedia 约束将影响之后打开的所有标签中的约束。

第二个参数值为访问本地设备成功时所执行的回调函数，该回调函数具有一个参数，参数值为一个 MediaStream 对象，浏览器执行 getUserMedia 方法时将自动创建该对象。该对象代表同步媒体数据流。例如，一个来自于摄像头、麦克风输入设备的同步媒体数据流往往是视频轨道和音频轨道的同步数据。

每一个 MediaStream 对象都拥有一个字符串类型的 ID 属性，如"e1c55526-a70b-4d46-b5c1-dd19f9dc6beb"，以标识每一个同步媒体数据流。该对象的 getAudioTracks() 方法或 getVideoTracks() 方法将返回一个 MediaStreamTrack 对象的数组。

MediaStreamTrack 对象表示一个视频轨道或一个音频轨道，每一个 MediaStreamTrack 对象包含两个属性。

☑ kind：字符串类型。标识轨道种类，如"video"或"audio"。

☑ label：字符串类型。标识音频通道或视频通道，如"HP Truevision HD (04f2:b2f8)"。

getUserMedia 方法中第 3 个参数值为访问本地设备失败时所执行的回调函数，该回调函数具有一个参数，参数值为一个 error 对象，代表浏览器抛出的错误对象。

上面示例结合了 HTML5 的 video 元素。window 对象的 URL.createObjectURL 方法允许将一个 MediaStream 对象转换为一个 Blob URL 值，以便将其设置为一个 video 元素的属性，这样可以通过 video.src 把视频流显示在网页中。

注意，同时为 video 元素设置 autoplay 属性，如果不使用该属性，video 元素将停留在所获取的第一帧画面位置。

【拓展】

约束对象可以设置在 getUserMedia() 和 RTCPeerConnection 的 addStream 方法中，这个约束对象是 WebRTC 用来指定接受什么样的流，其中可以定义如下属性。

☑ video：是否接受视频流。

☑ audio：是否接受音频流。

☑ MinWidth：视频流的最小宽度。

☑ MaxWidth：视频流的最大宽度。

☑ MaxHeight：视频流的最小高度。

☑ MaxHeight：视频流的最大高度。

☑ MinAspectRatio：视频流的最小宽高比。

☑ MaxAspectRatio：视频流的最大宽高比。

☑ MinFramerate：视频流的最小帧速率。

☑ MaxFramerate：视频流的最大帧速率。

5.2　案例实战

下面结合案例演示 HTML5 访问多媒体设备的基本方法。

5.2.1　拍照和摄像

本例将使用 HTML5 的 WebRTC 技术，借助 video 标签实现网页视频，同时利用 Canvas 实现照片拍摄。本例不能直接用浏览器打开文件，需要将文件部署在 Web 服务器上，如 Apache 和 IIS 等。示例主要代码如下。

```
<header>
    <h2>用 HTML5 拍照和摄像 </h2>
</header>
<section>
    <!-- 关闭音频、显示视频工具条 -->
    <video width="360" height="240" muted controls></video>
    <canvas width="240" height="160"></canvas><!-- 快照画布 -->
</section>
<section> <a id="save" href="javascript:;" download=" 照片 "> 保    存 </a>
    <button id="photo"> 快    照 </button>
</section>
</body>
<script>
(function () {
    var video = document.querySelector('video'),        // 视频元素
        canvas = document.querySelector('canvas'),      // 画布元素
        photo = document.getElementById('photo'),       // 拍照按钮
        save = document.getElementById('save');         // 保存按钮
    // 获取浏览器摄像头视频流
    navigator.getUserMedia = navigator.getUserMedia || navigator.webkitGetUserMedia || navigator.mozGetUserMedia;
    if (navigator.getUserMedia) {
        navigator.getUserMedia({ video: true }, function (stream) {// 摄像头连接成功回调
            if ('mozSrcObject' in video) {    // 是否火狐浏览器
                video.mozSrcObject = stream;
            } else if (window.webkitURL) {        // 是否 Webkit 核心浏览器
                                            // 获取流的对象 URL
                video.src = window.webkitURL.createObjectURL(stream);
            } else {                        // 其他标准浏览器
                video.src = stream;
            }
            video.play();                   // 播放视频
        }, function (error) {               // 摄像头连接失败回调
            console.log(error);
        });
    };
    photo.addEventListener('click', function (e) {      // 拍照按钮单击事件监听
        e.preventDefault();                 // 阻止按钮默认事件
        canvas.getContext('2d').drawImage(video, 0, 0, 240, 160); // 在画布中绘制视频照片
                                        // 设置下载 a 元素的 href 值为图片 base64 值
        save.setAttribute('href', canvas.toDataURL('image/png'));
    }, false);
})();
</script>
```

在 Chrome 中打开页面，根据浏览器界面提示，允许用户使用摄像头。浏览器将启动摄像头，左侧 video 标签内出现摄像头捕捉的画面，单击"快照"按钮，截取左侧视频显示在右侧画布，单击"保存"按钮，画布图片将被保存为"照片 .png"以供下载，演示效果如图 5.3 所示。

图 5.3　拍照和摄像

5.2.2　录音并压缩

本例使用 getUserMedia 获取用户设备的媒体访问权，然后获取麦克风的音频信息，并把它传递给 audio 标签进行播放，再把 Blob 数据发送给服务器端，保存为 mp3 格式的音频文件，演示效果如图 5.4 所示。

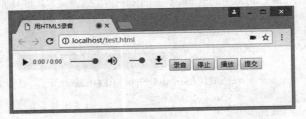

图 5.4　录音并保存到服务器端

第 1 步，使用 getUserMedia 获取用户多媒体的访问权，具体代码如下。

```
if (navigator.getUserMedia) {
    navigator.getUserMedia(
        { audio: true } // 只启用音频
        , function (stream) {
            var rec = new Recorder(stream, config);
            callback(rec);
        }
        , function (error) {
            switch (error.code || error.name) {
                case 'PERMISSION_DENIED':
                case 'PermissionDeniedError':
                    Recorder.throwError(' 用户拒绝提供信息。 ');
                    break;
                case 'NOT_SUPPORTED_ERROR':
                case 'NotSupportedError':
                    Recorder.throwError(' 浏览器不支持硬件设备。 ');
```

```
                        break;
            case 'MANDATORY_UNSATISFIED_ERROR':
            case 'MandatoryUnsatisfiedError':
                Recorder.throwError(' 无法发现指定的硬件设备。');
                        break;
            default:
                Recorder.throwError(' 无法打开麦克风。异常信息 :' + (error.code || error.name));
                        break;
            }
        });
} else {
    Recorder.throwErr(' 当前浏览器不支持录音功能。'); return;
}
```

第 2 步，利用 Ajax 技术，使用 HTML5 的 FormData 对象把 Blob 数据传递给服务器端，具体代码如下。

```
var fd = new FormData();
fd.append("audioData", blob);
var xhr = new XMLHttpRequest();
xhr.open("POST", url);
xhr.send(fd);
```

第 3 步，使用 HTML5 的 AudioContext 对象获取音频数据流。如果直接录音，保存后基本上 2 秒就需要 400K，一段 20 秒的录音就达到了 4M。这样的数据根本无法使用，必须想办法压缩数据。具体方法和代码如下。

☑ 把双声道变为单声道。

☑ 缩减采样位数，默认是 16 位，现在改成 8 位，可以减少一半。

```
var Recorder = function (stream, config) {
    config = config || {};
    config.sampleBits = config.sampleBits || 8;              // 采样数位 8, 16
    config.sampleRate = config.sampleRate || (44100 / 6);    // 采样率 (1/6 44100)
    var context = new (window.webkitAudioContext || window.AudioContext)();
    var audioInput = context.createMediaStreamSource(stream);
    var createScript = context.createScriptProcessor || context.createJavaScriptNode;
    var recorder = createScript.apply(context, [4096, 1, 1]);
    var audioData = {
        size: 0                                          // 录音文件长度
        , buffer: []                                     // 录音缓存
        , inputSampleRate: context.sampleRate            // 输入采样率
        , inputSampleBits: 16                            // 输入采样数位 8, 16
        , outputSampleRate: config.sampleRate            // 输出采样率
        , outputSampleBits: config.sampleBits            // 输出采样数位 8, 16
        , input: function (data) {
            this.buffer.push(new Float32Array(data));
            this.size += data.length;
        }
        , compress: function () { // 合并压缩
            // 合并
            var data = new Float32Array(this.size);
```

```
        var offset = 0;
        for (var i = 0; i < this.buffer.length; i++) {
            data.set(this.buffer[i], offset);
            offset += this.buffer[i].length;
        }
        // 压缩
        var compression = parseInt(this.inputSampleRate / this.outputSampleRate);
        var length = data.length / compression;
        var result = new Float32Array(length);
        var index = 0, j = 0;
        while (index < length) {
            result[index] = data[j];
            j += compression;
            index++;
        }
        return result;
    }
, encodeWAV: function () {
        var sampleRate = Math.min(this.inputSampleRate, this.outputSampleRate);
        var sampleBits = Math.min(this.inputSampleBits, this.oututSampleBits);
        var bytes = this.compress();
        var dataLength = bytes.length * (sampleBits / 8);
        var buffer = new ArrayBuffer(44 + dataLength);
        var data = new DataView(buffer);

        var channelCount = 1;// 单声道
        var offset = 0;

        var writeString = function (str) {
            for (var i = 0; i < str.length; i++) {
                data.setUint8(offset + i, str.charCodeAt(i));
            }
        }

        // 资源交换文件标识符
        writeString('RIFF'); offset += 4;
        // 下个地址开始到文件尾的总字节数，即文件大小 -8
        data.setUint32(offset, 36 + dataLength, true); offset += 4;
        // WAV 文件标志
        writeString('WAVE'); offset += 4;
        // 波形格式标志
        writeString('fmt '); offset += 4;
        // 过滤字节，一般为 0x10 = 16
        data.setUint32(offset, 16, true); offset += 4;
        // 格式类别（PCM 形式采样数据）
        data.setUint16(offset, 1, true); offset += 2;
        // 通道数
        data.setUint16(offset, channelCount, true); offset += 2;
        // 采样率，每秒样本数，表示每个通道的播放速度
```

```
        data.setUint32(offset, sampleRate, true); offset += 4;
        // 波形数据传输率（每秒平均字节数）单声道 × 每秒数据位数 × 每样本数据位 /8
        data.setUint32(offset, channelCount * sampleRate * (sampleBits / 8), true); offset += 4;
        // 快速调整数据采样一次占用字节数 单声道 × 每样本的数据位数 /8
        data.setUint16(offset, channelCount * (sampleBits / 8), true); offset += 2;
        // 每样本数据位数
        data.setUint16(offset, sampleBits, true); offset += 2;
        // 数据标识符
        writeString('data'); offset += 4;
        // 采样数据总数，即数据总大小 -44
        data.setUint32(offset, dataLength, true); offset += 4;
        // 写入采样数据
        if (sampleBits === 8) {
            for (var i = 0; i < bytes.length; i++, offset++) {
                var s = Math.max(-1, Math.min(1, bytes[i]));
                var val = s < 0 ? s * 0x8000 : s * 0x7FFF;
                val = parseInt(255 / (65535 / (val + 32768)));
                data.setInt8(offset, val, true);
            }
        } else {
            for (var i = 0; i < bytes.length; i++, offset += 2) {
                var s = Math.max(-1, Math.min(1, bytes[i]));
                data.setInt16(offset, s < 0 ? s * 0x8000 : s * 0x7FFF, true);
            }
        }
        return new Blob([data], { type: 'audio/wav' });
    }
  };
};
```

5.3 在线练习

在 线 练 习

本节为课后练习，感兴趣的同学请扫码进一步强化训练。

第 6 章

使用 HTML5 访问传感器

　　现代手机都内置了方向传感器和运动传感器，通过传感器，可以感知手机的方向和位置的变化。基于此，用户可以开发出很多有趣的功能，如指南针、通过倾斜手机来控制方向的赛车游戏，甚至更热门的增强现实游戏等。HTML5 提供了访问传感器信息的 API，分别是 DeviceOrientationEvent 和 DeviceMotionEvent 等，本章将介绍这些 API 的使用以及案例实战。

【学习重点】

▶▶ 了解 DeviceOrientationEvent 和 DeviceMotionEvent。

▶▶ 能够使用 HTML5 访问手机传感器信息，设计简单的应用。

6.1　传感器 API 基础

本节将简单介绍 HTML5 针对移动设备提供支持的传感器 API 的基础知识。

6.1.1　认识传感器 API

随着 HTML5 API 的不断完善，使用 HTML5 可以调用不同类型的设备传感器，如 devicetemperature（温度）、devicepressure（压力）、devicehumidity（湿度）、devicelight（光）、devicenoise（声音）和 deviceproximity（距离）等。

目前，HTML5 提供了几个新的 DOM 事件，用来获取移动设备的物理方向和运动等相关信息，包括陀螺仪、罗盘和加速计。

- ☑　deviceorientation：该事件提供设备的物理方向信息，表示为一系列本地坐标系的旋角。
- ☑　devicemotion：该事件提供设备的加速信息，表示为定义在设备上的坐标系中的笛卡儿坐标，同时还提供了设备在坐标系中的自转速率。
- ☑　compassneedscalibration：该事件会在用于获得方向数据的罗盘需要校准时触发。

2016 年 8 月 18 日，W3C 的地理位置工作组（Geolocation Working Group）发布设备方向事件规范（DeviceOrientation Event Specification）的候选推荐标准（Candidate Recommendation），并向公众征集参考意见。该规范定义了一些新的 DOM 事件，这些事件提供了有关宿主设备的物理方向与运动的信息。

该 API 从属于 W3C Working Draft，也就是说相关规范并非最终确定，未来其具体内容可能还会出现一定程度的变动。注意，已知该 API 在多种浏览器以及操作系统可能出现不一致。例如，在基于 Blink 渲染引擎的 Chrome 与 Opera 浏览器上，该 API 会与 Windows 8 系统产生 deviceorientation 事件的兼容性冲突。另一个实例则是，该 API 的 interval 属性在 Opera Mobile 版本中并非恒定的常数。

6.1.2　方向事件和移动事件

在 HTML5 中，DeviceOrientation 特性提供的 DeviceMotion 事件封装了设备的运动传感器时间，通过该时间可以获取设备的运动状态和加速度等数据，另外 deviceOrientation 事件提供了设备角度和朝向等信息。

首先，我们了解一下设备的方向变化和位置变化相关的概念，如图 6.1 标识了移动设备的 3 个方向轴。

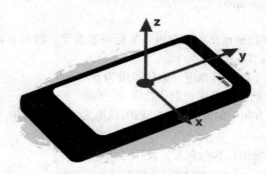

图 6.1　移动设备的 3 个方向轴

如图 6.1 所示，x 轴表示左右横贯手机的轴，当手机绕 x 轴旋转时，移动的方向称为 Beta；y 轴表示上下纵贯手机的轴，当手机绕 y 轴旋转时，移动的方向称为 Gamma；z 轴表示垂直于手机平面的轴，当手机绕 z 轴旋转时，移动的方向称为 Alpha，演示如图 6.2 所示。

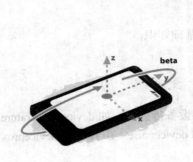

图 6.2 移动设备三种旋转方式

了解了基本的旋转方向，接下来介绍一下相关的事件方法。

1. 方向事件 deviceorientation

deviceorientation 事件是在设备方向发生变化时触发，使用方法如下。

```
window.addEventListener("deviceorientation", handleOrientation);
```

HTML5 使用以上事件监听设备方向变化。回调函数 handleOrientation 注册后，会被定时调用，并会收到一个 DeviceOrientationEvent 类型参数，通过该参数获取设备的方向信息。

```
function handleOrientation(event) {
    var absolute = event.absolute;
    var alpha    = event.alpha;
    var beta     = event.beta;
    var gamma    = event.gamma;
    ……
}
```

以上在定义的监听方法中通过 event 参数获取设备的对应 Alpha、Beta 和 Gamma 角度，参数定义如下。

☑ DeviceOrientationEvent.absolute
☑ DeviceOrientationEvent.alpha
☑ DeviceOrientationEvent.beta
☑ DeviceOrientationEvent.gamma

其中的相关值如下：

☑ absolute：如果方向数据跟地球坐标系和设备坐标系有差异，则为 true；如果方向数据由设备本身的坐标系提供，则为 false。
☑ alpha：设备 Alpha 方向上的旋转角度，取值范围为 0～360°。
☑ Beta：设备 Beta 方向上的旋转角度，取值范围为 −180°～180°。
☑ Gamma：设备 Gamma 方向上的旋转角度，取值范围为 −90°～90°。

2. 移动事件 devicemotion

devicemotion 事件是在设备发生位移时触发，使用方法如下：

```
window.addEventListener("devicemotion", handleMotion);
```

回调函数 handleMotion 在注册之后，会被定时调用，并会收到一个 DeviceMotionEvent 类型参数，通过该参数可以访问设备的方向和位置信息，说明如下。

- ☑ acceleration：设备在 X、Y 和 Z 方向上的移动距离。已经抵消重力加速。
- ☑ accelerationIncludingGravity：设备在 X、Y 和 Z 方向上的移动距离，包含重力加速。
- ☑ rotationRate：设备在 Alpha、Beta 和 Gamma 3 个方向上的旋转角度。
- ☑ interval：从设备上获得数据的间隔，单位必须是毫秒。其必须是一个常量，以简化 Web 应用对数据的过滤。

对于不能提供所有属性的事件，必须将其位置的属性的值设为 null。如果一个事件不能提供移动信息，则触发该事件时，所有属性都应被设为 null。

6.1.3　浏览器支持

用户可以访问 https://caniuse.com/#feat=deviceorientation 了解浏览器的支持状态，也可以通过下面的代码检测浏览器或者用户代理是否支持 deviceorientation 和 devicemotion 事件。

```
if (window.DeviceOrientationEvent) {
    // 开发相关功能
} else {
    // 你的浏览器不支持 DeviceOrientation API
}
```

测试 compassneedscalibration 事件，可以使用下面的代码。

```
if (!('oncompassneedscalibration' in window)) {
    // 开发相关功能
} else {
    // 你的浏览器不支持
}
```

6.1.4　应用场景

HTML5 的 DeviceOrientation API 可以获取手机运动状态下的运动加速度，也可以获取手机绕 X、Y 和 Z 轴旋转的角度等。因此用户可以开发出很多应用场景，例如，下面是手机中比较常用的应用项目类型。

- ☑ 使用摇一摇才能触发的事件，如摇一摇得红包和摇一摇抽奖等。
- ☑ 设计全景图片的项目，如旋转手机可以看 3D 的全景图片等。
- ☑ 使用重力感应，如 Web 小游戏等。
- ☑ 获取手机的左右方向移动等。

6.2　案例实战

下面结合案例演示 HTML5 访问手机传感器的基本方法。

Note

6.2.1 记录摇手机的次数

通过 devicemotion 对设备运动状态的判断，网页可以实现"摇一摇"的交互效果。"摇一摇"的动作就是"一定时间内设备移动了一定的距离"，因此监听上一步获取的 x、y 和 z 值在一定时间范围的变化率，就可以判断设备是否晃动。为了防止对正常移动的误判，需要给该变化率设置一个合适的临界值，演示效果如图 6.3 所示。

图 6.3　记录摇手机的次数

设计页面结构：

```
<div id="yaoyiyaono" style="display:none;"> 如果您看到了我，说明：</br>
    1. 你可能使用 PC 机的浏览器。</br>
    2. Android 自带的浏览器不支持，可以尝试使用 UCWeb、Chrome 等第三方浏览器。</br>
    3. 你的手机或者不支持传感器。</br>
</div>
<div id="yaoyiyaoyes" style="display:none;"> 你来摇，我来数？ </div>
<h1 id="yaoyiyaoresult" style="display:none;"></ h1>
```

设计 JavaScript 脚本：

```
// 首先在页面上要监听运动传感事件
function init() {
    if (window.DeviceMotionEvent) {
        // 移动浏览器支持运动传感事件
        window.addEventListener('devicemotion', deviceMotionHandler, false);
        $("#yaoyiyaoyes").show();
    } else {
        // 移动浏览器不支持运动传感事件
        $("#yaoyiyaono").show();
    }
}
// 如何计算用户是否在摇动手机呢？可以从以下几点进行考虑：
// 1. 其实用户在摇动手机的时候始终都是以一个方向为主进行摇动的；
// 2. 用户在摇动手机的时候在 x、y 和 z3 个方向都会有相应的速度变化；
// 3. 不能把用户正常的手机运动当作摇一摇（如走路的时候也会有加速度的变化）。
// 从以上 3 点考虑，针对 3 个方向上的加速度进行计算，间隔测量它们，考察它们在固定时间段里的变化率，而
且需要确定一个阈值来触发"摇一摇"之后的操作。
// 首先，定义一个摇动的阈值
var SHAKE_THRESHOLD = 3000;
// 定义一个变量保存上次更新的时间
var last_update = 0;
// 紧接着定义 x、y 和 z 记录 3 个轴的数据以及上一次出发的时间
```

```
var x,   y,   z,   last_x,   last_y,   last_z;
// 增加计数器
var count = 0;
function deviceMotionHandler(eventData) {
    // 获取含重力的加速度
    var acceleration = eventData.accelerationIncludingGravity;
    // 获取当前时间
    var curTime = new Date().getTime();
    var diffTime = curTime - last_update;
    // 固定时间段
    if (diffTime > 100) {
        last_update = curTime;
        x = acceleration.x;
        y = acceleration.y;
        z = acceleration.z;
        var speed = Math.abs(x + y + z - last_x - last_y - last_z) / diffTime * 10000;
        if (speed > SHAKE_THRESHOLD) {
            // TODO: 此处可以实现摇一摇之后所要进行的数据逻辑操作
            count++;
            $("#yaoyiyaoyes").hide();
            $("#yaoyiyaoresult").show();
            $("#yaoyiyaoresult").html(" 你摇了 " + count + " 个！ ");
        }
        last_x = x;
        last_y = y;
        last_z = z;
    }
}
```

6.2.2　重力测试小游戏

本例使用 HTML5 游戏引擎 Phaser 和 HTML5 设备方向（device orientation）检测特性，开发一款重力小游戏，演示效果如图 6.4 所示。

用户向某个方向倾斜手机，圆球就会向那个方向滚动，倾斜角度越大，滚动速度就越快，反之越慢，水平摆放后，小球就会停止滚动。

【操作步骤】

第 1 步，在页面中导入 Phaser 类库。

```
<script type="text/javascript" src="phaser.min.js"></script>
```

第 2 步，定义游戏的容器元素。

```
<div id="gamezone"></div>
```

第 3 步，使用 Phaser 的游戏类生成游戏。

```
var game = new Phaser.Game(300,400,Phaser.CANVAS,'gamezone',{preload:preload , create:create ,update:update });
```

第 4 步，配置游戏场景。

Note

图 6.4　重力测试小游戏

```
/* 定义预加载方法 */
function preload(){
    // 背景颜色
    game.stage.backgroundColor="#f0f";
    // 加载小球图像
    game.load.image('imagemoveing', 'ball.png');
}
/* 定义游戏创建方法 */
var dogsprite,betadirection=0,gammadirection=0;
function create(){
    // 在这里添加图片并且显示到屏幕上
    dogsprite = game.add.sprite(game.world.centerX, game.world.centerY , 'imagemoveing');
    dogsprite.anchor.set(0.5);
    // 启动并添加物理效果
    game.physics.startSystem(Phaser.Physics.ARCADE); // 在这里选择使用的物理系统，Phaser.Physics.ARCADE 是缺省值
    game.physics.arcade.enable(dogsprite);// 保证 dogsprite 拥有物理特性
    dogsprite.body.velocity.set(30);
}
```

第 5 步，执行设备方向检测，这里只检测 x 和 y 轴，向某个方向偏移设备，获取偏移量。

```
function deviceOrientationListener(event) {
    betadirection = Math.round(event.beta);
    gammadirection = Math.round(event.gamma);
}
if (window.DeviceOrientationEvent) {
    window.addEventListener("deviceorientation", deviceOrientationListener);
} else {
    alert(" 您使用的浏览器不支持 Device Orientation 特性 ");
}
```

第 6 步，在 Phaser 的 update 方法中，根据偏移量来计算移动速度和方向。

```
function update(){
    var speed = 10*(Math.abs(betadirection)+Math.abs(gammadirection));
    if(betadirection<0&&gammadirection<0){
        game.physics.arcade.moveToXY(dogsprite, 0, 0, speed);
    }else if(betadirection<0&&gammadirection>0){
        game.physics.arcade.moveToXY(dogsprite, 300, 0, speed);
    }else if(betadirection>0&&gammadirection>0){
        game.physics.arcade.moveToXY(dogsprite, 300, 400, speed);
    }else if(betadirection>0&&gammadirection<0){
        game.physics.arcade.moveToXY(dogsprite, 0, 400, speed);
    }else{
        dogsprite.body.velocity.set(0);
    }
}
```

使用以上最简单的逻辑移动设备，设备就向四个象限移动，并且设备的偏移量越大，速度越快。速度逻辑如下。

```
var speed = 10*(Math.abs(betadirection)+Math.abs(gammadirection));
```

使用 phaser 的 moveToXY 方法执行移动：

```
game.physics.arcade.moveToXY(dogsprite, 300, 400, speed);
```

6.3 在线练习

在 线 练 习

本节为课后练习，感兴趣的同学可以扫码进一步强化训练。

第 7 章

使用 HTML5 绘图

（ 视频讲解：56 分钟）

HTML5 新增了 <canvas> 标签，并提供了一套 Canvas API，允许用户通过使用 JavaScript 脚本在 <canvas> 标签标识的画布上绘制图形，创建动画，甚至可以进行实时视频处理或渲染。本章将重点介绍 Canvas API 的基本用法，帮助用户在网页中绘制漂亮的图形，制作丰富多彩、赏心悦目的 Web 动画。

【学习重点】

▶▶ 使用 canvas 元素。

▶▶ 绘制图形。

▶▶ 设置图形样式。

▶▶ 灵活使用 Canvas API 设计网页动画。

7.1 使用 canvas

HTML5 文档使用 <canvas> 标签可以在网页中创建一块画布，用法如下所示。

```
<canvas id="myCanvas" width="200" height="100"></canvas>
```

该标签包含以下 3 个属性。

- ☑ id：标识画布，以方便 JavaScript 脚本对其引用。
- ☑ height：设置 canvas 的高度。
- ☑ width：设置 canvas 的宽度。

在默认情况下，canvas 创建的画布的大小为宽 300 像素、高 150 像素，可以使用 width 和 height 属性自定义其宽度和高度。

注意，与 <img> 不同，<canvas> 需要结束标签 </canvas>。如果结束标签不存在，文档的其余部分会被认为是替代内容，不会显示出来。

【示例 1】 使用 CSS 可以控制 canvas 的外观。例如，本示例使用 style 属性为 canvas 元素添加一个实心的边框，在浏览器中的预览效果如图 7.1 所示。

```
<canvas id="myCanvas" style="border:1px solid;" width="200" height="100"></canvas>
```

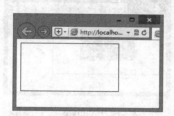

图 7.1 为 canvas 元素添加实心边框

使用 JavaScript 可以在 canvas 画布内绘画或设计动画，具体步骤如下。

【操作步骤】

第 1 步，在 HTML5 页面中添加 <canvas> 标签。设置 canvas 的 id 属性值，以便 Javascript 调用。

```
<canvas id="myCanvas" width="200" height="100"></canvas>
```

第 2 步，在 JavaScript 脚本中使用 document.getElementById() 方法，根据 canvas 元素的 id 获取对 canvas 的引用。

```
var c=document.getElementById("myCanvas");
```

第 3 步，使用 canvas 元素的 getContext() 方法获取画布上下文（context）。创建 context 对象，以获取允许进行绘制的 2D 环境。

```
var context=c.getContext("2d");
```

getContext("2d") 方法返回一个画布渲染上下文对象，使用该对象可以在 canvas 元素中绘制图形，参数 "2d" 表示二维绘图。

第 4 步，使用 JavaScript 绘制。例如，使用以下代码可以绘制一个位于画布中央的矩形。

```
context.fillStyle="#FF00FF";
context.fillRect(50,25,100,50);
```

在这两行代码中，fillStyle 属性定义将要绘制的矩形的填充颜色为粉红色，fillRect() 方法指定了要绘制的矩形的位置和尺寸。图形的位置由前面的 canvas 坐标值决定，尺寸由后面的宽度和高度值决定。在本例中，矩形的坐标值为（50,25），尺寸为宽 100 像素、高 50 像素，根据这些数值，粉红色矩形将出现在画面的中央。

【示例 2】 下面给出完整的示例代码。

```
<canvas id="myCanvas" style="border:1px solid;" width="200" height="100"></canvas>
<script>
var c=document.getElementById("myCanvas");
var context=c.getContext("2d");
context.fillStyle="#FF00FF";
context.fillRect(50,25,100,50);
</script>
```

以上代码在浏览器中的预览效果如图 7.2 所示。在画布周围加边框是为了能清楚地看到中间矩形在画布中的位置。

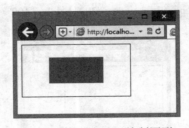

图 7.2 使用 canvas 绘制图形

fillRect(50,25,100,50) 方法绘制矩形图形，它的前两个参数用于指定绘制图形的 x 轴和 y 轴坐标，后面两个参数设置绘制矩形的宽度和高度。

在 canvas 中，坐标原点（0,0）位于 canvas 画布的左上角，x 轴水平向右延伸，y 轴垂直向下延伸，所有元素的位置都相对于原点进行定位，如图 7.3 所示。

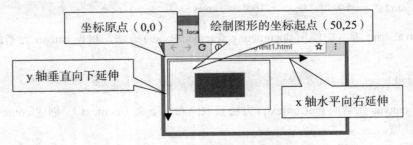

图 7.3 canvas 默认坐标点

目前，IE 9+、Firefox、Opera、Chrome 和 Safari 版本浏览器均支持 canvas 元素，及其属性和方法。老版本浏览器可能不支持 canvas 元素，因此在特定用户群中，需要为这些浏览器提供替代内容。只需

在 <canvas> 标签内嵌入替代内容，不支持 canvas 的浏览器会忽略 canvas 元素，显示替代内容；支持 canvas 的浏览器则会正常渲染 canvas，忽略替代内容。例如：

```
<canvas id="stockGraph" width="150" height="150"> 当前浏览器暂不支持 canvas </canvas>
<canvas id="clock" width="150" height="150">
    <img src="images/clock.png" width="150" height="150" alt=""/>
</canvas>
```

📢 **注意**：canvas 元素可以实现绘图功能，也可以设计动画演示，但是如果 HTML 页面有比 canvas 元素更合适的元素，则建议不要使用 canvas 元素。例如，用 canvas 元素来渲染 HTML 页面的标题样式标签便不太合适。

7.2 绘制图形

视频讲解

本节将介绍一些基本图形的绘制，如矩形、直线、路径等，以及样式设置。

7.2.1 矩形

canvas 仅支持一种原生的图形绘制——矩形。绘制其他图形都需要生成至少一条路径。不过，使用多个路径可以轻松绘制复杂的图形。

canvas 提供了 3 种方法绘制矩形：

☑ fillRect(x, y, width, height)：绘制一个填充的矩形。

☑ strokeRect(x, y, width, height)：绘制一个矩形的边框。

☑ clearRect(x, y, width, height)：清除指定矩形区域，让清除部分完全透明。

参数说明如下。

☑ x：矩形左上角的 x 坐标。

☑ y：矩形左上角的 y 坐标。

☑ width：矩形的宽度，以像素为单位。

☑ height：矩形的高度，以像素为单位。

【示例】 本示例分别使用上述 3 种方法绘制了 3 个嵌套的矩形，预览效果如图 7.4 所示。

```
<canvas id="canvas" width="300" height="200" style="border:solid 1px #999;"></canvas>
<script>
draw();
function draw() {
    var canvas = document.getElementById('canvas');
    if (canvas.getContext) {
        var ctx = canvas.getContext('2d');
        ctx.fillRect(25,25,100,100);
        ctx.clearRect(45,45,60,60);
        ctx.strokeRect(50,50,50,50);
    }
}
</script>
```

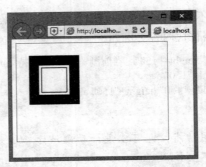

图 7.4　绘制矩形

在上面的代码中，fillRect() 方法绘制了一个边长为 100 像素的黑色正方形。clearRect() 方法从正方形的中心开始擦除了一个 60*60 像素的正方形，接着 strokeRect() 在清除区域内生成一个 50*50 像素的正方形边框。

提示：不同于 7.2.2 节所要介绍的路径函数，以上 3 个函数在绘制之后会马上显现在 canvas 上，即刻生效。

7.2.2　路径

图形的基本元素是路径。路径是通过不同颜色和宽度的线段或曲线相连形成的不同形状的点的集合。一个路径，甚至一个子路径，都是闭合的。使用路径绘制图形的步骤如下。

第 1 步，创建路径起始点。

第 2 步，使用画图命令绘制路径。

第 3 步，封闭路径。

第 4 步，生成路径之后，可以通过描边或填充路径区域来渲染图形。

需要调用的方法说明如下。

☑　beginPath()：开始路径。新建一条路径，生成之后，图形绘制命令被指向到路径，生成路径。

☑　closePath()：闭合路径。闭合路径之后图形绘制命令又重新指向上下文中。

☑　stroke()：描边路径。通过线条来绘制图形轮廓。

☑　fill()：填充路径。通过填充路径的内容区域生成实心的图形。

提示：生成路径的第一步是调用 beginPath() 方法。每次调用这个方法都表示开始重新绘制新的图形。闭合路径 closePath() 不是必需的。当调用 fill() 方法时，所有没有闭合的形状都会自动闭合，所以不需要调用 closePath() 方法，但是调用 stroke() 时不会自动闭合。

【示例 1】　本示例绘制一个三角形，效果如图 7.5 所示。代码仅提供绘图函数 draw()，完整代码可以参考 7.2.1 节的示例，后面各节示例类似。

```
function draw() {
    var canvas = document.getElementById('canvas');
    if (canvas.getContext){
        var ctx = canvas.getContext('2d');
        ctx.beginPath();
        ctx.moveTo(75,50);
```

```
        ctx.lineTo(100,75);
        ctx.lineTo(100,25);
        ctx.fill();
    }
}
```

使用 moveTo(x, y) 方法可以将笔触移动到指定的坐标 x 和 y 上。初始化 canvas 或者调用 beginPath() 方法后，通常会使用 moveTo() 方法重新设置起点。

【示例 2】　用户可以使用 moveTo() 方法绘制一些不连续的路径。本示例绘制了一个笑脸图形，效果如图 7.6 所示。

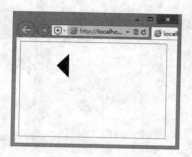

图 7.5　绘制三角形

图 7.6　绘制笑脸

```
function draw() {
    var canvas = document.getElementById('canvas');
    if (canvas.getContext){
        var ctx = canvas.getContext('2d');
        ctx.beginPath();
        ctx.arc(75,75,50,0,Math.PI*2,true);    // 绘制
        ctx.moveTo(110,75);
        ctx.arc(75,75,35,0,Math.PI,false);      // 口（顺时针）
        ctx.moveTo(65,65);
        ctx.arc(60,65,5,0,Math.PI*2,true);      // 左眼
        ctx.moveTo(95,65);
        ctx.arc(90,65,5,0,Math.PI*2,true);      // 右眼
        ctx.stroke();
    }
}
```

上面的代码使用了 arc() 方法，调用它可以绘制圆形，在后面的小节中将详细说明。

7.2.3　直线

使用 lineTo() 方法可以绘制直线，用法如下。

```
lineTo(x,y)
```

参数 x 和 y 分别表示终点位置的 x 坐标和 y 坐标。lineTo(x, y) 将绘制一条从当前位置到指定 (x, y) 位置的直线。

【示例】　本示例将绘制两个三角形，一个是填充的，另一个是描边的，效果如图 7.7 所示。

```
function draw() {
    var canvas = document.getElementById('canvas');
    if (canvas.getContext){
        var ctx = canvas.getContext('2d');
        // 填充三角形
        ctx.beginPath();
        ctx.moveTo(25,25);
        ctx.lineTo(105,25);
        ctx.lineTo(25,105);
        ctx.fill();
        // 描边三角形
        ctx.beginPath();
        ctx.moveTo(125,125);
        ctx.lineTo(125,45);
        ctx.lineTo(45,125);
        ctx.closePath();
        ctx.stroke();
    }
}
```

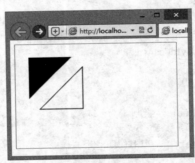

图 7.7　绘制三角形

上面示例的代码调用 beginPath() 方法准备绘制一个新的形状路径，使用 moveTo() 方法移动到目标位，两条线段绘制后构成三角形的两条边。使用填充（filled）时，路径自动闭合；而使用描边（stroked）则不会闭合路径。如果没有添加闭合路径 closePath() 到描边三角形中，则只绘制了两条线段，并不能构成一个完整的三角形。

7.2.4　定义颜色

使用 fillStyle 和 strokeStyle 属性可以给图形上色。其中，fillStyle 设置图形的填充颜色，strokeStyle 设置图形轮廓的颜色。

颜色值可以是表示 CSS 颜色值的字符串，也可以是渐变对象或者图案对象（参考下面小节的介绍）。默认情况下，线条和填充颜色都是黑色，CSS 颜色值为 #000000。

一旦设置了 strokeStyle 或 fillStyle 的值，那么这个新值就会成为新绘制的图形的默认值。如果要给每个图形定义不同的颜色，就需要重新设置 fillStyle 或 strokeStyle 的值。

【示例1】 本例使用嵌套 for 循环绘制方格阵列，为每个方格填充不同的颜色，效果如图 7.8 所示。

```
function draw() {
    var ctx = document.getElementById('canvas').getContext('2d');
    for (var i=0;i<6;i++){
        for (var j=0;j<6;j++){
            ctx.fillStyle = 'rgb(' + Math.floor(255-42.5*i) + ',' + Math.floor(255-42.5*j) + ',0)';
            ctx.fillRect(j*25,i*25,25,25);
        }
    }
}
```

在嵌套 for 结构中，使用变量 i 和 j 为每个方格填充唯一的 RGB 色彩值，其中仅修改红色和绿色通道的值，而保持蓝色通道的值不变。可以通过修改这些颜色通道的值来产生各种各样的色板。通过增加渐变的频率，可以绘制出类似 Photoshop 调色板的效果。

【示例2】 本例和示例 1 有点类似，使用 strokeStyle 属性，但画的不是方格，而是用 arc() 方法画圆，效果如图 7.9 所示。

```
function draw() {
    var ctx = document.getElementById('canvas').getContext('2d');
    for (var i=0;i<6;i++){
        for (var j=0;j<6;j++){
            ctx.strokeStyle = 'rgb(0,' + Math.floor(255-42.5*i) + ',' + Math.floor(255-42.5*j) + ')';
            ctx.beginPath();
            ctx.arc(12.5+j*25,12.5+i*25,10,0,Math.PI*2,true);
            ctx.stroke();
        }
    }
}
```

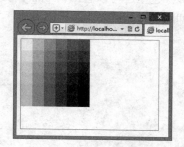

图 7.8　绘制渐变色块

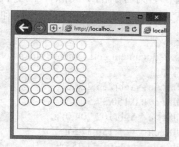

图 7.9　绘制渐变圆圈

7.2.5　定义透明度

使用 globalAlpha 全局属性可以设置绘制图形的透明度，另外也可以通过色彩的透明度参数来为图形设置透明度，这种方法相对于使用 globalAlpha 属性来说，会更灵活些。

使用 rgba() 方法可以设置具有透明度的颜色，用法如下。

```
rgba(R,G,B,A)
```

其中 R、G、B 将颜色的红色、绿色和蓝色成分指定为 0～255 的十进制整数，A 把 alpha（透明）成分指定为 0.0～1.0 的一个浮点数值，0.0 为完全透明，1.0 为完全不透明。例如，可以用 rgba(255,0,0,0.5) 表示半透明的完全红色。

【示例 1】 本示例使用四色格作为背景，设置 globalAlpha 为 0.2 后，在上面画一系列半径递增的半透明圆，最终结果是一个径向渐变效果，如图 7.10 所示。圆叠加得越多，原先所画的圆的透明度会越低。通过增加循环次数，画更多的圆，背景图的中心部分会完全消失。

```javascript
function draw() {
    var ctx = document.getElementById('canvas').getContext('2d');
    // 画背景
    ctx.fillStyle = '#FD0';
    ctx.fillRect(0,0,75,75);
    ctx.fillStyle = '#6C0';
    ctx.fillRect(75,0,75,75);
    ctx.fillStyle = '#09F';
    ctx.fillRect(0,75,75,75);
    ctx.fillStyle = '#F30';
    ctx.fillRect(75,75,75,75);
    ctx.fillStyle = '#FFF';
    // 设置透明度值
    ctx.globalAlpha = 0.2;
    // 画半透明圆
    for (var i=0;i<7;i++){
        ctx.beginPath();
        ctx.arc(75,75,10+10*i,0,Math.PI*2,true);
        ctx.fill();
    }
}
```

【示例 2】 本例与示例 1 类似，不过不是画圆，而是画矩形。这里还可以看出，rgba() 可以分别设置轮廓和填充样式，因而具有更好的可操作性和使用灵活性，效果如图 7.11 所示。

```javascript
function draw() {
    var ctx = document.getElementById('canvas').getContext('2d');
    // 画背景
    ctx.fillStyle = 'rgb(255,221,0)';
    ctx.fillRect(0,0,150,37.5);
    ctx.fillStyle = 'rgb(102,204,0)';
    ctx.fillRect(0,37.5,150,37.5);
    ctx.fillStyle = 'rgb(0,153,255)';
    ctx.fillRect(0,75,150,37.5);
    ctx.fillStyle = 'rgb(255,51,0)';
    ctx.fillRect(0,112.5,150,37.5);
    // 画半透明矩形
    for (var i=0;i<10;i++){
        ctx.fillStyle = 'rgba(255,255,255,'+(i+1)/10+')';
        for (var j=0;j<4;j++){
            ctx.fillRect(5+i*14,5+j*37.5,14,27.5)
        }
    }
}
```

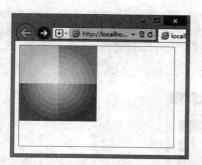

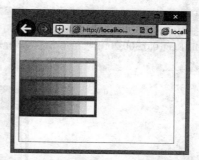

图 7.10　用 globalAlpha 设置不透明度　　　　　图 7.11　用 rgba() 方法设置不同的透明度

7.2.6　定义线性渐变

要绘制线性渐变，首先使用 createLinearGradient() 方法创建 canvasGradient 对象，然后使用 addColorStop() 方法进行上色。

createLinearGradient() 方法的用法如下：

```
context.createLinearGradient(x0,y0,x1,y1);
```

参数说明如下。
- ☑　x0：渐变开始点的 x 坐标。
- ☑　y0：渐变开始点的 y 坐标。
- ☑　x1：渐变结束点的 x 坐标。
- ☑　y1：渐变结束点的 y 坐标。

addColorStop() 方法的用法如下：

```
gradient.addColorStop(stop,color);
```

参数说明如下。
- ☑　stop：介于 0.0 ~ 1.0 的值，表示渐变中开始与结束之间的相对位置。渐变起点的偏移值为 0，终点的偏移值为 1。如果 position 值为 0.5，表示色标会出现在渐变的正中间。
- ☑　color：结束位置显示的 CSS 颜色值。

【示例】　本示例演示如何绘制线性渐变。本例共添加了 8 个色标，分别为红、橙、黄、绿、青、蓝、紫和红，预览效果如图 7.12 所示。

```
function draw() {
    var ctx = document.getElementById('canvas').getContext('2d');
    var lingrad = ctx.createLinearGradient(0,0,0,200);
    lingrad.addColorStop(0, '#ff0000');
    lingrad.addColorStop(1/7, '#ff9900');
    lingrad.addColorStop(2/7, '#ffff00');
    lingrad.addColorStop(3/7, '#00ff00');
    lingrad.addColorStop(4/7, '#00ffff');
    lingrad.addColorStop(5/7, '#0000ff');
    lingrad.addColorStop(6/7, '#ff00ff');
    lingrad.addColorStop(1, '#ff0000');
```

```
    ctx.fillStyle = lingrad;
    ctx.strokeStyle = lingrad;
    ctx.fillRect(0,0,300,200);
}
```

图 7.12　绘制线性渐变

使用 addColorStop 可以添加多个色标，色标可以在 0～1 任意位置添加，例如，在 0.3 处开始设置一个蓝色色标，再在 0.5 处设置一个红色色标，则 0～0.3 都会填充为蓝色。0.3～0.5 为蓝色到红色的渐变，0.5～1 则填充为红色。

7.2.7　定义径向渐变

要绘制径向渐变，首先需要使用 createRadialGradient() 方法创建 canvasGradient 对象，然后使用 addColorStop() 方法上色。

createRadialGradient() 方法的用法如下。

```
context.createRadialGradient(x0,y0,r0,x1,y1,r1);
```

参数说明如下。
- ☑ x0：渐变地开始圆的 x 坐标。
- ☑ y0：渐变地开始圆的 y 坐标。
- ☑ r0：开始圆的半径。
- ☑ x1：渐变地结束圆的 x 坐标。
- ☑ y1：渐变地结束圆的 y 坐标。
- ☑ r1：结束圆的半径。

【示例】　本示例使用径向渐变在画布中央绘制一个圆球形状，预览效果如图 7.13 所示。

```
function draw() {
    var ctx = document.getElementById('canvas').getContext('2d');
    // 创建渐变
    var radgrad = ctx.createRadialGradient(150,100,0,150,100,100);
    radgrad.addColorStop(0, '#A7D30C');
    radgrad.addColorStop(0.9, '#019F62');
    radgrad.addColorStop(1, 'rgba(1,159,98,0)');
    // 填充渐变色
    ctx.fillStyle = radgrad;
    ctx.fillRect(0,0,300,200);
}
```

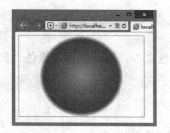

图 7.13　绘制径向渐变

Note

7.2.8　定义阴影

创建阴影需要 4 个属性，简单说明如下。

☑　shadowColor：设置阴影颜色。

☑　shadowBlur：设置阴影的模糊级别。

☑　shadowOffsetX：设置阴影在 x 轴的偏移距离。

☑　shadowOffsetY：设置阴影在 y 轴的偏移距离。

【示例】　本示例演示了如何创建文字阴影效果，如图 7.14 所示。

```
function draw() {
    var ctx = document.getElementById('canvas').getContext('2d');
    // 设置阴影
    ctx.shadowOffsetX = 4;
    ctx.shadowOffsetY = 4;
    ctx.shadowBlur = 4;
    ctx.shadowColor = "rgba(0, 0, 0, 0.5)";
    // 绘制文本
    ctx.font = "60px Times New Roman";
    ctx.fillStyle = "Black";
    ctx.fillText("Canvas API", 5, 80);
}
```

图 7.14　为文字设置阴影效果

7.3　绘制文字和图像

视频讲解

　　canvas 可以导入图像。可以对导入的图像改变大小、裁切或合成。canvas 支持多种图像格式，如 PNG、GIF 和 JPEG 等。

7.3.1　绘制文字

fillText() 方法能够在画布上绘制填色文本，默认颜色是黑色，其用法如下。

```
context.fillText(text,x,y,maxWidth);
```

参数说明如下。

- ☑ text：规定在画布上输出的文本。
- ☑ x：开始绘制文本的 x 坐标位置（相对于画布）。
- ☑ y：开始绘制文本的 y 坐标位置（相对于画布）。
- ☑ maxWidth：允许的最大文本宽度（可选），以像素计。

【示例】 下面使用 fillText() 方法在画布上绘制文本 Hi 和 Canvas API，效果如图 7.15 所示。

```
function draw() {
    var canvas = document.getElementById('canvas');
    var ctx = canvas.getContext('2d');
    ctx.font="40px Georgia";
    ctx.fillText("Hi",10,50);
    ctx.font="50px Verdana";
    // 创建渐变
    var gradient=ctx.createLinearGradient(0,0,canvas.width,0);
    gradient.addColorStop("0","magenta");
    gradient.addColorStop("0.5","blue");
    gradient.addColorStop("1.0","red");
    // 用渐变填色
    ctx.fillStyle=gradient;
    ctx.fillText("Canvas API",10,120);
}
```

图 7.15　绘制填充文字

7.3.2　导入图像

canvas 导入图像的步骤如下：

第 1 步，确定图像来源。

第 2 步，使用 drawImage() 方法将图像绘制到 canvas。

确定图像来源有以下 4 种方式，用户可以任选一种即可。

☑ 页面内的图片：如果已知图片元素的 ID，则可以通过 document.images 集合、document.getElementsByTagName() 或 document.getElementById() 等方法获取页面的该图片元素。

☑ 其他 canvas 元素：可以通过 document.getElementsByTagName() 或 document.getElementById() 等方法获取已经设计好的 canvas 元素。例如，可以用这种方法为一个比较大的 canvas 生成缩略图。

☑ 用脚本创建一个新的 image 对象：使用脚本可以从零开始创建一个新的 image 对象。不过这种方法存在一个缺点：如果图像文件来源于网络且较大，则会花费较长的时间来装载。所以如果不希望因为图像文件装载而导致漫长的等待，用户需要做好预装载的工作。

☑ 使用 data:url 方式引用图像：这种方法允许用 Base64 编码的字符串来定义一个图片。优点是图片可以即时使用，不必等待装载，而且迁移也非常容易。缺点是无法缓存图像，所以如果图片较大，则不太适宜用这种方法，因为这会导致嵌入的 url 数据相当庞大。

使用脚本创建新 image 对象时，其方法如下。

```
var img = new Image();        // 创建新的 Image 对象
img.src = 'image1.png';       // 设置图像路径
```

如果要解决图片预装载的问题，可以使用下面的方法，即使用 onload 事件一边装载图像一边执行绘制图像的函数。

```
var img = new Image();        // 创建新的 Image 对象
img.onload = function(){
    // 此处放置 drawImage 的语句。
}
img.src = 'image1.png';       // 设置图像路径
```

不管采用什么方式获取图像来源，之后的工作都是使用 drawImage() 方法将图像绘制到 canvas。drawImage() 方法能够在画布上绘制图像、画布或视频。该方法也能够绘制图像的某些部分，以及增加或减少图像的尺寸，其用法如下。

```
// 语法 1：在画布上定位图像
context.drawImage(img,x,y);
// 语法 2：在画布上定位图像，并规定图像的宽度和高度
context.drawImage(img,x,y,width,height);
// 语法 3：剪切图像，并在画布上定位被剪切的部分
context.drawImage(img,sx,sy,swidth,sheight,x,y,width,height);
```

参数说明如下。

☑ img：规定要使用的图像、画布或视频。

☑ sx：可选。开始剪切的 x 坐标位置。

☑ sy：可选。开始剪切的 y 坐标位置。

☑ swidth：可选。被剪切图像的宽度。

☑ sheight：可选。被剪切图像的高度。

☑ x：在画布上放置图像的 x 坐标位置。

☑ y：在画布上放置图像的 y 坐标位置。

☑ width：可选。要使用的图像的宽度。可以实现伸展或缩小图像。

☑ height：可选。要使用的图像的高度。可以实现伸展或缩小图像。

【示例】 本示例演示了如何使用上述步骤将图像引入 canvas 中。

```
function draw() {
    var ctx = document.getElementById('canvas').getContext('2d');
    var img = new Image();
    img.onload = function(){
        ctx.drawImage(img,0,0);
    }
    img.src = 'images/1.jpg';
}
```

7.3.3　将图像写入画布

putImageData() 方法可以将图像数据从指定的 ImageData 对象写入画布，具体用法如下。

```
context.putImageData(imgData,x,y,dirtyX,dirtyY,dirtyWidth,dirtyHeight);
```

参数简单说明如下。
- ☑　imgData：要写入画布的 ImageData 对象。
- ☑　x：ImageData 对象左上角的 x 坐标，以像素计。
- ☑　y：ImageData 对象左上角的 y 坐标，以像素计。
- ☑　dirtyX：可选参数，在画布上放置图像的 x 轴位置，以像素计。
- ☑　dirtyY：可选参数，在画布上放置图像的 y 轴位置，以像素计。
- ☑　dirtyWidth：可选参数，在画布上绘制图像所使用的宽度。
- ☑　dirtyHeight：可选参数，在画布上绘制图像所使用的高度。

【示例】 本示例创建一个 100×100 像素的 ImageData 对象，其中每个像素都是红色的，然后把它写入画布并显示出来。

```
<canvas id="myCanvas"></canvas>
<script>
var c=document.getElementById("myCanvas");
var ctx=c.getContext("2d");
var imgData=ctx.createImageData(100,100);        // 创建图像数据
// 使用 for 循环语句，逐一设置图像数据中每个像素的颜色值
for (var i=0;i<imgData.data.length;i+=4){
    imgData.data[i+0]=255;
    imgData.data[i+1]=0;
    imgData.data[i+2]=0;
    imgData.data[i+3]=255;
}
ctx.putImageData(imgData,10,10);                 // 把图像数据写入画布
</script>
```

7.3.4　保存图片

HTMLCanvasElement 提供一个 toDataURL() 方法，使用它可以将画布保存为图片，返回一个包含图片展示的 data URI，具体用法如下。

```
canvas.toDataURL(type, encoderOptions);
```

参数简单说明如下。

- ☑ type：可选参数，默认为 image/png。
- ☑ encoderOptions：可选参数，默认为 0.92。在指定图片格式为 image/jpeg 或 image/webp 的情况下，可以设置图片的质量，取值从 0～1 中选择，如果超出取值范围，将会使用默认值。

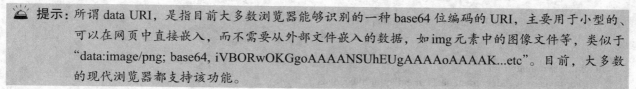

提示：所谓 data URI，是指目前大多数浏览器能够识别的一种 base64 位编码的 URI，主要用于小型的、可以在网页中直接嵌入，而不需要从外部文件嵌入的数据，如 img 元素中的图像文件等，类似于 "data:image/png; base64, iVBORwOKGgoAAAANSUhEUgAAAAoAAAAK...etc"。目前，大多数的现代浏览器都支持该功能。

使用 toBlob() 方法，可以把画布存储到 Blob 对象，用以展示 canvas 上的图片；这个图片文件可以被缓存或保存到本地，具体用法如下。

```
void canvas.toBlob(callback, type, encoderOptions);
```

参数 callback 表示回调函数，存储成功时调用，可获得一个单独的 Blob 对象参数。type 和 encoderOptions 参数与 toDataURL() 方法相同。

【示例 1】 本示例将绘图输出到 data URL，效果如图 7.16 所示。

```
<canvas id="myCanvas" width="400" height="200"></canvas>
<script type="text/javascript">
var canvas = document.getElementById("myCanvas");
var context = canvas.getContext('2d');
context.fillStyle = "rgb(0, 0, 255)";
context.fillRect(0, 0, canvas.width, canvas.height);
context.fillStyle = "rgb(255, 255, 0)";
context.fillRect(10, 20, 50, 50);
window.location =canvas.toDataURL("image/jpeg");
</script>
```

【示例 2】 本示例在页面中添加一块画布，两个按钮，画布显示绘制的几何图形。单击"保存图像"按钮，可以把绘制的图形另存到另一个页面。单击"下载图像"按钮，可以把绘制的图形下载到本地，演示效果如图 7.17 所示。

```
<script>
window.onload = function(){
    draw();
    var saveButton = document.getElementById("saveImageBtn");
    bindButtonEvent(saveButton, "click", saveImageInfo);
    var dlButton = document.getElementById("downloadImageBtn");
    bindButtonEvent(dlButton, "click", saveAsLocalImage);
};
function draw(){
    var canvas = document.getElementById("thecanvas");
    var ctx = canvas.getContext("2d");
    ctx.fillStyle = "rgba(125, 46, 138, 0.5)";
    ctx.fillRect(25,25,100,100);
    ctx.fillStyle = "rgba( 0, 146, 38, 0.5)";
    ctx.fillRect(58, 74, 125, 100);
```

```
        ctx.fillStyle = "rgba( 0, 0, 0, 1)"; // black color
    }
    function bindButtonEvent(element, type, handler){
        if(element.addEventListener){
            element.addEventListener(type, handler, false);
        } else {
            element.attachEvent('on'+type, handler);
        }
    }
    function saveImageInfo(){
        var mycanvas = document.getElementById("thecanvas");
        var image      = mycanvas.toDataURL("image/png");
        var w=window.open('about:blank','image from canvas');
        w.document.write("<img src='"+image+"' alt='from canvas'/>");
    }
    function saveAsLocalImage(){
        var myCanvas = document.getElementById("thecanvas");
        var image = myCanvas.toDataURL("image/png").replace("image/png", "image/octet-stream");
        window.location.href=image;
    }
</script>

<canvas width="200" height="200" id="thecanvas"></canvas>
<button id="saveImageBtn"> 保存图像 </button>
<button id="downloadImageBtn"> 下载图像 </button>
```

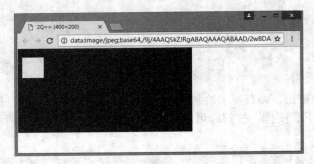

图 7.16　把图形输出到 data URL

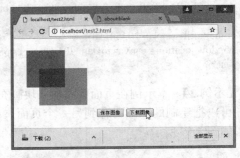

图 7.17　保存和下载图形

7.4　案例实战

本节将结合案例介绍 Canvas API 的高级应用。

视频讲解

7.4.1　设计基本动画

设计动画的基本步骤如下。

第 1 步，清空 canvas。最简单的方法是使用 clearRect () 清空画布。

第 2 步，保存 canvas 状态。如果要改变 canvas 设置状态，如样式、变形等，需要每画一帧都重设原始状态，这时需要使用 save() 方法先保存 canvas 设置状态。

第 3 步，绘制动画图形（这步才是重绘动画帧）。

第 4 步，恢复 canvas 状态，如果已经保存了 canvas 的状态，可以使用 restore() 方法先恢复它，然后重绘下一帧。

有以下 3 种方法可以实现动画操控。

☑　setInterval(function, delay)：设定好间隔时间 delay，function 定期执行。

☑　setTimeout(function, delay)：设定好的时间 delay，执行函数 function。

☑　requestAnimationFrame(callback)：告诉浏览器希望执行动画，并请求浏览器调用指定的 callback 函数在下一次重绘之前更新动画。requestAnimationFrame() 函数不需要指定动画关键帧间隔的时间，浏览器会自动设置。

【示例】　本示例在画布中绘制一个红色方块和一个圆形球，让它们重叠显示。然后使用一个变量从图形上下文的 globalCompositeOperation 属性的所有参数构成的数组中，挑选一个参数显示对应的图形组合效果，通过动画循环显示所有参数的组合，效果演示如图 7.18 所示。

```html
<canvas id="myCanvas" width="500" height="240" style="border:solid 1px #93FB40;"></canvas>
<script type="text/javascript">
var globalId, i=0;
function draw(id){
    globalId=id;
    setInterval(Composite,1000);
}
function Composite() {
    var canvas = document.getElementById(globalId);
    if (canvas == null) return false;
    var context = canvas.getContext('2d');
    var oprtns = new Array("source-atop", "source-in","source-out",  "source-over",  "destination-atop", "destination-in",
"destination-out", "destination-over", "lighter", "copy", "xor" );
    if(i>10) i=0;
    context.clearRect(0,0,canvas.width,canvas.height);
    context.save();
    context.font="30px Georgia";
    context.fillText(oprtns[i],240,130);
    // 绘制原有图形（蓝色长方形）
    context.fillStyle = "blue";
    context.fillRect(0, 0, 100, 100);
    // 设置组合方式
    context.globalCompositeOperation = oprtns[i];
    // 设置新图形（红色圆形）
    context.beginPath();
    context.fillStyle = "red";
    context.arc(100, 100, 100, 0, Math.PI*2, false);
    context.fill();
    context.restore();
    i=i+1;
}
draw("myCanvas")
</script>
```

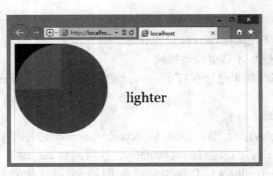

图 7.18　设计图形组合动画

7.4.2　设计运动动画

在 7.4.1 节的示例中，我们初步掌握了基本动画的设计方法。本节会对运动有更深的了解，并学会添加一些符合物理规律的运动。

【操作步骤】

第 1 步，绘制小球，先建立画布。

```
<canvas id="canvas" width="600" height="300"></canvas>
```

定义一个小球对象，包含了一些相关属性，调用小球对象的 draw() 方法将球绘制在画布上。

```
var canvas = document.getElementById('canvas');
var ctx = canvas.getContext('2d');
var ball = {
    x: 100,
    y: 100,
    radius: 25,
    color: 'blue',
    draw: function() {
        ctx.beginPath();
        ctx.arc(this.x, this.y, this.radius, 0, Math.PI * 2, true);
        ctx.closePath();
        ctx.fillStyle = this.color;
        ctx.fill();
    }
};
ball.draw();
```

这个小球实际上是一个简单的圆形，使用 arc() 函数绘制，效果如图 7.19 所示。

第 2 步，添加速率。使用 window.requestAnimationFrame() 方法控制动画，通过递增速率矢量（ball.vx 和 ball.vy）移动小球。每 1 帧（draw() 函数）先使用 clear() 方法清除之前帧绘制的圆形。

```
function draw() {
    ctx.clearRect(0,0, canvas.width, canvas.height);
    ball.draw();
    ball.x += ball.vx;
```

```
        ball.y += ball.vy;
        raf = window.requestAnimationFrame(draw);
    }
canvas.addEventListener('mouseover', function(e){
        raf = window.requestAnimationFrame(draw);
});
canvas.addEventListener('mouseout', function(e){
        window.cancelAnimationFrame(raf);
});
```

图 7.19　设计缩放图像

第 3 步，设计边界。若没有任何的碰撞检测，小球很快就会超出画布。因此还需要检查小球的 x 和 y 位置是否已经超出画布的尺寸，以及是否需要将速率矢量反转。把下面的检查代码添加进 draw() 函数中。

```
function draw() {
    if (ball.y + ball.vy > canvas.height - ball.radius || ball.y + ball.vy - ball.radius < 0) {
        ball.vy = -ball.vy;
    }
    if (ball.x + ball.vx > canvas.width - ball.radius || ball.x + ball.vx - ball.radius < 0) {
        ball.vx = -ball.vx;
    }
    ......
}
```

在浏览器中预览，移动鼠标指针到画布，可以开启动画，演示效果如图 7.20 所示。

第 4 步，设计弹跳动画。为了让动作更真实，可以这样处理速度：

```
ball.vy *= .99;
ball.vy += .25;
```

这会逐帧减少垂直方向的速度，小球最终只会在地板上弹跳。

第 5 步，设计长尾效果。上面使用 clearRect () 方法来清除前一帧动画，如果用一个半透明的 fillRect () 方法取代，就可轻松制作长尾效果，如图 7.21 所示。

```
ctx.fillStyle = 'rgba(255,255,255,0.3)';
ctx.fillRect(0,0,canvas.width,canvas.height);
```

图 7.20　设计运动的小球

图 7.21　设计长尾效果

7.4.3　设计地球和月球公转动画

本例采用 window.requestAnimationFrame() 方法做一个小型的太阳系模拟动画，效果如图 7.22 所示。这个方法提供了更加平缓、更加有效率的方式执行动画，系统准备好了重绘条件，才调用绘制动画帧。一般每秒钟回调函数执行 60 次，也有可能会降低。

图 7.22　设计地球和月球公转的动画效果

示例主要代码如下。

```html
<canvas id="canvas" width="300" height="300"></canvas>
<script>
var sun = new Image();
var moon = new Image();
var earth = new Image();
sun.src = 'images/Canvas_sun.png';
moon.src = 'images/Canvas_moon.png';
earth.src = 'images/Canvas_earth.png';
window.requestAnimationFrame(draw);
function draw() {
    var ctx = document.getElementById('canvas').getContext('2d');
    ctx.globalCompositeOperation = 'destination-over';
    ctx.clearRect(0,0,300,300); // 清理画布
    ctx.fillStyle = 'rgba(0,0,0,0.4)';
```

Note

```
        ctx.strokeStyle = 'rgba(0,153,255,0.4)';
        ctx.save();
        ctx.translate(150,150);
        // 绘制地球
        var time = new Date();
        ctx.rotate( ((2*Math.PI)/60)*time.getSeconds() + ((2*Math.PI)/60000)*time.getMilliseconds() );
        ctx.translate(105,0);
        ctx.fillRect(0,-12,50,24); // 阴影
        ctx.drawImage(earth,-12,-12);
        // 绘制月球
        ctx.save();
        ctx.rotate( ((2*Math.PI)/6)*time.getSeconds() + ((2*Math.PI)/6000)*time.getMilliseconds() );
        ctx.translate(0,28.5);
        ctx.drawImage(moon,-3.5,-3.5);
        ctx.restore();
        ctx.restore();
        ctx.beginPath();
        ctx.arc(150,150,105,0,Math.PI*2,false); // 地球轨道
        ctx.stroke();
        ctx.drawImage(sun,0,0,300,300);
        window.requestAnimationFrame(draw);
    }
</script>
```

7.4.4　在画布上裁剪图像

在很多社交网站上能看到这样的场景：用户上传自定义头像，并对其编辑保存。多数网站实现图像编辑功能采用的是 Flash 技术。本例将采用 HTML5 技术实现此场景，HTML5 具备上传图片和简单的剪贴功能，运行效果如图 7.23 所示。

图 7.23　在画布上裁剪图像

单击"选择文件"按钮，在图库中选择图片并打开，在图像上按住鼠标左键，并向右下方拖动，出现一个蓝色虚线框。虚线区域将被剪贴到右侧目标画布中。释放鼠标左键，原画布虚线框内的局部图像就被复制到右侧目标画布。

核心代码如下，完整示例代码请参考本书源代码。

```
<section>
    <!-- 图片按钮上传 -->
    <input type="file" class="button"/>
    <div>
        <div class="item">
            <!-- 原画布 -->
            <canvas id="J_canvas_i" width="250" height="300"></canvas>
        </div>
        <div class="item">
            <!-- 目标画布 -->
            <canvas id="J_canvas_ii" width="200" height="200"></canvas>
            <div><input type="button" id="J_rotation_ii" value=" 旋转选区图像 " /></div>
        </div>
    </div>
</section>
</body>
<script>
var canvas_i = document.getElementById('J_canvas_i'),     // 获取 Canvas 画布元素
    context_i = canvas_i.getContext("2d"),                 // 获取 Canvas 元素上下文
    canvas_ii = document.getElementById('J_canvas_ii'),    // 获取目标 Canvas 画布元素
    context_ii = canvas_ii.getContext("2d"),               // 获取目标 Canvas 元素上下文
    input_file = document.querySelector('input[type=file]'),  // 图案上传按钮
    clip_wraper = document.createElement('div'),           // 自创建剪贴框元素
    img = new Image();                                      // 新建图片元素实例
clip_wraper.setAttribute('class', 'clip');                 // 设置剪贴框样式
function draw() {                                           // 绘制上传图片
    // 清空原画布指定矩形区域内容
    context_i.clearRect(0, 0, parseInt(canvas_i.width), parseInt(canvas_i.height));
    // 清空目标画布指定矩形区域内容
    context_ii.clearRect(0, 0, parseInt(canvas_ii.width), parseInt(canvas_ii.height));
    temp_image = new Image();                               // 重设临时图片变量
    context_i.drawImage(img, 0, 0);                         // 填充图片到画布
};
// 获取或设置元素样式方法。参数 1 为目标元素；参数 2 如果为字符则获取样式，如果为对象则设置元素样式
function css(element, options) {
    if (typeof options === 'string') {
        return element.style[options];
    } else {
        for (var name in options) {
            element.style[name] = options[name];
        };
    }
};
img.addEventListener('load', draw, false);                 // 监听图片的加载完毕事件
```

```
input_file.addEventListener('change', function () {        // 上传按钮值改变事件
    var files = this.files,                                // 获取文件列表
        reader;
    for (var i = 0, length = files.length; i < length; i++) {
        if (files[i].type.toLowerCase().match(/image.*/)) { // 正则判断文件类型是否为图片
            reader = new FileReader();    // 实例化 FileReader 对象, 用于读取文件数据
            reader.addEventListener('load', function (e) { // 监听 FileReader 实例的 load 事件
                img.src = e.target.result;                  // 设置图片内容
            });
            reader.readAsDataURL(files[i]);      // 读取图片文件为 dataURI 格式
            break;
        };
    };
}, false);
var start_x = 0, start_y = 0,                              // 鼠标单击的 X、Y 轴坐标位置
    move_x = 0, move_y = 0,                                // 鼠标单击后移动的相对距离
    offset_xy = 6;                                         // 剪贴框距鼠标的相对位置
function canvas_mousemove(e) {                             // 鼠标移动事件函数
    // 鼠标移动时屏幕位置减去鼠标单击时位置获取鼠标移动的相对距离
};
// 监听剪贴框鼠标移动事件
clip_wraper.addEventListener('mousemove', canvas_mousemove, false);
// 监听原画布鼠标单击事件
canvas_i.addEventListener('mousedown', function (e) {
    // 代码省略, 请参考示例源码
}, false);
document.addEventListener('mouseup', function (e) {   // 当鼠标在 DOM 文档内释放后触发；
    // 代码省略, 请参考示例源码
}, false);
// 阻止文档内容选择事件, 避免拖动时触发内容选择造成不便。
document.addEventListener('selectstart', function (e) { e.preventDefault() }, false);
</script>
```

7.5　在线练习

　　HTML5 Canvas 能够更加方便地实现 2D 绘制图形、图像以及各种动画效果。如果想熟练掌握 HTML5 绘图和动画设计, 读者需要认真学习 HTML5 Canvas API 基础知识, 同时也要强化上机训练。为此本节提供了大量的示例, 方便练习, 感兴趣的读者可以扫码实践。

在 线 练 习

第8章

使用 HTML5 多媒体
（ 视频讲解：42 分钟 ）

　　HTML5 新增了两个多媒体元素：audio 和 video。其中，audio 元素专门播放网络音频数据，而 video 元素专门播放网络视频或电影。同时，HTML5 规范了多媒体 API，允许用户通过 JavaScript 脚本控制多媒体对象。

【学习重点】

▶▶ 使用 <audio> 和 <video> 标签。

▶▶ 了解 audio 和 video 对象的属性、方法和事件。

▶▶ 能够使用 audio 和 video 设计视频和音频播放界面。

视频讲解

8.1 使用 HTML5 音频和视频

目前，现代浏览器都支持 HTML5 的 audio 元素和 video 元素，如 IE 9.0+、Firefox 3.5+、Opera 10.5+、Chrome 3.0+ 和 Safari 3.2+ 等。

8.1.1 使用 <audio>

<audio> 标签可以播放声音文件或音频流，支持 Ogg Vorbis、MP3 和 Wav 等音频格式，其用法如下。

```
<audio src="samplesong.mp3" controls="controls"></audio>
```

其中，src 属性用于指定要播放的声音文件；controls 属性用于设置是否显示工具条。<audio> 标签可用的属性如表 8.1 所示。

表 8.1 <audio> 标签支持属性

属 性	值	说 明
autoplay	autoplay	如果出现该属性，音频在就绪后马上播放
controls	controls	如果出现该属性，向用户显示控件，如播放按钮
loop	loop	如果出现该属性，每当音频结束时，就重新开始播放
preload	preload	如果出现该属性，则音频在页面加载时进行加载，并预备播放 如果使用 "autoplay"，则忽略该属性
src	url	要播放的音频的 URL

> 💡 提示：如果浏览器不支持 <audio> 标签，可以在 <audio> 与 </audio> 标识符之间嵌入替换的 HTML 字符串。这样旧的浏览器就可以显示这些信息，例如：
>
> ```
> <audio src=" test.mp3" controls="controls">
> 您的浏览器不支持 audio 标签。
> </audio>
> ```

替换内容可以是简单的提示信息，也可以是一些备用音频插件，或者是音频文件的链接等。

【示例 1】 <audio> 标签可以包裹多个 <source> 标签，导入不同的音频文件，浏览器会自动选择第一个可以识别的格式进行播放。

```
<audio controls="controls">
    <source src="medias/test.ogg" type="audio/ogg">
    <source src="medias/test.mp3" type="audio/mpeg">
您的浏览器不支持 audio 标签。
</audio>
```

以上代码在 Chrome 浏览器中的运行结果如图 8.1 所示，可以看到出现一个比较简单的音频播放器，包含了播放、暂停、位置、时间显示和音量控制等常用控件按钮。

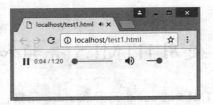

图 8.1　播放音频

【补充】

<source> 标签可以为 <video> 和 <audio> 标签定义多媒体资源，它必须包裹在 <video> 或 <audio> 标识符内。<source> 标签包含以下 3 个可用属性。

- ☑　media：定义媒体资源的类型。
- ☑　src：定义媒体文件的 URL。
- ☑　type：定义媒体资源的 MIME 类型。如果媒体类型与源文件不匹配，浏览器可能会拒绝播放。可以省略 type 属性，让浏览器自动检测编码方式。

为了兼容不同浏览器，一般使用多个 <source> 标签包含多种媒体资源。对于数据源，浏览器会按照声明顺序选择，如果支持的不止一种，那么浏览器会优先播放位置靠前的媒体资源。数据源列表的排放顺序应按照用户体验由高到低，或者服务器消耗由低到高列出。

【示例 2】　本示例演示了如何在页面中插入背景音乐：在 <audio> 标签中设置 autoplay 和 loop 属性。详细代码如下。

```
<audio autoplay loop>
    <source src="medias/test.ogg" type="audio/ogg">
    <source src="medias/test.mp3" type="audio/mpeg">
您的浏览器不支持 audio 标签。
</audio>
```

8.1.2　使用 <video>

<video> 标签可以播放视频文件或视频流，支持 Ogg、MPEG 4 和 WebM 等视频格式，其用法如下。

```
<video src="samplemovie.mp4" controls="controls"></video>
```

其中，src 属性用于指定要播放的视频文件，controls 属性用于提供播放、暂停和音量控件。<video> 标签可用的属性如表 8.2 所示。

表 8.2　<video> 标签支持属性

属　性	值	描　　　述
autoplay	autoplay	如果出现该属性，视频在就绪后马上播放
controls	controls	如果出现该属性，向用户显示控件，如播放按钮
height	pixels	设置视频播放器的高度
loop	loop	如果出现该属性，当媒介文件完成播放后，视频再次开始播放
muted	muted	设置视频的音频输出应该被静音

续表

属　性	值	描　述
poster	URL	设置视频下载时显示的图像，或者在用户单击播放按钮前显示的图像
preload	preload	如果出现该属性，则视频在页面加载时进行加载，并预备播放。如果使用 "autoplay"，则忽略该属性
src	url	要播放的视频的 URL
width	pixels	设置视频播放器的宽度

【补充】

浏览器支持 HTML5 的 <video> 标签情况：Safari3+、Firefox4+、Opera10+、Chrome3+ 和 IE9+ 等。HTML5 的 <video> 标签支持 3 种常用的视频格式，简单说明如下。

☑ Ogg：带有 Theora 视频编码和 Vorbis 音频编码的 Ogg 文件。

☑ MPEG4：带有 H.264 视频编码和 AAC 音频编码的 MPEG 4 文件。

☑ WebM：带有 VP8 视频编码和 Vorbis 音频编码的 WebM 文件。

💡 提示：如果浏览器不支持 <video> 标签，可以在 <video> 与 </video> 标识符之间嵌入替换的 HTML 字符串，旧的浏览器就可以显示这些信息。例如：

```
<video src=" test.mp4" controls="controls">
您的浏览器不支持 video 标签。
</video>
```

【示例1】 本示例使用 <video> 标签在页面中嵌入一段视频，然后使用 <source> 标签链接不同的视频文件，浏览器会自己选择第一个可以识别的格式。

```
<video controls>
    <source src="medias/trailer.ogg" type="video/ogg">
    <source src="medias/trailer.mp4" type="video/mp4">
您的浏览器不支持 video 标签。
</video >
```

以上代码在 Chrome 浏览器中的运行结果如图 8.2 所示。当鼠标经过播放画面时，可以看到出现一个比较简单的视频播放控制条，包含了播放、暂停、位置、时间显示和音量控制等常用控件。

图 8.2 播放视频

为 \<video\> 标签设置 controls 属性，页面可以以默认方式控制播放。如果不设置 controls 属性，那么页面在播放的时候就不会显示控制条界面。

【示例2】 设置 autoplay 属性，不需要播放控制条，音频或视频文件则会在加载后自动播放。

```
<video autoplay>
    <source src="medias/trailer.ogg" type="video/ogg">
    <source src="medias/trailer.mp4" type="video/mp4">
您的浏览器不支持 video 标签。
</video >
```

也可以使用 JavaScript 脚本控制媒体播放，简单说明如下。

- ☑ load()：可以加载音频或者视频文件。
- ☑ play()：可以加载并播放音频或视频文件，除非已经暂停，否则默认从开头播放。
- ☑ pause()：暂停处于播放状态的音频或视频文件。
- ☑ canPlayType(type)：检测 video 元素是否支持给定 MIME 类型的文件。

【示例3】 本示例演示了如何通过移动鼠标触发视频的 play 和 pause 功能。用户移动鼠标到视频界面上时，播放视频；如果移出鼠标，则暂停视频播放。

```
<video id="movies" onmouseover="this.play()" onmouseout="this.pause()" autobuffer="true"
    width="400px" height="300px">
    <source src="medias/trailer.ogv" type='video/ogg; codecs="theora, vorbis"'>
    <source src="medias/trailer.mp4" type='video/mp4'>
</video>
```

将上面的代码在浏览器中进行预览，显示效果如图 8.3 所示。

图 8.3 使用鼠标控制视频播放

8.1.3 设置属性

audio 和 video 元素拥有相同的脚本属性，感兴趣的读者可以扫码阅读。

线 上 阅 读

8.1.4 设置方法

audio 和 video 元素拥有相同的脚本方法，感兴趣的读者可以扫码阅读。

线 上 阅 读

8.1.5 设置事件

audio 和 video 元素支持 HTML5 的媒体事件，详细说明如表 8.3 所示。使用 JavaScript 脚本可以捕捉这些事件，并对其进行处理。处理这些事件一般有下面两种方式。

☑ 一种是使用 addEventListener() 方法监听，其用法如下。

addEventListener("事件类型", 处理函数, 处理方式)

☑ 另一种是直接赋值，即获取事件句柄的方法。例如，video.onplay=begin_playing，其中 begin_playing 为处理函数。

表 8.3 音频与视频相关事件

事　件	描　　述
abort	浏览器在完全加载媒体数据之前终止获取媒体数据
canplay	浏览器能够开始播放媒体数据，但估计以当前速率播放不能直接将媒体播放完，即可能因播放期间需要缓冲而停止
canplaythrough	浏览器以当前速率可以直接播放完整个媒体资源，在此期间不需要缓冲
durationchange	媒体长度（duration 属性）改变
emptied	媒体资源元素突然为空时，可能是网络错误或加载错误等
ended	媒体播放已抵达结尾
error	在元素加载期间发生错误
loadeddata	已经加载当前播放位置的媒体数据
loadedmetadata	浏览器已经获取媒体元素的持续时间和尺寸
loadstart	浏览器开始加载媒体数据
pause	媒体数据暂停播放
play	媒体数据将要开始播放
playing	媒体数据已经开始播放
progress	浏览器正在获取媒体数据
ratechange	媒体数据的默认播放速率（defaultPlaybackRate 属性）改变或播放速率（playbackRate 属性）改变
readystatechange	就绪状态（ready-state）改变
seeked	浏览器停止请求数据，媒体元素的定位属性不再为真（seeking 属性值为 false），且定位已结束
seeking	浏览器正在请求数据，媒体元素的定位属性为真（seeking 属性值为 true），且定位已开始
stalled	浏览器获取媒体数据过程中出现异常
suspend	浏览器非主动获取媒体数据，但在取回整个媒体文件之前终止
timeupdate	媒体当前播放位置（currentTime 属性）发生改变
volumechange	媒体音量（volume 属性）改变或静音（muted 属性）
waiting	媒体已停止播放但打算继续播放

【示例】 本示例使用 play() 和 pause() 方法控制视频的播放和暂停，使用 ended 事件监听视频播放是否完毕，使用 error 事件监听播放过程中发生的各种异常，并及时提示。

```
<body onload="init()">
<video id="video1" autoplay oncanplay="startVideo()" onended="stopTimeline()" autobuffer="true"
    width="400px" height="300px">
    <source src="medias/volcano.ogv" type='video/ogg'>
    <source src="medias/volcano.mp4" type='video/mp4'>
</video><br>
<button onclick="play()"> 播放 </button>
<button onclick="pause()"> 暂停 </button>
<script type="text/javascript">
var video;
function init(){
    video = document.getElementById("video1");
    // 监听视频播放结束事件
    video.addEventListener("ended", function(){
        alert(" 播放结束。");
    }, true);
    // 发生错误
    video.addEventListener("error",function(){
        switch (video.error.code){
            case MediaError.MEDIA_ERROR_ABORTED:
                alert(" 视频的下载过程被中止。");
                break;
            case MediaError.MEDIA_ERROR_NETWORK:
                alert(" 网络发生故障，视频的下载过程被中止。");
                break;
            case MediaError.MEDIA_ERROR_DECODE:
                alert(" 解码失败。");
                break;
            case MediaError.MEDIA_ERROR_SRC_NOT_SUPPORTED:
                alert(" 媒体资源不可用或媒体格式不被支持。");
                break;
            default:
                alert(" 发生未知错误。");
        }
    },false);
}
function play(){// 播放视频
    video.play();
}
function pause(){ // 暂停播放
    video.pause();
}
</script>
</body>
```

8.2 案例实战

视频讲解

本节将通过多个案例练习如何灵活使用 JavaScript 脚本控制 HTML5 多媒体播放。

Note

8.2.1 获取播放进度

播放过程会经常触发 timeupdate 事件，该事件可以获取当前播放位置的变化。下面的示例通过捕捉 timeupdate 事件显示当前的播放进度。

```
<body onload="init()">
<video id="video" width="400" height="300" autoplay loop>
    <source src="medias/volcano.ogv" type='video/ogg'>
    <source src="medias/volcano.mp4" type='video/mp4'>
</video><br>
视频地址：<input type="text" id="videoUrl"/>
<input id="playButton" type="button" onclick="playOrPauseVideo()" value=" 播放 "/>
<span id="time"></span>
<script type="text/javascript">
function playOrPauseVideo(){
    var videoUrl = document.getElementById("videoUrl").value;
    var video = document.getElementById("video");
    // 使用事件监听方式捕捉事件
    video.addEventListener("timeupdate", function(){
        var timeDisplay = document.getElementById("time");
        // 用秒数来显示当前播放进度
        timeDisplay.innerHTML = Math.floor(video.currentTime) +" ／ "+ Math.floor(video.duration) +"（秒）";
    }, false);
    if(video.paused){
        if(videoUrl != video.src){
            video.src = videoUrl;
            video.load();
        }else{
            video.play();
        }
        document.getElementById("playButton").value = " 暂停 ";
    }else {
        video.pause();
        document.getElementById("playButton").value = " 播放 ";
    }
}
</script>
</body>
```

在 Chrome 浏览器中预览该代码，可以在文本框中输入一个要播放的视频路径，或者自动播放默认视频。这时按钮右侧显示当前视频总长度以及播放进度，效果如图 8.4 所示。

Hᴛᴍʟ5 APP 开发从入门到精通（微课精编版）

Note

图 8.4　显示播放进度

8.2.2　设计视频播放器

　　本例将设计一个视频播放器，用到 HTML5 提供的 video 元素以及 HTML5 提供的多媒体 API 的扩展，示例演示效果如图 8.5 所示。

图 8.5　设计视频播放器

　　使用 JavaScript 控制播放控件的行为（自定义播放控件）可以实现如下功能。

　　☑　利用 HTML+CSS 制作一个自己的播放控件条，然后定位到视频最下方。

　　☑　视频加载 loading 效果。

　　☑　播放和暂停。

　　☑　总时长和当前播放时长显示。

　　☑　播放进度条。

　　☑　全屏显示。

· 126 ·

【操作步骤】

第 1 步，设计播放控件。

```html
<figure>
    <figcaption> 视频播放器 </figcaption>
    <div class="player">
        <video src="./video/mv.mp4"></video>
        <div class="controls">
            <!-- 播放 / 暂停 -->
            <a href="javascript:;" class="switch fa fa-play"></a>
            <!-- 全屏 -->
            <a href="javascript:;" class="expand fa fa-expand"></a>
            <!-- 进度条 -->
            <div class="progress">
                <div class="loaded"></div>
                <div class="line"></div>
                <div class="bar"></div>
            </div>
            <!-- 时间 -->
            <div class="timer">
                <span class="current">00:00:00</span> /
                <span class="total">00:00:00</span>
            </div>
            <!-- 声音 -->
        </div>
    </div>
</figure>
```

上面是全部 HTML 代码。controls 类就是播放控件 HTML，引用 CSS 外部样式表：

```html
<link rel="stylesheet" href="css/font-awesome.css">
<link rel="stylesheet" href="css/player.css">
```

为了显示播放按钮等图标，本例使用了字体图标。

第 2 步，设计视频加载效果。先隐藏视频，用一个背景图片替代，等视频加载完毕，再显示并播放视频。

```css
.player {
    width: 720px; height: 360px;
    margin: 0 auto; position: relative;
    background: #000 url(images/loading.gif) center/300px no-repeat;
}
video {
    display: none; margin: 0 auto;
    height: 100%;
}
```

第 3 步，设计播放功能。JavaScript 脚本先获取要用到的 DOM 元素。

```javascript
var video = document.querySelector("video");
var isPlay = document.querySelector(".switch");
var expand = document.querySelector(".expand");
```

```
var progress = document.querySelector(".progress");
var loaded = document.querySelector(".progress > .loaded");
var currPlayTime = document.querySelector(".timer > .current");
var totalTime = document.querySelector(".timer > .total");
```

视频可以播放时，显示视频：

```
// 当视频可播放的时候
video.oncanplay = function(){
        // 显示视频
        this.style.display = "block";
        // 显示视频总时长
        totalTime.innerHTML = getFormatTime(this.duration);
};
```

第 4 步，设计播放、暂停按钮。单击播放按钮时，显示暂停图标，可以在播放和暂停状态之间切换图标。

```
// 播放按钮控制
isPlay.onclick = function(){
        if(video.paused) {
                video.play();
        } else {
                video.pause();
        }
        this.classList.toggle("fa-pause");
};
```

第 5 步，获取并显示总时长和当前播放时长。前面的代码中其实已经设置了相关代码，此时只需要把获取的毫秒数转换成需要的时间格式即可。先定义 getFormatTime() 函数，用于转换时间格式。

```
function getFormatTime(time) {
        var time = time 0;
        var h = parseInt(time/3600),
            m = parseInt(time%3600/60),
            s = parseInt(time%60);
        h = h < 10 ? "0"+h : h;
        m = m < 10 ? "0"+m : m;
        s = s < 10 ? "0"+s : s;
        return h+":"+m+":"+s;
}
```

第 6 步，设计播放进度条。

```
video.ontimeupdate = function(){
        var currTime = this.currentTime,           // 当前播放时间
        duration = this.duration;                   // 视频总时长
        // 百分比
        var pre = currTime / duration * 100 + "%";
        // 显示进度条
        loaded.style.width = pre;
        // 显示当前播放进度时间
        currPlayTime.innerHTML = getFormatTime(currTime);
};
```

这样就可以实时显示进度条了。此时，还需要单击进度条进行跳跃播放，即单击任意时间点，视频就会跳转到当前时间点并播放：

```
// 跳跃播放
progress.onclick = function(e){
    var event = e window.event;
    video.currentTime = (event.offsetX / this.offsetWidth) * video.duration;
};
```

第 7 步，设计全屏显示。这个功能可以使用 HTML5 提供的全局 API（webkitRequestFullScreen）实现。该 API 与 video 元素无关，经测试在 firefox、IE 下全屏功能不可用，仅针对 webkit 内核浏览器可用。

```
// 全屏
expand.onclick = function(){
    video.webkitRequestFullScreen();
};
```

8.2.3　视频自动截图

本示例将演示如何抓取 video 元素中的帧画面，并显示在动态 canvas 上。视频播放时，定期从视频中抓取图像帧，并绘制到旁边的 canvas 上。当用户单击 canvas 上显示的任何一帧时，所播放的视频会跳转到相应的时间点。示例代码如下，演示效果如图 8.6 所示。

```
<video id="movies" autoplay oncanplay="startVideo()" onended="stopTimeline()" autobuffer="true"
    width="400px" height="300px">
    <source src="medias/volcano.ogv" type='video/ogg; codecs="theora, vorbis"'>
    <source src="medias/volcano.mp4" type='video/mp4'>
</video>
<canvas id="timeline" width="400px" height="300px"></canvas>
<script type="text/javascript">
var updateInterval = 5000;
var frameWidth = 100;
var frameHeight = 75;
var frameRows = 4;
var frameColumns = 4;
var frameGrid = frameRows * frameColumns;
var frameCount = 0;
var intervalId;
var videoStarted = false;
function startVideo() {
    if (videoStarted)
        return;
    videoStarted = true;
    updateFrame();
    intervalId = setInterval(updateFrame, updateInterval);
    var timeline = document.getElementById("timeline");
    timeline.onclick = function(evt) {
        var offX = evt.layerX - timeline.offsetLeft;
        var offY = evt.layerY - timeline.offsetTop;
        var clickedFrame = Math.floor(offY / frameHeight) * frameRows;
```

Note

```
            clickedFrame += Math.floor(offX / frameWidth);
            var seekedFrame = (((Math.floor(frameCount / frameGrid)) * frameGrid) + clickedFrame);
            if (clickedFrame > (frameCount % 16))
                 seekedFrame -= frameGrid;
            if (seekedFrame < 0)
               return;
            var video = document.getElementById("movies");
            video.currentTime = seekedFrame * updateInterval / 1000;
            frameCount = seekedFrame;
        }
    }
    function updateFrame() {
        var video = document.getElementById("movies");
        var timeline = document.getElementById("timeline");
        var ctx = timeline.getContext("2d");
        var framePosition = frameCount % frameGrid;
        var frameX = (framePosition % frameColumns) * frameWidth;
        var frameY = (Math.floor(framePosition / frameRows)) * frameHeight;
        ctx.drawImage(video, 0, 0, 400, 300, frameX, frameY, frameWidth, frameHeight);
        frameCount++;
    }
    function stopTimeline() {
        clearInterval(intervalId);
    }
</script>
```

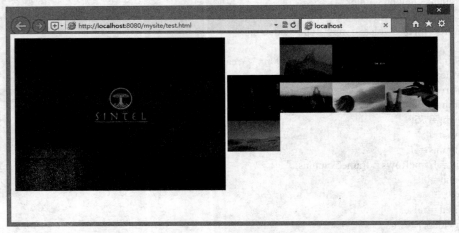

图 8.6　查看视频帧画面

【操作步骤】

第 1 步，添加 video 和 canvas 元素。使用 video 元素播放视频。

```
<video id="movies" autoplay oncanplay="startVideo()" onended="stopTimeline()" autobuffer="true"
    width="400px" height="300px">
    <source src="medias/volcano.ogv" type='video/ogg; codecs="theora, vorbis"'>
    <source src="medias/volcano.mp4" type='video/mp4'>
</video>
```

video 元素声明了 autoplay 属性，这样页面加载完成后视频会被自动播放。此外还增加了两个事件处理函数。视频加载完毕，准备播放，会触发 oncanplay 函数来执行预设的动作。视频播放完，会触发 onended 函数以停止帧的创建。

第 2 步，创建 id 为 timeline 的 canvas 元素，以固定的时间间隔在上面绘制视频帧画面。

```
<canvas id="timeline" width="400px" height="300px">
```

第 3 步，添加变量。创建必需的元素之后，为示例编写脚本代码，在脚本中声明一些变量，同时增强代码的可读性。

```
// 定义时间间隔，以毫秒为单位
var updateInterval = 5000;
// 定义抓取画面显示大小
var frameWidth = 100;
var frameHeight = 75;
// 定义行列数
var frameRows = 4;
var frameColumns = 4;
var frameGrid = frameRows * frameColumns;
// 定义当前帧
var frameCount = 0;
var intervalId;
// 定义播放完毕取消定时器
var videoStarted = false;
```

变量 updateInterval 控制抓取帧的频率，其单位是毫秒，5000 表示每 5 秒钟抓取一次。frameWidth 和 frameHeight 两个参数用来指定在 canvas 中展示的视频帧画面的大小。frameRows、frameColumns 和 frameGrid 3 个参数决定了在画布中总共显示多少帧。为了跟踪当前播放的帧，定义了 frameCount 变量，frameCount 变量能够被所有函数调用。intervalId 用来停止控制抓取帧的计时器，videoStarted 标志变量用来确保每个示例只创建一个计时器。

第 4 步，添加 updateFrame 函数。整个示例的核心功能是抓取视频帧并绘制到 canvas，它是视频与 canvas 相结合的部分，具体代码如下。

```
// 该函数负责把抓取的帧画面绘制到画布上
function updateFrame(){
    var video = document.getElementById("movies");
    var timeline = document.getElementById("timeline");
    var ctx = timeline.getContext("2d");
    // 根据帧数计算当前播放位置，然后以视频为输入参数，绘制图像
    var framePosition = frameCount % frameGrid;
    var frameX = (framePosition % frameColumns) * frameWidth;
    var frameY = (Math.floor(framePosition / frameRows)) * frameHeight;
    ctx.drawImage(video, 0, 0, 400, 300, frameX, frameY, frameWidth, frameHeight);
    frameCount++;
}
```

操作 canvas 前，首先需要获取 canvas 的二维上下文对象：

```
var ctx = timeline.getContext("2d");
```

这里的设计按从左到右、从上到下的顺序填充 canvas 网格，所以需要精确计算从视频中截取的每帧应

Note

该对应到哪个 canvas 网格。根据每帧的宽度和高度可以计算它们的起始绘制坐标。

```
var framePosition = frameCount % frameGrid;
var frameX = (framePosition % frameColumns) * frameWidth;
var frameY = (Math.floor(framePosition / frameRows)) * frameHeight;
```

第 5 步，将图像绘制到 canvas 上。这里向 drawImage () 函数中传入的不是图像，而是视频对象。

```
ctx.drawImage(video, 0, 0, 400, 300, frameX, frameY, frameWidth, frameHeight);
```

canvas 的绘图顺序可以将视频源当作图像或者图案进行处理，这样开发人员就可以方便地修改视频并将其重新显示在其他位置。

canvas 使用视频作为绘制源，画出来的只是当前播放的帧。canvas 的显示图像不会随着视频的播放而动态更新，如果希望更新显示内容，需要在视频播放期间重新绘制图像。

第 6 步，定义 startVideo() 函数。startVideo() 函数负责定时更新画布上的帧画面图像。一旦视频加载并可以播放就会触发 startVideo() 函数。因此每次页面加载都仅触发一次 startVideo()，除非视频重新播放。

在该函数中，当视频开始播放后，将抓取第一帧，接着会启用计时器来定期调用 updateFrame() 函数。

```
updateFrame();
intervalId = setInterval(updateFrame, updateInterval);
```

第 7 步，处理用户单击。用户单击某一帧图像，并计算帧图像对应视频的位置，然后定位到该位置进行播放。

```
var timeline = document.getElementById("timeline");
timeline.onclick = function(evt) {
    var offX = evt.layerX - timeline.offsetLeft;
    var offY = evt.layerY - timeline.offsetTop;
    // 计算哪个位置的帧被单击
    var clickedFrame = Math.floor(offY / frameHeight) * frameRows;
    clickedFrame += Math.floor(offX / frameWidth);
    // 计算视频对应播放到哪一帧
    var seekedFrame = (((Math.floor(frameCount / frameGrid)) * frameGrid) + clickedFrame);
    // 如果用户单击的帧位于当前帧之前，则设定是上一轮的帧
    if (clickedFrame > (frameCount % 16))
        seekedFrame -= frameGrid;
    // 不允许跳出当前帧
    if (seekedFrame < 0)
        return;
    var video = document.getElementById("movies");
    video.currentTime = seekedFrame * updateInterval / 1000;
    frameCount = seekedFrame;
}
```

第 8 步，添加 stopTimeline() 函数。最后要做的工作是在视频播放完毕时，停止视频抓取。

```
function stopTimeline() {
    clearInterval(intervalId);
}
```

视频播放完毕时会触发 onended() 函数，stopTimeline() 函数会在此时被调用。

8.2.4　视频同步字幕

HTML5 新增了 track 元素，用于为 video 元素播放的视频或使用 audio 元素播放的音频添加字幕和标题等文字信息。track 元素允许用户沿着 audio 元素所使用的音频文件中的时间轴或者 video 元素所使用的视频文件中的时间轴，而指定时间同步的文字资源。

目前，Chrome 18+、Firefox 28+、IE 10+、Opera 12+ 和 Safari 6+ 以上版本的浏览器可提供对 track 元素的支持，但是不包括 Firefox 30。

track 是一个空元素，其开始标签与结束标签之间并不包含任何内容，必须被书写在 video 或 audio 元素内部。如果使用 source 元素，则 track 元素必须被书写在 source 元素之后，用法如下。

```html
<video width="320" height="240" controls="controls">
    <source src="forrest_gump.mp4" type="video/mp4" />
    <source src="forrest_gump.ogg" type="video/ogg" />
    <track kind="subtitles" src="subs_chi.srt" srclang="zh" label="Chinese">
    <track kind="subtitles" src="subs_eng.srt" srclang="en" label="English">
</video>
```

【示例】　本示例将使用 video 元素播放一段视频，同时使用 track 元素在视频中显示字幕信息，演示效果如图 8.7 所示。

```html
<!doctype html>
<html>
<head>
<meta charset="utf-8">
<title></title>
</head>
<body>
<video src="medias/test.webm" controls>
    <track kind="subtitles" src="medias/test.vtt" default></track>
    您的浏览器不支持 video 元素
</video>
</body>
</html>
```

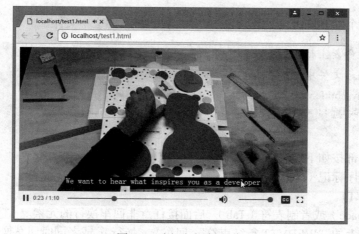

图 8.7　为视频添加字幕

在 HTML5 中，track 元素包含几个有特殊用途的属性，其说明如表 8.4 所示。

表 8.4　track 元素属性

属　性	值	说　明
default	default	规定该轨道是默认的，假如没有选择任何轨道的话。例如， <track kind="subtitles" default src="chisubs.srt" srclang="zh">
kind	captions chapters descriptions metadata subtitles	表示轨道属于的文本类型。例如， <video width="320" height="240" controls="controls"> 　<source src="forrest_gump.mp4" type="video/mp4" /> 　<track kind="subtitles" src="subschi.srt" srclang="zh" label="Chinese"> 　<track kind="subtitles" src="subseng.srt" srclang="en" label="English"> </video>
label	label	轨道的标签或标题。例如， <track kind="subtitles" label="Chinese subtitles" src="subschi.srt" 　　srclang="zh" label="Chinese">
src	url	轨道的 URL
srclang	language_code	轨道的语言，若 kind 属性值是 "subtitles"，则该属性是必需的。例如， <track kind="subtitles" src="subschi.srt" srclang="zh" label="Chinese">

其中，kind 属性的取值说明如下。
- ☑ captions：该轨道定义将在播放器中显示的简短说明。
- ☑ chapters：该轨道定义章节，用于导航媒介资源。
- ☑ descriptions：该轨道定义描述，用于通过音频描述媒介的内容（假如内容不可播放或不可见的话）。
- ☑ metadata：该轨道定义脚本使用的内容。
- ☑ subtitles：该轨道定义字幕，用于在视频中显示字幕。

【拓展】

网络视频文本轨道，简称为 WebVTT，它是一种用于标记文本轨道的文件格式。它与 HTML5 的 <track> 元素结合，可给音频和视频等媒体资源添加字幕、标题和其他描述信息，并同步显示。

1. 文件格式

WebVTT 文件是一个以 UTF-8 为编码，以 .vtt 为文件扩展名的文本文件。

◀)) 注意：如果要在服务器上使用 WebVTT 文件，可能需要显性定义其内容类型。例如，在 Apache 服务器的 .htaccess 文件中加入：

```
<Files mysubtitle.vtt>
    ForceType text/vtt;charset=utf-8
</Files>
```

WebVTT 文件的头部按如下顺序定义。
- ☑ 可选的字节顺序标记（BOM）。
- ☑ 字符串 WEBVTT。
- ☑ 一个空格（Space）或者制表符（Tab），后面接任意非回车换行的元素。
- ☑ 两个或两个以上的 "WEBVTT 行结束符"：回车 \r、换行 \n 或者同时回车换行 \r\n。

例如：

```
WEBVTT

Cue-1
00:00:15.000 --> 00:00:18.000
At the left we can see...
```

2. WebVTT Cues

WebVTT 文件包含一个或多个 WebVTT Cue，它们之间用两个或多个 WebVTT 行结束符分隔开来。

WebVTT Cue 允许用户指定特定时间戳范围内的文字（如字幕），也可以给 WebVTT Cue 指定唯一的标识符。标识符由简单字符串构成，不包含 "-->"，也不包含任何的 WebVTT 行结束符。每个提示采用以下格式：

```
[idstring]
[hh:]mm:ss.msmsms --> [hh:]mm:ss.msmsms
Text string
```

标识符是可选项，建议加入，因为它能够帮助组织文件，也方便脚本操控。

时间戳遵循标准格式：小时部分 [hh:] 是可选的，毫秒和秒用一个点（.）分离，而不是冒号（:）。时间戳范围的后者必须大于前者。对于不同的 Cue，时间戳可以重叠，但在单个 Cue 中，不能有字符串 "-->" 或两个连续的行结束符。

时间范围后的文字可以是单行或者多行。特定的时间范围之后的任何文本都与该时间范围匹配，直到一个新的 Cue 出现或文件结束。例如：

```
Cue-8
00:00:52.000 --> 00:00:54.000
I don't think so. You?

Cue-9
00:00:55.167 --> 00:00:57.042
I'm Ok.
```

3. WebVTT Cue 设置

在时间范围值后面可以设置 Cue：

```
[idstring]
[hh:]mm:ss.msmsms --> [hh:]mm:ss.msmsms [cue settings]
Text string
```

Cue 的设置能够定义文本的位置和对齐方式，设置选项说明如表 8.5 所示。

表 8.5　Cue 设置选项

设　置	值	说　明
vertical	rl ‖ lr	文本纵向向左对齐（lr）或向右对齐（rl）（如日文的字幕）
line	[-][0 or more]	行位置，负数从框底部数起，正数从顶部数起
line	[0-100]%	百分数意味着离框顶部的位置

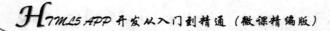

续表

设　置	值	说　明
position	[0-100]%	百分数意味着文字开始时离框左边的位置（如英文字幕）
size	[0-100]%	百分数意味着 cue 框的大小是整体框架宽度的百分比
align	start ‖ middle ‖ end	指定 cue 中文本的对齐方式

注意，如果没有设置 Cue 选项，默认位置是底部居中。

例如：

```
Cue-8
00:00:52.000 --> 00:00:54.000 align:start size:15%
I don't think so. You?


Cue-9
00:00:55.167 --> 00:00:57.042 align:end line:10%
I'm Ok.
```

在上面的示例代码中，Cue-8 靠左对齐，文本框大小为 15%；Cue-9 靠右对齐，纵向位置距离框顶部 10%。

4．WebVTT Cue 内联样式

用户可以使用 WebVTT Cue 内联样式来给 Cue 文本添加样式。这些内联样式类似于 HTML 元素，可以用来添加语义及样式。可用的内联样式说明如下。

☑　c：用 c 定义（CSS）类。例如，<c.className>Cue text</c>。

☑　i：斜体字。

☑　b：粗体字。

☑　u：添加下画线。

☑　ruby：定义类似于 HTML5 的 <ruby> 元素。这样的内联样式允许出现一个或多个 <rt> 元素。

☑　v：指定声音标签。例如，<v Ian>This is useful for adding subtitles</v>。注意此声音标签不会显示，它只是作为一个样式标记。

例如：

```
Cue-8
00:00:52.000 --> 00:00:54.000 align:start size:15%
<v Emo>I don't think so. <c.question>You?</c></v>


Cue-9
00:00:55.167 --> 00:00:57.042 align:end line:10%
<v Proog>I'm Ok.</v>
```

上面的示例给 Cue 文本添加两种不同的声音标签：Emo 和 Proog。另外，一个 question 的 CSS 类被指定，可以按惯常方法在 CSS 链接文件或 HTML 页面为其指定样式。

注意，要给 Cue 文本添加 CSS 样式，需要用一个特定的伪选择元素，例如：

```
video::cue(v[voice="Emo"]) { color:lime }
```

给 Cue 文本添加时间戳也是可能的，表示在不同的时间出现不同的内联样式。例如：

```
Cue-8
00:00:52.000 --> 00:00:54.000
<c>I don't think so.</c> <00:00:53.500><c>You?</c>
```

虽然所有文本依旧在同一时间同时显示，不过支持的浏览器可以用 :past 和 :future 伪类为其显示不同样式。例如：

```
video::cue(c:past) { color:yellow }
```

8.3   在线练习

多媒体已成为网站的必备元素。使用多媒体可以丰富网站的效果和内容，给人充实的视觉体验，体现网站的个性化服务，吸引用户的回流，突出网站的重点。本节将通过大量的上机示例，帮助初学者练习使用 HTML5 多媒体 API 丰富页面信息。

在 线 练 习

第 9 章

使用 HTML5 表单

（ 📹 视频讲解：52 分钟 ）

　　HTML5 Web Forms 2.0 对 HTML4 表单的功能进行了全面升级。它在保持了简便易用特性的同时，增加了许多内置的控件或者控件属性来满足用户的需求，减少了开发人员的编程。本章将详细介绍 HTML5 新增的表单类型和属性。

权威参考

【学习重点】

▶▶ 使用不同类型的文本框。

▶▶ 正确设置新属性。

▶▶ 熟悉表单元素和属性。

▶▶ 灵活使用 HTML5 新功能设计表单页面。

9.1 HTML5 表单特性

HTML5 表单新增了很多功能，我们将在本章各节中详细说明。下面简单列举几个对于开发者具有重要价值的特性。

☑ 新的控件类型

HTML5 新增一系列新的控件，这些表单控件具备类型检查的功能，如 URL 输入框、Email 输入框等。

```
<input type="url" />
<input type="email" />
```

☑ 日期选择器和颜色选择器

在 HTML5 之前，用户一般使用 JavaScript 和 CSS 设计日期选择器和颜色选择器，费时费力，且使用不是很友好。在 HTML5 中简便的方法就是借助 JavaScript 的相关框架进行设计，如 Dojo、YUI 等类库。

```
<input type="date" />
<input type="color" />
```

☑ 改进文件上传控件

在 HTML5 中，文件上传控件变得非常强大和易用。用户可以使用一个控件上传多个文件，自行规定上传文件的类型（accept），甚至可以设定每个文件最大的大小（maxlength）。

☑ 内建表单校验系统

HTML5 为不同类型的输入控件分别提供了新的属性，来控制这些控件的输入行为，如必填项 required 属性，为数字类型控件提供的 max 和 min 等。提交表单时，一旦校验错误，浏览器就不执行提交操作，且会显示相应的检验错误信息。

```
<input type="text" required />
<input type="number" min=10    max=100 />
```

☑ XML Submission

form 的编码格式一般为 application/x-www-form-urlencoded。这种格式的数据传送到服务器端，可以方便地存取。HTML5 将提供一种新的数据格式——XML Submission，即 application/x-www-form+xml，这样服务器端将直接接收 XML 形式的表单数据。

```
<submission>
    <field name="name" index="0">Peter</field>
    <field name="password" index="0">password</field>
</submission>
```

☑ 外联数据源

HTML5 之前的版本为 select 下拉列表动态添加了很多选项，这是非常烦琐的。这些选项多来自于数据库，如分类列表和商品列表等。HTML5 支持 data 属性，为 select 控件提供外联数据源。

```
<select data="http://domain/options"></select>
```

☑　重复（repeat）的模型

　　HTML5 提供了一套重复机制来帮助用户构建一些重复输入列表，如 add、remove、move-up 和 move-down 的按钮类型。通过这套重复的机制，开发人员可以非常方便地实现经常用到的编辑列表，这是一个很常规的模式，我们可以增加一个条目、删除某个条目或者移动某个条目等。

9.2　新的 Input 类型

视频讲解

　　HTML5 新增了多个输入型表单控件，通过使用这些新增的表单输入类型，可以实现更好的输入控制和验证。目前，该控件在所有主流浏览器中都可以使用，其中 Opera 浏览器支持得最好。即使该控件不被支持，仍然可以显示为普通的文本框。

9.2.1　email-Email 地址框

　　email 类型的 input 元素是一种专门用于输入 Email 地址的文本框。提交表单的时候，它会自动验证 Email 输入框的值。如果不是一个有效的电子邮件地址，该输入框不允许提交该表单。

　　【示例】　下面是 email 类型的一个应用示例。

```
<form action="demo_form.php" method="get">
请输入您的 Email 地址：<input type="email" name="user_email" /><br />
<input type="submit" />
</form>
```

　　以上代码在 Chrome 浏览器中的运行结果如图 9.1 所示。如果输入了错误的 Email 地址格式，单击"提交"按钮时会出现如图 9.2 所示的提示。

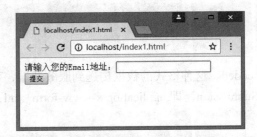　　

图 9.1　email 类型的 input 元素示例　　　　图 9.2　检测出不是有效的 Email 地址

　　其中 demo_form.php 表示提交给服务器端的处理文件。不支持 type="email" 的浏览器将以 type="text" 来处理，所以并不妨碍旧版浏览器浏览采用 HTML5 中 type="email" 输入框的网页。

　　如果将 email 类型的 input 元素用在手机浏览器，会更加突显其优势。例如，如果使用 iPhone 或 iPod 中的 Safari 浏览器，浏览包含 Email 输入框的网页，Safari 浏览器会通过改变触摸屏键盘来配合该输入框，在触摸屏键盘添加"@"和"."键以方便用户输入，如图 9.3 所示。使用 Safari 浏览普通内容则不会出现这两个键。虽然用户不易察觉 email 类型的 input 元素这一新增功能，但屏幕键盘的变化无疑带来很好的用户体验。

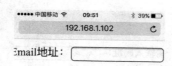

Email地址：

图 9.3　iPhone 中的 Safari 浏览器触摸屏键盘随输入域改变而改变

9.2.2　url-URL 地址框

url 类型的 input 元素提供用于输入 url 地址的文本框。提交表单时，如果所输入的是 url 地址格式的字符串，会提交服务器；如果不是，则不允许提交。

【示例】　下面是 url 类型的一个应用示例。

```
<form action="demo_form.php" method="get">
请输入网址：<input type="url" name="user_url" /><br/>
<input type="submit" />
</form>
```

以上代码在 Chrome 浏览器中的运行结果如图 9.4 所示。如果输入了错误的 url 地址格式，单击"提交"按钮时会出现"请输入网址，"的提示，如图 9.5 所示。本例输入字符时故意漏掉了协议类型，如 http://。

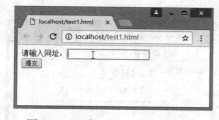

图 9.4　url 类型的 input 元素示例

图 9.5　检测到不是有效的 url 地址

与前面介绍的 email 类型输入框相同，对于不支持 type="url" 的浏览器，将会以 type="text" 来处理，所以并不妨碍旧版浏览器正常采用 type="url" 输入框中的 URL 信息。

如果使用 iPhone 或 iPod 中的 Safari 浏览器浏览包含 url 输入域的网页，Safari 浏览器会通过改变触摸屏键盘来配合该输入框，在触摸屏键盘中添加"."、"/"和".com"键以方便用户输入，如图 9.6 所示。而使用 Safari 浏览普通内容时则不会出现这 3 个键。

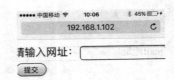

图 9.6　iPhone 中的 Safari 浏览器触摸屏键盘随输入域改变而改变

9.2.3　number 数字框

number 类型的 input 元素提供可输入数值的文本框。用户还可以设定对所接受的数字的限制，包括允许的最大值和最小值、合法的数字间隔或默认值等。如果输入的数字不在限定范围之内，则会给出提示信息。

【示例】　下面是 number 类型的一个应用示例。

```
<form action="demo_form.php" method="get">
请输入数值：<input type="number" name="number1" min="1" max="20" step="4">
<input type="submit" />
</form>
```

以上代码在 Chrome 浏览器中的运行结果如图 9.7 所示。如果输入了不在限定范围的数字，单击"提交"按钮时会出现如图 9.8 所示的提示。

图 9.7　number 类型的 input 元素示例

图 9.8　检测到输入了不在限定范围的数字

图 9.8 是输入大于规定的最大值时出现的提示。同样的，如果违反了其他限定，也会出现相关提示。例如，如果输入数值 15，单击"提交"按钮时会出现值无效的提示，如图 9.9 所示。这是因为合法的数字间隔限定为 4，因此只能输入 4 的倍数，如 4、8 和 16 等。又如，如果输入数值 −12，则会提示"值必须大于或等于 1。"，如图 9.10 所示。

图 9.9 出现"值无效"的提示

图 9.10 提示"值必须大于或等于1"

number 类型使用下面的属性来规定对数字类型的限定，说明如表 9.1 所示。

表 9.1　number 类型的属性

属　　性	值	描　　述
max	number	规定允许的最大值
min	number	规定允许的最小值
step	number	规定合法的数字间隔（如果 step="4"，则合法的数是 −4、0、4、8 等）
value	number	规定默认值

对于不同的浏览器，number 类型的输入框的外观也可能会有所不同。如果使用 iPhone 或 iPod 中的 Safari 浏览器浏览包含 number 输入框的网页，Safari 浏览器同样会通过改变触摸屏键盘来配合该输入框，触摸屏键盘会优化显示数字以方便用户输入，如图 9.11 所示。

图 9.11　iPhone 的 Safari 浏览器触摸屏键盘显示数字与符号

9.2.4　range 范围框

range 类型的 input 元素提供了输入包含一定范围数字值的文本框，在网页中显示为滑动条。用户可以设定对所接受的数字的限制，包括规定允许的最大值和最小值、合法的数字间隔或默认值等。如果所输入的数字不在限定范围，则会出现提示。

【示例】 下面是 range 类型的一个应用示例。

```
<form action="demo_form.php" method="get">
请输入数值：<input type="range" name="range1" min="1" max="30" />
<input type="submit" />
</form>
```

以上代码在 Chrome 浏览器中的运行结果如图 9.12 所示。range 类型的 input 元素在不同浏览器中的外观也不同，例如在 Opera 浏览器中的外观如图 9.13 所示。

图 9.12　range 类型的 input 元素示例

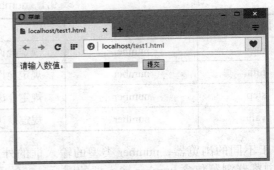

图 9.13　range 类型的 input 元素在 Opera 浏览器中的外观

range 类型使用下面的属性来规定对数字类型的限定，说明如表 9.2 所示。

表 9.2　range 类型的属性

属　性	值	描　述
max	number	规定允许的最大值
min	number	规定允许的最小值
step	number	规定合法的数字间隔（如果 step="4"，则合法的数是 −4、0、4、8 等）
value	number	规定默认值

从上表可以看出，range 类型的属性与 number 类型的属性相同。这两种类型的不同点在于外观表现上，支持 range 类型的浏览器都将其显示为滑块的形式，而不支持 range 类型的浏览器则将其显示为普通的文本框，即以 type="text" 来处理。

9.2.5　date pickers 日期选择器

日期选择器（Date Pickers）是网页中经常要用到的一种控件，在 HTML5 之前的版本中，并没有提供任何形式的日期选择器控件，多采用一些 JavaScript 框架来实现日期选择器控件的功能，如 jQuery UI、YUI 等，在具体使用时会比较麻烦。

HTML5 提供了多个可用于选取日期和时间的输入类型，即 6 种日期选择器控件，分别用于选择以下日期格式：日期、月、星期、时间、日期＋时间、日期＋时间＋时区，如表 9.3 所示。

表 9.3　日期选择器类型

输 入 类 型	HTML 代 码	功 能 与 说 明
date	<input type="date">	选取日、月和年
month	<input type="month">	选取月和年
week	<input type="week">	选取周和年
time	<input type="time">	选取时间（小时和分钟）
datetime	<input type="datetime">	选取时间、日、月和年（UTC 时间）
datetime-local	<input type="datetime-local">	选取时间、日、月和年（本地时间）

> 提示：UTC 时间就是 0 时区的时间，而本地时间就是本地时区的时间。例如，如果北京时间为早上 8 点，则 UTC 时间为 0 点，也就是说 UTC 时间比北京时间晚 8 小时。

1．date 类型

date 类型的日期选择器用于选取日、月和年，即选择一个具体的日期。例如 2018 年 8 月 8 日，选择后会以 2018-08-08 的形式显示。

【示例1】　下面是 date 类型的一个应用示例。

```
<form action="demo_form.php" method="get">
请输入日期：<input type="date" name=" date1" />
<input type="submit" />
</form>
```

以上代码在 Chrome 浏览器中的运行结果如图 9.14 所示，在 Opera 浏览器中的运行结果如图 9.15 所示。Chrome 浏览器显示为右侧带有微调按钮的数字输入框，可见该浏览器并不支持日期选择器控件。而在 Opera 浏览器中，单击右侧小箭头则会显示日期控件，用户可以使用控件来选择具体日期。

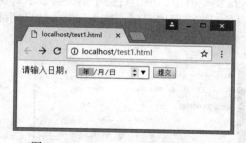

图 9.14　Chrome 浏览器的运行结果

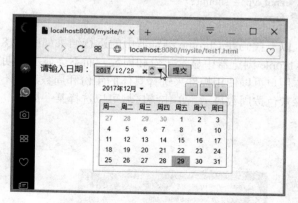

图 9.15　Opera 浏览器的运行结果

2．month 类型

month 类型的日期选择器用于选取月和年，即选择一个具体的月份，例如 2018 年 8 月，选择后会以 2018-08 的形式显示。

【示例2】 下面是 month 类型的一个应用示例。

```
<form action="demo_form.php" method="get">
请输入月份：<input type="month" name=" month1" />
<input type="submit" />
</form>
```

以上代码在 Chrome 浏览器中的运行结果如图 9.16 所示，在 Opera 浏览器中的运行结果如图 9.17 所示。在 Chrome 浏览器中只显示到月份，而不会显示日期。在 Opera 浏览器中，单击右侧小箭头会显示日期控件，用户可以使用控件来选择具体月份，但不能选择具体日期。可以看到，整个月份中的日期都会以深灰色显示，单击该区域可以选择整个月份。

图 9.16 Chrome 浏览器的运行结果

图 9.17 Opera 浏览器的运行结果

3. week 类型

week 类型的日期选择器用于选取周和年，例如 2017 年 10 月第 42 周，选择后会以"2017 年第 42 周"的形式显示。

【示例3】 下面是 week 类型的一个应用示例。

```
<form action="demo_form.php" method="get">
请选择年份和周数：<input type="week" name="week1" />
<input type="submit" />
</form>
```

以上代码在 Chrome 浏览器中的运行结果如图 9.18 所示，在 Opera 浏览器中的运行结果如图 9.19 所示。在 Chrome 浏览器中显示年份和周数，而不会显示日期。在 Opera 浏览器中，单击右侧小箭头会显示日期控件，用户可以使用控件来选择具体的年份和周数，但不能选择具体日期。可以看到，整个月份中的日期都会以深灰色按周数显示，单击该区域可以选择某一周。

图 9.18 Chrome 浏览器的运行结果

图 9.19 Opera 浏览器的运行结果

4. time 类型

time 类型的日期选择器用于选取时间，具体到小时和分钟。例如，选择后会以 22:59 的形式显示。

【**示例 4**】 下面是 time 类型的一个应用示例。

```
<form action="demo_form.php" method="get">
请选择或输入时间：<input type="time" name="time1" />
<input type="submit" />
</form>
```

以上代码在 Chrome 浏览器中的运行结果如图 9.20 所示，在 Opera 浏览器中的运行结果如图 9.21 所示。

图 9.20　Chrome 浏览器的运行结果

图 9.21　Opera 浏览器的运行结果

另外，还可以直接输入时间值。如果输入了错误的时间格式并单击"提交查询内容"按钮，则 Chrome 浏览器会自动更正为最接近的合法值，而 IE 10 浏览器则以普通的文本框显示，如图 9.22 所示。

time 类型支持使用一些属性来限定时间的大小范围或合法的时间间隔，如表 9.4 所示。

表 9.4　time 类型的属性

属　性	值	描　述
max	time	规定允许的最大值
min	time	规定允许的最小值
step	number	规定合法的时间间隔
value	time	规定默认值

【**示例 5**】 可以使用下列代码限定时间。

```
<form action="demo_form.php" method="get">
请选择或输入时间：<input type="time" name="time1" step="5" value="09:00">
<input type="submit" />
</form>
```

以上代码在 Chrome 浏览器中的运行结果如图 9.23 所示。可以看到，输入框中出现设置的默认值"09:00"，并且单击微调按钮，值会以 5 秒钟为单位递增或递减。当然，用户还可以使用 min 和 max 属性指定时间的范围。

图 9.22　IE10 不支持该类型输入框	图 9.23　使用属性值限定时间类型

date 类型、month 类型、week 类型也支持使用上述属性值。

5. datetime 类型

datetime 类型的日期选择器用于选取时间、日、月和年，其中时间为 UTC 时间。

【示例 6】 下面是 datetime 类型的一个应用示例。

```
<form action="demo_form.php" method="get">
请选择或输入时间：<input type="datetime" name="datetime1" />
<input type="submit" />
</form>
```

以上代码在 Safari 浏览器中的运行结果如图 9.24 所示，在 iPhone 中的运行结果如图 9.25 所示。

图 9.24　Safari 浏览器的运行结果	图 9.25　iPhone 的运行结果

◀》注意： IE、Firefox 和 Chrome 最新版本不再支持 `<input type="datetime">` 元素，Chrome 和 Safari 部分版本支持，Opera 12 以及更早的版本完全支持。

6. datetime-local 类型

datetime-local 类型的日期选择器用于选取时间、日、月和年，其中时间为本地时间。

【示例 7】 下面是 datetime-local 类型的一个应用示例。

```
<form action="demo_form.php" method="get">
请选择或输入时间：<input type="datetime-local" name="datetime-local1" />
<input type="submit" />
</form>
```

以上代码在 Chrome 浏览器中的运行结果如图 9.26 所示，在 Opera 浏览器中的运行结果如图 9.27 所示。

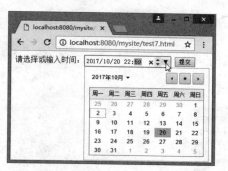

图 9.26　Chrome 浏览器的运行结果

图 9.27　Opera 浏览器的运行结果

9.2.6　search 搜索框

search 类型的 input 元素提供输入搜索关键词的文本框。在外观上看起来，search 类型的 input 元素与普通的 text 类型的区别是：输入内容后，右侧会出现一个"×"按钮，单击即可清除搜索框。

【示例】　下面是 search 类型的一个应用示例。

```
<form action="demo_form.php" method="get">
请输入搜索关键词：<input type="search" name="search1" />
<input type="submit" value="Go"/>
</form>
```

以上代码在 Chrome 浏览器中的运行结果如图 9.28 所示。如果在搜索框中输入要搜索的关键词，在搜索框右侧就会出现一个"×"按钮。单击该按钮可以清除已经输入的内容。在 Windows 系统中，新版的 IE、Chrome 和 Opera 浏览器支持"×"按钮这一功能，Firefox 浏览器并不支持，如图 9.29 所示。

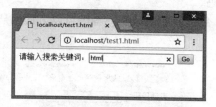

图 9.28　search 类型的应用

图 9.29　Firefox 没有"×"按钮

在 Mac OS X 或 iOS 系统中，Safari 浏览器会将搜索框渲染成圆角，如图 9.30 所示，而不是 Windows 系统中用户常见到的方角。

提示：在默认情况下，旧版的 Safari 浏览器不允许使用基本 CSS 样式来控制 <input type="search"> 搜索框。如果希望用自己的 CSS 样式来控制搜索框的样式，可以强制 Safari 浏览器将 <input type="search"> 搜索框当作普通文本框来处理，并且需要将下面的规则加入样式表。

```
input[type="search"] {
    -webkit-appearance: textfield;
}
```

Note

图 9.30　iOS 系统中的圆角搜索框

9.2.7　tel 电话号码框

tel 类型的 input 元素提供专门用于输入电话号码的文本框。它并不限定只输入数字，因为很多电话号码还包括其他字符，如 "+" "-" "（" "）" 等，例如 86-0536-8888888。

【示例】　下面是 tel 类型的一个应用示例。

```
<form action="demo_form.php" method="get">
请输入电话号码：<input type="tel" name="tel1" />
<input type="submit" value=" 提交 "/>
</form>
```

以上代码在 Chrome 浏览器中的运行结果如图 9.31 所示。从某种程度上来说，所有的浏览器都支持 tel 类型的 input 元素，因为它们都会将其作为一个普通的文本框来显示。HTML5 规则并不需要浏览器执行任何特定的电话号码语法，或以任何特别的方式来显示电话号码。

iPhone 或 iPad 中的浏览器遇到 tel 类型的 input 元素时，会自动变换触摸屏幕键盘以方便用户输入，如图 9.32 所示。

图 9.31　tel 类型的应用　　　　　　　　　图 9.32　iPhone 中的屏幕键盘变化

9.2.8 color 拾色器

color 类型的 input 元素提供专门用于选择颜色的文本框。color 类型的文本框获取焦点后，会自动调用系统的颜色窗口，苹果系统也能弹出相应的系统色盘。

【示例】 下面是 color 类型的一个应用示例。

```
<form action="demo_form.php" method="get">
请选择一种颜色：<input type="color" name="color1" />
<input type="submit" value=" 提交 "/>
</form>
```

以上代码在 Opera 浏览器中的运行结果如图 9.33 所示。单击颜色文本框，会打开 Windows 的"颜色"对话框，如图 9.34 所示。选择一种颜色之后，单击"确定"按钮返回网页，这时可以看到颜色文本框显示对应颜色的效果，如图 9.35 所示。

提示：IE 和 Safari 浏览器暂不支持 color 拾色器，Mac OS 和 iOS 系统也不支持。

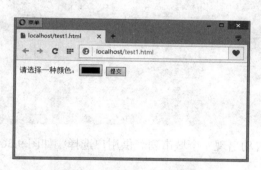

图 9.33 color 类型的应用

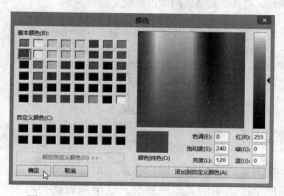

图 9.34 Windows 系统中的"颜色"对话框

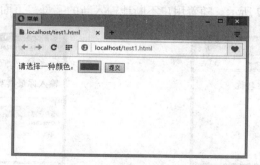

图 9.35 设置颜色后的效果

9.3 新的 input 属性

HTML5 为 input 元素新增了多个属性，用于限制输入行为或格式。

视频讲解

9.3.1 autocomplete 自动完成

autocomplete 属性可以帮助用户在输入框中实现自动完成输入，取值包括 on 和 off，用法如下。

```
<input type="email" name="email" autocomplete="off" />
```

> **提示：** autocomplete 属性适用的 input 类型包括 text、search、url、telephone、email、password、datepickers、
> range 和 color。
> autocomplete 属性也适用于 form 元素，默认状态下表单的 autocomplete 属性处于打开状态，其
> 输入域会自动继承 autocomplete 状态，也可以为某个输入域单独设置 autocomplete 状态。

> **注意：** 在某些浏览器中需要先启用浏览器本身的自动完成功能，才能使 autocomplete 属性起作用。

【示例】 设置 autocomplete 为 on 时，使用 HTML5 新增的 datalist 元素和 list 属性可以提供一个数据列
表供用户进行选择。本示例演示了如何应用 autocomplete 属性、datalist 元素和 list 属性实现自动完成。

```
<h2> 输入你最喜欢的城市名称 </h2>
<form autocompelete="on">
    <input type="text" id="city" list="cityList">
    <datalist id="cityList" style="display:none;">
        <option value="BeiJing">BeiJing</option>
        <option value="QingDao">QingDao</option>
        <option value="QingZhou">QingZhou</option>
        <option value="QingHai">QingHai</option>
    </datalist>
</form>
```

在浏览器中预览，用户将焦点定位到文本框时，会自动出现一个城市列表供用户选择，如图 9.36 所示。
而用户单击页面的其他位置时，这个列表就会消失。

当用户输入时，该列表会随用户的输入自动更新，例如，当输入字母 q 时，列表会自动更新，只列出
以 q 开头的城市名称，如图 9.37 所示。随着用户不断地输入新的字母，下面的列表还会随之变化。

图 9.36　自动弹出数据列表

图 9.37　数据列表随用户输入而更新

> **提示：** 多数浏览器都带有辅助用户完成输入的自动完成功能，只要开启了该功能，浏览器会自动记录
> 用户输入的信息，当再次输入相同的内容时，浏览器就会自动完成内容的输入。从安全性和隐
> 私性的角度考虑，这个功能存在较大的隐患。如果不希望浏览器自动记录这些信息，可以为
> form 或 form 的 input 元素设置 autocomplete 属性，关闭该功能。

9.3.2 autofocus 自动获取焦点

autofocus 属性可以实现在页面加载时，表单控件自动获得焦点，用法如下。

```
<input type="text" name="fname" autofocus="autofocus" />
```

autocomplete 属性适用所有 <input> 标签的类型，如文本框、复选框、单选按钮和普通按钮等。

📢 **注意**：同一页面只能指定一个 autofocus 对象。当页面中的表单控件比较多时，建议为最需要聚焦的那个控件设置 autofocus 属性值，如页面中的搜索文本框，或者许可协议的"同意"按钮等。

【**示例 1**】 本示例演示了如何应用 autofocus 属性。

```
<form>
    <p> 请仔细阅读许可协议：</p>
    <p>
        <label for="textarea1"></label>
        <textarea name="textarea1" id="textarea1" cols="45" rows="5"> 许可协议具体内容……</textarea>
    </p>
    <p>
        <input type="submit" value=" 同意 " autofocus>
        <input type="submit" value=" 拒绝 ">
    </p>
</form>
```

以上代码在 Chrome 浏览器中的运行结果如图 9.38 所示。页面载入后，"同意"按钮自动获得焦点，因为通常希望用户直接单击该按钮。如果将"拒绝"按钮的 autofocus 属性值设置为 on，则页面载入后，焦点就会在"拒绝"按钮上，如图 9.39 所示，但从页面功用的角度来说并不合适。

图 9.38 "同意"按钮自动获得焦点

图 9.39 "拒绝"按钮自动获得焦点

【**示例 2**】 如果浏览器不支持 autofocus 属性，可以使用 JavaScript 实现相同的功能。下面的脚本先检测浏览器是否支持 autofocus 属性，如果不支持则获取指定的表单域，为其调用 focus() 方法，强迫其获取焦点。

```
<script>
if (!("autofocus" in document.createElement("input"))) {
    document.getElementById("ok").focus();
}
</script>
```

Note

9.3.3　form 归属表单

form 属性可以设置表单控件归属的表单，适用于 \<input\> 标签的所有类型。

> 💡 **提示**：在 HTML4 中，用户必须把相关的控件放在表单内部，即 \<form\> 和 \</form\> 之间。在提交表单时，\<form\> 和 \</form\> 之外的控件将被忽略。

【示例】　form 属性必须引用所属表单的 id，如果一个 form 属性要引用两个或两个以上的表单，则需要使用空格将表单的 id 值分隔开。下面是一个 form 属性的应用示例。

```
<form action="" method="get" id="form1">
请输入姓名：<input type="text" name="name1" autofocus/>
<input type="submit"    value=" 提交 "/>
</form>
请输入住址：<input type="text" name="address1" form="form1" />
```

以上代码在 Chrome 浏览器中的运行结果如图 9.40 所示。如果填写姓名和住址并单击"提交"按钮，name1 和 address1 分别会被赋值为所填写的值。例如，如果在"请输入姓名"处填写"zhangsan"，在"请输入住址"处填写"北京"，单击"提交"按钮后，服务器端会接收到"name1=zhangsan"和"address1= 北京"。用户在提交后观察浏览器的地址栏，可以看到有"name1=zhangsan&address1= 北京"的字样，如图 9.41 所示。

图 9.40　form 属性的应用

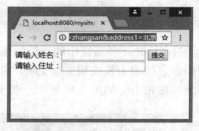

图 9.41　地址中要提交的数据

9.3.4　表单重写

HTML5 新增 5 个表单重写属性，用于重写 \<form\> 标签属性设置，简单说明如下。
- ☑ formaction：重写 \<form\> 标签的 action 属性。
- ☑ formenctype：重写 \<form\> 标签的 enctype 属性。
- ☑ formmethod：重写 \<form\> 标签的 method 属性。
- ☑ formnovalidate：重写 \<form\> 标签的 novalidate 属性。
- ☑ formtarget：重写 \<form\> 标签的 target 属性。

> 🔊 **注意**：表单重写属性仅适用于 submit 和 image 类型的 input 元素。

【示例】　本示例设计通过 formaction 属性将表单提交到不同的服务器页面。

```
<form action="1.asp" id="testform">
请输入电子邮件地址：<input type="email" name="userid" /><br />
```

```
        <input type="submit" value=" 提交到页面 1" formaction="1.asp" />
        <input type="submit" value=" 提交到页面 2" formaction="2.asp" />
        <input type="submit" value=" 提交到页面 3" formaction="3.asp" />
    </form>
```

9.3.5　height（高）和 width（宽）

height 和 width 属性仅用于设置 <input type="image"> 标签的图像高度和宽度。

【示例】　本示例演示了 height 与 width 属性的应用。

```
<form action="testform.asp" method="get">
请输入用户名：<input type="text" name="user_name" /><br />
<input type="image" src="images/submit.png" width="72" height="26" />
</form>
```

源图像的大小为 288×104 像素，使用以上代码将其大小限制为 72×267 像素，在 Chrome 浏览器中的运行结果如图 9.42 所示。

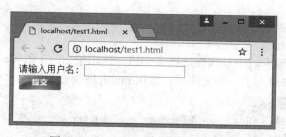

图 9.42　height 与 width 属性的应用

9.3.6　list 列表选项

list 属性用于设置输入域的 datalist。datalist 是输入域的选项列表，该属性适用于以下类型的 <input> 标签：text、search、url、telephone、email、date pickers、number、range 和 color。

演示示例可参考 9.4.1 节。

注意：目前最新的主流浏览器都已支持 list 属性，不过呈现形式略有不同。

9.3.7　min（最小值）、max（最大值）和 step（步长）

min、max 和 step 属性用于为包含数字或日期的 input 输入类型设置限值，适用于 date pickers、number 和 range 类型的 <input> 标签，具体说明如下。

☑　max 属性：设置输入框所允许的最大值。
☑　min 属性：设置输入框所允许的最小值。
☑　step 属性：为输入框设置合法的数字间隔（步长）。例如，step="4"，则合法值包括 −4、0 和 4 等。

【示例】　本示例设计了一个数字输入框，并规定该输入框接受 0 ～ 12 的值，且数字间隔为 4。

```
<form action="testform.asp" method="get">
    请输入数值: <input type="number" name="number1" min="0" max="12" step="4" />
    <input type="submit" value=" 提交 " />
</form>
```

用 Chrome 浏览器运行以上代码，如果单击数字输入框右侧的微调按钮，则数字以 4 为步进值递增，如图 9.43 所示；如果输入不合法的数值，如 5，单击"提交"按钮会显示提示信息，如图 9.44 所示。

图 9.43　min、max 和 step 属性应用

图 9.44　显示提示信息

9.3.8　multiple 多选

multiple 属性可以设置在输入域中一次性选择多个值，适用于 email 和 file 类型的 <input> 标签。

【示例】　本示例在页面中插入了一个文件域，使用 multiple 属性允许用户可一次性提交多个文件。

```
<form action="testform.asp" method="get">
    请选择要上传的多个文件: <input type="file" name="img" multiple />
    <input type="submit" value=" 提交 " />
</form>
```

在 Chrome 浏览器中的运行结果如图 9.45 所示。如果单击"选择文件"按钮，则允许在打开的对话框中选择多个文件。选择文件并单击"打开"按钮后会关闭对话框，同时页面会显示选中文件的个数，如图 9.6 所示。

图 9.45　multiple 属性的应用

图 9.46　显示被选中文件的个数

9.3.9　pattern 匹配模式

pattern 属性规定验证 input 域的模式（pattern）。模式就是 JavaScript 正则表达式，通过自定义的正则表达式匹配用户输入的内容，以便进行验证。该属性适用于 text、search、url、telephone、email 和 password

类型的 <input> 标签。

【示例】　本示例使用 pattern 属性设置在文本框中必须输入 6 位数的邮政编码。

```
<form action="/testform.asp" method="get">
    请输入邮政编码：<input type="text" name="zip_code" pattern="[0-9]{6}" title=" 请输入 6 位数的邮政编码 " />
    <input type="submit" value=" 提交 " />
</form>
```

在 Chrome 浏览器中的运行结果如图 9.47 所示。如果输入的数字不是 6 位，会出现提示信息，如图 9.48 所示；如果输入的并非规定的数字，而是字母，也会出现这样的错误提示。因为 pattern="[0-9]{6}" 中规定了必须输入 0 ~ 9 这样的阿拉伯数字，并且必须为 6 位数。

图 9.47　pattern 属性的应用

图 9.48　出现提示信息

9.3.10　placeholder 替换文本

placeholder 属性用于为 input 类型的输入框提供一种文本提示，这些提示可以描述输入框期待用户输入的内容，输入框为空时显示文本提示，而输入框获取焦点时文本提示自动消失。placeholder 属性适用于 text、search、url、telephone、email 和 password 类型的 <input> 标签。

【示例】　这是 placeholder 属性的一个应用示例，请注意比较本例与上例提示方法的不同。

```
<form action="/testform.asp" method="get">
    请输入邮政编码：
    <input type="text" name="zip_code" pattern="[0-9]{6}"
placeholder=" 请输入 6 位数的邮政编码 " />
    <input type="submit" value=" 提交 " />
</form>
```

以上代码在 Chrome 浏览器中的运行结果如图 9.49 所示。当输入框获得焦点并输入字符时，提示文字消失，如图 9.50 所示。

图 9.49　placeholder 属性的应用

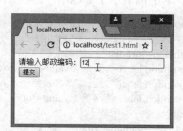

图 9.50　提示文字消失

Note

9.3.11 required 必填

required 属性要求在输入框中填写的内容不能为空，否则不允许提交表单。该属性适用于 text、search、url、telephone、email、password、date pickers、number、checkbox、radio 和 file 类型的 <input> 标签。

【示例】 本示例使用 required 属性规定在文本框中必须输入内容。

```
<form action="/testform.asp" method="get">
    请输入姓名：<input type="text" name="usr_name" required="required" />
    <input type="submit" value=" 提交 " />
</form>
```

在 Chrome 浏览器中的运行结果如图 9.51 所示。当输入框内容为空并单击"提交"按钮时，浏览器中会出现"请填写此字段。"的提示，只有输入内容之后才允许提交表单。

图 9.51 提示"请填写此字段。"

9.4 新的表单元素

视频讲解

HTML5 新增 3 个表单元素：datalist、keygen 和 output，下面分别进行说明。

9.4.1 datalist 数据列表

datalist 元素为输入框提供一个可选的列表，供用户输入匹配内容或直接选择。如果用户不想从列表中选择，也可以自行输入内容。

datalist 元素需要与 option 元素配合使用，每个 option 选项都必须设置 value 属性值。其中 <datalist> 标签用于定义列表框，<option> 标签用于定义列表项。如果要把 datalist 提供的列表绑定到某个输入框，还需要使用输入框的 list 属性引用 datalist 元素的 id。

【示例】 本示例演示了 datalist 元素和 list 属性如何配合使用。

```
<form action="testform.asp" method="get">
    请输入网址：<input type="url" list="url_list" name="weblink" />
    <datalist id="url_list">
        <option label=" 新浪 " value="http://www.sina.com.cn" />
        <option label=" 搜狐 " value="http://www.sohu.com" />
        <option label=" 网易 " value="http://www.163.com" />
    </datalist>
    <input type="submit" value=" 提交 " />
</form>
```

在 Chrome 浏览器中运行,当用户单击输入框时,就会弹出一个下拉网址列表,供用户选择,效果如图 9.52 所示。

图 9.52 list 属性应用

9.4.2 keygen 密钥对生成器

keygen 元素的作用是提供一种验证用户的可靠方法。作为密钥对生成器,当提交表单时,keygen 元素会生成两个键:私钥和公钥。私钥存储于客户端,公钥被发送到服务器,公钥可用于之后的验证用户的客户端证书。

目前,浏览器对该元素的支持不是很理想。

【示例】 下面是 keygen 属性的一个应用示例。

```html
<form action="/testform.asp" method="get">
    请输入用户名 : <input type="text" name="usr_name" /><br>
    请选择加密强度 : <keygen name="security" /><br>
    <input type="submit" value=" 提交 " />
</form>
```

以上代码在 Chrome 浏览器中的运行结果如图 9.53 所示。用户在"请选择加密强度"右侧的 keygen 元素中可以选择一种密钥强度,有 2048(高强度)和 1024(中等强度)两种,Firefox 浏览器也提供两种选项,如图 9.54 所示。

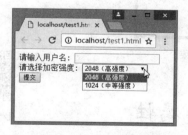

图 9.53 Chrome 浏览器提供的密钥等级

图 9.54 Firefox 浏览器提供的密钥等级

9.4.3 output 输出结果

output 元素用于在浏览器中显示计算结果或脚本输出,其语法如下。

```html
<output name="">Text</output>
```

【示例】 下面是 output 元素的一个应用示例，该示例计算用户输入的两个数字的乘积。

```
<script type="text/javascript">
function multi(){
    a=parseInt(prompt(" 请输入第 1 个数字。",0));
    b=parseInt(prompt(" 请输入第 2 个数字。",0));
    document.forms["form"]["result"].value=a*b;
}
</script>

<body onload="multi()">
<form action="testform.asp" method="get" name="form">
    两数的乘积为：<output name="result"></output>
</form>
</body>
```

以上代码在 Chrome 浏览器中的运行结果如图 9.55 和图 9.56 所示。当页面载入时，浏览器首先会提示"请输入第 1 个数字"，当用户输入数字并单击"确定"按钮后，再根据提示输入第 2 个数字。再次单击"确定"按钮后，浏览器将显示计算结果，如图 9.57 所示。

图 9.55 提示输入第 1 个数字

图 9.56 提示输入第 2 个数字

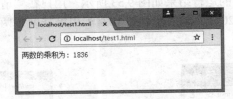

图 9.57 显示计算结果

9.5 新的 form 属性

视频讲解

HTML5 为 form 元素新增了两个属性：autocomplete 和 novalidate。下面分别对其进行说明。

9.5.1 autocomplete 自动完成

autocomplete 属性规定 form 中所有元素都有自动完成功能。该属性在介绍 input 属性时已经介绍过，用法与之相同。

但是，当 autocomplete 属性用于整个 form 时，所有从属于该 form 的控件都会具备自动完成功能。如果要关闭部分控件的自动完成功能，则需要单独设置 autocomplete="off"。

9.5.2　novalidate 禁止验证

　　novalidate 属性规定在提交表单时不应该验证 form 或 input 域。它适用于 <form> 标签，以及 text、search、url、telephone、email、password、date pickers、range 和 color 类型的 <input> 标签。

　　【示例 1】　本示例使用 novalidate 属性取消了整个表单的验证。

```
<form action="testform.asp" method="get" novalidate>
    请输入电子邮件地址：<input type="email" name="user_email" />
    <input type="submit" value=" 提交 " />
</form>
```

　　【补充】

　　HTML5 为 form、input、select 和 textarea 元素定义了一个 checkValidity() 方法。调用该方法，可以显式地对表单内所有元素内容或单个元素内容进行有效性验证。checkValidity() 方法返回布尔值，以提示是否通过验证。

　　【示例 2】　本示例使用 checkValidity() 方法，主动验证用户输入的 Email 地址是否有效。

```
<script>
function check(){
    var email = document.getElementById("email");
    if(email.value==""){
        alert(" 请输入 Email 地址 ");
        return false;
    }
    else if(!email.checkValidity()){
        alert(" 请输入正确的 Email 地址 ");
        return false;
    }
    else
        alert(" 您输入的 Email 地址有效 ");
}
</script>

<form id=testform onsubmit="return check();" novalidate>
    <label for=email>Email</label>
    <input name=email id=email type=email /><br/>
    <input type=submit>
</form>
```

　　提示：在 HTML5 中，form 和 input 元素都有一个 validity 属性，该属性返回一个 ValidityState 对象。该对象具有很多属性，其中最简单且最重要的属性为 valid 属性，它表示表单内所有元素内容是否有效或单个 input 元素内容是否有效。

9.6 案例实战

视频讲解

下面通过两个案例练习 HTML5 表单在页面中的应用。

9.6.1 设计 HTML5 注册表单

本节将利用 HTML5 新的表单系统设计一个简单的用户注册的界面。注册项目包括用户名、密码、出生日期、国籍和保密问题等内容。

```html
<form action='#' enctype="application/x-www-form+xml" method="post">
    <p>
        <label for='name'>ID（请使用 Email 注册）</label>
        <input name='name' required="required" type='email'></input>
    </p><p>
        <label for='password'> 密码 </label>
        <input name='password' required="required" type='password'></input>
    </p><p>
        <label for='birthday'> 出生日期 </label>
        <input type='date' name='birthday'>
    </p><p>
        <label for='gender'> 国籍 </label>
        <select name='country' data='countries.xml'></select>
    </p><p>
        <label for='photo'> 个性头像 </label>
        <input type='file' name='photo' accept='image/*'></p>
    <table>
        <tr>
            <td><button type="add" template="questionId">+</button> 保密问题 </td>
            <td> 答案 </td><td></td></tr>
        <tr id="questionId" repeat="template" repeat-start="1" repeat-min="1" repeat-max="3">
            <td><input type="text" name="questions[questionId].q"></td>
            <td><input type="text" name="questions[questionId].a"></td>
            <td><button type="remove"> 删除 </button></td></tr>
    </table>
    <p><input type='submit' value=' 提交信息 ' class='submit'> </p>
</form>
```

不同浏览器对 HTML5 特性的支持不同，其中 Opera 在表单方面支持得比较好，本例在 Opera 中运行的效果如图 9.58 所示。

本例运用了一些 HTML5 新的表单元素，如 Email 类型的输入框（ID）和日期类型的输入框（出生日期）。本例使用重复模型来引导用户填写保密问题，在个性头像上传中，通过限制文件类型，方便用户选择图片进行合乎规范的内容上传。国籍下拉列表框采用的是外联数据源的形式，外联数据源使用 coutries.xml，内容如下。

```html
<select xmlns="http://www.w3.org/1999/xhtml">
    ……
    <option value="CL"> 智利 </option>
```

```
         <option value="CN"> 中国 </option>
         <option value="CO"> 哥伦比亚 </option>
         ......
      </select>
```

图 9.58　设计 HTML5 注册表单

form 的 enctype 是 application/x-www-form+xml，也就是 HTML5 的 XML 提交。一旦 form 校验通过，form 的内容将以 XML 的形式提交。当用户在浏览时还会发现，ID 输入框如果没有值，或者输入了非法的 Email 类型字符串时，一旦试图提交表单，浏览器就会有提示信息出现，这都是浏览器内置的。

注意，目前浏览器对外联数据源、重复模型和 XML Submission 等新特性的支持不是很友好。针对当前用户，我们可以使用 JavaScript 脚本兼容 data 外联数据源，代码如下。

```javascript
<script type="text/javascript" src="jquery-1.10.2.js"></script>
<script>
$(function(){
    $("select[data]").each(function() {
        var _this = this;
        $.ajax({
            type:"GET",
            url:$(_this).attr("data"),
            success: function(xml){
                var opts = xml.getElementsByTagName("option");
                $(opts).each(function() {
                    $(_this).append('<option value="'+ $(this).val() +'">'+ $(this).text() +'</option>');
                });
            }
        });
    });
})
</script>
```

9.6.2 设计 HTML5 表单验证

本节示例将利用 HTML5 表单的内建校验机制设计一个表单验证页面，如图 9.59 所示。

图 9.59 设计 HTML5 验证表单

首先，设计一个 HTML5 表单页面。

```
<form method="post" action="" name="myform" class="form" >
    <label for="user_name"> 真实姓名 <br/>
        <input id="user_name" type="text" name="user_name" required pattern="^([\u4e00-\u9fa5]+|([a-z]+\s?)+)$" />
    </label>
    <label for="user_item"> 比赛项目 <br/>
        <input list="ball" id="user_item" type="text" name="user_item" required/>
    </label>
    <datalist id="ball">
        <option value=" 篮球 "/>
        <option value=" 羽毛球 "/>
        <option value=" 桌球 "/>
    </datalist>
    <label for="user_email"> 电子邮箱 <br/>
        <input id="user_email" type="email" name="user_email" pattern="^[0-9a-z][a-z0-9\._-]{1,}@[a-z0-9-]{1,}[a-z0-9]\.
[a-z\.]{1,}[a-z]$"   required />
    </label>
    <label for="user_phone"> 手机号码 <br/>
        <input id="user_phone" type="tel" name="user_phone" pattern="^1\d{10}$|^(0\d{2,3}-?|\(0\d{2,3}\))?[1-9]\
d{4,7}(-\d{1,8})?$" required/>
    </label>
    <label for="user_id"> 身份证号
        <input id="user_id" type="text" name="user_id" required pattern="^[1-9]\d{5}[1-9]\d{3}((0\d)|(1[0-2]))
(([0|1|2]\d)|3[0-1])\d{3}([0-9]|X)$" />
    </label>
    <label for="user_born"> 出生年月
        <input id="user_born" type="month" name="user_born" required />
```

```
        </label>
        <label for="user_rank"> 名次期望 <span> 第 <em   id="ranknum">5</em> 名 </span></label>
        <input id="user_rank" type="range" name="user_rank" value="5" min="1" max="10" step="1" required /> <br/>
        <button type="submit" name="submit" value=" 提交表单 "> 提交表单 </button>
    </form>
```

"真实姓名"选项为普通文本框，要求必须输入 required，验证模式为中文字符：

```
pattern="^([\u4e00-\u9fa5]+|([a-z]+\s?)+)$"
```

"比赛项目"选项设计一个数据列表，使用 datalist 元素设计，使用 list="ball" 将列表绑定到文本框上。

"电子邮箱"选项设计 type="email" 类型，同时使用如下匹配模式兼容老版本浏览器：

```
pattern="^[0-9a-z][a-z0-9\._-]{1,}@[a-z0-9-]{1,}[a-z0-9]\.[a-z\.]{1,}[a-z]$"
```

"手机号码"选项设计 type="tel" 类型，同时使用如下匹配模式兼容老版本浏览器：

```
pattern="^1\d{10}$|^(0\d{2,3}-?|\(0\d{2,3}\))?[1-9]\d{4,7}(-\d{1,8})?$"
```

"身份证号"选项使用普通文本框设计，要求必须输入，定义匹配模式：

```
pattern="^[1-9]\d{5}[1-9]\d{3}((0\d)|(1[0-2]))(([0|1|2]\d)|3[0-1])\d{3}([0-9]|X)$"
```

"出生年月"选项设计 type="month" 类型，这样就不需要进行验证，用户必须在日期选择器面板中进行选择，无法作弊。

"名次期望"选项设计 type="range" 类型，限制用户只能在 1 ～ 10 进行选择。

通过 CSS3 动画可以设计动态交互效果，该技术将在后面章节做详细介绍，本节不作为学习重点。

9.7　在线练习

本节将通过大量的上机示例，帮助初学者练习使用 HTML5 设计表单结构和样式，感兴趣的读者可以扫码练习。

在 线 练 习1

在 线 练 习2

第10章

使用 HTML5 离线和缓存

（▣ 视频讲解：31 分钟）

HTML5 新增的 ApplicationCache API 接口提供了应用程序缓存的功能。在加载页面时，允许用户缓存各种资源文件。这样在离线状态下，应用程序可以读写缓存文件，不需要与远程保持联系；当在线状态时，应用程序能够根据缓存文件及时更新远程数据，保证缓存数据与远程数据同步。如果缓存文件与远程文件同步，则优先访问缓存文件，以提升访问速度和运行效率。

【学习重点】

▶▶ 使用 Web Storage。

▶▶ 正确使用 manifest 文件。

▶▶ 使用 HTML5 ApplicationCache API 设计 Web 离线应用程序。

10.1 Web Storage

在 HTML4 中，客户端处理网页数据的方式主要通过 cookie 来实现，但 cookie 存在很多缺陷，如不安全和容量有限等。HTML5 新增的 Web Database API 用来替代 cookie 作为解决方案，对于简单的 key/value（键值对）信息，使用 Web Storage 存储会非常方便。另外，部分现代浏览器还支持不同类型的本地数据库，使用客户端数据库可以减轻服务器端的压力，提升 Web 应用的访问速度。

10.1.1 认识 Web Storage

HTML5 的 Web Storage API 提供了两种客户端数据存储的方法：localStorage 和 sessionStorage。两者的具体用法基本相同，重要区别如下。

☑ localStorage：用于持久化的本地存储，除非主动删除，否则数据永远不会过期。

☑ sessionStorage：用于存储本地会话（session）数据，这些数据只有在同一个会话周期内才能访问，会话结束后数据也随之销毁，如关闭网页，切换选项卡视图等。因此 sessionStorage 是一种短期本地存储方式。

Web Storage 的优势如下。

☑ 存储空间比 cookie 大很多。

☑ Web Storage 存储内容不会反馈给服务器，而 cookie 信息会随着请求一并发送到服务器。

☑ Web Storage 提供了一套丰富的接口，使得数据操作更为简便。

☑ 独立的存储空间，每个域（包括子域）有独立的存储空间，因此不会造成数据混乱。

Web Storage 的缺陷如下。

☑ 浏览器不会检查脚本所在的域是否与当前域相同。例如，如果在域 B 中嵌入域 A 的脚本文件，那么域 A 的脚本文件可以访问域 B 中的数据。不过这个漏洞很容易修补，就看浏览器厂商的态度了。

☑ 存储数据未加密，且永远保存，容易泄漏。

在 HTML5 的众多 API 中，Web Storage 受到的浏览器支持是非常好的，目前主流浏览器都支持 Web Storage，如 IE 8+、Firefox 3+、Opera 10.5+、Chrome 3.0+ 和 Safari 4.0+。

10.1.2 使用 Web Storage

localStorage 和 sessionStorage 对象有相同的属性和方法，其操作方法也都相同。

1. 存储

使用 setItem() 方法可以存储值，用法如下。

```
setItem( key, value)
```

参数 key 表示键名，value 表示值，它们都以字符串的形式进行传递。例如：

```
sessionStorage.setItem("key", "value");
localStorage.setItem("site", "mysite.cn");
```

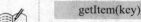

2．访问

使用 getItem() 方法可以读取指定键名的值，用法如下：

```
getItem(key)
```

参数 key 表示键名，是字符串类型。该方法将获取指定 key 本地存储的值。例如：

```
var value = sessionStorage.getItem("key");
var site = localStorage.getItem("site");
```

3．删除

使用 removeItem() 方法可以删除指定键名在本地存储的值。用法如下：

```
removeItem(key)
```

参数 key 表示键名，是字符串类型。该方法将删除指定 key 本地存储的值。例如：

```
sessionStorage.removeItem("key");
localStorage.removeItem("site");
```

4．清空

使用 clear() 方法可以清空所有本地存储的键值对。用法如下：

```
clear()
```

例如，直接调用 clear() 方法可以直接清理本地存储的数据。

```
sessionStorage.clear();
localStorage.clear();
```

提示：Web Storage 也支持使用点语法，或者使用字符串数组 [] 方式来处理本地数据。例如：

```
var storage = window.localStorage;          // 获取本地 localStorage 对象
// 存储值
storage.key = "hello";
storage["key"] = "world";
// 访问值
console.log(storage.key);
console.log(storage["key"]);
```

5．遍历

Web Storage 定义 key() 方法和 length 属性，使用它们可以对存储数据进行遍历操作。

【示例 1】 本示例获取本地 localStorage，然后使用 for 语句访问本地存储的所有数据，并输出到调试台进行显示。

```
var storage = window.localStorage;
for (var i=0, len = storage.length; i < len; i++){
    var key = storage.key(i);
    var value = storage.getItem(key);
    console.log(key + "=" + value);
}
```

6. 监测事件

Web Storage 定义 storage 事件，当键值改变或者调用 clear() 方法的时候，将触发 storage 事件。

【示例 2】 本示例使用 storage 事件监测本地存储，当值发生变动时，即时进行提示。

```
if(window.addEventListener){
    window.addEventListener("storage",handle_storage,false);
}else if(window.attachEvent){
    window.attachEvent("onstorage",handle_storage);
}
function handle_storage(e) {
    var logged = "key:" + e.key + ", newValue:" + e.newValue + ", oldValue:" + e.oldValue + ", url:" + e.url + ", storageArea:" +
e.storageArea;
    alert(logged);
}
```

storage 事件对象包含的属性说明如表 10.1 所示。

表 10.1 storage 事件对象属性

属 性	类 型	说 明
key	String	键的名称
oldValue	Any	以前的值（被覆盖的值），如果是新添加的项目，则为 null
newValue	Any	新的值，如果是新添加的项目，则为 null
url/uri	String	引发更改的方法所在页面地址

10.1.3 案例：设计登录页

本例演示如何使用 localStorage 对象保存用户登录信息，运行结果如图 10.1 所示。

图 10.1 保存用户登录信息

用户在文本框输入用户名与密码，单击"登录"按钮后，浏览器将调用 localStorage 对象保存登录用户名。如果选择"是否保存密码"选项，浏览器会同时保存密码；否则，将清空可能保存的密码。当重新打开该页面时，经过保存的用户名和密码数据将分别显示在文本框中，避免用户重复登录。示例代码如下。

```
<style type="text/css">
ul { list-style-type: none; padding:3px 6px; }
ul li { margin:6px; }
```

```css
.li_title { margin-top:12px;}
.status { border: 1px solid #999999; background: #CCCCCC; padding:6px; }
</style>
<script type="text/javascript">
function $(id) { return document.getElementById(id);}
function pageload(){                        // 页面加载时调用的函数
    var strName=localStorage.getItem("keyName");
    var strPass=localStorage.getItem("keyPass");
    if(strName){ $("txtName").value=strName; }
    if(strPass){ $("txtPass").value=strPass; }
}
function btn_click(){                       // 单击"登录"按钮后调用的函数
    var strName=$("txtName").value;
    var strPass=$("txtPass").value;
    localStorage.setItem("keyName",strName);
    if($("chkSave").checked){ localStorage.setItem("keyPass",strPass);
    }else{localStorage.removeItem("keyPass");}
    $("spnStatus").className="status";
    $("spnStatus").innerHTML=" 登录成功 !";
}
</script>

<body onLoad="pageload();">
<form id="frmLogin" action="#">
    <fieldset>
        <legend> 用户登录 </legend>
        <ul>
            <li> 用户名：<input id="txtName" class="inputtxt" type="text"></li>
            <li> 密   码：<input id="txtPass" class="inputtxt" type="password"></li>
            <li><input id="chkSave" type="checkbox"> 是否保存密码 </li>
            <li><input name="btn" class="inputbtn" value=" 登录 " type="button" onClick="btn_click();"><input name="rst" class="inputbtn" type="reset" value=" 取消 "> </li>
                <li class="li_title"><span id="spnStatus"></span></li>
        </ul>
    </fieldset>
</form>
</body>
```

10.1.4 案例：流量统计

本例通过 sessionStorage 和 localStorage 对页面的访问进行计数。用户在文本框内输入数据后，分别单击 "session 保存" 按钮和 "local 保存" 按钮对数据进行保存，还可以单击 "session 读取" 按钮和 "local 读取" 按钮对数据进行读取。本实例在 Chrome 浏览器中运行的结果如图 10.2 所示。

示例代码如下。

```html
<h1> 计数器 </h1>
<p class="msg" id="msg_1"> </p>
<p class="form_item">
    <label for="">Storage：</label>
```

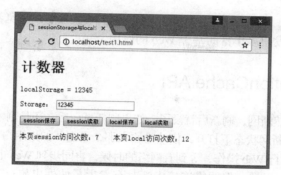

图 10.2 Web 应用计数器

```
        <input type="text" name="text-1" value="" id="text-1"/>
    </p>
    <p class="form_item">
        <input type="button" name="btn-1" value="session 保存 " id="btn-1"/>
        <input type="button" name="btn-2" value="session 读取 " id="btn-2"/>
        <input type="button" name="btn-3" value="local 保存 " id="btn-3"/>
        <input type="button" name="btn-4" value="local 读取 " id="btn-4"/>
    </p>
    <p class="count_wrap"> 本页 session 访问次数: <span class="count" id='session_count'></span>   本页 local
访问次数: <span class="count" id='local_count'></span></p>
    <script>
function getE(ele){      // 自定义一个 getE() 函数
    return document.getElementById(ele); // 返回并调用 document 对象的 getElementById 方法，输出变量
}
var text_1 = getE('text-1'),// 声明变量并为其赋值
    mag = getE('msg_1'),
    btn_1 = getE('btn-1'),
    btn_2 = getE('btn-2'),
    btn_3 = getE('btn-3'),
    btn_4 = getE('btn-4');
btn_1.onclick = function(){sessionStorage.setItem('msg','sessionStorage = ' +   text_1.value ); }
btn_2.onclick = function(){mag.innerHTML = sessionStorage.getItem('msg'); }
btn_3.onclick = function(){localStorage.setItem('msg','localStorage = ' + text_1.value );}
btn_4.onclick = function(){mag.innerHTML = localStorage.getItem('msg');}
// 记录页面次数
var local_count = localStorage.getItem('a_count')?localStorage.getItem('a_count'):0;
getE('local_count').innerHTML = local_count;
localStorage.setItem('a_count',+local_count+1);
var session_count = sessionStorage.getItem('a_count')?sessionStorage.getItem('a_count'):0;
getE('session_count').innerHTML = session_count;
sessionStorage.setItem('a_count',+session_count+1);
    </script>
```

10.2 ApplicationCache API 基础

HTML5 通过 ApplicationCache API 使离线存储成为可能。离线存储（Offline Storage）

视 频 讲 解

Note

的核心功能是：在断网状态下，用户依然能够访问站点；在联网状态下，浏览器会自动更新缓存数据。利用 HTML5 离线存储功能可以开发很多丰富的基于 Web 的应用。

10.2.1 认识 ApplicationCache API

一个页面刚加载完毕，突然断网，刷新后就没了。如果刷新页面后，还是刚才的页面，在新窗口中重新访问该页面，输入相同的网址，在断网状态下打开，依然是原来那个页面。如果用户在没有网络的地方（如飞机上）和时候（网络坏了），也能够进行 Web 操作，等到有网络的时候，再同步到 Web 上，就大大方便了用户的使用。

越来越多的应用被移植到云端，但网络连接中断时有发生，如外出旅行或身处无网环境等。间断性的网络连接一直是网络计算系统致命的弱点，如果应用程序完全依赖于与网络的通信，而网络又无法连接时，用户就无法正常使用应用程序。

HTML5 的 ApplicationCache API 综合了 Web 应用和桌面应用两者的优势，基于 Web 技术构建的 Web 应用程序，不仅可在浏览器中运行并在线更新，也可在脱机情况下使用。离线应用缓存使得在无网络连接状态下运行应用程序成为可能，这类应用程序用处很多，简单举例说明如下。

- ☑ 阅读和撰写电子邮件。
- ☑ 编辑文档。
- ☑ 编辑和显示演示文档。
- ☑ 创建待办事宜列表。

HTML5 离线应用有以下 3 点好处。

- ☑ 用户可以离线访问 Web 应用，不用时刻保持与互联网的连接。
- ☑ 文件被缓存在本地，提升了页面加载速度。
- ☑ 离线应用只加载被修改过的资源，因此大大降低了用户请求服务器造成的负载压力。

用户可以直接控制应用程序缓存，利用缓存清单文件将相关资源组织到同一个逻辑应用中。这样 Web 应用就拥有了桌面应用的特性。缓存清单文件中标识的资源构成了应用缓存（Application Cache），它是浏览器持久性存储资源的地方，通常在硬盘上。有些浏览器向用户提供了查看应用程序中缓存数据的方法。例如，在新版 Firefox 中，about:cache 页面会显示应用程序缓存的详细信息，提供了查看缓存中的每个文件的方法，如图 10.3 所示。

浏览器对 HTML5 离线应用的支持情况如表 10.2 所示，从中可以看到目前大部分浏览器已经支持 HTML5 离线应用。

表 10.2 浏览器支持概述

浏 览 器	说 明
IE	不支持
Firefox	3.5 及以上的版本支持
Opera	10.6 及以上的版本支持
Chrome	4.0 及以上的版本支持
Safari	4.0 及以上的版本支持
iPhone	2.0 及以上的版本支持
Android	2.0 及以上的版本支持

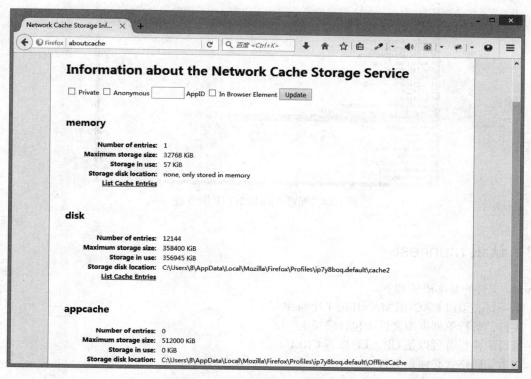

图 10.3　Firefox 的 about:cache 页面

HTML5 离线应用的支持程度不同，使用之前建议先测试浏览器的支持情况，检测方法如下。

```
if(window.applicationCache) {
    // 浏览器支持的离线应用
}
```

10.2.2　配置服务器

HTML5 离线缓存包含如下两部分内容。
- ☑ manifest 文件：manifest 文件包含了需要缓存的资源清单。
- ☑ JavaScript 程序：提供用于更新缓存文件的方法，以及对缓存文件的操作。

manifest 文件是一个文本文件，列出了浏览器为离线应用缓存的所有资源。manifest 文件的 MIME 类型是 text/cache-manifest。

Python 标准库的 SimpleHTTPServer 模块对扩展名为 .manifest 的文件能配以头部信息 Content-type:text/cache-manifest。配置方法是打开 PYTHON_HOME/Lib/mimetypes.py 文件并添加如下代码：

```
'. manifest': 'text/cache-manifest manifest',
```

如果要配置 Apache HTTP 服务器，用户需要将下面一行代码添加到 Apache Software Foundation\Apache2.2\conf 文件夹下的 mime.type 文件中，如图 10.4 所示。

```
text/cache-manifest manifest
```

Note

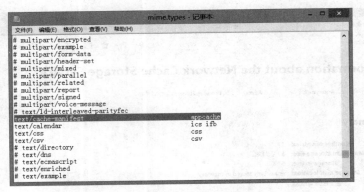

图 10.4　配置 Apache HTTP 服务器

10.2.3　认识 manifest

manifest 文件的基本语法如下。

☑　第一行必须以 CACHE MANIFEST 字符串开头。

☑　换行，每行单列资源文件（包含路径）。

☑　每行的换行符可以是 CR、LF 或者 CRLF。

☑　文本编码格式必须是 UTF-8。

☑　注释必须以 # 开头。

manifest 文件包括如下 3 个节点。

☑　CACHE:

manifest 文件的默认入口。在此入口之后罗列的文件，或直接写在 CACHE MANIFEST 后的文件，它们下载到本地后会被缓存起来。

☑　NETWORK:

可选节点，在此节点后面所罗列的文件是需要访问网络的。即使用户离线访问，也会直接跳过缓存而访问服务器。

☑　FALLBACK:

可选节点，指定无法访问资源时的回调页面。每一行包括两个 URI，第一个是资源文件 URI，第二个是回调页面 URI。

注意，以上节点没有先后顺序，而且在同一个 manifest 中可以多次出现。

【示例 1】　新建一个以 manifest 为扩展名的文件，命名为 cacheData.manifest，在这个文件中设置要缓存的文件路径列表：login.html、i.css、alipay-i-logo-big.png、alipay-i-icons.png 和 mui-min.js。另外定义需要访问网络的文件列表 button-ok.png，以及备用文件列表 alipay-bank-cmb.png。

```
CACHE MANIFEST
#version 1.0
login.html
static/css/i.css
static/img/png/alipay-i-logo-big.png
static/img/png/alipay-i-icons.png
static/js/mui-min.js
```

```
NETWORK:
static/img/png/button-ok.png
CACHE:
static/img/png/login-slider-bg.png
FALLBACK:
static/img/png/alipay-bank-icbc.png static/img/png/alipay-bank-cmb.png
```

每个站点都有 5MB 空间来存储缓存数据。如果 manifest 文件或文件里所列的文件无法加载,整个缓存的更新过程将无法进行,浏览器会使用最后一次成功的缓存数据。

如果没有指定 CACHE: 节点的标题,默认就是 CACHE MANIFEST 部分。下面为 manifest 文件设置了两个要缓存的文件:

```
CACHE MANIFEST
application.js
style.css
```

添加到 CACHE MANIFEST 区块的文件,无论应用程序是否在线,浏览器都会从应用程序缓存中获取该文件。没有必要在这里列出应用程序的主 HTML 资源,因为最初指向 manifest 文件的 HTML 文档会被包含进来。但是,如果希望缓存多个 HTML 文件,或者希望将多个 HTML 文件作为支持缓存的应用程序的可选入口,则这些文件须列在 CACHE MANIFEST 中。

FALLBACK 部分提供了获取不到缓存资源时的备选资源路径。第一个文件的路径和第二个文件的路径中间有一个空格,这个 FALLBACK: 的作用是:当第一个文件缓存不成功时,或无法找到时,它会缓存第二个文件。

【示例 2】 本示例设计无法获取 app/ajax 时,所有 app/ajax/ 及其子路径的请求都会被转发给 default.html 文件来处理。

```
CACHE MANIFEST
# 缓存文件列表
about.html
html5.css
index.html
happy-trails-rc.gif
lake-tahoe.JPG
# 不缓存注册页面
NETWORK
signup.html
FALLBACK
signup.html offline.html
/app/ajax/ default.html
```

【示例 3】 # 表示注释行标识符,但它还有一个小作用,Web 应用的缓存只有在 manifest 文件被修改的情况下才会更新。所以如果只是修改了缓存的文件,那么用户本地的缓存还是不会更新。但是可以通过修改 manifest 文件告诉浏览器需要更新缓存。

```
CACHE MANIFEST
# wanz app v1

# 指明缓存入口
CACHE:
```

```
index.html
style.css
images/logo.png
scripts/main.js

# 以下资源必须在线访问
NETWORK:
login.php

# 如果 index.php 无法访问则用 404.html 代替
FALLBACK:
/index.php /404.html
```

修改注释行的文件版本：

```
# wanz app v2
```

这样做有以下 3 个好处。

☑ 可以很明确地了解离线 Web 应用的版本。

☑ 简单地修改这个版本号就可以轻易地通知浏览器进行更新。

☑ 可以配合 JavaScript 程序来完成缓存更新。

【示例 4】 创建好 cacheData.manifest 文件，下面就需要在 HTML 文件中指定文档的 manifest 属性为 cache.mnifest 文件的路径。

```
<html manifest="cacheData.manifest"></html>
```

manifest 的文件路径可以是绝对路径或相对路径，甚至可以引用其他服务器上的 manifest 文件。该文件所对应的 mime-type 应该是 text/cache-manifest，所以需要配置服务器来发送对应的 MIME 类型信息。

引用 manifest 文件的页面，不管有没有罗列清单，都会被缓存。

提示：由于在某些浏览器中仅仅添加这一属性，可能并不能很好地工作，所以一定要用 HTML5 文档的声明方式创建 HTML 页面。

```
<!DOCTYPE html>
<html manifest="cacheData.manifest"></html>
```

10.2.4 使用 ApplicationCache

使用 ApplicationCache 需要进行以下 3 步操作。

第 1 步，配置服务器 manifest 文件的 MIME 类型；

第 2 步，编写 manifest 文件；

第 3 步，在页面的 html 元素的 manifest 属性中引用 manifest 文件。

完成上述 3 步，即使拔掉网线，也可以访问页面。

注意：启用离线应用之后，修改 JavaScript 代码或 CSS 样式，然后将更新内容上传到服务器，用户在本地刷新页面重新预览时，会发现无法看到最新的页面效果。那是因为本地浏览器还没有更新 HTML5 的离线存储文件。

更新 HTML5 离线缓存有以下 3 种方法。

☑　清除离线存储的数据。这不一定是清理浏览器历史记录就可以做到的，因为不同浏览器管理离线存储的方式不同。例如，在 Firefox 中需要选择→"选项"→"高级"→"网络"→"脱机存储"命令，然后在其中清除离线存储数据。

☑　修改 manifest 文件。修改了 manifest 文件里所罗列的文件也不会更新缓存，而是要更新 manifest 文件。

☑　使用 JavaScript 编写更新程序。

ApplicationCache API 是离线缓存的应用接口，通过 window.applicationCache 对象可触发一系列与缓存状态相关的事件。该对象有一个数值型属性 window.applicationCache.status，它代表了缓存的状态。缓存状态共有 6 种，说明如表 10.3 所示。

表 10.3　缓存状态说明

Status 值	说　明
0	UNCACHED（未缓存）
1	IDLE（空闲）
2	CHECKING（检查中）
3	DOWNLOADING（下载中）
4	UPDATEREADY（更新就绪）
5	OBSOLETE（过期）

目前，互联网上大部分的页面都没有指定缓存清单，所以这些页面的状态就是 UNCACHED（未缓存）。IDLE（空闲）是带有缓存清单的应用程序的典型状态，处于空闲状态说明应用程序的所有资源都已被浏览器缓存，当前不需要更新。如果缓存曾经有效，但现在 manifest 文件丢失，则缓存进入 OBSOLETE（过期）状态。对于上述各种状态，API 包含了与之对应的事件和回调特性。

例如，缓存更新完成进入空闲状态，会触发 cached 事件。此时，事件可能会通知用户，应用程序已处于离线模式可用的状态，可以断开网络连接了。如表 10.4 所示是一些与缓存状态有关的常见事件。

表 10.4　缓存事件说明

事　件	说　明
oncached	IDLE（空闲）
onchecking	CHECKING（检查中）
ondownloading	DOWNLOADING（下载中）
onupdateready	UPDATEREADY（更新就绪）
onobsolete	OBSOLETE（过期）

此外，没有可用更新或者发生错误时，还有一些表示更新状态的事件，例如：

```
onerror
onnoupdate
onprogress
```

window.applicationCache 有一个 update() 方法，调用该方法会请求浏览器更新缓存。包括检查新版本的 manifest 文件，并下载必要的新资源。如果没有缓存或者缓存已过期，则会抛出错误。

【示例1】　常用代码的说明如下。

```
// 返回应用于当前 window 对象文档的 ApplicationCache 对象
cache = window.applicationCache
// 返回应用于当前 shared worker 的 ApplicationCache 对象 [shared worker]
cache = self.applicationCache
// 返回当前应用的缓存状态，status 有 6 种无符号短整型值的状态，说明如表 10.3 所示
cache.status
// 调用当前应用资源下载过程
cache.update()
// 更新到最新的缓存，该方法不会使之前加载的资源突然被重新加载
cache.swapCache()
```

调用 swapCache() 方法，图片不会重新加载，样式和脚本也不会重新渲染或解析，唯一的变化是在此之后发出请求页面的资源是最新的。applicationCache 对象和缓存宿主的关系是一一对应的，window 对象的 applicationCache 属性会返回关联 window 对象的活动文档的 applicationCache 对象。在获取 status 属性时，它返回当前 applicationCache 的状态，它的值有以下几种状态。

☑　UNCACHED (0)：ApplicationCache 对象的缓存宿主与应用缓存无关联。

☑　IDLE (1)：应用缓存已经是最新的，并且没有标记为 obsolete。

☑　CHECKING(2)：ApplicationCache 对象的缓存宿主已经和一个应用缓存关联，并且该缓存的更新状态是 checking。

☑　DOWNLOADING (3)：ApplicationCache 对象的缓存宿主已经和一个应用缓存关联，并且该缓存的更新状态是 downloading。

☑　UPDATEREADY (4)：ApplicationCache 对象的缓存宿主已经和一个应用缓存关联，并且该缓存的更新状态是 idle。虽然没有标记为 obsolete，但是缓存不是最新的。

☑　OBSOLETE(5)：ApplicationCache 对象的缓存宿主已经和一个应用缓存关联，并且该缓存的更新状态是 obsolete。

如果 update 方法被调用了，浏览器就必须在后台调用应用缓存下载过程；如果 swapCache 方法被调用了，浏览器会执行以下步骤。

第 1 步，检查 ApplicationCache 的缓存宿主是否与应用缓存关联。

第 2 步，让 cache 成为 ApplicationCache 对象的缓存宿主关联的应用缓存。

第 3 步，如果 cache 的应用缓存组被标记为 obsolete，那么就取消 cache 与 ApplicationCache 对象的缓存宿主的关联，并取消这些步骤。此时所有资源都会从网络中下载，而不是从缓存中读取。

第 4 步，检查同一个缓存组中是否存在完成标志为"完成"的应用缓存，并且版本比 cache 更新。

第 5 步，让完成标志为"完成"的新 cache 成为最新的应用缓存。

第 6 步，取消 cache 与 ApplicationCache 对象的缓存宿主的关联，并用新 cache 代替关联。

【示例2】　通过下面的代码可以检查当前页面缓存的状态。

```
var appCache = window.applicationCache;
switch (appCache.status) {
    case appCache.UNCACHED:
        // UNCACHED == 0
        alert('UNCACHED');
```

```
                    break;
            case appCache.IDLE:
                // IDLE == 1
                alert('IDLE');
                break;
            case appCache.CHECKING:
                // CHECKING == 2
                alert('CHECKING');
                break;
            case appCache.DOWNLOADING:
                // DOWNLOADING == 3
                alert('DOWNLOADING');
                break;
            case appCache.UPDATEREADY:
                // UPDATEREADY == 5
                alert('UPDATEREADY');
                break;
            case appCache.OBSOLETE:
                // OBSOLETE == 5
                alert('OBSOLETE');
                break;
            default:
                alert('UKNOWN CACHE STATUS');
                break;
    };
```

更新的实现过程大概是这样的：首先，调用 applicationCache.update() 让浏览器尝试更新。操作的前提是 manifest 文件是更新过的，如修改 manifest 版本号。在 applicationCache.status 为 UPDATEREADY 状态时，就可以调用 applicationCache.swapCache() 方法来将旧的缓存更新为新的。

```
var appCache = window.applicationCache;
appCache.update(); // 开始更新
if (appCache.status == window.applicationCache.UPDATEREADY) {
    appCache.swapCache();    // 得到最新版本缓存列表，且成功下载资源，更新缓存到最新
}
```

提示：更新过程很简单，但是一个好的应用少不了容错处理，如 Ajax 技术一样，需要对更新过程进行监控，处理各种异常或提示等待状态来使 Web 应用更强大、用户体验更好。因此需要了解 applicationCache 的更新过程所触发的事件，主要包括 onchecking、onerror、onnoupdate、ondownloading、onprogress、onupdateready、oncached 和 onobsolete。要处理更新错误，可以这样写：

```
var appCache = window.applicationCache;
// 请求 manifest 文件时返回 404 或 410，下载失败
// 或 manifest 文件在下载过程中源文件被修改，会触发 error 事件
appCache.addEventListener('error', handleCacheError, false);
function handleCacheError(e) {
    alert('Error: Cache failed to update!');
};
```

不管是 manifest 文件还是它所罗列的资源文件下载失败，整个更新过程就终止了，浏览器会使用上一个最新的缓存。

10.2.5　事件监听

HTML5 引入了一些新的事件，可以让应用程序检测网络是否正常连接。应用程序处于在线状态和离线状态会有不同的行为模式。应用程序是否处于在线状态可以通过检测 window.navigator 对象的属性判断。

首先，navigator.onLine 是一个表明浏览器是否处于在线状态的布尔属性。当然，onLine 值为 true 并不能保证 Web 应用程序在用户的机器上一定能访问到相应的服务器。而当其值为 false 时，不管浏览器是否真正联网，应用程序都不会尝试进行网络连接。

【示例1】　查看页面状态是在线还是离线的代码如下：

```
// 当页面加载时，设置状态为 online 或者 offline
function loadDemo() {
    if(navigator.onLine) {
        log("Online");
    } else {
        log("Offline");
    }
}
// 增加事件监听，当在线状态发生变化时，将触发响应
window.addEventListener("online", function(e) {
    log("Online");
}, true);
window.addEventListener("offline", function(e) {
    log("Offline");
}, true);
```

【示例2】　在支持 HTML5 离线存储的浏览器中，window 对象有一个 applicationCache 属性。通过 window.applicationCache 可以获得一个 DOMApplicationCache 对象，这个对象来自 DOMApplicationCache 类，这个类有一系列的属性和方法。

首先，获取 DOMApplicationCache 对象。

```
var cache = window.applicationCache;
```

接着，触发 cache 对象的一些事件来检测缓存是否成功。

```
/*oncached 事件：表示更新已经处理完成，并且存储。
 * 如果一切正常，这里 cache 的状态应该是 4
 */
cache.addEventListener('cached', function() {
    console.log('Cached,Status:' + cache.status);
}, false);
/*onchecking 事件：表示当更新已经开始进行，但资源还没有开始下载，即刚刚获取到最新的资源。
 * 如果一切正常，这里 cache 的状态应该是 2
 */
cache.addEventListener('checking', function() {
    console.log('Checking,Status:' + cache.status);
```

```
}, false);
/*ondownloading 事件：表示开始下载最新的资源。
 * 如果一切正常，这里 cache 的状态应该是 3
 */
cache.addEventListener('downloading', function() {
    console.log('Downloading,Status:' + cache.status);
}, false);
/*onerror 事件：表示有错误发生，如找不到 manifest 文件、服务端有错误发生或找不到资源都会触发 onerror 事件。
 * 如果一切正常，这里 cache 的状态应该是 0
 */
cache.addEventListener('error', function() {
    console.log('Error,Status:' + cache.status);
}, false);
/*onnoupdate 事件：表示更新已经处理完成，但是 manifest 文件还未改变，处理闲置状态。
 * 如果一切正常，这里 cache 的状态应该是 1
 */
cache.addEventListener('noupdate', function() {
    console.log('Noupdate,Status:' + cache.status);
}, false);
/*onupdateready 事件：表示更新已经处理完成，新的缓存可以使用。
 * 如果一切正常，这里 cache 的状态应该是 4
 */
cache.addEventListener('updateready', function() {
    console.log('Updateready,Status:' + cache.status);
    cache.swapCache();
}, false);
```

通过以上代码可以发现，当 DOMApplicationCache 对象触发了 updateready 事件时，缓存文件才真正地更新了。

如果在开发过程中就开始对离线存储功能做单元测试，那么每次修改文件都必须要更新 manifest 文件中的内容。即使只更新了一个注释，整个 manifest 文件也会更新，DOMApplicationCache 对象也会触发上述的一系列事件，直到新的缓存文件可用为止。通常情况下，都是通过更新 manifest 文件中的版本号以触发 onupdateready 事件。

10.3 案例实战

视频讲解

下面通过几个案例熟悉 HTML5 的离线缓存的具体应用。

10.3.1 设计首页缓存

本节示例将通过一个简单的首页缓存演示 HTML 离线缓存的应用，整个过程只需要简单的 5 步即可完成。当然要设计更加复杂的离线应用，读者还需要结合 HTML5 其他新技术，进行更加复杂的设置才行。

【操作步骤】

第 1 步，添加 HTML5 Doctype。创建符合规范的 HTML5 文档。相比于 XHTML 版本的 doctype 而言，

HTML5 Doctype 要简单明了很多。

```
<link href="style.css" type="text/css" rel="stylesheet" media="screen">
<meta name="viewport" content="width=device-width; initial-scale=1.0; maximum-scale=1.0;">

<div id="container">
    <header class="ma-class-en-css">
        <h1 id ="logo"><a href="#">HTML5</a></h1>
    </header>
    <div id="content">
        <h2>HTML5</h2>
        <p>HTML 标准自 1999 年 12 月发布的 HTML4 后，后继的 HTML5 和其他标准被束之高阁，为了推动
web 标准化运动的发展，一些公司联合起来，成立了一个叫作 Web Hypertext Application Technology Working Group（Web
超文本应用技术工作组 - WHATWG）的组织，HTML5 草案的前身名为 Web Applications 1.0，于 2004 年由 WHATWG
提出，于 2007 年被 W3C 接纳，并成立了新的 HTML 工作团队。</p>
        <p>HTML5 的第一份正式草案已于 2008 年 1 月 22 日公布。HTML5 有两大特点：首先，强化了 Web 网
页的表现性能。其次，追加了本地数据库等 Web 应用的功能。</p>
    </div>
    <footer>html5 by <a href="#">WHATWG</a></footer>
</div>
```

然后另存为 index1.html，放在站点根目录下。

第 2 步，添加 .htaccess 支持。创建用于缓存页面的 manifest 清单文件之前，先要在 .htaccess 文件中添
加以下代码，具体说明请参考 10.2 节。

```
AddType text/cache-manifest .manifest
```

该指令可以确保每个 manifest 文件为 text/cache-manifest MIME 类型。如果 MIME 类型不对，那么整个
清单将没有任何效果，页面将无法离线应用。

> **◀)) 注意：** 本章案例都是在 Apache HTTP Server 服务器环境下运行，读者在测试之前，应该在本地计算机
> 中构建虚拟的 Apache 服务器环境。

> **提示：** htaccess 文件被称为分布式配置文件，是 Apache 服务器中的一个配置文件，它提供了针对目录
> 改变配置的方法，负责相关目录下的网页配置。htaccess 文件可以帮我们实现网页重定向、自
> 定义错误页面、改变文件扩展名、允许 / 阻止特定的用户或者目录的访问、禁止目录列表和配
> 置默认文档等功能。

启用 .htaccess，需要修改 httpd.conf，启用 AllowOverride，并可以用 AllowOverride 限制特定命令的使
用。如果需要使用 .htaccess 以外的文件名，可以用 AccessFileName 指令来改变。如果需要使用 .config，则
可以在服务器配置文件中按以下方法配置：AccessFileName.config。

第 3 步，创建 manifest 文件。配置服务器之后，就可以创建 manifest 清单文件。新建一个文本文档，
另存名为 offline.manifest，然后输入以下代码。

```
CACHE MANIFEST
#This is a comment

CACHE:
```

```
index.html
style.css
image.jpg
image-med.jpg
image-small.jpg
notre-dame.jpg
```

在 CACHE 声明之后，罗列出所有需要缓存的文件，这对于缓存简单页面来说已经足够。但是 HTML5 缓存还有更多的可能。例如，以下 manifest 文件：

```
CACHE MANIFEST
#This is a comment

CACHE:
index.html
style.css

NETWORK:
search.php
login.php

FALLBACK:
/api offline.html
```

其中，CACHE 声明用于缓存 index.html 和 style.css 文件；同时，NETWORK 声明用于指定无须缓存的文件，如登录页面；最后一个是 FALLBACK 声明，这个声明允许在资源不可用的情况下，将用户重定向到特定文件，如 offline.html。

第 4 步，关联 manifest 文件到 HTML 文档。设计完 manifest 文件和 HTML 文档，还需要将 manifest 文件关联到 HTML 文档中。使用 html 元素的 manifest 属性：

```
<html manifest="/offline.manifest">
```

第 5 步，测试文档。完成上述步骤后，使用 Firefox 3.5+ 本地访问 index.html 文件，效果如图 10.5 所示，浏览器会默认自动缓存。

图 10.5　测试首页离线缓存

此后，即使服务器停止工作或者无法上网，我们依然可以访问服务器上的该首页。如果没有离线存储的支持，则当服务器停止工作或者无法上网时访问首页，浏览器会显示如图 10.6 所示的效果。

图 10.6　不支持离线缓存的效果

10.3.2　设计离线编辑

本例利用 HTML5 ApplicationCache API，通过在线状态检测，并配合 DOM Storage 等功能来设计一个离线应用。设计思路：开发一个便签管理的 Web 应用程序，用户可以在其中添加和删除便签。它支持离线功能，允许用户在离线状态下添加、删除便签，并且在线以后能够同步到服务器。

【操作步骤】

第 1 步，设计应用程序 UI。

这个程序的界面很简单，如图 10.7 所示。用户单击 New Note 按钮时，则可以在弹出框创建新的便签，双击某便签就可以删除该便签。新建文档，输入下面的代码，然后保存为 index.html。

```
<script type="text/javascript" src="server.js"></script>
<script type="text/javascript" src="data.js"></script>
<script type="text/javascript" src="UI.js"></script>

<body onload = "SyncWithServer()">
<input type="button" value="New Note" onclick="newNote()">
<ul id="list"></ul>
```

图 10.7　便签管理界面 UI

在 body 中声明了一个按钮和一个无序列表。用户单击 New Note 按钮时，newNote 函数将被调用，它可以添加一条新的便签。而无序列表初始为空，它是用来显示便签的列表。

第 2 步，设计 cache manifest 文件。

定义 cache manifest 文件，声明需要缓存的资源。本例需要缓存 index.html、server.js、data.js 和 UI.js 等 4 个文件。除了前面列出的 index.html 之外，server.js、data.js 和 UI.js 分别包含服务器相关、数据存储和用户界面的代码，cache manifest 文件的源代码如下。

```
CACHE MANIFEST
index.html
server.js
data.js
UI.js
```

保存为 notes.manifest，然后将其关联到 HTML 文档中：

```
<html manifest="notes.manifest">
```

第 3 步，设计用户界面代码。用户界面代码定义在 UI.js 文件中，详细代码如下。

```
function newNote() {
    var title = window.prompt("New Note:");
    if(title) {
        add(title);
    }
}
function add(title) {
    // 在界面中添加
    addUIItem(title);
    // 在数据中添加
    addDataItem(title);
}
function remove(title) {
    // 从界面中删除
    removeUIItem(title);
    // 从数据中删除
    removeDataItem(title);
}
function addUIItem(title) {
    var item = document.createElement("li");
    item.setAttribute("ondblclick", "remove('" + title + "')");
    item.innerHTML = title;
    var list = document.getElementById("list");
    list.appendChild(item);
}
function removeUIItem(title) {
    var list = document.getElementById("list");
    for(var i = 0; i < list.children.length; i++) {
        if(list.children[i].innerHTML == title) {
            list.removeChild(list.children[i]);
        }
    }
}
```

Note

UI.js 的代码包含添加便签和删除便签的界面操作。

☑ 添加便签：用户单击 New Note 按钮，newNote 函数被调用。newNote 函数会弹出对话框，用户输入新便签内容。newNote 调用 add 函数。add 函数分别调用 addUIItem 和 addDataItem 添加页面元素和数据。addDataItem 代码将在后面列出。addUIItem 函数在页面列表中添加一项，并指明 ondblclick 事件的处理函数是 remove，使得双击操作可以删除便签。

☑ 删除便签：用户双击某便签时，调用 remove 函数。remove 函数分别调用 removeUIItem 和 removeDataItem 删除页面元素和数据。removeDataItem 将在后面列出。removeUIItem 函数删除页面列表中的相应项。

第 4 步，设计数据存储代码。数据存储代码定义在 data.js 中，详细代码如下。

```javascript
var storage = window['localStorage'];
function addDataItem(title) {
    if(navigator.onLine) {                    // 在线状态
        addServerItem(title);
    } else{                                   // 离线状态
        var str = storage.getItem("toAdd");
        if(str == null) {
            str = title;
        } else {
            str = str + "," + title;
        }
        storage.setItem("toAdd", str);
    }
}
function removeDataItem(title) {
    if(navigator.onLine) {                    // 在线状态
        removeServerItem(title);
    } else{                                   // 离线状态
        var str = storage.getItem("toRemove");
        if(str == null) {
            str = title;
        } else {
            str = str + "," + title;
        }
        storage.setItem("toRemove", str);
    }
}
function SyncWithServer() {
    if(navigator.onLine == false)             // 如果当前是离线状态，不需要做任何处理
        return;
    var i = 0;
    var str = storage.getItem("toAdd");       // 和服务器同步添加操作
    if(str != null) {
        var addItems = str.split(",");
        for( i = 0; i < addItems.length; i++) {
            addDataItem(addItems[i]);
        }
        storage.removeItem("toAdd");
```

```
    }
    // 和服务器同步删除操作
    str = storage.getItem("toRemove");
    if(str != null) {
        var removeItems = str.split(",");
        for( i = 0; i < removeItems.length; i++) {
            removeDataItem(removeItems[i]);
        }
        storage.removeItem("toRemove");
    }
    // 删除界面中的所有便签
    var list = document.getElementById("list");
    while(list.lastChild != list.firstElementChild)
    list.removeChild(list.lastChild);
    if(list.firstElementChild)
        list.removeChild(list.firstElementChild);
    // 从服务器获取全部便签，并显示在界面中
    var allItems = getServerItems();
    if(allItems != "") {
        var items = allItems.split(",");
        for( i = 0; i < items.length; i++) {
            addUIItem(items[i]);
        }
    }
}
window.addEventListener("online", SyncWithServer,false);
```

data.j 的代码包含添加便签、删除便签和与服务器同步等数据操作。其中用到了 navigator.onLine 属性、online 事件和 DOM Storage 等 HTML5 新功能。

☑ 添加便签：addDataItem

应用程序通过 navigator.onLine 判断是否在线。如果在线，那么调用 addServerItem 直接把数据存储到服务器上。addServerItem 将在后面列出。如果离线，那么把数据添加到 localStorage 的 "toAdd" 项中。

☑ 删除便签：removeDataItem

应用程序通过 navigator.onLine 判断是否在线。如果在线，那么调用 removeServerItem 直接在服务器上删除数据。removeServerItem 将在后面列出。如果离线，那么把数据添加到 localStorage 的 "toRemove" 项中。

☑ 数据同步：SyncWithServer

在 data.js 的最后一行注册了 window 的 online 事件处理函数 SyncWithServer。当 online 事件发生时，SyncWithServer 将被调用，其功能如下。

➢ 如果 navigator.onLine 表示当前离线，则不做任何操作。

➢ 把 localStorage 中 "toAdd" 项的所有数据添加到服务器，并删除 "toAdd" 项。

➢ 把 localStorage 中 "toRemove" 项的所有数据从服务器删除，并删除 "toRemove" 项。

➢ 删除当前页面列表的所有便签。

➢ 调用 getServerItems 从服务器获取所有便签，并添加在页面列表中。getServerItems 将在后面列出。

第 5 步，设计服务器相关代码。服务器相关代码定义在 server.js 中，详细代码如下。

```
function addServerItem(title) {
    // 在服务器中添加一项
}
function removeServerItem(title) {
    // 在服务器中删除一项
}
function getServerItems() {
    // 返回服务器中存储的便签列表
}
```

由于这部分代码与服务器有关，这里就只说明各个函数的功能，具体实现可以根据不同服务器来编写代码。在服务器中添加一项，调用 addServerItem 函数；在服务器中删除一项，调用 removeServerItem 函数；返回服务器中存储的便签列表，调用 getServerItems 函数。

10.3.3　设计移动便签

Web SQL Database 和 Indexed Database 都是实现在客户端存储大量结构化数据的解决方案。Web SQL Database 实现了传统的基于 SQL 语句的数据库操作，而 Indexed Database（以下简称为 IndexedDB）实现了 NoSQL 的存储方式。

目前，Chrome 11+、Firefox 4+、Opera 18+、Safari 8+ 以及 IE10+ 版本的浏览器都支持 IndexedDB API。

线 上 阅 读

IndexedDB 2.0

线 上 阅 读

IndexedDB 3.0

线 上 阅 读

IndexedDB 参考

在 IndexedDB API 中，一个数据库其实就是一个命名的对象仓库的集合。每个对象都必须有一个键（key），实现在存储区内进行该对象的存储和获取。键必须是唯一的，同一个存储区中的两个对象不能有同样的键，并且它们必须是按照自然顺序存储，以便查询。两个同源的 Web 页面之间可以互相访问对方的数据，但是非同源的页面则不行。

IndexedDB API 操作步骤如下。

第 1 步，通过指定名字打开 indexedDB 数据库。

第 2 步，创建一个事务对象，使用该对象在数据库中通过指定名字查询对象存储区。

第 3 步，调用对象存储区的 get() 方法来查询对象，或者调用 put() 方法来存储新的对象。

下面通过一个便签管理的实例，向读者演示如何使用 IndexedDB 存储数据。便签管理的页面代码如下。

```html
<div class="notes">                          <!-- 创建一个便签容器 -->
    <div class="add">                        <!-- 添加按钮 -->
        <p class="ic_add">+</p>
        <p> 添加便签 </p>
    </div>
</div>
<!-- 为了简化代码，基于 jQuery 开发 -->
<script src="https://cdn.bootcss.com/jquery/3.2.1/jquery.min.js"></script>
```

```
<script>
// 预先定义每一个便签的 HTML 代码
var divstr = '<div class="note"><a class="close">X</a><textarea></textarea></div>';
var db = new LocalDB('db1', 'notes');          // 实例化一个便签数据库、数据表
db.open(function(){                             // 打开数据库
    db.getAll(function(data){                   // 页面初始化时，获取所有已有便签
        var div = $(divstr);
        div.data('id', data.id);
        div.find('textarea').val(data.content);
        div.insertBefore(add);                  // 将便签插入添加按钮前边
    });
});
var add = $('.add').on('click', function(){     // 为添加按钮注册单击事件
    var div = $(divstr);
    div.insertBefore(add);
    db.set({content:''}, function(id){          // 添加一条空数据到数据库
        div.data('id', id);                     // 将数据库生成的自增 id 赋值到便签
    });
});
$('.notes').on('blur', 'textarea', function(){  // 监听所有便签编辑域的焦点事件
    var div = $(this).parent();
    var data = { id: div.data('id'), content: $(this).val() };   // 获取该便签的 id 和内容
    db.set(data);                               // 写入数据库
})
.on('click', '.close', function(){              // 监听所有关闭按钮的单击事件
    if(confirm(' 确定删除此便签吗？ ')){
        var div = $(this).parent();
        db.remove(div.data('id'));              // 删除这条便签数据
        div.remove();                           // 删除便签 DOM 元素
    }
});
</script>
```

　　HTML 代码的核心是一个便签容器和一个添加按钮。页面加载后通过读取数据库现有数据显示便签列表，然后可以通过添加按钮添加新的便签，也可以通过删除按钮删除已有便签，页面运行效果如图 10.8 所示。

图 10.8　设计移动便签

Note

为了便于维护，本例把对 IndexedDB 操作的逻辑都封装在一个独立的模块中，全部代码可以参考示例源码。

10.3.4 设计离线留言

HTML5 新增的 Web SQL Database API 允许用户使用 SQL 访问客户端数据库。该 API 不是 HTML5 规范的组成部分，而是独立的规范，它通过一套方法操纵客户端的数据库。

> 📢 **注意**：由于标准认定直接执行 SQL 语句不可取，Web SQL Database 已被新规范——索引数据库（Indexed Database）所取代。WHATWG 也停止对 Web SQL Database 的开发。

HTML5 数据库 API 是以一个独立规范形式出现，它包含 3 个核心方法。
- ☑ openDatabase：使用现有数据库或创建新数据库的方式创建数据库对象。
- ☑ transaction：允许根据情况控制事务提交或回滚。
- ☑ executeSql：用于执行真实的 SQL 查询。

使用 JavaScript 脚本编写 SQLLite 数据库有以下两个必要的步骤。

第 1 步，创建或打开数据库。

首先，必须要使用 openDatabase 方法创建一个访问数据库的对象，具体用法如下。

```
Database openDatabase(in DOMString name, in DOMString version, in DOMString displayName, in unsigned long estimatedSize, in optional DatabaseCallback creationCallback)
```

openDatabase 方法可以打开已经存在的数据库，如果不存在则创建。openDatabase 中 5 个参数分别表示数据库名、版本号、描述、数据库大小和创建回调。创建回调没有时，也可以创建数据库。

第 2 步，访问和操作数据库。

实际访问数据库还需要调用 transaction 方法，用来执行事务处理。transaction 方法的使用方法如下。

```
db.transaction( function(tx) {})
```

transaction 方法使用一个回调函数作为参数。在这个函数中，执行访问数据库的语句。

在 transaction 的回调函数内，使用了作为参数传递给回调函数的 transaction 对象的 executeSql 方法。executeSql 方法的完整定义如下。

```
transaction.executeSql(sqlquery,[],dataHandler, errorHandler):
```

该方法使用 4 个参数，第 1 个参数为需要执行的 SQL 语句。

第 2 个参数为 SQL 语句中所有使用到的参数的数组。executeSql 方法将 SQL 语句中所要使用的参数先用 "?" 代替，然后依次将这些参数组成数组放在第二个参数中，如下所示。

```
transaction.executeSql("UPDATE people set age=? where name=?;",[age, name]);
```

第 3 个参数为执行 SQL 语句成功时调用的回调函数。第 4 个参数为执行 SQL 语句出错时调用的回调函数。该回调函数使用两个参数，第一个参数为 transaction 对象，第二个参数为执行发生错误时的错误信息文字。

本例将结合之前所用的离线应用知识实现一个可在离线环境使用的留言 APP，同时展现 Web SQL 在日常开发中的应用，运行效果如图 10.9 所示。

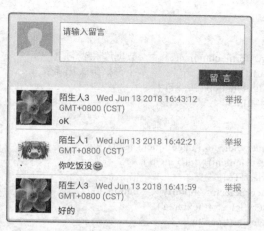

图 10.9　设计离线留言 APP

没有输入任何内容时，单击"留言"按钮，输入框下方会出现红色的提示信息"请填写留言内容"。在输入框输入内容"开发一个离线留言网页"，单击"留言"按钮，提交成功后，下方会出现刚才输入的留言信息，并附上随机生成的头像和用户名。

页面主体结构代码如下。

```
<header>
    <h2> 离线留言 APP</h2>
</header>
<div class="comment-box">
    <div class="comment-box_2 clearfix">
    <table>
        <tr>
        <td style="width: 60px;vertical-align: top;"><img height="50" width="50" src="images/men_tiny.gif"></td>
        <td><textarea placeholder=" 请输入留言 "></textarea>
            <div> <span class="tip"> 请填写留言内容 </span>
            <input type="button" value=" 留   言 " class="input-button">
        </div></td>
    </tr>
    </table>
    </div>
        <div class="content">
        <ul class="comment-list">
            <script id="J_item"   type="text/x-html5-tmpl">
            <img class="avatar" height="50" width="50" src="images/{img}.jpg">
            <a class="s_4" href="#"> 举报 </a>
            <div class="s_3">
                <p class="p_1"><a class="user" target="blank">{name}</a><span class="date">{date}</span></p>
                <p class="comment"><span>{content}</span></p>
            </div>
            </script>
        </ul>
    </div>
</div>
```

下面是脚本部分。

```
<script>
var DB_NAME = 'html5_storage_form_comment';        // 数据库和表名
var substitute = function (str, sub) {             // 字符串格式化函数
    return str.replace(/\{(.+?)\}/g, function ($0, $1) {
        return $1 in sub ? sub[$1] : $0;
    });
};
var comment_list = document.querySelector('ul.comment-list'),
    first_item_el = document.getElementById('J_item'),
    item_tpl = first_item_el.innerHTML,
    submit_btn = document.querySelector('input[type="button"]'),
    textarea_el = document.querySelector('textarea'),
    tip_el = document.querySelector('span.tip'),
    storageDriver = window.openDatabase(DB_NAME, '1.0', 'html5 storage comment', 1048576);
function build_item(data) {
    var li = document.createElement('li');
    li.className = 'clearfix';
    li.innerHTML = substitute(item_tpl, data);
    li.setAttribute('data-id', data.id);
    comment_list.insertBefore(li, first_item_el);
    first_item_el = li;
};
function store_data(data) {
    storageDriver.transaction(function (t) { // 往数据库插入一条数据
        t.executeSql("INSERT INTO " + DB_NAME + " (img,name,date,content) VALUES (?,?,?,?);",
            [data.img, data.name, data.date, data.content],        // 传入保存数据
            function (transaction, resultSet) {
                data.id = resultSet.insertId;                       // 获取数据库返回的自增 ID
                build_item(data);
                textarea_el.value = '';
            }, function (transaction, error) { show_error_tip(error.message); });// 错误回调函数
    });
};
function show_error_tip(msg) {
    tip_el.style.display = 'inline';
    tip_el.innerHTML = msg;
    setTimeout(function () {
        tip_el.style.display = 'none';
    }, 1500);
};
submit_btn.addEventListener('click', function (e) {
    e.preventDefault();
    var content = textarea_el.value.trim();
    if (content.length) {
        store_data({
            img: (new Date().getTime()) % 5,
            name: '陌生人 ' + (new Date().getTime()) % 5,
            date: new Date().toLocaleString(),
            content: content
        });
```

```
        } else {
            show_error_tip(' 请填写留言内容 ');
        };
    }, false);
    storageDriver.transaction(function (t) {                        // 启动一个事务生成列表
        t.executeSql("CREATE TABLE IF NOT EXISTS " + DB_NAME +      // 创建数据表
                "(id INTEGER PRIMARY KEY AUTOINCREMENT, " +         // 自增字段
                "name TEXT NOT NULL, " +                            // 姓名字段
                "date TEXT NOT NULL, " +                            // 时间字段
                "content TEXT NOT NULL, " +                         // 内容字段
                "img INTEGER DEFAULT 1)");                          // 照片字段
        t.executeSql("SELECT * FROM " + DB_NAME, [],                // 读物数据表
        function (t, results) {
            for (var i = 0, l = results.rows.length; i < l; i++) {
                build_item(results.rows.item(i));
            };
        });
    });
</script>
```

　　函数 build_item 主要完成构建单条留言的 DOM 结构。注意，每次构建完毕后，都会将最新的行容器赋予变量 first_item_el，以确保每次都添加至留言列表的第一行。

　　函数 store_data 完成将接收的数据存储至 Web SQL。每次新增一条数据都会返回自增 ID 主键，将该主键 ID 数据赋予传入的数据参数对象 data，并提交给 build_item 方法显示一条新的留言。

　　函数 show_error_tip 用于实现错误提示的功能，并在提示出现后的 1500 毫秒自动隐藏提示信息。单击留言按钮后，首先会判断是否在输入框输入留言信息，输入内容会被 trim 方法去除头尾的空格符，确保输入内容真实有效。

　　每次刷新页面，脚本都会自动从 Web SQL 读取历史留言信息并渲染。同时，对于第一次进入页面的用户，会在浏览器中自动创建一张用于存放留言信息的数据表。

> 提示：本章案例实战使用了 HTML5 的 Indexed Database 和 Web SQL，不过这只是 HTML5 中的冰山一角，浏览器客户端数据库还有更多的功能等待读者去发现，详情可参考网址 http://www.w3.org/TR/webdatabase/。

10.4　在线练习

　　HTML5 本地数据存储涉及的知识点比较多，需要读者慢慢消化。为了帮助读者巩固基础知识，本节提供大量的示例，方便练习。感兴趣的读者可以扫码实践。

在 线 练 习1

在 线 练 习2

第11章

使用 HTML5 推送消息

（📹 视频讲解：12 分钟）

　　HTML5 新增 WebSocket API 接口，WebSocket 是一种新的通信协议，基于 TCP 连接进行全双工通信。全双工是通信传输的一个术语，表示允许数据在两个方向上同时传输。如果把 HTTP 协议比作发送电子邮件，发出后必须等待对方回信，那么 WebSocket 就可以比作打电话，服务器和客户端可以同时向对方发送数据。

【学习重点】

▶▶ 了解 WebSocket 通信技术的基本知识。

▶▶ 能够在客户端与服务器端之间建立 socket 连接。

▶▶ 能够通过 WebSocket 连接进行消息的传递。

11.1　WebSocket 基础

HTML5 的 WebSocket API 能够实现服务器端主动推送数据到各种客户端设备上，因此受到了高度关注。

11.1.1　认识 WebSocket

在实时通信中，HTTP 有很多局限，它只能由 client（客户端）发起请求，server（服务器端）才能返回信息。而 WebSocket 连接是实时的，也是永久的，除非被显式地关闭。这意味着服务器想向客户端发送数据时，可以立即将数据推送到客户端的浏览器，无须重新建立连接。只要客户端有一个被打开的 socket（套接字），并且与服务器建立连接，服务器就可以把数据推送到这个 socket 上，服务器不再需要轮询客户端的请求，从被动转为了主动。

图 11.1 演示了 client 和 server 之间建立 WebSocket 连接时的握手部分。这个部分在 Node.js 中可以十分轻松地完成，因为 Node.js 提供的 net 模块已经对 socket（套接字）做了封装处理。开发者使用的时候只需要考虑数据的交互，而不用处理连接的建立，如图 11.1 所示。

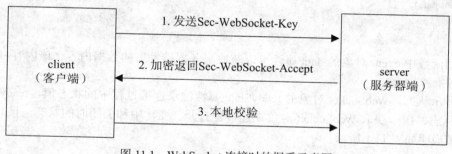

图 11.1　WebSocket 连接时的握手示意图

另外，WebSocket API 同样可以使用跨域通信技术。使用跨域通信技术时，应该确保客户端与服务器端是互相信任的。服务器端应该判断将它的服务发送给所有客户端，还是只发送给某些受信任的客户端。

目前，大部分浏览器都支持 HTML5 的 WebSocket API。

11.1.2　使用 WebSocket API

WebSocket 连接服务器和客户端，这个连接是一个实时的长连接。服务器端一旦与客户端建立了双向连接，就可以将数据推送到 socket，客户端只要有一个 socket 绑定的地址和端口与服务器建立联系，就可以接收推送来的数据。

【操作步骤】

第 1 步，创建连接。新建一个 WebSocket 对象，代码如下。

```
var host = "ws://echo.websocket.org/";
var socket=new WebSocket(host);
```

注意： WebSocket() 构造函数参数为 URL，必须以 ws 或 wss（加密通信时）字符开头，后面的字符串可以使用 HTTP 地址。该地址没有使用 HTTP 协议写法，因为它的属性为 WebSocket URL。URL 必须由 4 个部分组成，分别是通信标记（ws）、主机名称（host）、端口号（port）和 WebSocket Server。

在实际应用中，socket 服务器端脚本可以是 Python、Node.js、Java 和 PHP。本例使用 http://www.websocket.org/ 网站提供的 socket 服务端，协议地址为 ws://echo.websocket.org/。这样方便初学者架设服务器需要的测试环境，以及编写服务器脚本。

第 2 步，发送数据。WebSocket 对象与服务器建立连接后，使用如下代码发送数据。

```
socket.send(dataInfo);
```

注意： socket 为新创建的 WebSocket 对象，send() 方法的 dataInfo 参数为字符类型，只能使用文本数据或者将 JSON 对象转换成文本内容的数据格式。

第 3 步，接收数据。通过 message 事件接收服务器传过来的数据，代码如下。

```
socket.onmessage=function(event){
    // 弹出收到的信息
    alert(event.data);
    // 其他代码
}
```

其中，回调函数中 event 对象的 data 属性可以获取服务器端发送的数据内容，该内容可以是一个字符串或者 JSON 对象。

第 4 步，显示状态。WebSocket 对象的 readyState 属性记录连接过程中的状态值。readyState 属性是一个连接的状态标志，用于获取 WebSocket 对象在连接、打开、变比中和关闭时的状态。该状态标志共有 4 个属性值，简单说明如表 11.1 所示。

表 11.1 readyState 属性值

属 性 值	属 性 常 量	说 明
0	CONNECTING	连接尚未建立
1	OPEN	连接已经建立
2	CLOSING	连接正在关闭
3	CLOSED	连接已经关闭或不可用

提示： WebSocket 对象在连接过程中，通过侦测 readyState 状态标志的变化，可以获取服务器端与客户端连接的状态，并将连接状态以状态码形式返回给客户端。

第 5 步，通过 open 事件监听 socket 的打开，用法如下。

```
webSocket.onopen = function(event){
    // 开始通信时的处理
}
```

第 6 步，通过 close 事件监听 socket 的关闭，用法如下。

```
webSocket.onclose=function(event){
    //通信结束时的处理
}
```

第 7 步，调用 close() 方法可以关闭 socket，切断通信连接，用法如下。

```
webSocket.close();
```

本示例完整代码如下。

```
<html>
<head>
<script>
var socket;                           // 声明 socket
function init(){                      // 初始化
    var host = "ws://echo.websocket.org/"; // 声明 host，注意是 ws 协议
    try{
        socket = new WebSocket(host);// 新建一个 socket 对象
        log(' 当前状态：'+socket.readyState); // 将连接的状态信息显示在控制台
        socket.onopen      = function(msg){ log(" 打开连接："+ this.readyState); };// 监听连接
        socket.onmessage = function(msg){ log(" 接受消息："+ msg.data); };
                                      // 监听当接收信息时触发匿名函数
        socket.onclose     = function(msg){ log(" 断开接连"+ this.readyState); };// 关闭连接
        socket.onerror     = function(msg){ log(" 错误信息："+ msg.data); };// 监听错误信息
    }
    catch(ex){
        log(ex);
    }
    $("msg").focus();
}
function send(){                      // 发送信息
    var txt,msg;
    txt = $("msg");
    msg = txt.value;
    if(!msg){ alert(" 文本框不能够为空 "); return; }
    txt.value="";
    txt.focus();
    try{ socket.send(msg); log(' 发送消息：'+msg); } catch(ex){ log(ex); }
}
function quit(){                       // 关闭 socket
    log(" 再见 ");
    socket.close();
    socket=null;
}
// 根据 id 获取 DOM 元素
function $(id){ return document.getElementById(id); }
// 信息显示在 id 为 info 的 div 中
function log(msg){ $("info").innerHTML+="<br>"+msg; }
// 键盘事件（回车）
function onkey(event){ if(event.keyCode==13){ send(); } }
</script>
```

```
</head>
<body onload="init()">
<div>HTML5 Websocket</div>
<div id="info"></div>
<input id="msg" type="textbox" onkeypress="onkey(event)"/>
<button onclick="send()"> 发送 </button>
<button onclick="quit()"> 断开 </button>
</body>
</html>
```

本示例在浏览器中预览的效果如图 11.2 所示。

建立连接

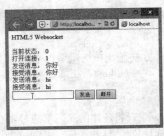
相互通信

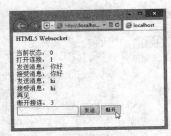
断开连接

图 11.2　使用 WebSocket 进行通信

WebSocket API 内部使用 WebSocket 协议实现多个客户端与服务器端之间的双向通信。该协议定义客户端与服务器端如何通过握手来建立通信管道，以实现数据（包括原始二进制数据）的传送。

国际上标准的 WebSocket 协议为 RFC6455 协议（通过 IETF 批准）。到目前为止，Chrome 15+、Firefox 11+，以及 IE 10 版本的浏览器均支持该协议，包括该协议中定义的二进制数据的传送。

> 提示：WebSocket API 适用于多个客户端与同一个服务器端需要实现实时通信的场合。例如如下所示的 Web 网站或 Web 应用程序。
> ☑　多人在线游戏网站。
> ☑　聊天室。
> ☑　实时体育或新闻评论网站。
> ☑　实时交互用户信息的社交网站。

11.1.3　在 PHP 中建立 socket

11.1.2 节介绍了如何在前端页面开启 WebSocket 服务，下面以 PHP 技术为基础，介绍如何在服务器端开启 WebSocket 服务。只有这样，才能够实现 client（客户端）与 server（服务器端）握手通信。

PHP 实现 WebSocket 服务主要是使用 PHP 的 socket 函数库。PHP 的 socket 函数库与 C 语言的 socket 函数非常类似，具体说明可以参考 PHP 参考手册。

第 1 步，服务器先要对已经连接的 socket 进行存储和识别。每一个 socket 代表一个用户，如何关联和查询用户信息与 socket 的对应就是一个问题，这里主要应用了文件描述符。

第 2 步，PHP 创建的 socket 类似于 int 值为 34 之类的资源类型，我们可以使用 (int) 或 intval() 函数把 socket 转换为一个唯一的 ID 值，从而可以实现用一个类索引数组来存储 socket 资源和对应的用户信息。

```
$connected_sockets = array(
    (int)$socket => array(
        'resource' => $socket,
        'name' => $name,
        'ip' => $ip,
        'port' => $port,
        ……
    )
)
```

第 3 步，创建服务器端 socket 的代码如下。

```
// 创建一个 TCP socket。此函数的可选值在 PHP 参考手册中有详细说明，这里不再展开
$this->master = socket_create(AF_INET, SOCK_STREAM, SOL_TCP);
// 配置参数。设置 IP 和端口重用，在重启服务器后能重新使用此端口
socket_set_option($this->master, SOL_SOCKET, SO_REUSEADDR, 1);
// 绑定通道。将 IP 和端口绑定在服务器 socket 上
socket_bind($this->master, $host, $port);
// 监听通道。listen 函数使主动连接套接口变为被连接套接口，使得此 socket 能被其他 socket 访问，从而实现服务
器功能。后面的参数则是自定义的待处理 socket 的最大数目，并发高的情况下，这个值可以设置大一点，虽然它也受
系统环境的约束
socket_listen($this->master, self::LISTEN_SOCKET_NUM);
```

这样就得到一个服务器 socket，当有客户端连接到此 socket 上时，它将改变状态为可读。

第 4 步，完成通道连接之后，下面是服务器的处理逻辑。

这里着重讲解一下 socket_select() 函数的用法：

```
int socket_select(array &$read, array &$write, array &$except, int $tv_sec[, int $tv_usec = 0 ])
```

select() 函数使用传统的 select 模型，可读、可写且异常的 socket 会被分别放入 $read、$write 和 $except
数组中，然后返回状态改变的 socket 的数目，如果发生了错误，函数将返回 false。

注意：最后两个时间参数只有单位不同，可以搭配使用，用来表示 socket_select 阻塞的时长。为 0 时
此函数立即返回，可以用于轮询机制；为 NULL 时，函数会一直阻塞下去，这里可设置 $tv_sec
参数为 NULL，让它一直阻塞，直到有可操作的 socket 返回。

下面是服务器的主要逻辑：

```
$write = $except = NULL;
$sockets = array_column($this->sockets, 'resource'); // 获取全部的 socket 资源
$read_num = socket_select($sockets, $write, $except, NULL);
foreach ($sockets as $socket) {
    // 如果可读的是服务器 socket，则处理连接逻辑
    if ($socket == $this->master) {
        socket_accept($this->master);
        // socket_accept() 接受有请求的连接，即一个客户端 socket，错误时返回 false
        self::connect($client);
        continue;
    // 如果可读的是其他已连接的 socket，则读取其数据，并处理应答逻辑
    } else {
        // 函数 socket_recv() 从 socket 中接收长度为 len 字节的数据，并保存在 $buffer 中
```

```
    $bytes = @socket_recv($socket, $buffer, 2048, 0);
    if ($bytes < 9) {
        // 当客户端忽然中断时，服务器会接收一个 8 字节长度的消息（由于其数据帧机制，8 字节的消息表
示它是客户端异常中断消息）
        // 服务器处理下线逻辑，并将其封装为消息广播出去
        $recv_msg = $this->disconnect($socket);
    } else {
        // 如果此客户端还未握手，执行握手逻辑
        if (!$this->sockets[(int)$socket]['handshake']) {
            self::handShake($socket, $buffer);
            continue;
        } else {
            $recv_msg = self::parse($buffer);
        }
    }
    // 广播消息
    $this->broadcast($msg);
}
}
```

上面的代码只是服务器处理消息的基础代码，日志记录和异常处理都略过了。还有些数据帧解析和封装的方法，在此不再展开。

11.2　案例实战

视频讲解

本节示例以 Windows 操作系统 +Apache 服务器 + PHP 开发语言组合框架为基础进行演示说明。如果读者的本地系统没有搭建 PHP 虚拟服务器，建议先搭建该虚拟环境之后，再详细学习本节内容。

11.2.1　设计呼叫和应答

本节通过一个简单的示例演示如何使用 WebSocket 让客户端与服务器端握手连接，然后进行简单的呼叫和应答通信。

【操作步骤】

第 1 步，新建客户端页面，保存为 client.html。

第 2 步，在页面中设计一个简单的交互表单。其中 <textarea id="data"> 用于接收用户输入，单击 <button id="send"> 按钮，可以把用户输入的信息传递给服务器，服务器接收信息之后，响应信息并显示在 <div id="message"> 容器。

```
<div id="action">
    <textarea id="data"></textarea>
    <button id="send"> 发送信息 </button>
</div>
<div id="message"> </div>
```

第 3 步，设计 JavaScript 脚本，建立与服务器端的连接，并通过 open、message 和 error 事件处理函数跟踪连接状态。

```
<script>
var message = document.getElementById('message');
var socket = new WebSocket('ws://127.0.0.1:8008');
socket.onopen = function(event) {
    message.innerHTML = '<p> 连接成功！ </p>';
}
socket.onmessage = function(event) {
    message.innerHTML =   "<p> 响应信息：" + event.data  +"</p>";
}
socket.onerror = function() {
    message.innerHTML = '<p> 连接失败！ </p>';
}
</script>
```

第 4 步，获取用户输入的信息，并把它发送给服务器。

```
var send = document.getElementById('send');
send.addEventListener('click', function() {    // 设计单击按钮提交信息
    var content = document.getElementById('data').value;
    if(content.length <= 0){                       // 验证信息
        alert(' 消息不能为空！  ');
        return false;
    }
    socket.send(content);                  // 发送信息
});
```

第 5 步，服务器端应用程序开发。新建 PHP 文件，保存为 server.php，与 client.html 同置于 PHP 站点根目录。

第 6 步，为了方便操作，定义 WebSocket 类，结构代码如下。

```
<?php
// 定义 WebSocket 类
class WebSocket {
    private $socket; //socket 的连接池，即 client 连接进来的 socket 标志
    private $accept; // 不同状态的 socket 管理
    private $isHand = array(); // 判断是否握手
    // 在构造函数中创建 socket 连接
    public function __construct($host, $port, $max) { }
    // 监听创建的 socket 循环，处理数据
    public function start() { }
    // 首次与客户端握手
    public function dohandshake($sock, $data, $key) {   }
    // 关闭一个客户端连接
    public function close($sock) {   }
    // 解码过程
    public function decode($buffer) {   }
    // 编码过程
    public function encode($buffer) {   }
}
?>
```

第 7 步，在构造函数中创建 socket 连接。

```php
public function __construct($host, $port, $max) {
    // 创建服务端的 socket 套接流，net 协议为 IPv4，protocol 协议为 TCP
    $this->socket = socket_create(AF_INET, SOCK_STREAM, SOL_TCP);
    socket_set_option($this->socket, SOL_SOCKET, SO_REUSEADDR, TRUE);
    // 绑定接收的套接流主机和端口，与客户端相对应
    socket_bind($this->socket, $host, $port);
    // 监听套接流
    socket_listen($this->socket, $max);
}
```

第 8 步，监听并接收数据。

```php
public function start() {
    while(true) { // 死循环，让服务器无限获取客户端传过来的信息
        $cycle = $this->accept;
        $cycle[] = $this->socket;
        socket_select($cycle, $write, $except, null); // 这个函数是同时接收多个连接
        foreach($cycle as $sock) {
            if($sock === $this->socket) { // 如果有新的 client 连接进来
                $client = socket_accept($this->socket); // 接收客户端传过来的信息
                $this->accept[] = $client; // 将新连接进来的 socket 存进连接池
                $key = array_keys($this->accept); // 返回包含数组中所有键名的新数组
                $key = end($key); // 输出数组中最后一个元素的值
                $this->isHand[$key] = false; // 标志该 socket 资源没有完成握手
            } else {
                // 读取该 socket 的信息，
                // 注意，第二个参数是引用传参，即接收数据
                // 第三个参数是接收数据的长度
                $length = socket_recv($sock, $buffer, 204800, 0);
                // 根据 socket 在 accept 池里面查找相应的键 ID
                $key = array_search($sock, $this->accept);
                // 如果接收的信息长度小于 7，该 client 的 socket 断开连接
                if($length < 7) {
                    $this->close($sock); // 给该 client 的 socket 进行断开操作
                    continue;
                }
                if(!$this->isHand[$key]) { // 判断该 socket 是否已经握手
                    // 如果没有握手，进行握手处理
                    $this->dohandshake($sock, $buffer, $key);
                } else { // 向该 client 发送信息，对接收的信息进行 uncode 处理
                    // 先解码，再编码
                    $data = $this->decode($buffer);
                    $data = $this->encode($data);
                    // 判断是否断开连接（断开连接时数据长度小于 10）
                    // 如果不为空，进行消息推送操作
                    if(strlen($data) > 0) {
                        foreach($this->accept as $client) {
                            // 向 socket_accept 套接流写入信息，也就是反馈信息给 socket_bind() 所绑定的主
// 机客户端。socket_write 的作用是向 socket_create 的套接流写入信息，或者向 socket_accept 的套接流写入信息
                            socket_write($client, $data, strlen($data));
                        }
                    }
```

```
                    }
                }
            }
        }
    }
```

第 9 步，定义 dohandshake() 函数，建立与客户端的第一次握手连接。

```
// 首次与客户端握手
public function dohandshake($sock, $data, $key) {
        //截取 Sec-WebSocket-Key 的值并加密，其中 $key 后面的一部分"258EAFA5-E914-47DA-95CA-C5AB0DC85B11"
字符串应该是固定的
        if (preg_match("/Sec-WebSocket-Key: (.*)\r\n/", $data, $match)) {
            $response = base64_encode(sha1($match[1] . '258EAFA5-E914-47DA-95CA-C5AB0DC85B11', true));
            $upgrade   = "HTTP/1.1 101 Switching Protocol\r\n" .
                "Upgrade: websocket\r\n" .
                "Connection: Upgrade\r\n" .
                "Sec-WebSocket-Accept: " . $response . "\r\n\r\n";
            socket_write($sock, $upgrade, strlen($upgrade));
            $this->isHand[$key] = true;
        }
    }
```

关于解码和编码函数，本节不再详细说明，读者可以参考本节示例源代码。

第 10 步，实例化 WebSocket 类型，并调用 start() 方法开通 WebSocket 服务。

```
//127.0.0.1 是在本地主机测试，如果有多台电脑，可以写 IP 地址
$webSocket = new WebSocket('127.0.0.1', 8008, 10000);
$webSocket->start();
```

第 11 步，在浏览器中先运行 server.php，启动 WebSocket 服务器，此时页面没有任何信息，浏览器一直等待客户端页面的连接请求，如图 11.3 所示。

第 12 步，在浏览器中先运行 client.html，可以看到客户端与服务器端握手成功，如图 11.4 所示。

图 11.3　运行 WebSocket 服务

图 11.4　握手成功

第 13 步，client.html 页面向服务器发送一条信息，服务器会通过 WebSocket 通道返回一条响应信息，如图 11.5 所示。

提示：直接在浏览器中运行 WebSocket 服务器，PHP 的配置参数（php.ini）有个时间限制，如下所示。也可以通过 new WebSocket('127.0.0.1', 8008, 10000); 中第 3 个参数控制轮询时长，超出这个时限，就会显示如图 11.6 所示的提示信息。

```
default_socket_timeout = 60
```

图 11.5　相互通信

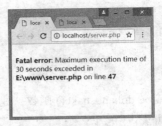

图 11.6　超出时限提示信息

【拓展】

用户也可以通过命令行运行 WebSocket 服务，实现长连接。具体操作步骤如下：

第 1 步，在"运行"对话框中，启动命令行工具，如图 11.7 所示。

第 2 步，在命令行中输入 php　E:\www\server.php，然后回车，运行 WebSocket 服务器应用程序即可，如图 11.8 所示。

第 3 步，只要不关闭命令行窗口，用户可以随时在客户端使用 WebSocket 与服务器端进行通信，或者服务器主动向用户推送信息。

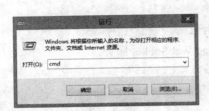

图 11.7　打开命令行

图 11.8　运行 WebSocket 服务

提示：为了用户在命令行能够正确使用 php 命令，应该在 Windows 环境设置好环境变量，方法：在"控制面板\系统\高级系统设置"的"高级"选项中找到"环境变量"按钮，单击即可打开图 11.9 所示的对话框，设置好 php.exe 在本地系统所在的路径即可。

图 11.9　设置 PHP 环境变量

11.2.2 发送消息

上节示例介绍了如何使用 WebSocket API 发送文本数据，本节示例将演示如何使用 JSON 对象来发送一切 JavaScript 的对象。使用 JSON 对象的关键是使用它的两个方法：JSON.parse 和 JSON.stringify。其中，JSON.stringify() 方法可以将 JavaScript 对象转换成文本数据，JSON.parse() 方法可以将文本数据转换为 JavaScript 对象。

本示例是在 11.2.1 节示例的基础上进行设计的，这里仅简单修改部分代码。看一下如何使用 JSON 对象发送和接收 JavaScript 对象。

【操作步骤】

第 1 步，复制 11.2.1 节的 client.html 文件，在按钮单击事件处理函数中生成一个 JSON 对象，向服务器传递两个数据，一个是随机数，一个是用户自己输入的字符串。

```
send.addEventListener('click', function() {
    var content = data.value;
    var message = {
        "randoms" : Math.random(),      // 生成随机数
        "content" : content             // 用户输入的任意字符串
    }
    var json = JSON.stringify(message);  // 把 JSON 对象转换为字符串
    socket.send(json);                   // 发送字符串信息
});
```

第 2 步，onmessage 事件处理函数首先接收字符串信息，然后把它转换为 JSON 对象，最后稍加处理并显示在页面中。

```
socket.onmessage = function(event) {
    var dl = document.createElement('dl');
    var jsonData = JSON.parse(event.data);// 接收推送信息，并转换为 JSON 对象
    dl.innerHTML =   "<dt>"+jsonData.randoms +"<dt><dd><span></span>"+jsonData.content+"</dd>";
    message.appendChild(dl);
    message.scrollTop = message.scrollHeight;
}
```

第 3 步，复制 11.2.1 节的 server.php 文件，保持源代码不变。然后，按上节操作步骤，在浏览器中进行测试，演示效果如图 11.10 所示。

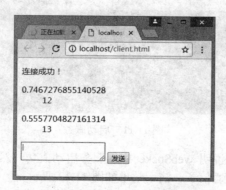

图 11.10 解析 JSON 对象并显示键值

11.2.3　使用 Workerman 框架通信

直接使用 PHP 编写 WebSocket 应用服务比较烦琐，对于初学者来说是一个挑战。本节介绍如何使用 Workerman 框架简化 WebSocket 应用开发。

注意，类似 Workerman 的框架比较多，如 Node.js、Netty、Undertow、Jetty、Spray-websocket、Vert.x 和 Grizzly 等，本节介绍的 Workerman 框架比较简单、实用。

Workerman 是一个高性能的 PHP socket 服务器框架，其目标是让 PHP 开发者更容易地开发出基于 socket 的高性能的应用服务，而不需要了解 PHP socket 以及 PHP 多进程的细节。

【操作步骤】

第 1 步，访问 https://github.com/walkor/workerman，下载 Workerman 框架。

第 2 步，把压缩文件 Workerman-master.zip 解压到本地站点根目录，并重命名文件夹为 Workerman。

第 3 步，新建 server.php 文件，输入下面的代码，启用 Workerman。

```php
<?php
// 导入库文件
use Workerman\Worker;
require_once 'Workerman/Autoloader.php';
// 创建一个 Worker 监听 2346 端口，使用 websocket 协议通讯
$ws_worker = new Worker("websocket://127.0.0.1:8008");
// 启动 4 个进程对外提供服务
$ws_worker->count = 4;
// 当收到客户端发来的数据后返回响应信息 $data 给客户端
$ws_worker->onMessage = function($connection, $data){

    $connection->send( $data);                  // 向客户端发响应信息 $data
};
// 运行
Worker::runAll();
?>
```

第 4 步，模仿 11.2.1 节示例操作，在命令行输入下面的命令启动服务，如图 11.11 所示。

```
php E:\www\test\server.php
```

注意，具体路径要结合本地系统的物理路径而定。

图 11.11　启动服务

第 5 步，显示上图提示信息，说明 WebSocket 应用服务启动成功。然后复制 11.2.1 节示例的 client.html，在浏览器中预览，则可以进行握手通信了，演示效果如图 11.12 所示。

注意，Workerman 服务不能够直接在浏览器中启动，否则会显示提示信息，如图 11.13 所示。

图 11.12 握手通信   图 11.13 提示信息

11.2.4 群发信息

本节示例模拟微信推送功能，为特定会员主动推送优惠广告信息。

【操作步骤】

第 1 步，设计客户端页面，新建 client1.html 文档，然后设计如下代码。

```html
<body style="padding:0; margin:0;">
<div id="message" style="position:fixed; bottom:0; width:100%; display:none; background:hsla(93,96%,62%,0.6)"></div>
<h1>client1.html</h1>
<script>
var ws = new WebSocket('ws://127.0.0.1:8008');
ws.onopen = function(){
    var uid = '2';
    ws.send(uid);
};
 ws.onmessage = function(e){
    var message = document.getElementById('message');
    message.style.display = "block";
    var jsonData = JSON.parse(event.data);// 接收推送信息，并转换为 JSON 对象
    message.innerHTML =    "<p>"+jsonData.content+"</p>";
};
</script>
</body>
```

在页面中设计一个通知栏，用来接收服务器的推送信息。同时使用 HTML5 的 WebSocket API 构建一个 Socket 通道，实现与服务器即时通信联系。在页面初始化时，首先向服务器发送用户的 ID 信息，以便服务器根据不同的 ID 分类推送信息，也就是仅为 uid 为 2 的部分会员推送信息。

第 2 步，复制 client1.html 文档，新建 client2.html 和 client3.html，保留代码不动，仅修改每个用户的 uid 参数值：client2.html 的 uid 为 2，client3.html 的 uid 为 1。

第 3 步，新建 WebSocket 服务器应用程序，保存文档为 server.php，输入下面的代码。

```php
<?php
// 导入 Workerman 框架
use Workerman\Worker;
require_once 'Workerman/Autoloader.php';
// 初始化一个 worker 容器，监听 8008 端口
$worker = new Worker('websocket://127.0.0.1:8008');
$worker->count = 1;                       // 这里进程数必须设置为 1
// worker 进程启动后建立一个内部通讯端口
$worker->onWorkerStart = function($worker){
    // 开启一个内部端口，方便内部系统推送数据，Text 协议格式：文本 + 换行符
```

```php
    $inner_text_worker = new Worker('Text://127.0.0.1:5678');
    $inner_text_worker->onMessage = function($connection, $buffer){
        global $worker;
        // $data 数组格式有 uid，表示向那个 uid 的页面推送数据
        $data = json_decode($buffer, true);
        $uid = $data['uid'];
        // Workerman 向 uid 的页面推送数据
        $ret = sendMessageByUid($uid, $buffer);
        // 返回推送结果
        $connection->send($ret ? 'ok' : 'fail');
    };
    $inner_text_worker->listen();
};
// 新增加一个属性，用来保存 uid 到 connection 的映射
$worker->uidConnections = array();
// 客户端发来消息时执行的回调函数
$worker->onMessage = function($connection, $data)use($worker) {
    // 判断当前客户端是否已经验证，即是否设置了 uid
    if(!isset($connection->uid)) {
        // 没验证的话把第一个包当作 uid（这里为了方便演示，没做真正的验证）
        $connection->uid = $data;
        /* 保存 uid 到 connection 的映射，这样可以方便地通过 uid 查找 connection，实现针对特定 uid 推送数据 */
        $worker->uidConnections[$connection->uid] = $connection;
        return;
    }
};
// 客户端连接断开时
$worker->onClose = function($connection)use($worker) {
    global $worker;
    if(isset($connection->uid)) {
        unset($worker->uidConnections[$connection->uid]); // 连接断开时删除映射
    }
};
// 向所有验证的用户推送数据
function broadcast($message) {
    global $worker;
    foreach($worker->uidConnections as $connection) {
        $connection->send($message);
    }
}
// 针对 uid 推送数据
function sendMessageByUid($uid, $message){
    global $worker;
    if(isset($worker->uidConnections[$uid])) {
        $connection = $worker->uidConnections[$uid];
        $connection->send($message);
        return true;
    }
    return false;
}
// 运行所有的 worker
Worker::runAll();
?>
```

第 4 步，新建 push.php 文档，定义推送信息脚本，具体代码如下。

```php
<?php
// 建立 socket 连接到内部推送端口
$client = stream_socket_client('tcp://127.0.0.1:5678', $errno, $errmsg, 1);
// 推送的数据，包含 uid 字段，表示是给这个 uid 推送
$data = array('uid'=>'2', 'content'=> '通知：双十一清仓大促 ');
// 发送数据，注意 5678 端口是 Text 协议的端口，Text 协议需要在数据末尾加上换行符
fwrite($client, json_encode($data)."\n");
// 读取推送结果
echo fread($client, 8192);
?>
```

第 5 步，在命令行输入下面的命令，启动服务，如图 11.14 所示。

```
php E:\www\test\server.php
```

图 11.14　启动服务

第 6 步，同时在浏览器中运行 client1.html、client2.html 和 client3.html。

第 7 步，在浏览器中运行 push.php，向客户端 uid 为 2 的会员推送信息，可以看到 client1.html、client2.html 显示通知信息，而 client3.html 没有收到通知，如图 11.15 所示。

推送成功　　　　　client1 收到信息　　　　client2 收到信息　　　client3 没有收到信息

图 11.15　向特定会员推送信息

11.3　在线练习

本节为课后练习，感兴趣的同学可以扫码进一步强化训练。

在 线 练 习

第12章

使用 HTML5 设计单页无刷新应用

（ 视频讲解：20 分钟）

在 HTML5 之前，使用 JavaScript 实现历史记录的更新都会触发一个页面刷新，这个更新过程将耗费大量时间和资源。在很多情况下，这种刷新是没有必要的，它会导致页面内容重复加载。HTML5 的 History API 允许在不刷新页面的前提下，通过 JavaScript 方式更新页面内容。

【学习重点】

▶▶ 正确使用 History API。

▶▶ 使用 Ajax+History API 设计无刷新页面。

12.1　History API 基础

HTML5 新增的 History API 主要功能是更新历史记录，但不需要重新加载页面。而之前用户通过 window.location 更新页面的 URL 记录，会导致整个页面被重新加载。

12.1.1　了解 History API

History API 新增如下历史记录的控制功能。
- ☑　允许用户在浏览器历史记录中添加项目。
- ☑　在不刷新页面的前提下，允许显式改变浏览器地址栏中的 URL 地址。
- ☑　新添了一个当激活的历史记录发生改变时触发的事件，如前进或后退浏览页面。

这些新增功能和事件可以实现在不刷新页面的前提下，动态改变浏览器地址栏中的 URL 地址，动态修改页面所显示的资源。

History API 执行过程如下。

第 1 步，通过 Ajax 向服务器端请求页面需要更新的信息。

第 2 步，使用 JavaScript 加载并显示更新的页面信息。

第 3 步，通过 History API 在不刷新页面的前提下，更新浏览器地址栏中的 URL 地址。

在整个处理过程中，页面信息得到更新，浏览器的地址栏也发生了变化，但是页面并没有被刷新。实际上，History API 的诞生，主要任务就是解决 Ajax 技术与浏览器历史记录之间的冲突。

> **提示：** 完善 Ajax 与 History API 的融合，需要注意以下两个问题。
> - ☑　将 Ajax 请求的地址嵌入 <a> 标记的 href 属性中。
> - ☑　确保在 JavaScript 的 click 事件处理程序中 return true，这样，用户使用中键选择或命令选择时不会导致程序被意外覆盖。

目前，IE 10+、Firefox 4+、Chrome 8+、Safari 5+ 和 Opera 11+ 等主流版本浏览器支持 HTML5 中的 History API。

【拓展】

如果只修改 URL 中的 hash（历史记录），不会导致页面被刷新。使用传统的 hashbang 方法可以改变页面的 URL，但不刷新页面，Twitter 网站就使用过这种方法。不过这种方法广受诟病，毕竟 hash 在 location 中并不被作为一个真正的资源来对待。2012 年 Twitter 抛弃了 hashbang 方法，推出 pushstate() 方法，随后各浏览器支持了这个规范。

如果想大范围地使用 History API 技术，可以考虑使用一些专有的工具，如 pjax（https://github.com/defunkt/jquery-pjax），它是一个 jQuery 插件，使用它可以大大提高用户同时使用 Ajax 和 pushState() 方法进行开发的速度。不过，它只支持那些使用 History API 接口的现代浏览器。

> **注意：** 对于不支持 History API 接口的浏览器，可以使用 history.js 进行兼容。它使用旧的 URL hash 的方式来实现同样的功能，下载地址为 https://github.com/browserstate/history.js/。

Note

12.1.2　使用 History API

Window 通过 History 对象提供对浏览器历史记录的访问能力，允许用户在历史记录中自由地前进和后退，而在 HTML5 中，还可以操纵历史记录中的数据。

1．在历史记录中后退

实现方法如下：

```
window.history.back();
```

这行代码等效于在浏览器的工具栏上单击"返回"按钮。

2．在历史记录中前进

实现方法如下：

```
window.history.forward();
```

这行代码等效于在浏览器中单击"前进"按钮。

3．移动到指定的历史记录点

使用 go() 方法可以从当前会话的历史记录中加载页面。当前页面位置的索引值为 0，上一页就是 -1，下一页为 1，以此类推。

```
window.history.go(-1);                          // 相当于调用 back()
window.history.go(1);                           // 相当于调用 forward()
```

4．length 属性

使用 length 属性可以了解历史记录栈中一共有多少页：

```
var numberOfEntries = window.history.length;
```

5．添加和修改历史记录条目

HTML5 新增 history.pushState() 和 history.replaceState() 方法，允许用户逐条添加和修改历史记录条目。使用 history.pushState() 方法可以改变 referrer 的值，调用该方法后创建的 XMLHttpRequest 对象会在 HTTP 请求头中使用这个值。referrer 的值就是创建 XMLHttpRequest 对象时所处的窗口的 URL。

【示例】　假设 http://mysite.com/foo.html 页面将执行下面的 JavaScript 代码：

```
var stateObj = { foo: "bar" };
history.pushState(stateObj, "page 2", "bar.html");
```

这时浏览器的地址栏将显示 http:// mysite.com/bar.html，但不会加载 bar.html 页面，也不会检查 bar.html 是否存在。

如果现在用户导航到 http://mysite.com/ 页面，然后单击后退按钮，此时地址栏会显示 http:// mysite.com/bar.html，并且页面会触发 popstate 事件，该事件状态对象会包含 stateObj 的一个拷贝。

如果再次单击后退按钮，URL 将返回 http://mysite.com/foo.html，文档将触发另一个 popstate 事件，这次的状态对象为 null，回退同样不会改变文档内容。

6．pushState() 方法

pushState() 方法包含 3 个参数，简单说明如下。

第 1 个参数：状态对象。

状态对象是一个 JavaScript 对象直接量，与调用 pushState() 方法创建的新历史记录条目相关联。无论何时用户导航到新创建的状态，popstate 事件都会被触发，并且事件对象的 state 属性都包含历史记录条目的状态对象的拷贝。

第 2 个参数：标题。可以传入一个简短的标题，标明将要进入的状态。

FireFox 浏览器目前忽略该参数，考虑到未来可能会对该方法进行修改，传一个空字符串会比较安全。

第 3 个参数：可选参数，新的历史记录条目的地址。

浏览器不会在调用 pushState() 方法后加载该地址，不指定的话则为文档当前 URL。

> **提示**：调用 pushState() 方法，类似于设置 window.location='#foo'，它们都会在当前文档内创建和激活新的历史记录条目，但 pushState() 有自己的优势。
>
> ☑ 新的 URL 可以是任意的同源 URL。与此相反，使用 window.location 方法时，只有仅修改 hash 才能保证停留在相同的 document 中。
>
> ☑ 根据个人需要决定是否修改 URL。相反，设置 window.location='#foo'，只有在当前 hash 值不是 foo 时才创建一条新历史记录。
>
> ☑ 可以在新的历史记录条目中添加抽象数据。如果使用基于 hash 的方法，只能把相关数据转码成一个很短的字符串。
>
> 注意，pushState() 方法永远不会触发 hashchange 事件。

7. replaceState() 方法

history.replaceState() 与 history.pushState() 用法相同，都包含 3 个相同的参数。

不同之处：pushState() 是在 history 栈中添加一个新的条目，replaceState() 是替换当前的记录值。例如，history 栈中原有两个栈块，一个标记为 1，另一个标记为 2，现在有第三个栈块，标记为 3。当执行 pushState() 时，栈块 3 被添加到栈中，栈就有 3 个栈块了。而执行 replaceState() 将使用栈块 3 替换当前激活的栈块 2，history 的记录条数不变。

> **提示**：为了响应用户的某些操作，需要更新当前历史记录条目的状态对象或 URL，使用 replaceState() 方法特别合适。

8. popstate 事件

每次激活的历史记录发生变化时，都会触发 popstate 事件。如果被激活的历史记录条目是由 pushState() 创建或者是被 replaceState() 方法替换的，popstate 事件的状态属性将包含历史记录的状态对象的一个拷贝。

> **注意**：当浏览会话历史记录时，不管是单击浏览器工具栏中的前进或者后退按钮，还是使用 JavaScript 的 history.go() 和 history.back() 方法，popstate 事件都会被触发。

9. 读取历史状态

加载页面时，可能会包含一个非空的状态对象，这种情况是会发生的。例如，如果页面中使用 pushState() 或 replaceState() 方法设置了一个状态对象，然后重启浏览器。当页面重新加载时，页面会触发 onload 事件，但不会触发 popstate 事件。但是，如果读取 history.state 属性，会得到一个与 popstate 事件触发时一样的状态对象。

可以直接读取当前历史记录条目的状态，而不需要等待 popstate 事件：

```
var currentState = history.state;
```

Note

12.2 案例实战

视频讲解

下面结合几个案例学习 History API 的具体应用。

12.2.1 设计导航页面

本例设计一个无刷新页面导航。其首页（index.html）包含一个导航列表，当用户单击不同的列表项目时，首页（index.html）的内容容器（<div id="content">）会自动更新内容，正确显示对应目标页面的 HTML 内容。同时，浏览器地址栏正确显示目标页面的 URL，但是首页并没有被刷新，而是跳转到目标页面，演示效果如图 12.1 所示。

显示 index.html 页面

显示 news.html 页面

图 12.1　应用 History API

在浏览器工具栏中单击"后退"按钮，浏览器能够正确显示上一次单击的链接地址。虽然页面并没有被刷新，但是地址栏中会正确显示上一次浏览页面的 URL，如图 12.2 所示。如果没有 History API 支持，使用 Ajax 实现异步请求时，工具栏中的"后退"按钮是无效的。

如果在工具栏中单击"刷新"按钮，页面将根据地址栏的 URL 信息重新刷新页面，显示独立的目标页面，效果如图 12.3 所示。

图 12.2　正确后退和前进历史记录

图 12.3　重新刷新页面显示效果

如果用户单击工具栏中的"后退"和"前进"按钮，会发现导航功能失效，总是显示目标页面，如图 12.4 所示。这说明使用 History API 控制导航与浏览器导航功能存在差异：一个是 JavaScript 脚本控制，一个是系统自动控制。

图 12.4　刷新页面之后工具栏导航失效

【操作步骤】

第 1 步，设计首页（index.html）。新建文档，保存为 index.html，构建 HTML 导航结构。

```html
<h1>History API 示例 </h1>
<ul id="menu">
    <li><a href="news.html">News</a></li>
    <li><a href="about.html">About</a></li>
    <li><a href="contact.html">Contact</a></li>
</ul>
<div id="content">
    <h2> 当前内容页：index.html</h2>
</div>
```

第 2 步，由于本例使用 jQuery 框架，因此在文档头部位置导入 jQuery 库文件。

```html
<script src="jquery/jquery-1.11.0.js" type="text/javascript"></script>
```

第 3 步，定义异步请求函数。该函数根据参数 url 值，异步加载目标地址的页面内容，并把它置入首页内容容器（<div id="content">），同时根据第 2 个参数 addEntry 的值执行额外操作。如果第 2 个参数值为 true，使用 history.pushState() 方法把目标地址推入历史记录堆栈。

```javascript
function getContent(url, addEntry) {
    $.get(url)                              //异步请求
    .done(function( data ) {
        $('#content').html(data);           //动态加载目标页面
        if(addEntry == true) {
            history.pushState(null, null, url);   //把目标地址推入浏览器历史记录堆栈
        }
    });
}
```

第 4 步，页面初始化事件处理函数为每个导航链接绑定 click 事件。click 事件处理函数调用 getContent() 函数，同时阻止页面的刷新操作。

```javascript
$(function(){
    $('#menu a').on('click', function(e){
        e.preventDefault();                 //阻止页面刷新操作
        var href = $(this).attr('href');
        getContent(href, true);             // 执行页面内容更新操作
```

Note

```
        $('#menu a').removeClass('active');
        $(this).addClass('active');
    });
});
```

第 5 步，注册 popstate 事件，跟踪浏览器历史记录的变化。如果发生变化，则调用 getContent() 函数更新页面内容，但是不再把目标地址添加到历史记录堆栈。

```
window.addEventListener("popstate", function(e) {
    getContent(location.pathname, false);
});
```

第 6 步，设计其他页面。

☑ about.html

`<h2>` 当前内容页：about.html`</h2>`

☑ contact.html

`<h2>` 当前内容页：contact.html`</h2>`

☑ news.html

`<h2>` 当前内容页：news.html`</h2>`

12.2.2 设计无刷新网站

本例设计一个简单的网站。当用户选择一个图片时，图片下方将显示对应的文字描述，同时高亮显示该图片，提示被选中状态。当用户在浏览器工具栏中单击"后退"按钮时，页面应该切换到上一个被选中的图片，同时图片下方的文字也要一并切换；单击"前进"按钮执行类似的响应操作，演示效果如图 12.5 所示。

网站首页默认效果

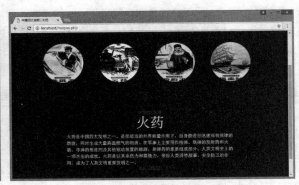
显示火药技术视图效果

图 12.5　设计主题宣传网站

用户选中一个图片，然后将被更改的 URL 分享出去，共享用户可以通过这个 URL 访问对应的网页。这会带来一些更好的用户体验，并保证了 URL 和页面内容的一致性，从而减少了 Ajax 传统应用中 URL 与显示内容不一致的问题。这对于依赖 URL 的应用来说是一个障碍，因此会带给用户一些困惑。

【操作步骤】

第 1 步，新建网站首页（index.html）结构。本示例的 HTML 代码非常简单，<div class="gallery"> 中包含了所有的链接。每个链接有一个图片，在下面放置一个空的 <div class="content"> 容器，用来存放当图片被选中时显示的图片介绍文字。

```
<div class="page-wrap">
    <div class="gallery">
        <a href="/zhaozhishu.php">
            <img src="images/zhaozhishu.png" alt=" 造纸术 " class="zhaozhishu" data-name="zhaozhishu"/> </a>
        <a href="/huoyao.php">
            <img src="images/huoyao.png" alt=" 火药 " class="huoyao" data-name="huoyao"/></a>
        <a href="/yinshuashu.php">
            <img src="images/yinshuashu.png" alt=" 印刷术 " class="yinshuashu" data-name="yinshuashu"/> </a>
        <a href="/zhinanzhen.php">
            <img src="images/zhinanzhen.png" alt=" 指南针 " class="zhinanzhen" data-name="zhinanzhen"></a>
    </div>
    <p class="selected"> 中国四大发明 </p>
    <p class="highlight"></p>
    <div class="content"></div>
</div>
```

💡 **提示：** 设计结构要考虑页面的可访问性和优雅降级。如果没有 JavaScript，该页面仍然可以正常工作，单击图片可以跳转到对应的页面，单击后退按钮也可以回到之前的页面，效果如图 12.6 所示。

图 12.6　无 JavaScript 状态下显示的火药技术页面效果

第 2 步，新建 JavaScript 文件，保存为 images/app.js，然后在页面中导入该脚本文件。

```
<script src="images/app.js"></script>
```

第 3 步，在脚本文件中添加 JavaScript 代码。为 <div class="gallery"> 容器中的每一个 <a> 添加一个 click 事件处理程序。

```
var container = document.querySelector('.gallery');
container.addEventListener('click', function(e) {
    if (e.target != e.currentTarget) {
        e.preventDefault();
        // 其他代码
    }
    e.stopPropagation();
}, false);
```

第 4 步，if 语句获取被选中图片的 data-name 属性值，然后将 '.php' 添加到后面拼成一个要访问的页面地址，并将其作为第三个参数传递给 pushState() 方法。当然，此处也可以直接使用 <a> 的 href 属性值。

```
var data = e.target.getAttribute('data-name'),
url = data + ".php";
history.pushState(null, null, url);
// 此处更改当前的 classes 样式
// 然后使用 data 变量的值更新
// 并通过 Ajax 请求 .content 元素的内容
// 最后再更新当前文档的 title
```

注意，真实的示例应用可能会在 Ajax 请求成功之后才会修改 URL。

第 5 步，上面代码将真实代码中的内容都替换成注释了，以便读者可以只关注 pushState() 方法的使用。现在选中图片，URL 和 Ajax 请求的内容会自动更新，但是单击浏览器工具栏中的"后退"按钮，并不会回退到之前选中的图片。这里还需要在用户单击"后退"和"前进"按钮时，使用另外一个 Ajax 请求来更新内容，并再一次使用 pushState() 方法来更新页面的 URL。这里使用 pushState() 方法中的第一个参数（状态对象）来保存状态信息。

```
history.pushState(data, null, url);
```

第 6 步，把上面代码中的 data 参数传递给 popstate 事件处理程序。浏览器的"后退"和"前进"按钮被单击时，会触发 popstate 事件。

```
window.addEventListener('popstate', function(e) {
    // e.state 表示上一个被选中的图片的 data-attribute
});
```

第 7 步，data 参数可以传递一些有价值的信息。本示例将之前选中的图片作为参数传递给 requestContent() 方法，该方法使用 jQuery 的 load() 方法进行一次 Ajax 请求。

```
function requestContent(file){
    $('.content').load(file + ' .content');
}
```

第 8 步，解决了核心技术问题，下面完善 popstate 事件处理程序。

```
window.addEventListener('popstate', function(e){
    var character = e.state;
    if (character == null) {
        removeCurrentClass();
        textWrapper.innerHTML = " ";
```

```
                content.innerHTML = " ";
                document.title = defaultTitle;
        } else {
                updateText(character);
                requestContent(character + ".php");
                addCurrentClass(character);
                document.title = "Ghostbuster | " + character;
        }
})
```

第 9 步，完善 index.html 首页内容，该页面除了 HTML 结构，还包含样式表文件 images/style.css 和 images/style1.css。其中 images/style1.css 被导入之后，先隐藏显示，这样能够实现动态显示效果。

```
<link rel="stylesheet" href="images/style1.css" style="display:none !important;">
```

脚本文件 images/app.js 完整代码请参考资源包中的示例。

第 10 步，设计请求页面。本网站包含 4 个请求页面：zhaozhishu.php、huoyao.php、yinshuashu.php 和 zhinanzhen.php。虽然都是 php 页面，但是都以静态 HTML 代码设计，如果读者没有 PHP 服务器，可以把它们全部改为 .html 静态页面，同时需要在 index.html 页面中修改 <a> 中的 href 属性值，另外还需要修改 JavaScript 脚本中下面代码句中的 ".php"：

```
var data = e.target.getAttribute('data-name'),
    url = data + ".php";
```

第 11 步，4 个请求页面的结构相同，内容略有变化。以 zhaozhishu.php 文档为例，其 HTML 结构如下所示。其他页面结构就不再展开，请参考资源包中的示例。

```
<div id="demo-top-bar">
    <div id="demo-bar-inside">
        <h2 id="demo-bar-badge"> <a href="/"> 中国四大发明 </a> </h2>
            <div id="demo-bar-buttons"> </div>
    </div>
</div>
<div class="page-wrap">
    <div class="gallery"> <img src="images/zhaozhishu.png" alt=" 造纸术 " class="zhaozhishu"/> </div>
    <h1> 造纸术 </h1>
    <div class="content">
        <p> 造纸术是中国四大发明之一，纸是中国古代劳动人民长期经验的积累和智慧的结晶，人类文明史上的一项杰出的发明创造。中国是世界上最早养蚕织丝的国家。中国古代劳动人民以上等蚕茧抽丝织绸，剩下的恶茧、病茧等则用漂絮法制取丝绵。漂絮完毕，篾席上会遗留一些残絮。当漂絮的次数多了，篾席上的残絮便积成一层纤维薄片，经晾干之后剥离下来，可用于书写。这种漂絮的副产物数量不多，在古书上称它为赫蹏或方絮。这表明了中国古代造纸术的起源同丝絮有着渊源关系。</p>
        <small><a href="http://baike.baidu.com/"> 来源：百度百科 </a></small> </div>
</div>
```

上面示例简单地通过 jQuery 来动态加载内容，用户可以在 pushState() 方法中通过状态对象参数传递一些更复杂的信息。

12.2.3 设计可后退画板

本例使用 History API 的状态对象，实时记录用户的每一次操作，把每一次操作信息传递给浏览器的历史记录并保存起来。这样当用户单击浏览器的"后退"按钮时，页面会逐步恢复前面的操作状态，从而实现历史恢复功能，演示效果如图 12.7 所示。

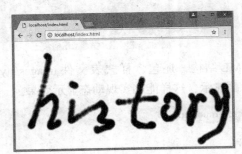
绘制文字

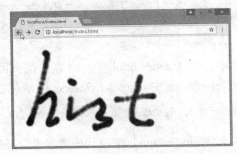
恢复前面的绘制

图 12.7 设计历史恢复效果

在示例页面中显示一个 canvas 元素，用户可以在该 canvas 元素中随意使用鼠标绘画。用户单击一次或连续单击浏览器的"后退"按钮，可以撤销当前绘制的最后一笔或多笔；用户单击一次或连续单击浏览器的"前进"按钮，可以重绘当前书写或绘制的最后一笔或多笔。

【操作步骤】

第 1 步，设计文档结构。本例使用 canvas 元素把页面设计为一块画板，image 元素用于在页面中加载一个黑色小圆点，当用户在 canvas 元素中按下并连续拖动鼠标左键时，根据鼠标拖动轨迹连续绘制该黑色小圆点，这样处理之后会在浏览器中显示用户绘画时所产生的每一笔。

```
<canvas id="canvas"></canvas>
<image id="image" src="brush.png" style="display:none;"/>
```

第 2 步，设计 CSS 样式，定义 canvas 元素为满屏显示。

```
#canvas {
    position: absolute;
    top: 0; left: 0;
    width: 100%; height: 100%;
    margin: 0; display: block;
}
```

第 3 步，添加 JavaScript 脚本。首先，定义引用 image 元素的 image 全局变量、引用 canvas 元素的全局变量、引用 canvas 元素的上下文对象的 context 全局变量，以及用于控制是否继续进行绘制操作的布尔型全局变量 isDrawing。isDrawing 的值为 true 表示用户已按下鼠标左键，可以继续绘制；该值为 false 表示用户已松开鼠标左键，停止绘制。

```
var image = document.getElementById("image");
var canvas = document.getElementById("canvas");
var context = canvas.getContext("2d");
var isDrawing =false;
```

第 4 步，屏蔽用户在 canvas 元素中通过单击鼠标左键和以手指或手写笔触发的 pointerdown 事件，它属于一种 touch 事件。

```
canvas.addEventListener("pointerdown", function(e){
    e.preventManipulation(
)}, false);
```

第 5 步，监听用户在 canvas 元素中单击鼠标左键时触发的 mousedown 事件，并将事件处理函数指定为 startDrawing() 函数；监听用户在 canvas 元素中移动鼠标时触发的 mousemove 事件，并将事件处理函数指定为 draw() 函数；监听用户在 canvas 元素中松开鼠标左键时触发的 mouseup 事件，并将事件处理函数指定为 stopDrawing() 函数；监听用户单击浏览器的"后退"按钮或"前进"按钮时触发的 popstate 事件，并将事件处理函数指定为 loadState() 函数。

```
canvas.addEventListener("mousedown",startDrawing, false);
canvas.addEventListener("mousemove", draw,false);
canvas.addEventListener("mouseup", stopDrawing, false);
window.addEventListener("popstate",function(e){
    loadState(e.state);
});
```

第 6 步，定义 startDrawing() 函数。当用户在 canvas 元素中按下鼠标左键时，全局布尔型变量 isDrawing 的变量值为 true，表示用户开始书写文字或绘制图画。

```
function startDrawing() {
    isDrawing = true;
}
```

第 7 步，定义 draw() 函数。当用户在 canvas 元素中移动鼠标左键时，先判断全局布尔型变量 isDrawing 的变量值是否为 true，如果为 true，表示用户已经按下鼠标左键，则在鼠标左键所在位置使用 image 元素绘制黑色小圆点。

```
function draw(event) {
    if(isDrawing) {
        var sx = canvas.width / canvas.offsetWidth;
        var sy = canvas.height / canvas.offsetHeight;
        var x = sx * event.clientX - image.naturalWidth / 2;
        var y = sy * event.clientY - image.naturalHeight / 2;
        context.drawImage(image, x, y);
    }
}
```

第 8 步，定义 stopDrawing() 函数。用户在 canvas 元素中松开鼠标左键时，全局布尔型变量 isDrawing 的变量值为 false，表示用户已经停止书写文字或绘制图画；然后用户在 canvas 元素中不单击鼠标左键，而直接移动鼠标时，不执行绘制操作。

```
function stopDrawing() {
    isDrawing = false;
}
```

第 9 步，使用 History API 的 pushState() 方法将当前所绘图像保存在浏览器的历史记录中。

```
function stopDrawing() {
    isDrawing = false;
    var state = context.getImageData(0, 0, canvas.width, canvas.height);
    history.pushState(state,null);
}
```

本例将 pushState() 方法的第 1 个参数值设置为一个 CanvasPixelArray 对象，在该对象中保存了 canvas 元素中的所有像素所构成的数组。

第 10 步，定义 loadState() 函数。用户单击浏览器的"后退"按钮或"前进"按钮时，首先清除 canvas 元素中的图像，然后读取触发 popstate 事件的事件对象的 state 属性值。该属性值即为执行 pushState() 方法所使用的第一个参数值。其中保存了在向浏览器历史记录中添加记录时同步保存的对象。在本例中为一个保存了由 canvas 元素中的所有像素构成的数组的 CanvasPixelArray 对象。

最后，调用 canvas 元素的上下文对象 putImageData() 方法，在 canvas 元素中输出保存在 CanvasPixelArray 对象中的所有像素，即将每一个历史记录中所保存的图像绘制在 canvas 元素中。

```
function loadState(state) {
    context.clearRect(0, 0, canvas.width,canvas.height);
    if(state){
        context.putImageData(state, 0, 0);
    }
}
```

第 11 步，用户在 canvas 元素中绘制多笔之后，重新在浏览器的地址栏中输入页面地址，然后重新绘制第一笔，之后再单击浏览器的"后退"按钮。此时，canvas 元素中并不显示空白图像，而是直接显示输入页面地址之前的绘制图像。然而这样看起来浏览器中的历史记录并不连贯，因为 canvas 元素中缺少了一幅空白图像。为此，设计在页面打开时就将 canvas 元素中的空白图像保存在历史记录中。

```
var state = context.getImageData(0, 0, canvas.width, canvas.height);
history.pushState(state,null);
```

12.3 在线练习

本节为课后练习，感兴趣的同学可以扫码进一步强化训练。

在线练习

第 **13** 章

安装 jQuery Mobile
（📹 视频讲解：4 分钟）

　　jQuery Mobile 是一套基于 jQuery 的移动应用界面开发框架，以网页的形式呈现类似于移动应用的界面。用户使用智能手机或平板电脑，通过浏览器访问基于 jQuery Mobile 开发的移动应用网站时，将获得与本机应用接近的用户体验。用户不需要在本机安装额外的应用程序，直接通过浏览器就可以打开这样的移动应用。

　　本章先概述 jQuery Mobile，介绍 jQuery Mobile 的下载、安装和配置。最后，通过一个简单的实例介绍如何使用 jQuery Mobile，为后面深入学习打好基础。

【学习重点】

▶▶ 了解 jQuery Mobile。

▶▶ 安装 jQuery Mobile。

13.1　认识 jQuery Mobile

jQuery 是非常流行的 JavaScript 类库，专门为桌面浏览器设计。jQuery Mobile 弥补了 jQuery 在移动设备应用上的缺憾。它是在 jQuery 的基础上，专门针对移动终端设备的浏览器开发的 Web 脚本框架。

13.1.1　为什么要学习 jQuery Mobile

jQuery 以其至简哲学、出色的核心特性和插件，以及社区的贡献，获取大量铁杆粉丝。基于 jQuery 的 jQuery Mobile 当然也让人心动，它具有以下 3 大优点。

1．上手迅速并支持快速迭代

与 Android 和 iOS 相比，使用 jQuery Mobile 和 HTML5 构建 UI 和逻辑会比在原生系统下构建快得多。

Apple 的 Builder 接口的学习曲线十分陡峭，同样学习令人费解的 Android 布局系统也很耗时间。此外，要使用原生代码将一个列表视图连接到远程的数据源并具有漂亮的外观是十分复杂的，在 Android 上是 ListView，在 iOS 上是 UITableView。通过已经掌握的 JavaScript、HTML、CSS 知识快速实现同样的功能，无须学习新的技术和语言，只要编写 jQuery 代码就可以做到。

2．避免烦琐的应用商店审批过程以及调试、构建带来的麻烦

为手机开发应用，尤其是 iOS 系统的手机，最痛苦的过程莫过于通过 Apple 应用商店的审批。想要让一个原生应用程序发布给 iOS 用户，用户需要等待一个相当长的过程。不仅在第一次发布程序时要经历磨难，以后的每一次升级也是如此。

由于 jQuery Mobile 是一种 Web 应用程序，因此当用户加载网站时，就可以升级到最新的版本。可以马上修复 bug 和添加新的特性。即使是在 Android 系统——应用市场的要求比起 Apple 环境要宽松得多，用户在不知不觉中完成产品升级也是一件很好的事情。

同时，发布 beta 或测试版本会更加容易。只要告诉用户用浏览器打开指定网址就可以了，不需要考虑 iOS 令人抓狂的 DRM，也不需要理会 Android 必需的 APK。

3．支持跨平台和跨设备开发

jQuery Mobile 的好处：应用程序马上可以在 Android 和 iOS 上工作，同样也可以在其他平台上工作。作为一个独立开发者，为不同的平台维护基础代码是一项艰巨的工作。为单个手机平台编写高质量的手机应用需要全职工作，为每个平台重复做类似的事情需要大量的资源。应用程序能够在 Android 和 iOS 设备上同时工作对用户来说是一个巨大收获。

尤其是对于运行 Android 各种分支的设备，它们的大小和形状各异，想要让你的应用程序在各种各样屏幕分辨率的手机上看起来都不错，这是真正的挑战。对于要求严格的 Android 开发者来说，按照屏幕大小进行屏幕分割（从完全最小化到最大进行缩放）会需要很多开发时间。由于浏览器会在每个设备上以相同的方式呈现，关于这个方面您不必有任何担心。

13.1.2　jQuery Mobile 特性

jQuery Mobile 主要特性如下。

☑ 强大的 Ajax 驱动导航

无论页面数据的调用，还是页面间的切换，都采用 Ajax 进行驱动，从而保证了动画转换的干净与优雅。

☑ 以 jQuery 和 jQuery UI 为框架核心

jQuery Mobile 的核心框架是建立在 jQuery 基础之上的，并且利用了 jQuery UI 的代码与运用模式，使熟悉 jQuery 语法的开发者迅速掌握 jQuery Mobile。

☑ 强大的浏览器兼容性

jQuery Mobile 继承了 jQuery 的兼容性优势，目前所开发的应用兼容于所有主要的移动终端浏览器，使开发者集中精力做功能开发，而不需要考虑复杂的浏览兼容性问题。

目前 jQuery Mobile 1.0.1 版本支持绝大多数的台式机、智能手机、平板和电子阅读器的平台。此外，对有些不支持的智能手机与旧版本的浏览器，通过渐进增强的方法，将逐步实现完全支持。jQuery Mobile 兼容所有主流的移动平台，如 iOS、Android、BlackBerry、Palm WebOS、Symbian、Windows Mobile、BaDa、MeeGo，以及所有支持 HTML 的移动平台。

☑ 框架轻量级

jQuery Mobile 最新的稳定版本压缩后的体积大小为 24KB，与之相配套的 CSS 文件压缩后的体积大小为 6KB，轻量级的框架将大大加快程序执行的速度。基于速度考虑，对图片的依赖也降到最小。

☑ HTML5 标签驱动

jQuery Mobile 采用完全的标签驱动而不需要 JavaScript 的配置。快速开发页面，最小化脚本能力需求。

☑ 渐进增强

jQuery Mobile 采用完全的渐进增强原则，通过一个全功能的 HTML 网页，以及一个额外的 JavaScript 功能层，提供顶级的在线体验。即使移动浏览器不支持 JavaScript，基于 jQuery Mobile 的移动应用程序仍能正常使用。核心内容和功能支持所有的手机、平板和桌面平台，而较新的移动平台能获得更优秀的用户体验。

☑ 自动初始化

通过在一个页面的 HTML 标签中使用 data-role 属性，jQuery Mobile 可以自动初始化相应的插件，这些都基于 HTML5。同时，使用 mobilize() 函数自动初始化页面的所有 jQuery 部件。

☑ 易用性

为了使这种广泛的手机支持成为可能，所有在 jQuery Mobile 中的页面都是基于简洁、语义化的 HTML 构建，这样可以确保大部分支持 Web 浏览的设备能兼容。在这些设备解析 CSS 和 JavaScript 的过程中，jQuery Mobile 使用了先进的技术并借助 jQuery 和 CSS 本身的能力，以一种不明显的方式将语义化的页面转化成客户端页面。一些简单易操作的特性（如 WAI-ARIA）通过框架已经紧密集成进来，以给屏幕阅读器或者其他辅助设备（主要指手持设备）提供支持。

通过这些技术的使用，jQuery Mobile 官网尽最大努力来保证残障人士也能够正常使用基于 jQuery Mobile 构建的页面。

☑ 支持触摸与其他鼠标事件

jQuery Mobile 提供了一些自定义的事件，用来侦测用户的移动触摸动作，如 tap（单击）、tap-and-hold（单击并按住）、swipe（滑动）等事件，极大提高了代码开发的效率。并且为用户提供鼠标、触摸和光标焦点等简单的输入法支持，增强了触摸体验和可主题化的本地控件。

☑ 强大的主题

jQuery Mobile 提供强大的主题化框架和 UI 接口。借助于主题化的框架和 ThemeRoller 应用程序，jQuery Mobile 可以快速地改变应用程序的外观或自定义一套属于产品自身的主题，有助于树立应用产品的品牌形象。

Note

13.1.3　jQuery Mobile 兼容性

jQuery Mobile 目前支持的移动平台包括苹果公司的 iOS（iPhone、iPad、iPod Touch）、Android、Black Berry OS6.0、惠普 WebOS、Mozilla 的 Fennec 和 Opera Mobile，此外还包括 Windows Mobile、Symbian 和 MeeGo 在内的更多移动平台。

13.2　jQuery Mobile 与 HTML5

使用 jQuery Mobile 1.0 Alpha 版本和 Beta 版本开发 Web 移动应用是基于 HTML 4.01 的。但是 jQuery Mobile 1.0 发布之后，Web 移动应用的开发已经转为基于 HTML5。特别是 jQuery Mobile 1.3.0 所增加的响应式设计等新特性，需要基于 HTML5 才能运行。

基于 jQuery Mobile 的 Web 移动应用经常用到的 HTML5 新特性如下。

- ☑　DOM 选择器：在大多数 jQuery Mobile 选项、属性和事件处理中将会用到。
- ☑　增强的表单功能：jQuery Mobile 表单。
- ☑　Media Queries：面对高分辨率屏幕的用户界面设计与图片呈现，屏幕方向发生变化之后的页面布局调整，响应式设计，jQuery Mobile 1.3.0 之后开始支持。
- ☑　Session Storage：在多页面视图环境下实现参数传递。
- ☑　离线 Web 应用：移动应用运行的网络环境通常并不稳定，可能在 2G 与 3G 移动网络之间切换或者在移动网络与 Wi-Fi 之间切换，甚至断网。在网络不可用的时候，离线 Web 应用该特性可以改善用户体验。

此外，还有一些 HTML5 新特性也会根据业务场景需要应用于 Web 移动应用中。例如，通过画布特性渲染图像，或者通过 Geolocation 实现位置定位服务等。

13.3　安装 jQuery Mobile

视 频 讲 解

下面介绍如何安装 jQuery Mobile 框架，以及如何简单配置 jQuery Mobile。

13.3.1　下载 jQuery Mobile

jQuery Mobile 框架包含以下 3 个相关文件。

- ☑　jQuery.js：jQuery 主框架插件。
- ☑　jQuery.Mobile.js：jQuery Mobile 框架插件。
- ☑　jQuery.Mobile.css：与 jQuery Mobile 框架相配套的 CSS 样式文件。

有以下两种方法获取相关文件。

方法一：登录 jQuery Mobile 官方网站（https://jquerymobile.com/），单击右上角 Download jQuery Mobile 区域的 Latest stable 按钮下载最新稳定版本，如图 13.1 所示。

图 13.1　下载 jQuery Mobile 压缩包

单击 Custom download 按钮可以自定义下载。在 jQuery Mobile 下载页中，可以选择需要下载的版本、框架文件，如图 13.2 所示。

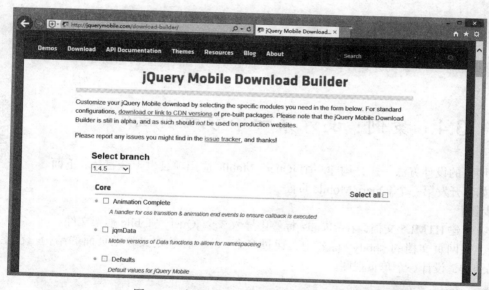

图 13.2　自定义下载 jQuery Mobile 压缩包

提示：也可以访问 http://code.jquery.com/mobile/ 页面，获取 jQuery Mobile 全部文件，包含压缩前后的 JavaScript 与 CSS 样式和实例文件。

方法二：除在 jQuery Mobile 下载页下载对应文件之外，jQuery Mobile 还提供了 URL 方式从 jQuery CDN 下载插件文件。在页面头部区域 <head> 标签内加入下列代码，同样可以执行 jQuery Mobile 移动应用页面。

```
<link rel="stylesheet" href="http://code.jquery.com/mobile/1.4.5/jquery.mobile-1.4.5.min.css" />
<script src="http://code.jquery.com/jquery-1.10.2.min.js"></script>
<script src="http://code.jquery.com/mobile/1.4.5/jquery.mobile-1.4.5.min.js"></script>
```

通过 URL 加载 jQuery Mobile 插件的方式使版本的更新更加及时，但由于是通过 jQuery CDN 服务器请求的方式进行加载，执行页面必须时刻保证网络的畅通，否则，不能实现 jQuery Mobile 移动页面的效果。

13.3.2　配置 jQuery Mobile

移动设备浏览器对 HTML5 标准的支持程度要远优于 PC 设备，因此使用简洁的 HTML5 标准可以更加高效地进行开发，免去了兼容问题。

【示例】　新建 HTML5 文档，在头部区域的 \<head\> 标签中按顺序引入框架文件，要注意加载顺序。

```
<!DOCTYPE HTML>
<html>
<head>
<title> 标题 </title>
<meta charset="UTF-8">
<link rel="stylesheet" type="text/css" href="jquery.mobile/jquery.mobile-1.4.5.min.css">
<script src="jquery-1.10.2.min.js"></script>
<script src="jquery.mobile/jquery.mobile-1.4.5.min.js"></script>
</head>
<body>
</body>
</html>
```

提示：为了防止编码乱码，建议定义文档编码为 utf-8：\<meta charset="utf-8" /\>。

13.4　案例：设计第一个移动页面

视频讲解

与桌面网页的设计方法一样，构建一个 jQuery Mobile 应用项目也十分容易。下面示例演示了如何开发第一个 jQuery Mobile 页面。

【操作步骤】

第 1 步，新建 HTML5 文档，在 \<head\> 标签中导入 3 个 jQuery Mobile 框架文件。

第 2 步，在网页文档的 \<body\> 标签中，通过多个 \<div\> 标签定义移动页面的结构。在主体区域输入 HTML 代码结构，设计一个单页视图。

```
<div id="page1" data-role="page">
    <div data-role="header">
        <h1>jQuery Mobile</h1>
    </div>
    <div data-role="content" class="content">
        <p>Hello World!</p>
    </div>
    <div data-role="footer">
        <h1><a href="https://jquerymobile.com/">https://jquerymobile.com/</a></h1>
    </div>
</div>
```

jQuery Mobile 通过 <div> 元素组织页面结构，根据元素的 data-role 属性设置角色。每一个拥有 data-role 属性的 <div> 标签就是一个容器，它可以放置其他的页面元素。

例如，data-role 的属性值为 header，则该 <div> 标签就被定义为标题栏，jQuery Mobile 据此执行特定样式的渲染，把这个 <div> 标签显示为视图标题效果。

第3步，在头部区域添加 <meta> 标签，定义视图尺寸，以保证页面在浏览器中完全填充，代码如下。

```
<meta name="viewport" content="width=device-width,initial-scale=1" />
```

第4步，保存文档，然后在移动设备浏览器中预览，显示效果如图 13.3 所示。

图 13.3　jQuery Mobile 页面预览效果

上面示例使用 HTML5 结构编写一个 jQuery Mobile 页面，在页面输出 "Hello World!"。

提示: 为了更好地在 PC 端浏览 jQuery Mobile 页面在移动终端的执行效果，可以下载 Opera 公司的移动模拟器 Opera Mobile Emulator，下载地址：http://cn.opera.com/developer/tools/mobile/，目前最新的版本为 12.0。用户也可以使用 iBBDemo 模拟 iPhone 浏览器进行测试。

注意: 由于 jQuery Mobile 已经全面支持 HTML5 结构，<body> 主体元素的代码也可以修改为以下代码。

```
<section id="page1" data-role="page">
    <header data-role="header">
        <h1>jQuery Mobile</h1>
    </header>
    <div data-role="content" class="content">
        <p>Hello World!</p>
    </div>
    <footer data-role="footer">
        <h1><a href="https://jquerymobile.com/">https://jquerymobile.com/</a></h1>
    </footer>
</section>
```

上述代码执行后的效果与修改前完全相同。

在 jQuery Mobile 中，如果将页面元素的 data-role 属性值设置为 page，则该元素成为一个容器，即页面的某块区域。在一个页面中，可以设置多个元素成为容器。虽然元素的 data-role 属性值都为 page，但它们对应的 ID 值是不允许相同的。

jQuery Mobile 将一个页面中的多个容器当作多个不同的页面，它们之间的界面切换是通过增加一个 <a> 元素，并将该元素的 href 属性值设为 "#" 加上对应 ID 值的方式来进行的。

第**14**章

视图

（ 📹 视频讲解：42 分钟 ）

　　视图是学习 jQuery Mobile 移动开发的第一步。视图不同于 HTML5 页面，它好像是一个容器，移动应用的组件和内容都要放在这个容器中。jQuery Mobile 支持单页视图和多页视图，以及各种特殊形式的视图，本章将重点介绍使用 jQuery Mobile 设计各种视图的结构和应用的方法。

【学习重点】

▶▶ 定义单页和多页视图。

▶▶ 定义模态对话框。

▶▶ 定义弹出页。

▶▶ 应用弹出页视图。

视 频 讲 解

14.1 设计页面

jQuery Mobile 页面结构包括两种类型:单页页面和多页页面。基于 jQuery Mobile 开发 Web 移动应用时,如果一个网页只包含一个页面视图,那么就应该使用单页结构;而一个网页中包含多个页面视图,并能够通过链接在多个视图间进行跳转,则应该使用多页结构。

> 提示:在 jQuery Mobile 中,网页和页面是两个不同的概念,网页表示一个 HTML 文档,而页面表示在移动设备中一个可视区域,即一个视图。一个网页文件可以仅包含一个视图,也可以包含多个视图。

14.1.1 定义单页视图

视图一般包含 3 个基本的结构,分别是 data-role 属性为 header、content 和 footer 的 3 个子容器,它们用来定义标题、内容和页脚 3 个页面组成部分,用以包裹移动页面包含的不同内容。

【示例】 本示例将创建一个 jQuery Mobile 单页视图,并在页面组成部分中分别显示其对应的容器名称。

```
<div data-role="page">
    <div data-role="header"> 页标题 </div>
    <div data-role="content"> 页面内容 </div>
    <div data-role="footer"> 页脚 </div>
</div>
```

data-role="page" 表示当前 div 是一个 Page(视图),一个屏幕只会显示一个 Page。header 定义标题,content 表示内容块,footer 表示页脚。data-role 属性还可以包含其他值,详细说明如表 14.1 所示。

表 14.1 data-role 参数表

参 数	说 明
page	页面容器,其内部的 mobile 元素会继承这个容器上所设置的属性
header	页面标题容器,这个容器内部可以包含文字、返回按钮和功能按钮等元素
footer	页面页脚容器,这个容器内部也可以包含文字、返回按钮和功能按钮等元素
content	页面内容容器,这是一个很宽容的容器,内部可以包含标准的 html 元素和 jQuery Mobile 元素
controlgroup	将几个元素设置成一组,一般是几个相同的元素类型
fieldcontain	区域包裹容器,用增加边距和分割线的方式将容器内的元素和容器外的元素明显分隔
navbar	功能导航容器,通俗地讲就是工具条
listview	列表展示容器,类似手机中联系人列表的展示方式
list-divider	列表展示容器的表头,用来展示一组列表的标题,内部不可包含链接
button	按钮,将链接和普通按钮的样式设置成为 jQuery Mobile 的风格
none	阻止框架对元素进行渲染,使元素以 html 原生的状态显示,主要用于 form 元素

视图在移动设备模拟器中预览，显示效果如图 14.1 所示。

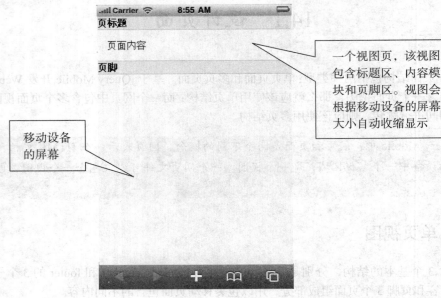

图 14.1　设计单页效果

14.1.2　定义多页视图

多页结构就是一个文档可以包含多个标签属性 data-role 为 page 的容器。视图之间各自独立，并拥有唯一的 ID 值。当加载页面时，视图会同时加载；容器访问时，以锚点链接实现，即内部链接"#"加对应 ID 值的方式进行设置。单击该链接时，jQuery Mobile 将在文档中寻找对应 ID 的容器，以动画的效果切换至该容器，实现容器内容的互访。

> 提示：这种结构模型的优势是可以使用普通的链接标签，不需要任何复杂配置就可以优雅地工作，并且可以很方便地使一些富媒体应用本地化。另外，在 jQuery Mobile 页面中，通过 Ajax 功能可以很方便地自动读取外部页面，使用一组动画效果进行页面间的相互切换；也可以调用对应的脚本函数，实现预加载、缓存、创建和跳转页面的功能。同时，支持页面以对话框的形式展示在移动终端的浏览器中。

【示例】　本示例设计了一个多页视图的 HTML5 文档。

```
<div data-role="page" id="home">
    <div data-role="header">
        <h1> 新闻列表 </h1>
    </div>
    <div data-role="content">
        <p><a href="#new1">jQuery Mobile 1.4.5</a></p>
    </div>
</div>
<div data-role="page" id="new1">
```

```
    <div data-role="header">
        <h1>A Touch-Optimized Web Framework</h1>
    </div>
    <div data-role="content">
        <p>jQuery Mobile is a HTML5-based user interface system designed to make responsive web sites and apps that
are accessible on all smartphone, tablet and desktop devices.</p>
    </div>
</div>
```

上面代码包含了两个 Page 视图页：主页（ID 为 home）和详细页（ID 为 new1）。从首页链接跳转到详细页面采用的链接地址为 #new1。jQuery Mobile 会自动切换链接的目标视图，并显示到移动浏览器中。该框架会隐藏除第一个包含 data-role="page" 的 <div> 标签以外的其他视图页。

在移动浏览器中预览视图页，在屏幕中首先看到如图 14.2（a）所示的视图效果；单击超链接文本，会跳转到第二个视图页面，效果如图 14.2（b）所示。

新闻列表	A Touch-Optimiz...
jQuery Mobile 1.4.5	jQuery Mobile is a HTML5-based user interface system designed to make responsive web sites and apps that are accessible on all smartphone, tablet and desktop devices.
（a）首页视图效果	（b）详细页视图效果

图 14.2　设计多页结构效果

本实例页面从第一个容器切换至第二个容器时，采用的是"#"加对应 ID 值的内部链接方式。因此，在一个网页中，不论相同框架的 Page 容器有多少，只要对应的 ID 值是唯一的，就可以通过内部链接的方式进行容器间的切换。在切换时，jQuery Mobile 会在文档中寻找对应 ID 容器，然后通过动画的效果切换到该页面。

从第一个容器切换至第二个容器后，如果想要从第二个容器返回第一个容器，有下列两种方法：

☑ 在第二个容器中增加一个 <a> 标签，通过内部链接"#"加对应 ID 的方式返回第一个容器。

☑ 在第二个容器的最外层框架 <div> 元素中添加一个 data-add-back-btn 属性。该属性表示是否在容器的左上角增加一个"回退"按钮，默认值为 false。如果设置为 true，将出现一个返回按钮，单击该按钮，回退到上一级的页面显示。

🔊 **注意**：在一个页面中，通过"#"加对应 ID 的内部链接方式可以实现多容器间的切换，但如果不在一个页面，此方法将失去作用。因为在切换过程中，要先找到页面，再去锁定对应 ID 容器的内容，而非直接根据 ID 切换至容器中。

☝ **提示**：在 jQuery Mobile 中，如果单击一个指向外部页面的超级链接，jQuery Mobile 将自动分析该 URL 地址，自动产生一个 Ajax 请求。在请求过程中，会弹出一个显示进度的提示框。如果请求成功，jQuery Mobile 将自动构建页面结构，并注入主页面的内容。同时，初始化全部的 jQuery Mobile 组件，将新添加的页面内容显示在浏览器中。如果请求失败，jQuery Mobile 将弹出一个错误信息提示框，数秒后该提示框自动消失，页面也不会刷新。

如果不想采用 Ajax 请求的方式打开一个外部页面，只需在链接标签中设置 rel 的属性值为 external，该页面就会脱离整个 jQuery Mobile 的主页面环境，以独自打开的页面效果在浏览器中显示。

　　如果采用 Ajax 请求的方式打开一个外部页面，注入主页面的内容也是以 Page 为目标，视图以外的内容将不会被注入主页面中。另外，必须确保外部加载页面 URL 地址的唯一性。

14.2　设计对话框

　　对话框是 jQuery Mobile 模态页面，也称为模态对话框，它是一个带有圆角标题栏和关闭按钮的浮动层，以独占方式打开，背景被遮罩层覆盖，只有关闭对话框后，才可以执行其他界面操作。

14.2.1　定义对话框

　　对话框是交互设计中的基本构成要件，在 jQuery Mobile 中创建对话框的方式十分方便，只需在指向页面的链接标签中添加 data-rel 属性，并将该属性值设置为 dialog。当单击该链接时，打开的页面将以一个对话框的形式呈现。单击对话框中的任意链接时，打开的对话框将自动关闭，单击"回退"按钮可以切换至上一页。

　　【示例】　新建 HTML5 文档，保存为 index.html。设计单页视图，然后插入一个超链接。设置 <a> 标签为外部链接，地址为 dialog.html，并添加 data-rel="dialog" 属性声明，定义打开模态对话框。

```
<div data-role="page" id="page" data-dom-cache="true">
    <div data-role="header">
        <h1> 模态对话框 </h1>
    </div>
    <div data-role="content">
        <p><a href="dialog.html" data-rel="dialog"> 打开对话框 </a></p>
    </div>
    <div data-role="footer">
        <h4>Copyright © 移动 Web 开发网 </h4>
    </div>
</div>
```

　　再新建 dialog.html，定义一个单页视图结构，设计模态对话框视图。定义标题文本为"主题"，内容信息为"简单对话框！"。

```
<div data-role="page" id="page">
    <div data-role="header">
        <h1> 主题 </h1>
    </div>
    <div data-role="content">
        <p> 简单对话框！ </p>
    </div>
    <div data-role="footer">
        <h4>Copyright © 移动 Web 开发网 </h4>
    </div>
</div>
```

在移动设备中预览该首页，可以看到14.3（a）所示的效果，单击"打开对话框"链接，即可显示模态对话框，显示效果如图14.3（b）所示。该对话框以模态的方式浮在当前页的上面，背景为深色，四周是圆角的效果，左上角自带一个"×"关闭按钮，单击该按钮可以关闭对话框。

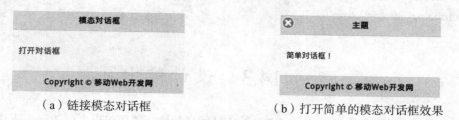

（a）链接模态对话框　　　　　　　　（b）打开简单的模态对话框效果

图14.3　范例效果

提示： 模态对话框会默认生成"关闭"按钮，用于回到父级页面。在脚本能力较弱的设备上也可以添加一个带有 data-rel="back" 的链接来实现关闭按钮。针对支持脚本的设备可以直接使用 href="#" 或者 data-rel="back" 来实现关闭。还可以使用内置的 close 方法来关闭模态对话框，如 $('.ui-dialog').dialog('close')。

注意： 由于模态对话框是动态显示的临时视图，所以这个视图不会被保存在哈希表内，这就意味着无法后退到这个页面。例如，在A页面中单击一个链接打开B对话框，操作完成并关闭对话框，然后跳转到C页面，这时候单击浏览器的后退按钮，将回到A页面，而不是B页面。

14.2.2　关闭对话框

在打开的对话框中，可以使用自带的"关闭"按钮关闭打开的对话框。此外，在对话框内添加其他链接按钮，将该链接的 data-rel 属性值设置为 back，单击该链接也可以实现关闭对话框的功能。

【示例】 以上节示例为基础，打开 dialog.html 文档，在 <div data-role="content"> 容器内插入段落标签 <P>，在新段落行中嵌入一个超链接，定义 data-rel="back" 属性。

```
<a href="#" data-role="button"
        data-rel="back"
        data-theme="a"> 关闭
</a>
```

在移动设备中预览该首页，可以看到14.4（a）所示的效果，单击"打开对话框"链接，即可显示模态对话框，显示效果如图14.4（b）所示。该对话框以模态的方式浮在当前页的上面，单击对话框中的"关闭"按钮，可以直接关闭打开的对话框。

（a）链接模态对话框　　　　　　　　（b）打开关闭对话框效果

图14.4　范例效果

> **提示：** 本实例在对话框中将链接元素的 data-rel 属性设置为 back，单击该链接将关闭当前打开的对话框。这种方法在不支持 JavaScript 代码的浏览器中，同样可以实现对应的功能。另外，编写 JavaScript 代码也可以实现关闭对话框的功能，代码如下。
>
> $('.ui-dialog').dialog('close') ;

视频讲解

14.3　设计弹出页

弹出页是 jQuery Mobile 1.2.0 开始支持的新特性。使用弹出页面能够快速开发用户体验更好的移动应用。基于弹出页面，开发者可以定制浮在移动设备浏览器上的对话框、菜单、提示框、表单、相册和视频，甚至可以集成第三方的地图组件。

弹出页面包括弹出对话框，弹出菜单或嵌套菜单，弹出表单、图片或视频，弹出覆盖面板或地图等不同的形式。几乎所有能够用来"弹出"的页面元素，都可以通过一定方式应用到弹出页面。

> **提示：** jQuery Mobile 1.1.1 版本及其早期版本仅支持丰富的页面切换，没有提供在一个页面中弹出一个浮动页面或者对话框的功能；jQuery Mobile 1.2.0 及其之后的版本可实现对弹出对象的支持。

与模态对话框不同，当用户打开一个弹出框时，一个提示框将在当前页面呈现出来，不需要跳转到其他页面。

弹出页面包括两个部分："弹出"按钮和弹出页面，具体实现步骤如下。

第 1 步，定义"弹出"按钮。弹出按钮通常基于一个超级链接实现，在超级链接中，设置属性 data-rel 为 popup，表示以弹出页面方式打开所指向的内容。

```
<a href="#popupTooltip" data-rel="popup" data-role="button" data-inline="true"> 提示框 </a>
```

第 2 步，定义弹出框。弹出页面部分通常是一个 div 的 DOM 容器，为这个容器标签（一般为 <div>）声明 data-role 属性，设置值为 popup，表示以弹出方式呈现其中的内容。

```
<div data-role="popup" id="popupTooltip"></div>
```

与在多页视图中打开对话框或者页面的方式一样，超级链接中 href 属性值所指向的地址是页面 DOM 容器的 id 值。当单击超级链接时，则打开弹出页面。因为超级链接的 data-rel 设置为 popup，以及页面的 data-role 也设置为 popup，这样的页面将以弹出页面的形式打开。

【示例】 本示例代码定义了一个最简单的弹出页，弹出页仅包含简单的文本，没有任何设置，效果如图 14.5 所示。

单击触发超级链接

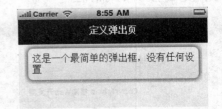

弹出框（简单的弹出页效果）

图 14.5　定义简单的弹出页

```
<div data-role="page">
    <div data-role="header">
        <h1> 定义弹出页 </h1>
    </div>
    <div data-role="content">
        <a class="ui-btn ui-corner-all ui-shadow ui-btn-inline" href="#popupBasic" data-transition="pop" data-rel=
"popup"> 打开弹出页 </a>
        <div id="popupBasic" data-role="popup">
            <p> 这是一个最简单的弹出框，没有任何设置 </p>
        </div>
    </div>
</div>
```

最简单的弹出页就是一个弹出框，包含一段文字，相当于一个简单的提示框。要关闭提示框，只需要在屏幕空白位置单击，或者按 Esc 键退出弹出框。

14.4 应用弹出页

视频讲解

很多用户界面都适合使用弹出页，如提示框、菜单、嵌套菜单、表单和对话框等。本节将介绍常用弹出页应用场景。

14.4.1 弹出菜单

弹出菜单有助于用户在操作过程中选择功能或切换页面。在 jQuery Mobile 中，设计弹出菜单，可以使用弹出页面来实现。若要实现弹出菜单的功能，只要将包含菜单的列表视图加入弹出页面的 div 容器即可。

【示例1】 本示例演示了如何快速定义一个简单的弹出菜单。该弹出菜单通过超链接触发，示例主要代码如下，演示效果如图 14.6 所示。

```
<div data-role="page">
    <div data-role="header">
        <h1> 定义弹出菜单 </h1>
    </div>
    <div data-role="content">
        <a class="ui-btn ui-corner-all ui-shadow ui-btn-inline ui-icon-gear ui-btn-icon-left ui-btn-a" href="#popupMenu"
data-transition="slideup" data-rel="popup"> 弹出菜单 </a>
        <div id="popupMenu" data-role="popup" data-theme="b">
            <ul style="min-width: 210px;" data-role="listview" data-inset="true">
                <li data-role="list-divider"> 选择命令 </li>
                <li><a href="#"> 查看代码 </a></li>
                <li><a href="#"> 编辑 </a></li>
                <li><a href="#"> 禁用 </a></li>
                <li><a href="#"> 删除 </a></li>
            </ul>
        </div>
    </div>
</div>
```

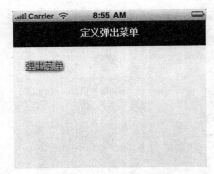

单击触发超链接

弹出菜单效果

图 14.6　定义弹出菜单

如果需要分类显示菜单，则可以为分类条目设置 data-role 属性为 divider 来实现。菜单分类显示的样式可以参照上面示例的代码。如果菜单高度比较小，那么分类之后便于识别和定位；如果菜单条目很多，这个设计就不方便了；如果菜单高度超过移动设备浏览器的高度，操作菜单时还需要滚动屏幕，这样很容易误碰到菜单之外的区域而关闭菜单。

【示例 2】　在菜单条目很多的场景下，使用嵌套菜单能够获得更好的用户体验。本示例设计把多个列表项目分别放在一个折叠组中，定义折叠组包含两个折叠项目，每个项目下面包含多个子项目，效果如图 14.7 所示。

```
<a class="ui-btn ui-corner-all ui-shadow ui-btn-inline ui-icon-bars ui-btn-icon-left ui-btn-b" href="#popupNested" data-transition=
"pop" data-rel="popup"> 弹出折叠菜单 </a>
<div id="popupNested" data-role="popup" data-theme="none">
    <div style="margin: 0px; width: 300px;" data-role="collapsibleset" data-theme="b" data-expanded-icon="arrow-d"
data-collapsed-icon="arrow-r" data-content-theme="a">
        <div data-role="collapsible" data-inset="false">
        <h2> 列表标题 1</h2>
            <ul data-role="listview">
                <li><a href="#" data-rel="dialog"> 列表内容 11</a></li>
                <li><a href="#" data-rel="dialog"> 列表内容 12</a></li>
            </ul>
        </div><!-- / 折叠项 -->
        <div data-role="collapsible" data-inset="false">
        <h2> 列表标题 2</h2>
            <ul data-role="listview">
                <li><a href="#" data-rel="dialog"> 列表内容 21</a></li>
                <li><a href="#" data-rel="dialog"> 列表内容 22</a></li>
            </ul>
        </div><!-- / 折叠项 -->
    </div><!-- / 折叠组 -->
</div><!-- / 弹出页 -->
```

可以通过在弹出页面中嵌入折叠列表来实现嵌套菜单。折叠列表是 jQuery Mobile 1.2.0 开始支持的，将在第 15 章中详细介绍。在将折叠列表装入弹出页面的 div 容器之后，单击弹出页面的超级链接按钮，就可以打开这个嵌套菜单。

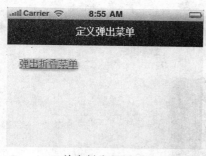

单击触发超链接   弹出折叠菜单效果

图 14.7 定义弹出折叠菜单

> 🔊 **注意：** 嵌套菜单是通过集成折叠列表实现的。与折叠列表的使用约束一样，嵌套菜单只支持一级嵌套，而不支持多级嵌套。

菜单和嵌套菜单的超级链接设计与所有其他弹出页面的超级链接按钮几乎是一样的。需要注意的是，超级链接按钮增加值为 popup 的属性 data-rel，然后将超级链接地址指向弹出菜单的 DOM 容器 id 即可。

14.4.2 弹出表单

jQuery Mobile 1.2.0 之前的版本只能在页面中嵌入表单。如果将表单嵌入在一个弹出页面中，那么表单的内容将更加突出。和所有的 HTML 表单操作一样，在提交弹出表单的内容时，表单内容都可以提交到 Web 服务器进行进一步处理。

【示例】 要实现弹出表单，只需在弹出页面的 div 容器中加入表单即可。本示例演示了如何在一个弹出页面嵌入一个登录表单，代码如下，效果如图 14.8 所示。

```
<div data-role="content">
    <a class="ui-btn ui-corner-all ui-shadow ui-btn-inline ui-icon-check ui-btn-icon-left ui-btn-a" href="#popupLogin" data-transition="pop" data-rel="popup" data-position-to="window"> 请登录 </a>
    <div class="ui-corner-all" id="popupLogin" data-role="popup" data-theme="a">
        <form>
            <div style="padding: 10px 20px;">
                <h3> 登录 </h3>
                <label class="ui-hidden-accessible" for="un"> 用户名 :</label>
                <input name="user" id="un" type="text" placeholder=" 用户名 " value="" data-theme="a">
                <label class="ui-hidden-accessible" for="pw"> 密 码 :</label>
                <input name="pass" id="pw" type="password" placeholder=" 密码 " value="" data-theme="a">
                <button class="ui-btn ui-corner-all ui-shadow ui-btn-b ui-btn-icon-left ui-icon-check" type="submit">
确定 </button>
            </div>
        </form>
    </div>
</div>
```

上面示例将表单的 theme 色板设置为 a，这是一种底色为深黑色的配色。用户可以尝试不同的主题色版，不同色版将呈现不同的配色效果。jQuery Mobile 默认支持 5 种色板，分别对应 data-theme 属性的 a、b、c、

图 14.8　定义弹出表单

d 和 e，用户可以选择不同的色板以美化弹出效果，代码如下。

```
<div class="ui-corner-all" id="popupLogin" data-role="popup" data-theme="b">
```

在弹出页面的表单中，需要对表单元素距离弹出页面的边界进行定义，具体代码如下：

```
<div style="padding: 10px 20px;">
```

在弹出页面的设计中，这个表单的边距设置是必须要注意的。否则，表单元素和弹出页面会拥挤在一起，显得局促。如果不是弹出表单，通常不需要特别增加这样的边距设计。

提示：在以后的版本中，jQuery Mobile 有可能通过增加新的 CSS 样式定义解决这个问题。如果开发者需要手动实现表单在弹出页面中的边距设定，最好能够根据不同屏幕分辨率使用 CSS3 的 Media Queries 技术，选择不同的边距设定。因为普通移动屏幕和高分辨率屏幕的呈现效果可能不同，CSS3 的 Media Queries 技术可以更好地应对这样的场景。

14.4.3　弹出对话框

"弹出"对话框是弹出页面最常用的功能。在之前介绍的对话框页面中，往往需要从一个页面切换到对话框页面才能显示对话框内容。而对于弹出页面对话框，用户将不需要页面切换就可以直接看到对话框的内容。

定义弹出对话框的方法：声明一个 div 容器，并设置 data-role 属性为 popup，然后将弹出对话框的代码装入这个弹出页面的 div 容器。用户单击超级链接按钮时，打开的内容就是这个弹出对话框了。

【示例】　本示例在页面中设计一个超级链接，单击该超级链接可以打开一个对话框，设置对话框最小宽度为 400px，主题色板为 b，覆盖层主题色板为 a，禁用单击背景层关闭对话框，演示效果如图 14.9 所示。

```
<a class="ui-btn ui-corner-all ui-shadow ui-btn-inline ui-icon-delete ui-btn-icon-left ui-btn-b" href="#popupDialog" data-transition="pop" data-rel="popup" data-position-to="window"> 弹出对话框 </a>
<div id="popupDialog" style="min-width: 400px;" data-role="popup" data-theme="b" data-overlay-theme="a" data-dismissible="false">
    <div data-role="header" data-theme="a">
    <h1> 对话框标题 </h1>
```

```
        </div>
        <div class="ui-content" role="main">
            <h3 class="ui-title"> 提示信息 </h3>
            <p> 说明文字 </p>
            <a class="ui-btn ui-corner-all ui-shadow ui-btn-inline ui-btn-b" href="#" data-rel="back"> 取消 </a>
            <a class="ui-btn ui-corner-all ui-shadow ui-btn-inline ui-btn-b" href="#" data-transition="flow" data-rel="back">
返回 </a>
        </div>
    </div>
```

图 14.9　定义弹出对话框

一般情况下，弹出对话框中只包含页眉标题栏和正文内容部分。在某些场景中，弹出对话框也可能包含页脚工具栏，但这并不常见。上面示例设置 data-role 属性为 header 的 div 容器的内容为页眉标题栏，页眉标题栏中 h1～h6 标题所包含的文字将会作为标题栏的文字突出显示。

```
<div data-role="header"> </div>
```

对话框的正文被放置在 data-role 属性为 content 的 div 容器中：

```
<div data-role="content"></div>
```

如果需要设置页脚工具栏，则可以将相应内容放置于 data-role 属性为 footer 的 div 容器中：

```
<div data-role="footer"></div>
```

14.4.4　弹出图片

在弹出图片中，图片几乎占据整个弹出页面，突出呈现在浏览器中。实现弹出图片的方法：将图片添加在弹出页面 div 容器中。此时，图片会按比例最大程度地填充整个弹出页面。

注意：如果图片的尺寸和浏览器的尺寸正好一致，那么可能因为没有可以触发关闭弹出页面的地方，导致用户不方便跳转回之前的页面。因此，弹出页面必须包含一个关闭按钮，具体代码如下。

```
<a href="#" data-rel="back" data-role="button" data-icon="delete" data-iconpos="notext" class="ui-btn-right">
Close</a>
```

在 Close 超级链接按钮中，将属性 data-iconpos 设置为 notext，将 data-rel 属性设置为 back。单击 Close 按钮后，页面会返回到上一个页面，也就是退出弹出页面而回到之前的页面。

【示例 1】 下面是完整的示例代码，演示效果如图 14.10 所示。

```html
<a href="#pic" data-transition="fade" data-rel="popup" data-position-to="window">
    <img style="width: 30%;" src="images/1.jpg">
</a>
<div id="pic" data-role="popup" data-theme="b" data-corners="false" data-overlay-theme="b">
    <a href="#" data-rel="back" data-role="button" data-icon="delete" data-iconpos="notext" class="ui-btn-right">Close</a>
    <img style="max-height: 512px;" src="images/1.jpg">
</div>
```

图 14.10　定义弹出图片

在实际使用过程中，移动设备屏幕会在水平方向和垂直方向之间切换。随着屏幕方向的变化，图片可能会超出屏幕显示范围，为了不遮挡图片，加载页面的时候需要计算屏幕尺寸，并根据屏幕尺寸减去一定的边框值，重新设置弹出图片的尺寸。

【示例 2】 本示例设计一个弹出图片效果，并在 pageinit 事件中设置图片的最大尺寸会比屏幕高度小 50px，演示效果如图 14.11 所示。

```html
<script>
$(document).on("pageinit",function(){          // 定义页面初始化事件函数
    $("#pic").on({                             // 为图片绑定事件
        popupbeforeposition:function(){        // 在弹出页定位之前执行函数
            var maxHeight=$(window).height()-50 + "px";   // 获取设备窗口的高度
            $("#pic img").css("max-height",maxHeight);    // 设置图片最大高度不高于窗口减去 50 像素
        }
    })
})
</script>
<div data-role="page">
    <div data-role="header">
        <h1> 使用弹出页面 </h1>
    </div>
    <div data-role="content">
```

```
            <a href="#pic" data-transition="fade" data-rel="popup" data-position-to="window">
                <img style="width: 30%;" src="images/1.jpg">
            </a>
            <div id="pic" data-role="popup" data-theme="b" data-corners="false" data-overlay-theme="b">
                <a href="#" data-rel="back" data-role="button" data-icon="delete" data-iconpos="notext" class="ui-btn-right">
Close</a>
                <img style="max-height: 512px;" src="images/1.jpg">
            </div>
        </div>
    </div>
```

垂直显示

水平显示

图 14.11　定义弹出图片动态显示大小

图 14.11 显示了在移动设备中垂直和水平显示弹出图片的效果。水平显示时，屏幕比例发生变化，此时图片的高度和宽度略微发生一些调整，便于显示。

14.4.5　弹出视频

视频内容也可以通过弹出页显示，实现方法与弹出图片的方式大致相同，只需要将播放视频的 iframe、video 或者 embed 标签的内容嵌入弹出页面的 div 容器即可。

【示例1】　本示例设计了一个简单的弹出视频效果，在弹出页面嵌入一个 <video> 标签，使用该标签播放一段秒拍视频，演示效果如图 14.12 所示。

```
<div data-role="page">
    <div data-role="header">
        <h1> 使用弹出页面 </h1>
    </div>
    <div data-role="content">
```

```
            <a href="#popupVideo" data-rel="popup" data-position-to="window" class="ui-btn ui-corner-all ui-shadow ui-btn-inline">
播放视频 </a>
            <div data-role="popup" id="popupVideo" data-overlay-theme="b" data-theme="a"    class="ui-content">
                <video controls autoplay loop >
                    <source src="images/video.mp4" type="video/mp4">
                </video>
            </div>
        </div>
    </div>
```

图 14.12　定义弹出视频效果

　　一般情况下，为了保证呈现效果足够好，建议设置一定的页边距，这可以通过自定义函数 scale() 来实现。设计分析：

　　基于用户界面设计经验，通常会保留 30px 的页边距。当移动设备发生垂直或者水平切换的时候，移动应用程序最好能够读取切换后的屏幕尺寸。如果视频播放器超出旋转之后的浏览器的边界，最好能够通过程序成比例缩放播放器。这与之前介绍的弹出图片中的场景类似，不同的是这需要成比例缩放，而不能只对宽度或者高度进行缩放处理。

　　scale() 函数也可以根据浏览器的尺寸设置合适的弹出页面的尺寸。

　　【示例 2】 下面定义一个 scale() 函数，该函数能够根据参数（宽度、高度、补白、边框）与设备宽度和高度进行对比，如果弹出框尺寸小于设备屏幕尺寸，则直接使用参数设置视频的尺寸；否则使用设备屏幕的尺寸重设视频的尺寸，具体代码如下。

```
// 定义弹出框大小
// 参数说明：width 指定宽度，height 指定高度，padding 指定补白，border 指定边框宽度
// 返回值：返回指定对象应该显示的宽度和高度
function scale( width, height, padding, border ) {
    var scrWidth = $( window ).width() - 30,          // 计算设备的可显示宽度
        scrHeight = $( window ).height() - 30,        // 计算设备的可显示高度
        ifrPadding = 2 * padding,                     // 计算补白的占用宽度
        ifrBorder = 2 * border,                       // 计算边框的宽度
        ifrWidth = width + ifrPadding + ifrBorder,    // 计算显示的总宽度
```

```
        ifrHeight = height + ifrPadding + ifrBorder,    // 计算显示的总高度
        h, w;
    // 如果显示总宽度小于设备可显示宽度，且显示总高度小于设置可显示总高度，则直接使用设备可显示宽度
和高度设置对象尺寸
    if ( ifrWidth < scrWidth && ifrHeight < scrHeight ) {
        w = ifrWidth;
        h = ifrHeight;
    // 如果显示总宽度与设备可显示宽度的比值小于显示总高度与设备可显示总高度的比值，则使用设备可显示
宽度以及使用条件中宽度比值乘以显示总高度，来设置对象尺寸
    } else if ( ( ifrWidth / scrWidth ) > ( ifrHeight / scrHeight ) ) {
        w = scrWidth;
        h = ( scrWidth / ifrWidth ) * ifrHeight;
    // 否则，使用设备可显示高度以及使用条件中高度比值乘以显示总宽度，来设置对象尺寸
    } else {
        h = scrHeight;
        w = ( scrHeight / ifrHeight ) * ifrWidth;
    }
    // 最后，以对象格式存储，并返回应该设置的总宽度和总高度
    return {
        'width': w - ( ifrPadding + ifrBorder ),
        'height': h - ( ifrPadding + ifrBorder )
    };
};
```

上面的 scale() 函数是弹出页面经常使用的技术。尽管 jQuery Mobile 文档推荐使用 scale() 函数进行视频和地图边界设定，但是这个函数并没有包含在 jQuery Mobile 库或 jQuery 库中，用户可以直接将这个代码用到所需要的页面中。

另一个需要注意的细节是，很多视频内容是通过嵌入第三方网站的 iframe 实现的。页面初始化需要将 iframe 的高度和宽度设置为 0。打开视频播放器，播放器页面创建完成却未呈现在浏览器界面上的时候，重新绘制 iframe 的尺寸到期望的数值。在关闭播放器页面时，再重新设置 iframe 的高度和宽度为 0。

然后，在页面脚本中添加如下代码：

```
// 初始视频播放标签显示尺寸为 0
$( "video" )
    .attr( "width", 0 )
    .attr( "height", "auto" );
$( "video" ).css( { "width" : 0, "height" : 0 } );
$( "#popupVideo" ).on({
    popupbeforeposition: function() {            // 弹出框开始定位之前，执行函数
        var size = scale( 480, 320, 0, 1 ),
            w = size.width,
            h = size.height;
        $( "#popupVideo video" )
            .attr( "width", w )
            .attr( "height", h );
        $( "#popupVideo video" )
            .css( { "width": w, "height" : h } );
    },
    popupafterclose: function() {                // 关闭弹出框后，恢复设置视频尺寸显示为 0
```

```
        $( "#popupVideo video" )
            .attr( "width", 0 )
            .attr( "height", 0 );
        $( "#popupVideo video" )
            .css( { "width": 0, "height" : 0 } );
    }
});
```

💡 **提示**：集成视频网站内容的方式不同，绑定弹出页面事件实现视频播放器尺寸设定的方式也略有不同。如果视频播放器把 video 标签直接嵌套在弹出页面 div 容器中，则可以使用上面的代码；如果视频播放器把 iframe 标签以内联框架的方式嵌套在弹出页面 div 容器中，则需要将 $(>"#popupVideo embed") 调整为 $("#popupVideo iframe")。

最后，将上面的脚本置于文档头部区域 <script> 标签中，在移动设置中进行测试，显示效果如图 14.13 所示。

垂直显示

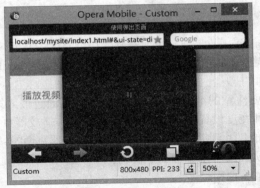

水平显示

图 14.13　定义弹出视频动态显示大小

视 频 讲 解

14.5　设置弹出页

为了改善弹出页的用户体验，在使用过程中，用户可能需要对其进行定制，如显示位置、关闭按钮、弹出动画和主题样式等，下面分别对其进行介绍。

14.5.1　显示位置

定义弹出页面的显示位置比较重要。例如，设置"弹出"提示框的位置后，提示框会在某个特定的 DOM 上被打开，以实现与这个 DOM 相关的帮助或提示功能。

定义弹出页面位置的方法有以下两种。

☑ 在激活弹出页面的超级链接按钮中设置 data-position-to 属性。

☑ 通过 JavaScript 方法对弹出页面执行 open() 操作，并设置打开弹出页面的坐标位置。

data-position-to 属性包括 3 个取值，具体说明如下。

☑ window：弹出页面在浏览器窗口的中央弹出。

☑ original：弹出页面在当前触发位置弹出。

☑ #id：弹出页面在 DOM 对象所在位置被弹出。此处需要将 DOW 对象的 id 赋值给 data-position-to 属性，如 data-position-to="#box"。

【示例】 本示例设计了 3 个弹出框，使用 data-position-to 属性定位弹出框的显示位置，让其分别显示在屏幕中央、当前按钮和指定对象上，示例的主要代码如下，演示效果如图 14.14 所示。

```
<div data-role="page">
    <div data-role="header">
        <h1> 定制弹出页面 </h1>
    </div>
    <div data-role="content">
        <a href="#window" data-rel="popup" data-position-to="window" data-role="button"> 定位到屏幕中央 </a>
        <a href="#origin" data-rel="popup" data-position-to="origin" data-role="button"> 定位到当前按钮上 </a>
        <a href="#selector" data-rel="popup" data-position-to="#pic" data-role="button"> 定位到指定对象上 </a>
        <div class="ui-content" id="window" data-role="popup" data-theme="a">
            <p> 显示在屏幕中央 </p>
        </div>
        <div class="ui-content" id="origin" data-role="popup" data-theme="a">
            <p> 显示在当前按钮上面 </p>
        </div>
        <div class="ui-content" id="selector" data-role="popup" data-theme="a">
            <p> 显示在指定图片上面 </p>
        </div>
        <img src="images/1.jpg" width="50%" id="pic" />
    </div>
</div>
```

显示在中央

显示在按钮上

显示在图片上

图 14.14 定义弹出框显示位置

14.5.2　切换动画

弹出页面显示过程有 10 种动画切换效果供用户选择。当需要以动画效果呈现弹出页面时，可以把打开页面的超级链接按钮的 data-transition 属性设置为相应动画效果即可。

data-transition 属性取值以及主要动画方式说明如下。

- ☑ slide：横向幻灯方式。
- ☑ slideup：自上向下幻灯方式。
- ☑ slidedown：自下向上幻灯方式。
- ☑ pop：中央弹出。
- ☑ fade：淡入淡出。
- ☑ flip：旋转弹出。
- ☑ turn：横向翻转。
- ☑ flow：缩小并以幻灯方式切换。
- ☑ slidefade：以淡出方式显示，以横向幻灯方式退出。
- ☑ none：无动画效果。

【示例】　定义某个弹出页面以中央弹出动画的方式呈现，代码如下，显示效果如图 14.15 所示。

```
<div data-role="page">
    <div data-role="header">
        <h1> 定制弹出页面 </h1>
    </div>
    <div data-role="content">
        <a href="#window" data-rel="popup" data-role="button" data-transition="pop"> 以中央弹出动画 </a>
        <div class="ui-content" id="window" data-role="popup" data-theme="d">
            <img src="images/1.jpg" id="pic" style="max-height:300px;" />
        </div>
    </div>
</div>
```

注意：并非所有动画效果都可以被移动设备支持。例如，早期的 Android 操作系统是不支持 3D 的页面切换效果的，此时会以淡入淡出效果呈现弹出动画效果。

14.5.3　主题样式

使用 data-theme 和 data-overlay-theme 两个属性可以定义弹出页面主题。其中，前者用于设置弹出页面自身的主题和色板配色，后者主要用于设置弹出页面周边的背景颜色。

【示例】　本示例设置弹出页面周边背景颜色为深色（data-overlay-theme="a"），弹出框背景颜色为浅黄色（data-theme="e"），演示效果如图 14.16 所示。

```
<div data-role="page">
    <div data-role="header">
        <h1>定制弹出页面 </h1>
    </div>
    <div data-role="content">
```

```
<a href="#window" data-rel="popup" data-role="button" data-position-to="window">
定义弹出页面主题 </a>
<div class="ui-content" id="window" data-role="popup" data-overlay-theme="a" data-theme="e" >
    <p> 使用 data-theme 属性设置弹出页面自身的主题和色板。</p>
    <p> 使用 data-overlay-theme 设置弹出页面周边的背景颜色。</p>
</div>
</div>
</div>
```

图 14.15 以中央弹出动画效果

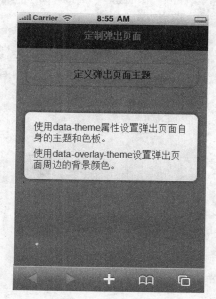

图 14.16 定义弹出页面主题样式

如果不设置 data-theme 属性，弹出页面将继承上一级 DOM 容器的主题和色板设定。例如，将页面的 data-theme 设置为 a，那么如果不特别进行 theme 主题设定，其下的各个弹出页面都将继承 theme 为 a 的设置。

> 📢 **注意**：有别于 data-theme 属性继承自上一级 DOM 容器的主题设定，如果没有设置 data-overlay-theme，那么呈现弹出页面的时候，弹出页面的周边是没有颜色覆盖的。

14.5.4 关闭按钮

为了方便关闭弹出页面，一般可在弹出框中添加一个关闭按钮。要实现关闭按钮，可以在 div 容器开始的位置添加一个超级链接按钮。在这个超级链接按钮中，设置 data-rel 属性为 back，即单击这个按钮相当于返回上一页。如果希望图标位于右上角，则设置这个超级链接按钮的 class 属性为 ui-btn-right；如果希望按钮出现在左上角，则设置该属性为 ui-btn-left。

也可以设置按钮的文字和图标。如果希望只显示一个图标按钮而不包含任何文字，则设置 data-iconpos 属性为 notext。

【**示例 1**】 本示例为弹出页面定义一个关闭按钮（data-role="button"），定义图标类型为 "×"（data-icon=

"delete"），作用是返回前一页面（data-rel="back"），使用 data-iconpos="notext" 定义按钮仅显示关闭图标，使用 class="ui-btn-right" 定义按钮位于弹出框右上角，演示效果如图 14.17 所示。

```html
<div data-role="page">
    <div data-role="header">
        <h1> 定制弹出页面 </h1>
    </div>
    <div data-role="content">
        <a href="#window" data-rel="popup" data-role="button" data-position-to="window">
        添加关闭按钮 </a>
        <div id="window" data-role="popup">
            <a class="ui-btn-right" href="#" data-rel="back" data-role="button" data-icon="delete" data-iconpos=
"notext">Close</a>
            <p><img src="images/1.jpg" style="max-height:300px;"/></p>
        </div>
    </div>
</div>
```

图 14.17　定义弹出框按钮及其位置

【示例 2】　为弹出页面添加 data-dismissible="false" 属性，可以禁止单击弹出页外区域引起的关闭弹出页，此时只能够通过关闭按钮关闭弹出页，示例演示代码如下。

```html
<div data-role="page">
    <div data-role="header">
        <h1> 定制弹出页面 </h1>
    </div>
    <div data-role="content">
        <a href="#window" data-rel="popup" data-role="button" data-position-to="window">
        添加关闭按钮 </a>
        <div id="window" data-role="popup"    data-dismissible="false">
```

```
                <a class="ui-btn-right" href="#" data-rel="back" data-role="button" data-icon="delete" data-iconpos=
"notext">Close</a>
                <p><img src="images/1.jpg" style="max-height:300px;"/></p>
            </div>
        </div>
    </div>
```

14.6 案例实战

视频讲解

本节将通过多个案例实战演练 jQuery Mobile 页面视图的设计技巧。

14.6.1 设计电子阅读器

本示例将使用多页面视图设计一个电子阅读器。运行之后，默认显示如图 14.18（a）所示的界面。该实例文档页面包含 4 个 page 控件，默认只有第一个 page 的内容被显示出来，可以通过单击页面中的目录按钮依次切换到内容视图页面，显示效果如图 14.18（b）所示。

（a）目录视图页　　　　　　　　　　　（b）内容视图页

图 14.18　设计的电子书阅读器

示例的主要代码如下。

```
<div data-role="page" id="home" data-title=" 首页 ">
    <div data-role="header" data-position="fixed">
        <a href="#"> 返回 </a>
        <h1>《红楼梦》目录 </h1>
        <a href="#"> 设置 </a>
```

```
        </div>
        <div data-role="content">
            <ul data-role="listview">
                <li><a href="#page_1"> 第一回 </a></li>
                <li><a href="#page_2"> 第二回 </a></li>
                <li><a href="#page_3"> 第三回 </a></li>
                <li><a href="#page_1"> 第四回 </a></li>
                <li><a href="#page_2"> 第五回 </a></li>
                <li><a href="#page_3"> 第六回 </a></li>
                <li><a href="#page_1"> 第七回 </a></li>
                <li><a href="#page_2"> 第八回 </a></li>
                <li><a href="#page_3"> 第九回 </a></li>
                <li><a href="#page_1"> 第十回 </a></li>
            </ul>
        </div>
        <div data-role="footer" data-position="fixed">
            <h1>电子书阅读器 </h1>
        </div>
    </div>
    <div data-role="page" id="page_1" data-title=" 第一回 "><!–首页 -->
        <div data-role="header" data-position="fixed">
            <a href="#home"> 返回 </a>
            <h1> 第一回 </h1>
            <a href="#"> 设置 </a>
        </div>
        <div data-role="content">
            <h1> 第一回 甄士隐梦幻识通灵 贾雨村风尘怀闺秀 </h1>
            <h4> 僧道谈论绛珠仙草为神瑛侍者还泪之事。僧道度脱甄士隐女儿英莲未能如愿。甄士隐与贾雨村结识。
英莲丢失；士隐出家，士隐解 "好了歌"。</h4>
        </div>
        <div data-role="footer" data-position="fixed">
            <h1>《红楼梦》</h1>
        </div>
    </div>
    <div data-role="page" id="page_2" data-title=" 第二回 ">
        <div data-role="header" data-position="fixed">
            <a href="#home"> 返回 </a>
            <h1> 第二回 </h1>
            <a href="#"> 设置 </a>
        </div>
        <div data-role="content">
            <h1> 第二回 贾夫人仙逝扬州城 冷子兴演说荣国府 </h1>
            <h4> 士隐丫头娇杏被雨村看中。雨村发迹后先娶娇杏为二房，不久扶正。雨村因贪酷被革职，给巡盐御
史林如海独生女儿林黛玉教书识字。冷子兴和贾雨村谈论贾府危机；谈论宝玉聪明淘气，常说 "女儿是水做的骨肉，
男子是泥做的骨肉，我见了女儿便清爽，见了男子便觉浊臭逼人"，谈论邪正二气及大仁大恶之人。</h4>
        </div>
        <div data-role="footer" data-position="fixed">
            <h1>《红楼梦》</h1>
        </div>
```

```
    </div>
    <div data-role="page" id="page_3" data-title=" 第三回 ">
        <div data-role="header" data-position="fixed">
            <a href="#home"> 返回 </a>
            <h1> 第三回 </h1>
            <a href="#"> 设置 </a>
        </div>
        <div data-role="content">
            <h1> 第三回 贾雨村夤缘复旧职 林黛玉抛父进京都 </h1>
            <h4> 黛玉母逝; 贾母要接外孙女黛玉; 林如海写信给贾政为雨村谋求复职。黛玉进贾府, 不肯多说一句话,
多行一步路, 怕被人耻笑。贾母疼爱林黛玉; "凤辣子" 出场; 王夫人要黛玉不要招惹宝玉; 宝黛相会, 一见如故。</h4>
        </div>
        <div data-role="footer" data-position="fixed">
            <h1>《红楼梦》</h1>
        </div>
    </div>
</div>
```

此外加入了两个属性: id 和 data-title。id 的作用就是区分各个 page, 按照 jQuery Mobile 的官方说明文档, 当一个页面中有多个 page 控件时, 将会优先显示 id 为 home 的视图页, 如果没有则会按照代码中的先后顺序, 对第一个 page 的内容进行渲染。

```
<div data-role="page" id="page_1" data-title=" 第一回 ">
    ……
</div>
```

在视图页中, 可以定义链接指向某个 page 页, HTML 以 # 开头的通常都是指 id, 此处用来确定选择后页面会转向哪个 page 控件, 这种用法其实在原生 HTML 中已经存在了。

```
<a href="#page_1"> 第一回 </a>
```

data-title 属性相当于原生 HTML 中的 <title> 标签, 这里不过是为页面中的每一个 page 都建立了一个 title 而已。

💡 **提示:** 使用多视图设计页面会出现延迟现象, 尤其是在一个页面刚刚被加载时, 常常伴有屏幕闪烁的现象。针对这一现象, 不只是 jQuery Mobile, 一切基于 HTML5 的开发框架暂时都无法解决, 但是却可以想办法避免。本例在页面间进行切换的速度明显比之前所用到的那种在多个 HTML 文件之间切换的方式快了许多, 这是因为本例将多个 page 控件放在同一个 HTML 文件中, 虽然仅仅显示了一个 page, 但实际上其他 page 早已经在后台完成了渲染, 另外, 由于不需要再重复读取 HTML 文件, 因此切换的速度加快了许多。

🔊 **注意:** 使用多视图设计 Web 应用, 这种方法虽然非常好, 但是还是建议用户多采取传统的在多个文件间切换的方式。因为需要将应用借助 PhoneGap 进行打包时, 这种在一个页面中加入多个 page 控件的方式, 能够有效地提高应用运行的效率。但是在开发传统的 Web 应用时不推荐使用这种方法。首先是因为从服务端读取数据的时间远比页面加载的时间要长; 提高的效率完全可以忽略; 其次, 多个 page 嵌套就意味着更加复杂的逻辑, 尤其是一些需要频繁读取数据库的应用, 很容易使初学者手忙脚乱。

14.6.2　设计论坛界面

本案例使用 jQuery Mobile 实现一个 BBS 的主界面。该页面简洁、漂亮，而且话题排列一目了然，效果如图 14.19 所示。

图 14.19　BBS 主界面

首先，新建一个 HTML5 文档，保存为 index.html，然后在 <head> 头部区域导入 jQuery Mobile 库文件，接着在 <body> 区域定义一个单页面视图 <div data-role="page">，在该视图的 <div data-role="content"> 内容容器中定义一个列表视图。

```
<ul data-role="listview" data-filter="true" data-filter-placeholder="Search fruits..." data-inset="true"></ul>
```

在列表视图中使用 <li data-role="list-divider"> 列表项目以分离多个论坛主题。示例的结构代码如下。

```
<div data-role="page">
    <div data-role="header" data-position="fixed"> <a href="#" data-icon="info"> 关于 </a>
        <h1>jQuery Mobile<br> 中文社区 </h1>
        <a href="#" data-icon="home"> 主页 </a> </div>
    <div data-role="content">
        <ul data-role="listview" data-filter="true" data-filter-placeholder="Search fruits..." data-inset="true">
            <li data-role="list-divider">jQuery Mobile 开发区 </li>
            <li> <a href="#"> 新手入门 </a> </li>
            <li> <a href="#"> 开发资料大全 </a> </li>
            <li> <a href="#"> 实例教程 </a> </li>
            <li> <a href="#"> 扩展插件 </a> </li>
            <li data-role="list-divider">jQuery Mobile 问答区 </li>
            <li> <a href="#"> 问题解答 </a> </li>
            <li> <a href="#"> 测试专辑 </a> </li>
            <li data-role="list-divider">jQuery Mobile 项目外包 </li>
            <li> <a href="#"> 人才招聘 </a> </li>
```

```
            <li> <a href="#"> 插件交易 </a> </li>
        </ul>
    </div>
    <div data-role="footer" data-position="fixed">
        <div data-role="navbar">
            <ul>
                <li><a href="#" data-icon="gear"> 注册 </a></li>
                <li><a href="#" data-icon="check"> 登录 </a></li>
                <li><a href="#" data-icon="alert"> 版规 </a></li>
            </ul>
        </div>
    </div>
</div>
```

14.6.3 设计记事本

本例使用 jQuery Mobile 和 PhoneGap 实现一款简单的记事本应用，这里仅仅设计界面部分，效果如图 14.20 所示。

图 14.20 设计记事本

本示例使用两个视图页进行设计，其中第一个 page 控件用于显示记事列表；第二个 page 控件用于添加记事，结构如下。

```
<div data-role="page" id="home" data-title=" 记事本 ">
    <div data-role="header" data-position="fixed"></div>
    <div data-role="content"></div>
    <div data-role="footer" data-position="fixed"></div>
</div>
```

```
<div data-role="page" id="new" data-title=" 新建记事本 ">
    <div data-role="header" data-position="fixed"> </div>
    <div data-role="content"></div>
    <div data-role="footer" data-position="fixed"></div>
</div>
```

　　然后，使用列表视图 <ul data-role="listview"> 在第一个视图页中显示记事列表，在第二个视图页使用 <form> 插入一个表单。设计在第一个页面中单击"新建"按钮，可以跳转到第二个页面，记事完毕，单击 "提交"按钮，或者单击"返回"按钮，再次返回到首页列表视图下，示例代码如下。

```
<div data-role="page" id="home" data-title=" 记事本 ">
    <div data-role="header" data-position="fixed">
        <h1> 记事本 </h1>
        <a href="#new" data-icon="custom"> 新建 </a>
    </div>
    <div data-role="content">
        <ul data-role="listview">
            <li><a href="#">
                <h1>2016/5/1 星期日 </h1>
                <p> 你站在桥上看风景，看风景的人在楼上看你，明月装饰了你的窗子，你装饰了别人的梦。
</p></a></li>
            <li><a href="#">
                <h1>2016/5/2 星期一 </h1>
                <p> 从明天起，做一个幸福的人，喂马，劈柴，周游世界；从明天起，关心粮食和蔬菜；我有一
所房子，面向大海，春暖花开 </p></a></li>
            <li><a href="#">
                <h1>2016/5/3 星期二 </h1>
                <p> 参观科技馆 </p></a></li>
            ……
        </ul>
    </div>
    <div data-role="footer" data-position="fixed"></div>
</div>
<div data-role="page" id="new" data-title=" 新建记事本 ">
    <div data-role="header" data-position="fixed">
        <h1> 新建记事本 </h1>
        <a href="#home" data-icon="back"> 返回 </a>
    </div>
    <div data-role="content">
        <form>
            <label for="note"> 请输入内容 :</label>
            <textarea name="note" id="note" style="height:100%; min-height:200px"></textarea>
        </form>
    </div>
    <div data-role="footer" data-position="fixed">
        <div data-role="navbar">
            <ul><li><a href="#" data-icon="arrow-u"> 保存 </a></li></ul>
        </div>
    </div>
</div>
```

14.6.4　设计弹出框

本例设计 6 个按钮，为这 6 个按钮绑定链接，设置链接类型为 data-rel="popup"，然后在 href 属性上分别绑定 6 个不同的弹出层包含框。接着，在页面底部定义 6 个弹出框，前面 3 个不包含标题框，后面 3 个包含标题框。在标题框中添加一个关闭按钮：定义链接类型为 "back"，即返回页面，关闭浮动层；定义 <a> 标签角色为按钮（data-role="button"）；定义主题为 a，显示图标为 "delete"，使用 data-iconpos="notext" 定义不显示链接文本；使用 class="ui-btn-left" 类定义按钮显示位置，代码如下。

```
<a href="#" data-rel="back" data-role="button" data-theme="a" data-icon="delete" data-iconpos="notext" class="ui-btn-left">
Close</a>
```

在弹出框中，可以使用 data-role="header" 定义标题栏，此时可以把弹出层视为一个独立的"视图页面"；最后，可以使用 data-dismissible="false" 属性定义背景层不响应单击事件，案例演示效果如图 14.21 所示。

设置不同形式弹出框　　　　　　简单的弹出框　　　　　　包含标题的弹出框

图 14.21　设计弹出框

示例主要代码如下。

```
<div data-role="page">
    <div data-role="header">
        <h1> 弹出框 </h1>
    </div>
    <div data-role="content">
        <a href="#popup1" data-rel="popup" data-role="button"> 右边关闭 </a>
        <a href="#popup2" data-rel="popup" data-role="button"> 左边关闭 </a>
        <a href="#popup3" data-rel="popup" data-role="button" > 禁用关闭 </a>
        <a href="#popup4" data-rel="popup" data-role="button"> 右边关闭（带标题）</a>
        <a href="#popup5" data-rel="popup" data-role="button"> 左边关闭（带标题）</a>
        <a href="#popup6" data-rel="popup" data-role="button" > 禁用关闭（带标题）</a>
```

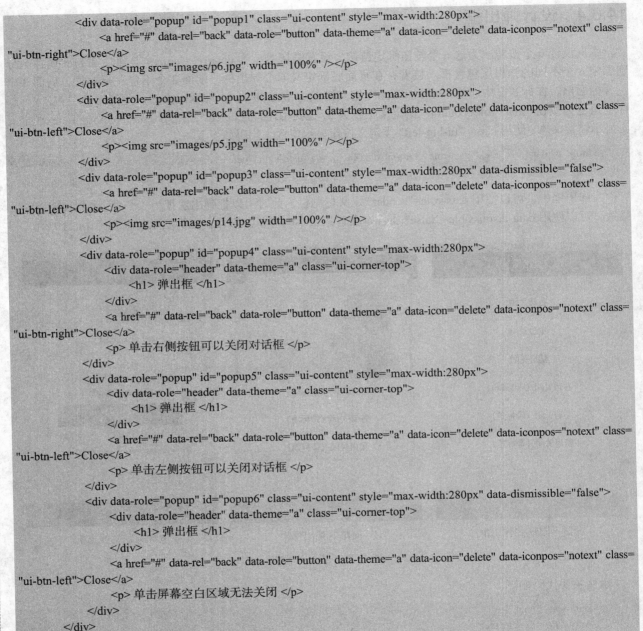

```html
<div data-role="popup" id="popup1" class="ui-content" style="max-width:280px">
    <a href="#" data-rel="back" data-role="button" data-theme="a" data-icon="delete" data-iconpos="notext" class="ui-btn-right">Close</a>
        <p><img src="images/p6.jpg" width="100%" /></p>
</div>
<div data-role="popup" id="popup2" class="ui-content" style="max-width:280px">
    <a href="#" data-rel="back" data-role="button" data-theme="a" data-icon="delete" data-iconpos="notext" class="ui-btn-left">Close</a>
        <p><img src="images/p5.jpg" width="100%" /></p>
</div>
<div data-role="popup" id="popup3" class="ui-content" style="max-width:280px" data-dismissible="false">
    <a href="#" data-rel="back" data-role="button" data-theme="a" data-icon="delete" data-iconpos="notext" class="ui-btn-left">Close</a>
        <p><img src="images/p14.jpg" width="100%" /></p>
</div>
<div data-role="popup" id="popup4" class="ui-content" style="max-width:280px">
    <div data-role="header" data-theme="a" class="ui-corner-top">
        <h1> 弹出框 </h1>
    </div>
    <a href="#" data-rel="back" data-role="button" data-theme="a" data-icon="delete" data-iconpos="notext" class="ui-btn-right">Close</a>
        <p> 单击右侧按钮可以关闭对话框 </p>
</div>
<div data-role="popup" id="popup5" class="ui-content" style="max-width:280px">
    <div data-role="header" data-theme="a" class="ui-corner-top">
        <h1> 弹出框 </h1>
    </div>
    <a href="#" data-rel="back" data-role="button" data-theme="a" data-icon="delete" data-iconpos="notext" class="ui-btn-left">Close</a>
        <p> 单击左侧按钮可以关闭对话框 </p>
</div>
<div data-role="popup" id="popup6" class="ui-content" style="max-width:280px" data-dismissible="false">
    <div data-role="header" data-theme="a" class="ui-corner-top">
        <h1> 弹出框 </h1>
    </div>
    <a href="#" data-rel="back" data-role="button" data-theme="a" data-icon="delete" data-iconpos="notext" class="ui-btn-left">Close</a>
        <p> 单击屏幕空白区域无法关闭 </p>
    </div>
</div>
</div>
```

14.6.5 设计视图样式

本例设计一个单页页面视图，然后通过 CSS3 渐变定义页面背景显示为过渡效果，如图 14.22 所示。

从图 14.22 可以看出，页面中确实实现了背景颜色的渐变，在 jQuery Mobile 中只要是可以使用背景的地方就可以使用渐变，如按钮、列表等。渐变的方式主要分为线性渐变和放射性渐变，本例使用的渐变就是线性渐变，示例主要代码如下。

```
<style type="text/css">
.bg-gradient{
    background-image:-webkit-gradient(          /* 兼容 WebKit 内核浏览器 */
        linear,left bottom,left top,            /* 设置渐变方向为纵向 */
        color-stop(0.22,rgb(12,12,12)),         /* 上方颜色 */
        color-stop(0.57,rgb(153,168,192)),      /* 中间颜色 */
        color-stop(0.84,rgb(23,45,67))          /* 底部颜色 */
    );
    background-image:-moz-linear-gradient(      /* 兼容 Firefox */
        90deg,                                  /* 角度为 90°，即方向为上下 */
        rgb(12,12,12),                          /* 上方颜色 */
        rgb(153,168,192),                       /* 中间颜色 */
        rgb(23,45,67)                           /* 底部颜色 */
    );
}
</style>
<div data-role="page" id="page"    class="bg-gradient">
    <div data-role="header">
        <h1> 页面渐变背景样式 </h1>
    </div>
    <div data-role="content"><img src="images/bg1.png" width="100%" /></div>
</div>
```

图 14.22　设计页面渐变背景样式

　　使用 data-theme 属性设置主题，让页面拥有不同的颜色，但很多时候，还需要更加高效的方式。直接使用 CSS 设置背景图片是一个非常好的方法，可是会造成页面加载缓慢。这时就可以使用 CSS 的渐变效果。注意，各浏览器对渐变效果的支持程度不同，因此必须对不同的浏览器做出一些区分。

Note

14.6.6 设计视图切换方式

不管是页面还是对话框，在呈现的时候都可以设定其切换方式，以改善用户体验，这可以通过在链接中声明 data-transition 属性为期望的切换方式来实现。实现页面切换的代码如下。

```
<a href="#new1" data-transition="pop">jQuery Mobile </a>
```

上面代码以从中心渐显展开的方式弹出视图页面，data-transition 属性值说明如表 14.2 所示。

图 14.2　data-transition 参数表

参　数	说　明
slide	从右到左切换（默认）
slideup	从下到上切换
slidedown	从上到下切换
pop	以弹出的形式打开一个页面
fade	以渐变褪色的方式切换
flip	旧页面翻转飞出，新页面飞入
turn	横向翻转
flow	缩小并以幻灯方式切换
slidefade	以淡出方式显示，以横向幻灯方式退出
none	无动画效果

注意： 旋转弹出等一些效果在 Android 早期版本中受到的支持不是很好。旋转弹出特效需要移动设备浏览器能够支持 3D CSS，但是早期 Android 操作系统并不支持这些。

【示例】 一款真正具有使用价值的应用，首先应该至少有两个页面，通过页面的切换来实现更多的交互。例如，手机人人网，打开以后先进入登录页面，登录后会有新鲜事，拉开左边的面板，能看到相册、悄悄话和应用等其他内容。页面的切换是通过链接来实现的，这跟 HTML 完全一样。本示例演示了 jQuery Mobile 不同页面切换的效果比较，示例代码如下，演示效果如图 14.23 所示。

☑　index.html

```
<div data-role="page">
    <div data-role="header">
        <h1> 页面过渡效果 </h1>
    </div>
    <div data-role="content">
        <a href="index1.html" data-role="button"> 默认切换（渐显）</a><!-- 使用默认切换方式，效果为渐显 -->
        <a data-role="button" href="index1.html" data-transition="fade" data-direction="reverse">fade( 渐显 )</a><!-- data-transition="fade" 定义切换方式渐显 -->
        <a data-role="button" href="index1.html" data-transition="pop" data-direction="reverse">pop( 扩散 )</a><!-- data-transition="pop" 定义切换方式扩散 -->
        <a data-role="button" href="index1.html" data-transition="flip" data-direction="reverse">flip（展开）</a><!-- data-transition="flip" 定义切换方式展开 -->
```

```
        <a data-role="button" href="index1.html" data-transition="turn" data-direction="reverse">turn(翻转覆盖)</a>
<!-- data-transition="turn" 定义切换方式翻转覆盖 -->
        <a data-role="button" href="index1.html" data-transition="flow" data-direction="reverse">flow(扩散覆盖)</a>
<!-- data-transition="flow" 定义切换方式扩散覆盖 -->
        <a data-role="button" href="index1.html" data-transition="slidefade" >slidefade(滑动渐显)</a><!-- data-transition=
"slidefade" 定义切换方式滑动渐显 -->
        <a data-role="button" href="index1.html" data-transition="slide" data-direction="reverse">slide(滑动)</a>
<!-- data-transition="slide" 定义切换方式滑动 -->
        <a data-role="button" href="index1.html" data-transition="slidedown" >slidedown(向下滑动)</a><!-- data-transition=
"slidedown" 定义切换方式向下滑动 -->
        <a data-role="button" href="index1.html" data-transition="slideup" >slideup(向上滑动)</a><!-- data-transition=
"slideup" 定义切换方式向上滑动 -->
        <a data-role="button" href="index1.html" data-transition="none" data-direction="reverse">none(无动画)</a>
<!-- data-transition="none" 定义切换方式"无" -->
                                            </div>
    </div>
```

☑ index1.html

```
<div data-role="page" id="page" data-add-back-btn="true" data-back-btn-text=" 返回 ">
    <div data-role="header">
        <h1> 页面过渡效果 </h1>
    </div>
    <div data-role="content"><img src="images/bg.jpg" width="100%"/></div>
</div>
```

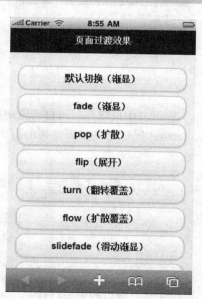
相册列表

弹出显示

图 14.23　设计页面切换效果

提示：如果在目标页面中显示后退按钮，也可以在链接中加入 data-direction="reverse" 属性，这个属性和 data-back="true" 的作用相同。

Note

14.6.7 设计相册视图

本例设计一个基于 jQuery Mobile 弹出页面实现的相册。单击页面中的某张图片，该图片会以对话框的形式放大显示，演示效果如图 14.24 所示。

相册列表   弹出显示

图 14.24 设计相册效果

【设计步骤】

第 1 步，设计在页面中插入 6 张图片，固定宽度为 49%，在屏幕中以双列三行自然流动显示。

第 2 步，为它们定义超级链接，使用 jQuery Mobile 的 data-rel 属性定义超级链接的行为。本例设计以弹出窗口的形式打开链接，即 data-rel="popup"。

提示：data-rel 属性包括 4 个值：back、dialog 、external 和 popup，具体说明如下。

☑ back：在历史记录中向后移动一步。

☑ dialog：将页面作为对话框来打开，不在历史中记录。

☑ external：链接到另一域。

☑ popup：打开弹出窗口。

第 3 步，使用属性 data-position-to="window" 定义弹出窗口在当前窗口的中央打开。

提示：data-position-to 规定弹出框的位置，包括 3 个值：origin、jQuery selector 和 window。具体说明如下：

☑ origin：默认值，在打开它的链接上弹出。

☑ jQuery selector：在指定元素上弹出。

☑ window：在窗口屏幕中间弹出。

第 4 步，使用 data-role="popup" 属性定义弹出框，分别定义 id 值为 "popup_1" "popup_2" "popup_3" …… 依此类推。同时在该包含框中插入要打开的图片，并使用行内样式定义最大高度为 512px（max-height:512px）。

第 5 步，弹出框包含一个关闭按钮，设计其功能为关闭，并位于弹出框右上角，代码如下。

```
<a href="#" data-rel="back" data-role="button" data-icon="delete" data-iconpos="notext" class="ui-btn-right">Close</a>
```

第 6 步，在 <a> 标签中定义 href 属性值，设置其值分别为 "#popup_1" "#popup_2" "#popup_3" …… 依此类推。这样就设计完毕了，不需要用户编写一句 JavaScript 脚本，执行效果如图 14.24 所示。完整示例代码请参考示例源码包。

第 **15** 章

移动布局

（ 🎬 视频讲解：30 分钟）

    jQuery Mobile 为视图页面提供了强大的版式支持，有两种布局方法使其格式化变得更简单：表格化和可折叠的内容块。网格化和折叠面板组件可以帮助用户快速实现页面内容格式化排版。另外，本章还将介绍表格的移动版式，以及移动设备特有的滑动面板等版式形式。

【学习重点】

▶▶ 网格化布局。

▶▶ 可折叠内容块。

▶▶ 折叠组。

▶▶ 移动表格。

▶▶ 滑动面板。

视频讲解

Note

15.1 网格化

在移动设备中，由于显示尺寸的限制，通常不会使用多栏布局。在高分辨率的移动设备浏览器中，分栏显示有助于更好地利用屏幕空间，提升用户体验。

jQuery Mobile 支持分栏布局，通过 CSS 定义实现，主要包含两个部分，即栏目数量以及内容所在栏目的次序，具体说明如下。

☑ 定义栏目数量

基本语法：

```
ui-guid-a、ui-guid-b、ui-guid-c、ui-guid-d
```

上面的 class 分别表示对应的 <div> 或者 <section> 中的栏目数量，分别为二栏、三栏、四栏、五栏。例如，下面结构代码定义二栏布局。

```
<div class="ui-grid-a"></div>
```

☑ 定义内容块在栏目中的位置

基本语法：

```
ui-block-a、ui-block-b、ui-block-c、ui-block-d、ui-block-e
```

上面的 class 分别表示相应内容块位于第一栏、第二栏、第三栏、第四栏和第五栏。例如，下面代码表示内容被填充于第二栏。

```
<div class="ui-grid-a">
    <div class="ui-block-b"></div>
</div>
```

📢 注意：这里的栏目数量是从两栏开始的，栏目数量的最大值是 5，所以表示布局分为五栏的序号为 d，CSS 定义为 ui-grid-d。标记内容所在栏目的位置是从第一栏开始的，所以，第五栏所对应的为 e，CSS 会表示为 ui-block-e，这是用户很容易疏忽的地方。

【示例1】 本示例演示了如何使用 CSS 定义实现两栏布局。

```
<div data-role="page">
    <div data-role="header">
        <h1> 两栏布局 </h1>
    </div>
    <div data-role="content">
        <div class="ui-grid-a">
            <div class="ui-block-a"><p> 第一栏 </p></div>
            <div class="ui-block-b"><p> 第二栏 </p></div>
        </div>
    </div>
</div>
```

Note

运行上面的代码，预览效果如图 15.1 所示。

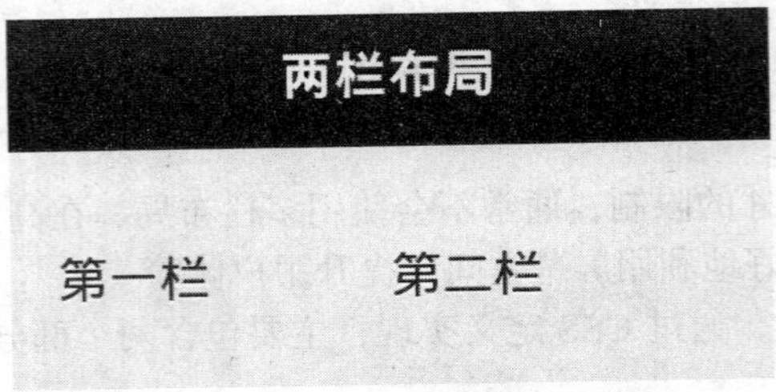

两栏布局

第一栏   第二栏

图 15.1   设计两栏布局

提示：在分栏布局中，各个内容的宽度通常是平均分配的。对于不同的栏数，各个分栏的宽度比例说明如下。

☑   二栏布局：每栏内容所占的宽度为 50%。
☑   三栏布局：每栏内容所占的宽度大约为 33%。
☑   四栏布局：每栏内容所占的宽度为 25%。
☑   五栏布局：每栏内容所占的宽度为 20%。

注意：分栏越多，每栏在屏幕中的尺寸就越小，这在移动应用开发中需要格外小心。如果在屏幕尺寸较小的手机浏览器上显示四栏或者五栏的布局，并且每个分栏中都是相对字数较多的文字或图片内容，则可能会因为界面呈现局促而降低用户体验；如果在多栏布局中，每个分栏包含的是一个含义清晰美观的图标按钮，则可能会获得更好的用户体验。

【示例 2】   分栏布局默认不会显示边框线。某些应用场景为了能够明晰显示布局的边界，可以使用 CSS 将内容的背景设置为白色，而将边框设为实线框，设计效果如图 15.2 所示。

```
<style type="text/css">
/* 自定义 CSS，用以标识两栏布局边框范围 */
.ui-content div div p{
    background-color:#fff;
    border: 1px solid #93FB40;
}
</style>
<div data-role="page">
    <div data-role="header">
        <h1> 两栏布局 </h1>
    </div>
    <div data-role="content">
        <div class="ui-grid-a">
            <div class="ui-block-a"><p> 第一栏 </p></div>
            <div class="ui-block-b"><p> 第二栏 </p></div>
        </div>
    </div>
</div>
```

图 15.2 设计多栏边框

【示例3】 如果需要移动应用支持更多的分栏，可以通过增加分栏来实现。在下面的五栏布局中，依次加入标记为 ui-block-c 到 ui-block-e 的 CSS 定义，实现了第三栏到第五栏的定义，演示效果如图 15.3 所示。

```html
<div data-role="page">
    <div data-role="header">
        <h1> 五栏布局 </h1>
    </div>
    <div data-role="content">
        <div class="ui-grid-d">
            <div class="ui-block-a"><p> 第一栏 </p></div>
            <div class="ui-block-b"><p> 第二栏 </p></div>
            <div class="ui-block-c"><p> 第三栏 </p></div>
            <div class="ui-block-d"><p> 第四栏 </p></div>
            <div class="ui-block-e"><p> 第五栏 </p></div>
        </div>
    </div>
</div>
```

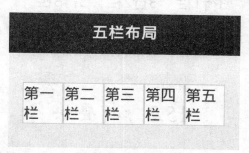

图 15.3 设计 5 栏布局

注意：jQuery Mobile 使用这样的方式定义分栏数量，最多可以定义 5 个分栏。如果用户需要更多的分栏布局，需要自己开发 CSS 布局来实现。

【示例4】 如果希望设计多行多列布局，通常并不需要重复设置多个 <div class="ui-grid-b"> 标签，顺序排列包含有 ui-block-a/b/c/d/e 定义的 div 即可。本示例设计了一个三行三列的表格布局页面，效果如图 15.4 所示。

```html
<div data-role="page">
    <div data-role="header">
        <h1> 三行三列表格布局 </h1>
    </div>
```

```
<div data-role="content">
    <div class="ui-grid-b">
        <div class="ui-block-a"><p>1 行 1 栏 </p></div>
        <div class="ui-block-b"><p>1 行 2 栏 </p></div>
        <div class="ui-block-c"><p>1 行 3 栏 </p></div>
        <div class="ui-block-a"><p>2 行 1 栏 </p></div>
        <div class="ui-block-b"><p>2 行 2 栏 </p></div>
        <div class="ui-block-c"><p>2 行 3 栏 </p></div>
        <div class="ui-block-a"><p>3 行 1 栏 </p></div>
        <div class="ui-block-b"><p>3 行 2 栏 </p></div>
        <div class="ui-block-c"><p>3 行 3 栏 </p></div>
    </div>
</div>
</div>
```

三行三列...

1行1栏	1行2栏	1行3栏
2行1栏	2行2栏	2行3栏
3行1栏	3行2栏	3行3栏

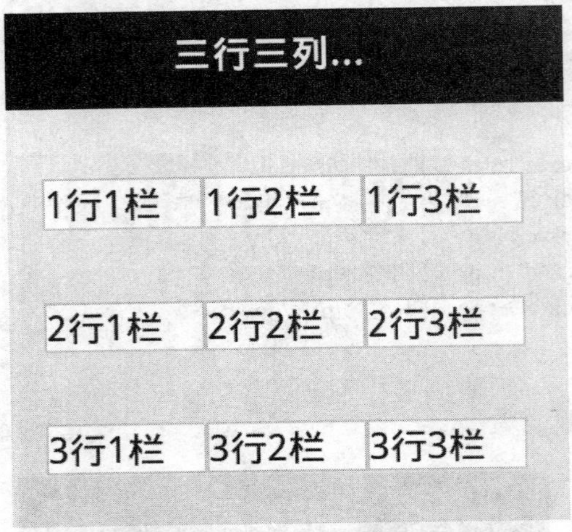

图 15.4　设计 3 行 3 列表格布局

视频讲解

15.2　折叠块

折叠内容块是指特定标记内的图文内容或表单可以被折叠起来。它通常由两部分组成：头部按钮和可折叠内容。用户需要操作的时候，直接单击头部按钮即可展开或者折叠所包含的内容。

15.2.1　定义折叠块

使用 jQuery Mobile 建立的可折叠内容块通常由如下 3 部分组成。
☑ 定义 data-role 属性为 collapsible 的 DOM 对象，用以标记折叠内容块的范围。
☑ 以标题标签定义可折叠内容块的标题。可折叠内容块的标题将呈现为一个用以控制展开或折叠的按钮。
☑ 可折叠内容块的内容。

结构代码如下。

```
<div data-role="collapsible">
    <h1> 折叠按钮 </h1>
    <p> 折叠内容 </p>
</div>
```

这里使用了 h1 标题。事实上，任何 h1～h6 级别的标题在第一行都将呈现为折叠内容块的头部按钮。通常，jQuery Mobile 界面不会因为采用了低级别的标题（如 h6）而导致可折叠内容块的头部按钮的字体或字号发生改变。例如，下面代码与上面代码的解析效果是一样的。

```
<div data-role="collapsible">
    <h6> 折叠按钮 </h6>
    <p> 折叠内容 </p>
</div>
```

【示例】 在可折叠内容块中，折叠按钮的左侧会有一个 "+"，表示该标题可以点开。标题的下面放置需要折叠显示的内容，通常使用段落标签。当单击标题中的 "+" 时，显示元素中的内容，标题左侧的 "+" 变成 "-"；再次单击隐藏元素中的内容，标题左侧的 "-" 变成 "+"，演示效果如图 15.5 所示。

折叠容器收缩

折叠容器展开

图 15.5 设计可折叠内容块

```
<style type="text/css">
#page img { width: 100%; }
</style>
<div data-role="collapsible">
    <h1> 居家每日精选 </h1>
    <p><img src="images/1.png" alt=""/></p>
</div>
```

15.2.2 定义嵌套折叠块

使用嵌套的可折叠内容块既可以有效地以类似的方式组织内容的结构，也能在有限的显示空间获得不错的用户体验。注意，这种嵌套最多不超过 3 层，否则会影响用户体验。

【示例】 新建一个 HTML5 页面，在内容区域添加 3 个 data-role 属性值为 collapsible 的折叠块，分别以嵌套的方式进行组合。单击第一层标题时，显示第二层折叠块内容；单击第二层标题时，显示第三层折叠块内容。详细代码如下，预览效果如图 15.6 所示。

```
<div data-role="page" id="page">
    <div data-role="header">
        <h1>折叠嵌套 </h1>
    </div>
    <div data-role="collapsible">
        <h1>一级折叠面板 </h1>
        <p>家用电器 </p>
        <div data-role="collapsible">
            <h2>二级折叠面板 </h2>
            <p>大家电 </p>
            <div data-role="collapsible">
                <h3>三级折叠面板 </h3>
                <p>平板电视 / 空调 / 冰箱 / 洗衣机 / 家庭影院 /DVD/ 迷你音响 / 烟机 / 灶具 / 热水器 / 消毒柜 /
洗碗机 / 酒柜 / 冷柜 / 家电配件 </p>
            </div>
        </div>
    </div>
</div>
```

折叠容器收缩

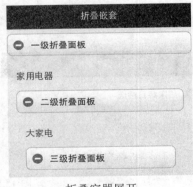
折叠容器展开

图 15.6　嵌套折叠容器演示效果

提示：实现具有嵌套关系的可折叠内容块需要注意以下两个方面的内容。
☑　外层嵌套可折叠内容块和内部可折叠内容块最好使用不同的主题风格，以便使用者分辨可折叠内容块级别。
☑　各层可折叠内容块通过声明 data-content-theme 属性定义内容区域的显示风格，这样的设置能让可折叠内容块的内容边界处出现一个边框线。这个边框线相对明显地分割了各级嵌套内容，方便用户阅读内容块区域的内容。

15.2.3　设置属性

可折叠内容块定义 DOM 容器属性实现常用的设置，而不需要开发 JavaScript 脚本进行设计，如界面样式、内容块样式和标题文字等，具体说明如下。

1. data-collapsed

设置为折叠状态或展开状态，其默认值为 true，表示折叠状态；如果其值为 false，则为展开状态。例如：

```
<div data-role="collapsible" data-collapsed="true">
```

下面代码设置为折叠状态：

```
<div data-role="collapsible" data-collapsed="false">
```

2. data-mini

jQuery Mobile 1.1.0 开始支持这个属性，设置内容区域表单组件，将其呈现为标准尺寸或者压缩尺寸。其默认值为 false，表示以标准尺寸呈现；如果将其值设置为 true，则表单元素呈现为压缩尺寸。例如：

```
<div data-role="collapsible" data-mini="true">
```

3. data-iconpos

设置可折叠内容块标题的图标位置，具体可选值如下。
- ☑ left：图标位于左侧，为默认值。
- ☑ right：图标位于右侧。
- ☑ top：图标位于上方。
- ☑ bottom：图标位于下方。
- ☑ notext：理论上说，此种情况下文字会被隐藏而只显示图标。

例如，下面的代码设置了图标在右侧显示，效果如图 15.7 所示。

```
<div data-role="collapsible" data-iconpos="right">
```

图 15.7 设计折叠按钮在右侧

4. data-theme

设置可折叠内容块的主题风格，数值为 a ～ z。

5. data-content-theme

设置可折叠内容块内部区域的主题风格，数值为 a ～ z。

15.2.4 设置选项

使用可折叠内容块的选项设置，用户可以在初始化过程中通过 JavaScript 对可折叠内容块进行样式定制，具体说明如下。

- ☑ collapsed：设置默认状态为折叠状态或展开状态，其默认值为 true，表示可折叠内容块的默认状态为折叠状态；如果将其值设置为 false，则为展开状态。例如：

```
// 初始化指定的折叠选项
$( ".selector" ).collapsible({ collapsed:    false   });
 // getter
var collapseCueText = $( ".selector" ).collapsible( "option", "collapsed" );
 // setter
$( ".selector" ).collapsible( "option", "collapsed",    false   );
```

☑ mini：设置内容区域表单组件为标准尺寸或者压缩尺寸。jQuery Mobile 1.1.0 开始支持这个选项，其默认值为 false，表示以标准尺寸呈现；如果将其值设置为 true，则表单元素呈现为压缩尺寸。

☑ inset：设置类型。默认值为 true，如果设置该选项为 false，元素是无角、全幅的外观；如果可折叠容器的值是 false，可折叠部分的值是从父折叠集继承。默认情况下折叠区域有插图的外观（两头有圆角等）。若要让它们呈现全屏宽度无角造型，这个选项可以通过在 HTML 中添加 data-inset="false" 属性来设置。

```
// 初始化指定的选项
$( ".selector" ).collapsible({ inset:    false   });
// getter
var collapseCueText = $( ".selector" ).collapsible( "option", "inset" );
// setter
$( ".selector" ).collapsible( "option", "inset",    false   );
```

☑ collapsedIcon：设置折叠图标。默认值为 plus，即在折叠状态下，设置折叠头部标题的图标是"+"。也可以通过在 HTML 中添加 data-collapsed-icon="arrow-r" 属性设定图标为"向右的箭头"。例如：

```
// 初始化指定的选项
$( ".selector" ).collapsible({ collapsedIcon:    "arrow-r"   });
// getter
var collapseCueText = $( ".selector" ).collapsible( "option", "collapsedIcon" );
// setter
$( ".selector" ).collapsible( "option", "collapsedIcon",    "arrow-r"   );
```

☑ expandIcon：设置展开图标。默认值为 "minus"，即在展开状态下，设置折叠头部标题的图标是"-"。也可以通过在 HTML 中添加 data-expand-icon="arrow-d" 属性来设定图标为"向下的箭头"。例如：

```
// 初始化指定的选项
$( ".selector" ).collapsible({ expandIcon:    "arrow-d"   });
// getter
var collapseCueText = $( ".selector" ).collapsible( "option", "expandIcon" );
// setter
$( ".selector" ).collapsible( "option", "expandIcon",    "arrow-d"   );
```

☑ iconpos：设置可折叠内容块标题图标的位置，主要有如下可选项：left，定义图标位于文字左侧，这是默认值；right，定义图标位于文字右侧；top，定义图标位于文字上方；bottom，定义图标位于文字下方；notext，定义无文字而只有图标。

☑ corners：设置圆角。默认值为 true，即边界半径是圆角的。若设置 false 以取消半径圆角，则成为全屏的直角。也可以通过在 HTML 中添加 data-corners="false" 属性来实现。例如：

```
$( ".selector" ).collapsible({ corners:   false   });
// getter
var collapseCueText = $( ".selector" ).collapsible( "option", "corners" );
// setter
$( ".selector" ).collapsible( "option", "corners",   false   );
```

- ☑ theme：设置可折叠内容块的主题风格，数值为 a ~ z。
- ☑ contentTheme：设置可折叠内容块内部区域的主题风格，数值为 a ~ z。注意，这个选项值和属性 data-content-theme 的命名风格略有差别。
- ☑ collapseCueText：折叠操作的提示文字，其默认值为 "click to collapse contents"。例如：

```
// 初始化指定的折叠提示信息
$( ".selector" ).collapsible({ collapseCueText: " collapse with a click" });
// getter
var collapseCueText = $( ".selector" ).collapsible( "option", "collapseCueText" );
// setter
$( ".selector" ).collapsible( "option", "collapseCueText", " collapse with a click" );
```

- ☑ expandCueText：展开操作的提示文字，其默认值为 "expand with a click"。例如：

```
// 初始化指定的展开提示信息
$( ".selector" ).collapsible({ expandCueText: " expand with a click" });
// getter
var collapseCueText = $( ".selector" ).collapsible( "option", "expandCueText" );
// setter
$( ".selector" ).collapsible( "option", "expandCueText", " expand with a click" );
```

- ☑ heading：设置显示的标题定义，其默认值为 h1、h2、h3、h4、h5、h6 和 legend。如果该选项被设置，而可折叠内容块没有标记呈现的标题，则可折叠内容块不会呈现。
- ☑ initSelector：设置选择器，以选择可以被可折叠内容块渲染的 DOM 容器。

如果 jQuery Mobile 程序在初始化的时候指定了 initSelector 选择器所调取的属性，而 data-role="collapsible" 的 DOM 容器却没有声明相应 CSS 的属性，那么这个可折叠内容块不会被渲染。

【示例 1】 本示例设置 initSelector 选项为 .mycollapsible，所以只有设置这个 CSS 的 class 属性值的 DOM 容器，才可以渲染成可折叠内容块。第一个可折叠内容块的 DOM 容器的内容在界面中呈现为可折叠内容块。而第二个可折叠内容块因为没有设置 class 为 .mycollapsible，所以没有渲染成可折叠内容块，演示效果如图 15.8 所示。

```
<script>
$( document ).on( "mobileinit", function() {
    $.mobile.collapsible.prototype.options.initSelector = ".mycollapsible";
});
</script>
<div data-role="page" id="page">
    <div data-role="header">
        <h1> 设置选项 </h1>
    </div>
    <div data-role="collapsible" class="mycollapsible">
        <h1> 折叠按钮 </h1>
        <p> 折叠内容 </p>
```

```
        </div>
        <div data-role="collapsible">
            <h1> 折叠按钮 </h1>
            <p> 折叠内容 </p>
        </div>
    </div>
```

图 15.8　自定义折叠块

提示：使用可折叠内容块的 heading 选项时，用户需要谨慎一些，因为只有声明为可折叠内容块标题的内容才会成为标题，而其他文字则会按照系统默认的呈现方式进行呈现。

【示例 2】　本示例可折叠内容块中有两个标题，按照通常情况，第一个标题会被作为标题显示，但是如果 heading 选项所对应的 CSS 属性设置在第二个标题上，那么第二个标题的内容将作为可折叠内容块的标题呈现出来，演示效果如图 15.9 所示。

```
<script>
$( document ).on( "mobileinit", function() {
    $.mobile.collapsible.prototype.options.heading = ".header";
});
</script>
<div data-role="page" id="page">
    <div data-role="header">
        <h1> 设置选项 </h1>
    </div>
    <div data-role="collapsible" class="mycollapsible">
        <h1> 一级标题 </h1>
        <h2 class="header"> 二级标题 </h2>
        <p> 折叠内容 </p>
    </div>
</div>
```

可折叠内容块中如果没有声明 heading 选项，应该是第一个标题标签的内容呈现为可折叠内容块的标题，而不应该是第二个。但是对前面代码进行初始化的时候，声明特定 class 属性的内容才可以用作标题，所以第一个 <h1> 标签的内容没有呈现为标题，而在它之后的 <h2 class="header"> 的内容成了这个可折叠内容块的标题。

图 15.9　自定义折叠标题块

15.2.5　设置事件

可折叠内容块的事件用以响应操作行为，常用的事件主要包括以下 3 种。

- ☑　create：可折叠内容块被创建时触发。
- ☑　collapse：可折叠内容块被折叠时触发。
- ☑　expand：可折叠内容块被展开时触发。

只要用户打开包含可折叠内容块的页面时，折叠或展开事件就会被触发一次。这个事件触发在可折叠内容块生成的时候，事件的触发与是否手工展开或者折叠没有直接关系。所以，在进行可折叠内容块的事件绑定时，需要注意绑定程序的位置。

【示例】　本示例设计了一个简单折叠块，然后为其绑定折叠和展开事件响应，并弹出提示框提示当前操作，演示效果如图 15.10 所示。

```
<script>
$(document).ready(function(e){
    $(document).delegate(".mycollapsible", "expand", function(){
        alert(' 内容被展开 ');
    });
    $(document).delegate(".mycollapsible", "collapse", function(){
        alert(' 内容被折叠 ');
    });
});
</script>
<style type="text/css"></style>
<div data-role="page" id="page">
    <div data-role="header">
        <h1> 设置事件 </h1>
    </div>
    <div data-role="collapsible" class="mycollapsible">
        <h1> 折叠按钮 </h1>
        <p> 折叠内容 </p>
    </div>
</div>
```

展开　　　　　　　　　　　　　折叠

图 15.10　绑定折叠块事件

视频讲解

15.3　折叠组

可以将折叠块编组，只需要往 data-role 属性为 collapsible-set 的一个容器中添加多个折叠块，从而形成一个组。折叠组只有一个折叠块是打开的，类似于单选按钮组，当打开别的折叠块时，其他折叠块自动收缩，效果如图 15.11 所示。

默认状态　　　　　　　　　　　折叠其他选项

图 15.11　设计折叠组

```html
<div data-role="collapsible-set">
    <div data-role="collapsible" data-collapsed="false">
        <h1>视频 </h1>
        <p><a href="#">优酷网 </a></p>
        <p><a href="#">奇艺高清 </a></p>
        <p><a href="#">搜狐视频 </a></p>
    </div>
    <div data-role="collapsible">
```

```
        <h1> 新闻 </h1>
        <p><a href="#">CNTV</a></p>
        <p><a href="#"> 环球网 </a></p>
        <p><a href="#"> 路透中文网 </a></p>
    </div>
    <div data-role="collapsible">
        <h1> 邮箱 </h1>
        <p><a href="#">163 邮箱 </a></p>
        <p><a href="#">126 邮箱 </a></p>
        <p><a href="#"> 阿里云邮箱 </a></p>
    </div>
    <div data-role="collapsible">
        <h1> 网购 </h1>
        <p><a href="#"> 淘宝网 </a></p>
        <p><a href="#"> 京东商城 </a></p>
        <p><a href="#"> 亚马逊 </a></p>
    </div>
</div>
```

> **提示：** 折叠组中所有的折叠块在默认状态下都是收缩的，如果想在默认状态下使某个折叠区块呈现为下拉状态，只要将该折叠区块的 data-collapsed 属性值设置为 false。例如，本示例将标题为"视频"的折叠块的 data-collapsed 属性值设置为 false。但是由于同处一个折叠组内，这种下拉状态在同一时间只允许有一个。

15.4　移动表格

视频讲解

在基于 HTML5 的 jQuery Mobile 应用开发中，回流技术已成为一种响应式设计方法。基于回流所绘制的表格，当视口尺寸比较宽的时候，表格所有的字段从左到右依次排列；而当视口尺寸比较小的时候，各个字段则变为从上到下依次排列。这种变化也是一种表格的响应式设计。

15.4.1　定义回流表格

定义回流表格的方法很简单，在表格声明中设置 data-role 为 table，data-mode 属性为 reflow，并设置 class 为 ui-responsive 即可。

【示例】 本示例设计了一个简单表格为回流表格，演示效果如图 15.12 所示。图（a）是视口尺寸较宽时的界面呈现效果，图（b）是视口较窄时的呈现效果。

示例主体代码如下。

```
<section id="MainPage" data-role="page">
    <header data-role="header">
        <h1> 回流表格 </h1>
    </header>
    <div class="content" data-role="content">
        <table data-role="table" id="movie-table" data-mode="reflow" class="ui-responsive table-stroke">
```

```
            <thead>
                <!-- 表格列标题省略 -->
            </thead>
            <tbody>
                <!-- 表格数据省略 -->
            </tbody>
        </table>
    </div>
</section>
```

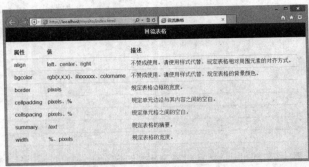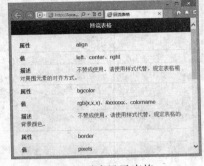

（a）默认显示样式　　　　　　　　　　　（b）回流显示表格

图 15.12　定义响应式回流表格

15.4.2　定义字段切换表格

字段切换表格就是表格能够自动根据视口尺寸而选择显示或隐藏表格字段。实现字段切换表格的方法很简单，只需要在表格的容器中声明 data-role 为 table，声明 data-mode 为 columntoggle，并设置 class 为 ui-responsive，然后在表格标题部分使用 data-priority 为 <th> 标签定义显示排列顺序。

【示例】　下面是一个完整的表格示例代码。

```
<section id="MainPage" data-role="page">
    <header data-role="header">
        <h1> 字段切换表格 </h1>
    </header>
    <div class="content" data-role="content">
        <table data-role="table" id="movie-table" data-mode="columntoggle" class="ui-responsive table-stroke">
            <thead>
                <!-- 表格列标题省略 -->
            </thead>
            <tbody>
                <!-- 表格数据省略 -->
            </tbody>
        </table>
    </div>
</section>
```

示例在不同视口尺寸下其字段切换表格的呈现效果。如图 15.13 所示，其中，左图的视口宽度较窄，而右图视口较宽。

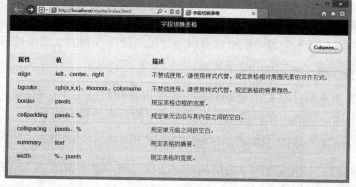

窄屏下显示 　　　　　　　　　　　　　　　　　　　　　宽屏下显示

图 15.13　定义字段切换表格

在使用字段切换表格时，表格右上角有一个用于选择字段的 Columns 菜单，如果有字段被隐藏起来，单击这个按钮即可在菜单中选择再次显示的字段，如图 15.14 所示。

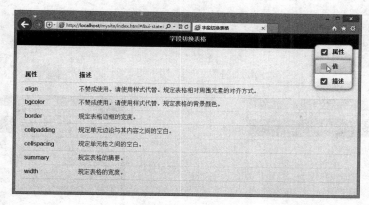

图 15.14　隐藏字段

注意：当视口尺寸从大到小变化时，表格中的字段会被自动隐藏；而视口从小到大变化的过程中，被隐藏的字段可能不会自动显示。此时需要手动设置 Columns 菜单将字段呈现出来，或者重新刷新浏览器将其呈现出来。

15.5　滑动面板

视 频 讲 解

滑动面板是在移动设备的左侧或者右侧展开。使用者可以在滑动面板中操作，操作完成后再将滑动面板折叠回去。滑动面板的用法非常类似于对话框，用户可以将表单、列表、菜单或者介绍文字集成在滑动面板中。实现滑动面板时，需要在页面中加入滑动面板的容器，如下所示。

```
<div data-role="panel" id="sliding-panel">
    <!-- 此处为滑动面板的内容 -->
</div>
```

滑动面板是一个独立在页面、页脚和正文之外的容器。值得注意的是，滑动面板的容器可以写在页面开始或者结束的位置，而不要写在页眉、正文或者页脚中。

如果要打开一个滑动面板，可以通过超级链接或者超级链接按钮来实现，例如：

```
<a href="#sliding-panel">打开左侧面板，发送消息 </a>
```

如果要在程序中关闭滑动面板，则可以在超级链接中声明 data-rel 为 close 或者通过 JavaScript 的 close 方法来关闭。例如，在滑动面板内部关闭滑动面板的代码如下。

```
<a href="#" data-rel="close" data-role="button" data-theme="c" data-mini="true">取消 </a>
```

【示例】 本例设计一个简单的滑动面板，演示效果如图 15.15 所示。

```
<section id="MainPage" data-role="page">
    <header data-role="header">
        <h1> 设计滑动面板 </h1>
    </header>
    <div class="content" data-role="content">
        <a href="#sliding-panel"> 打开左侧面板 </a>
    </div>
    <div data-role="panel" id="sliding-panel">
        <a href="#" data-rel="close" data-role="button" data-theme="c" data-mini="true"> 取消 </a>
    </div>
</section>
```

打开滑动面板

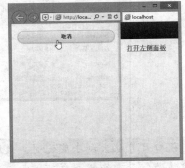
显示滑动面板

图 15.15　设计滑动面板

上图是滑动面板展开和关闭时的呈现效果。单击左图中的超级链接，滑动面板从屏幕左侧弹出。单击"取消"按钮后，滑动面板再次关闭起来。

提示：在 jQuery Mobile 中，横向轻扫可以使用 swiperight 或者 swipeleft 事件实现。当事件触发的时候，调用相应面板的 open 函数，就可以打开这个滑动面板了。实现方法的 JavaScript 代码片段如下。

```
<script>
$( document ).on( "swipeleft", "#MainPage", function(e) {
    $( "#sliding-panel" ).panel( "open" );
});
</script>
```

15.6 案例实战

下面将通过几个案例练习如何在项目应用中实现多样的移动页面布局。

15.6.1 设计课程表

分栏布局在仅需要限定宽度，而对高度没有特殊要求的情况下是很有优势的。本节设计一个课程表，体验这种分栏布局的优势。

本例为显示星期的栏目和显示课程的栏目设置了不同颜色的主题以区分它们，其他地方基本上就按照默认的样式进行，示例演示效果如图 15.16 所示。生成的课程表整齐，接近原生界面。

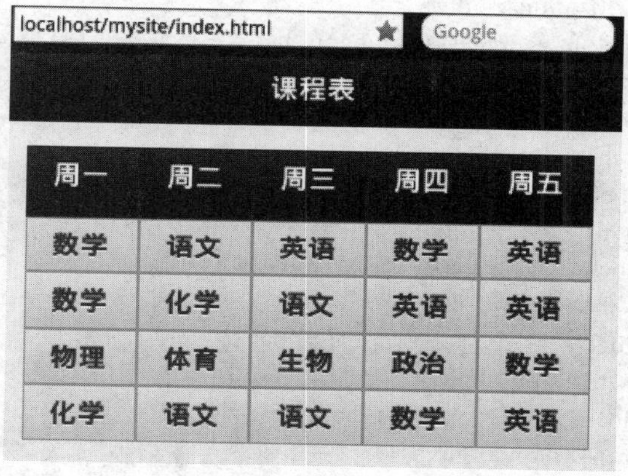

		localhost/mysite/index.html ★	Google	
		课程表		
周一	周二	周三	周四	周五
数学	语文	英语	数学	英语
数学	化学	语文	英语	英语
物理	体育	生物	政治	数学
化学	语文	语文	数学	英语

图 15.16 设计课程表

本例主要代码如下。

```
<div data-role="page">
    <div data-role="header">
        <h1> 课程表 </h1>
    </div>
    <div data-role="content">
        <div class="ui-grid-d">
            <div class="ui-block-a"><div class="ui-bar ui-bar-a" style="height:30px">
                <h1> 周一 </h1>
            </div></div>
            <div class="ui-block-b"><div class="ui-bar ui-bar-a" style="height:30px">
                <h1> 周二 </h1>
            </div></div>
            <div class="ui-block-c"><div class="ui-bar ui-bar-a" style="height:30px">
                <h1> 周三 </h1>
            </div></div>
            <div class="ui-block-d"><div class="ui-bar ui-bar-a" style="height:30px">
                <h1> 周四 </h1>
            </div></div>
            <div class="ui-block-e"><div class="ui-bar ui-bar-a" style="height:30px"
```

```
        <h1> 周五 </h1>
    </div></div>
<div class="ui-block-a"><div class="ui-bar ui-bar-c">
    <h1> 数学 </h1></div></div>
<div class="ui-block-b"><div class="ui-bar ui-bar-c">
    <h1> 语文 </h1></div></div>
<div class="ui-block-c"><div class="ui-bar ui-bar-c">
    <h1> 英语 </h1></div></div>
<div class="ui-block-d"><div class="ui-bar ui-bar-c">
    <h1> 数学 </h1></div></div>
<div class="ui-block-e"><div class="ui-bar ui-bar-c">
    <h1> 英语 </h1></div></div>
<div class="ui-block-a"><div class="ui-bar ui-bar-c">
    <h1> 数学 </h1></div></div>
<div class="ui-block-b"><div class="ui-bar ui-bar-c">
    <h1> 化学 </h1></div></div>
<div class="ui-block-c"><div class="ui-bar ui-bar-c">
    <h1> 语文 </h1></div></div>
<div class="ui-block-d"><div class="ui-bar ui-bar-c">
    <h1> 英语 </h1></div></div>
<div class="ui-block-e"><div class="ui-bar ui-bar-c">
    <h1> 英语 </h1></div></div>
<div class="ui-block-a"><div class="ui-bar ui-bar-c">
    <h1> 物理 </h1></div></div>
<div class="ui-block-b"><div class="ui-bar ui-bar-c">
    <h1> 体育 </h1></div></div>
<div class="ui-block-c"><div class="ui-bar ui-bar-c">
    <h1> 生物 </h1></div></div>
<div class="ui-block-d"><div class="ui-bar ui-bar-c">
    <h1> 政治 </h1></div></div>
<div class="ui-block-e"><div class="ui-bar ui-bar-c">
    <h1> 数学 </h1></div></div>
<div class="ui-block-a"><div class="ui-bar ui-bar-c">
    <h1> 化学 </h1></div></div>
<div class="ui-block-b"><div class="ui-bar ui-bar-c">
    <h1> 语文 </h1></div></div>
<div class="ui-block-c"><div class="ui-bar ui-bar-c">
    <h1> 语文 </h1></div></div>
<div class="ui-block-d"><div class="ui-bar ui-bar-c">
    <h1> 数学 </h1></div></div>
<div class="ui-block-e"><div class="ui-bar ui-bar-c">
    <h1> 英语 </h1></div></div>
    </div>
  </div>
</div>
```

本示例没有加入描述第几节课的栏目。虽然一周正常情况有 5 天上课时间，但是 jQuery Mobile 默认最多只能分成 5 栏，这也是 jQuery Mobile 分栏的缺陷所在。

15.6.2 设计九宫格

九宫格是移动设备中常用的界面布局形式,使用 jQuery Mobile 网格技术打造一款具有九宫格布局的界面比较简单。本例展示了如何快速定制一个九宫格界面,演示效果如图 15.17 所示。

图 15.17 设计九宫格界面

本例主要代码如下。

```
<div data-role="page">
    <div data-role="header" data-position="fixed">
        <a href="#"> 返回 </a>
        <h1> 九宫格界面 </h1>
        <a href="#"> 设置 </a>
    </div>
    <div data-role="content">
        <fieldset class="ui-grid-b">
            <div class="ui-block-a">
                <img src="images/1.png" width="100%" height="100%"/>
            </div>
            <div class="ui-block-b">
                <img src="images/2.png" width="100%" height="100%"/>
            </div>
            <div class="ui-block-c">
                <img src="images/3.png" width="100%" height="100%"/>
            </div>
            <div class="ui-block-a">
                <img src="images/4.png" width="100%" height="100%"/>
            </div>
            <div class="ui-block-b">
                <img src="images/5.png" width="100%" height="100%"/>
            </div>
            <div class="ui-block-c">
                <img src="images/6.png" width="100%" height="100%"/>
```

```
        </div>
        <div class="ui-block-a">
            <img src="images/7.png" width="100%" height="100%"/>
        </div>
        <div class="ui-block-b">
            <img src="images/8.png" width="100%" height="100%"/>
        </div>
        <div class="ui-block-c">
            <img src="images/9.png" width="100%" height="100%"/>
        </div>
    </fieldset>
    </div>
</div>
```

上面的代码比较简单，没有什么复杂的内容，只是一个分栏布局。本例由于每个栏目仅仅包含一张图片，而每张图片的尺寸又都是一样的，因此没有必要通过设置栏目的高度来保证布局的完整。如果重置各个栏目的间距，可以在页面中重写 ui-block-a、ui-block-b 和 ui-block-c 样式的方法来改变它们的间距，也可以通过修改图片的空白区域使图标变小。

15.6.3　设计通讯录

15.6.2 节的示例演示了使用 <fieldset> 标签分栏显示内容的方法，但是 jQuery Mobile 分栏布局的各个栏目的宽度都是平均分配的，这一点仍然限制了用户开发的自由。如果想在一行插入不同宽度的内容，就需要通过 CSS 改变 jQuery Mobile 对原有控件的定义，以改变它们的外观。

本节示例将设计一款简单的手机通讯录，介绍如何利用CSS改变分栏布局的方法，示例效果如图15.18 所示。

图 15.18　设计通讯录界面

本例代码如下。

```
<style type="text/css">
.ui-grid-b .ui-block-a { width: 25%; }      /* 定义第 1 栏宽度 */
.ui-grid-b .ui-block-b { width: 50%; }      /* 定义第 2 栏宽度 */
.ui-grid-b .ui-block-c { width: 25%; }      /* 定义第 3 栏宽度 */
.ui-bar-c { height: 60px; }                 /* 定义每一栏的高度固定为 60 像素 */
.ui-bar-c h1 {                              /* 定义每一栏的标题样式 */
    font-size: 20px;
```

```
            line-height: 26px;
        }
    </style>
    <div data-role="page">
        <div data-role="content">
            <fieldset class="ui-grid-b">
                <div class="ui-block-a">
                    <div class="ui-bar ui-bar-c">
                    <img src="images/1.jpg" height="100%" /> </div>
                </div>
                <div class="ui-block-b">
                    <div class="ui-bar ui-bar-c">
                        <h1> 张三 </h1>
                        <p>13522221111</p>
                    </div>
                </div>
                <div class="ui-block-c">
                    <div class="ui-bar ui-bar-c">
                    <img src="images/2.png" height="100%" /> </div>
                </div>
                <div class="ui-block-a">
                    <div class="ui-bar ui-bar-c">
                    <img src="images/2.jpg" height="100%" /> </div>
                </div>
                <div class="ui-block-b">
                    <div class="ui-bar ui-bar-c">
                        <h1> 李四 </h1>
                        <p>13522221112</p>
                    </div>
                </div>
                <div class="ui-block-c">
                    <div class="ui-bar ui-bar-c">
                    <img src="images/1.png" height="100%" /> </div>
                </div>
                <div class="ui-block-a">
                    <div class="ui-bar ui-bar-c">
                    <img src="images/3.jpg" height="100%" /> </div>
                </div>
                <div class="ui-block-b">
                    <div class="ui-bar ui-bar-c">
                        <h1> 王五 </h1>
                        <p>13522221113</p>
                    </div>
                </div>
                <div class="ui-block-c">
                    <div class="ui-bar ui-bar-c">
                    <img src="images/1.png" height="100%" /> </div>
                </div>
            </fieldset>
        </div>
    </div>
```

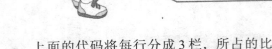

上面的代码将每行分成 3 栏，所占的比例分别为 25%、50% 和 25%。jQuery Mobile 读取 CSS 中的 ui-block-a、ui-block-b 和 ui-block-c 这 3 个样式渲染 div 的样式，可以重写这 3 个样式，目前对于样式没有太多的要求，因此仅仅重写了宽度。

15.6.4　设计好友列表

本节示例将利用 jQuery Mobile 的折叠组组件实现一个类似 QQ 的可折叠好友列表，示例效果如图 15.19 所示。

图 15.19　设计可折叠的 QQ 好友列表

本例主要代码如下。

```html
<style type="text/css">
.ui-grid-a .ui-block-a {width: 25%;}              /* 定义第 1 栏宽度 */
.ui-grid-a .ui-block-b {width: 75%;}              /* 定义第 2 栏宽度 */
.ui-bar {height: 96px;}                           /* 定义每一栏的高度均为 96 像素 */
.ui-block-b .ui-bar-c h1 {                        /* 定义每一栏的字体样式 */
     font-size: 14px;
     line-height: 22px;
}
.ui-block-b .ui-bar-c p {line-height: 20px;}      /* 定义字体行高 */
</style>
<div data-role="page">
     <div data-role="content">
          <div data-role="collapsible-set">
               <div data-role="collapsible" data-collapsed="false">
                    <h3> 同事 </h3>
                    <p>
                         <fieldset class="ui-grid-a">
                              <div class="ui-block-a">
```

```
                    <div class="ui-bar ui-bar-c">
                    <img src="images/1.jpg" width="100%" /> </div>
                </div>
                <div class="ui-block-b">
                    <div class="ui-bar ui-bar-c">
                        <h1> 张三 </h1>
                        <p>……</p>
                    </div>
                </div>
                <div class="ui-block-a">
                    <div class="ui-bar ui-bar-c">
                    <img src="images/2.jpg" width="100%" /> </div>
                </div>
                <div class="ui-block-b">
                    <div class="ui-bar ui-bar-c">
                        <h1> 李四 </h1>
                        <p>……</p>
                    </div>
                </div>
            </fieldset>
        </p>
    </div>
    <div data-role="collapsible" data-collapsed="true">
        <h3> 好友 </h3>
        <p>
            <fieldset class="ui-grid-a">
                <div class="ui-block-a">
                    <div class="ui-bar ui-bar-c">
                    <img src="images/3.jpg" width="100%" /> </div>
                </div>
                <div class="ui-block-b">
                    <div class="ui-bar ui-bar-c">
                        <h1> 王五 </h1>
                        <p>……</p>
                    </div>
                </div>
            </fieldset>
        </p>
    </div>
  </div>
 </div>
</div>
```

　　单击视图上的"同事"或者"好友"，它们的内容就会自动展开，而另一栏中的内容则会自动折叠。虽然界面有一定的区别，但在功能上已经实现了类似 QQ 的好友列表。

　　内容区域主要是分栏布局的设置，以使好友列表保持为左侧头像、右侧好友名和个性签名的两栏式布局。其中，<div data-role="collapsible-set"> 定义了该部分是可以折叠的，但并不是将此标签作为一个整体来折叠，而是将它作为一个容器。例如，"同事"或者"好友"两个列表都是可以折叠的，而它们都是被包裹在 <div data-role="collapsible-set"></div> 中，而 <div data-role="collapsible" data-collapsed="true"> 标签内的内容才是作为最小单位被折叠的。

仅仅能折叠也是不够的，因为当所有的内容都被折叠隐藏了，还需要一个标签来告诉用户被隐藏的内容是什么，这就需要为每处折叠的内容定义"标题"，这就是 <h3> 标签的作用所在。

data-collapsed 属性的值是不同的，如果将两组标签的 data-collapsed 全部设置为 false，这是不被允许的，即便如此也只有一组栏目是展开的，因为同一时刻只有一组内容可以被展开。

如果同时让这些折叠项全部展开，可以去掉 <div data-role="collapsible-set'> 标签，就会发现两个折叠项可以同时展开。这个道理很简单，因为 collapsible-set 并没有折叠内容的作用，它只是一个容器，具有以下两个作用。

☑ 按组将折叠的栏目容纳在其中。

☑ 保证内容，同时仅有一项是被展开的。

用户可以设置折叠图标及其位置。例如，定义第一个折叠图标为上下箭头，代码如下。

```
<div data-role="collapsible" data-collapsed="false"    data-collapsed-icon="arrow-d" data-expanded-icon="arrow-u">
```

定义第二个折叠图标的位置位于右侧，则代码如下。

```
<div data-role="collapsible" data-collapsed="true" data-iconpos="right">
```

第16章

列表视图

（▶️ 视频讲解：32分钟）

为列表框添加 data-role="listview" 属性，jQuery Mobile 会自动创建列表视图。在列表视图中，jQuery Mobile 对列表结构进行重新渲染，使列表项更适合触摸操作。jQuery Mobile 视图包含多种形式和版式，本章将详细介绍列表视图的定义和应用。

【学习重点】

▶▶ 定义列表、嵌套列表、分类列表、数字列表等视图样式。

▶▶ 添加拆分按钮、缩略图和图标等列表元素。

▶▶ 添加气泡提示、只读样式、过滤文本框等列表功能。

▶▶ 设计插页列表、折叠列表。

▶▶ 自动分类列表视图。

视频讲解

Note

16.1　定义列表视图

　　定义列表视图的方法：在 <ul> 或 <ol> 标签中添加 data-role="listview" 属性就可以让列表框以视图的方式渲染。

　　【示例1】　下面的代码定义一个简单的列表视图，演示效果如图 16.1 所示。

```
<ul data-role="listview">
    <li> 列表项目 1</li>
    <li> 列表项目 2</li>
    <li> 列表项目 3</li>
</ul>
```

　　提示：图 16.1 的列表也称只读列表，只读列表不包含任何超级链接，只是单纯的列表功能。

　　【示例2】　在很多实际应用场景中，列表视图也可以作为导航来使用。如果需要列表视图具有导航功能，直接在列表项中加入相应的超级链接即可，演示效果如图 16.2 所示。

```
<ul data-role="listview">
    <li><a href="#"> 列表项目 1</a></li>
    <li><a href="#"> 列表项目 2</a></li>
    <li><a href="#"> 列表项目 3</a></li>
</ul>
```

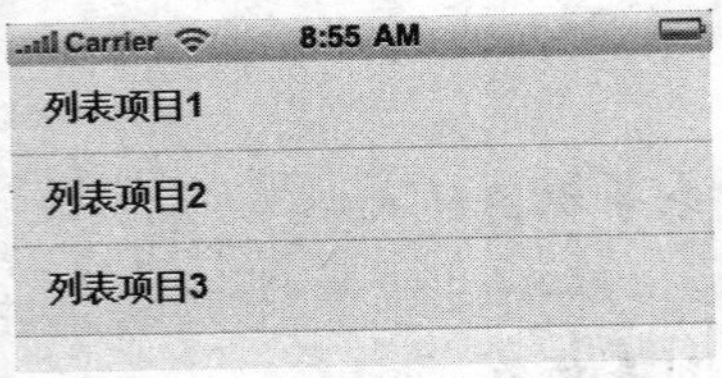

图 16.1　定义简单的列表视图 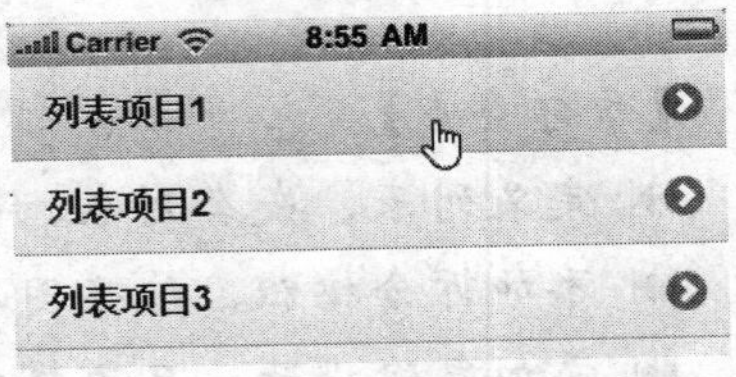　　　　　　　　图 16.2　定义带有导航功能的列表视图

　　在包含超级链接的列表视图中，在超级链接的右侧会默认出现一个向右的箭头图标，以表示这个列表项是一个超级链接。

16.2　定义嵌套列表

视频讲解

　　嵌套列表就是多于一个层次的列表，即一级列表之下有二级或更多级的列表。嵌套可以是一层，也可以是多层。通常，嵌套深度不会很大，否则会影响逐层进入和逐层返回的用户体验。

　　定义嵌套列表，只需在简单列表视图中嵌套新的一层列表即可，而下一级的嵌套列表会继承上一级的属性设置。例如，上一级的列表视图设置了某个主题样式，那么下一级所嵌套的列表会继承这些主题样式的设置。

　　【示例】　本示例在市级列表基础上，实现了嵌套列表的功能，显示下一级区级列表，效果如图 16.3 所示。

```
<ul data-role="listview">
    <li> 北京市
        <ul>
            <li> 海淀区 </li>
            <li> 东城区 </li>
            <li> 西城区 </li>
        </ul>
    </li>
    <li> 上海市
        <ul>
            <li> 黄浦区 </li>
            <li> 静安区 </li>
            <li> 徐汇区 </11>
        </ul>
    </li>
</ul>
```

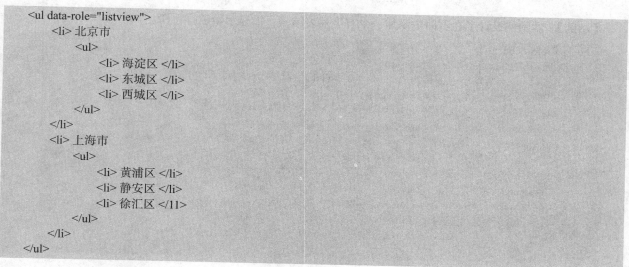

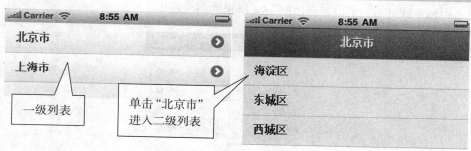

图 16.3　定义嵌套列表

在这个 jQuery Mobile 嵌套列表视图中，每个城市嵌套下一级的区县列表。可以发现，每个列表条目右侧出现指向下一级列表的向右箭头图标，单击可以进入下一级的列表视图。

提示：在嵌套列表中，如果要从下级列表返回到上一级，在 Android 系统中可以直接使用手机下方的返回键。但是，iOS 操作系统的浏览器就没有那么方便了。此时可以通过加入触控操作实现返回或者跳转到后续页面，如轻扫或者按钮，相关内容可参见下面的小节。

16.3　定义数字列表

视频讲解

数字列表的主要特点是在每个列表项前呈现序数标记，数字从 1 开始，自上而下依次递增。定义数字列表时，需要使用 ol（有序列表）元素，这有别于之前使用 ul（无序列表）元素实现的列表功能。同时，还要在 <ol> 标签中添加 data-role="listview" 属性。

提示：为了显示有序的列表效果，jQuery Mobile 使用 CSS 样式给数字列表添加了自定义编号。如果浏览器不支持这种样式，jQuery Mobile 会调用 JavaScript 为列表写入编号，以确保数字列表的效果能够安全显示。

【示例】 本示例设计了在页面中添加一个有序列表结构，以显示新歌排行榜。

```
<div data-role="content">
    <ol data-role="listview" data-inset="true">
        <li><a href="#"> 爸爸去哪儿 <p class="ui-li-aside"> 群星 </p></a></li>
        <li><a href="#"> 爱，不解释 <p class="ui-li-aside"> 张杰 </p></a></li>
        <li><a href="#"> 爱无反顾 <p class="ui-li-aside"> 姚贝娜 </p></a></li>
        <li><a href="#"> 房间 <p class="ui-li-aside"> 刘瑞琦 </p></a></li>
        <li><a href="#"> 动人的传说 <p class="ui-li-aside"> 杭娇 </p></a></li>
        <li><a href="#"> 泼墨 <p class="ui-li-aside"> 周华健 </p></a></li>
        <li><a href="#"> 一起摇摆 <p class="ui-li-aside"> 汪峰 </p></a></li>
        <li><a href="#"> 就当是你 <p class="ui-li-aside"> 许诺 </p></a></li>
        <li><a href="#">Summer<p class="ui-li-aside"> 吉克隽逸 </p></a></li>
        <li><a href="#"> 不值得 <p class="ui-li-aside"> 曾一鸣 </p></a></li>
    </ol>
</div>
```

在移动设备中预览该页面，可以看到如图 16.4 所示的列表效果。

图 16.4　设计数字列表视图

🔊 **注意：** jQuery Mobile 已全面支持 HTML5 的新特征和属性。在 HTML5 中，<ol> 标签的 start 属性是被允许使用的，该属性定义有序编号的起始值，但考虑到浏览器的兼容性，jQuery Mobile 对该属性暂时不支持。此外，HTML5 不建议使用 <ol> 标签的 type 和 compact 属性，jQuery Mobile 也不支持这两个属性。

视频讲解

16.4　定义分类列表

分类列表就是通过分类标记将不同类别的内容集中放在一个列表中。分类列表视图是基于基本的列表视图增加分类标签实现的，分类标签也是列表的一部分。

定义方法是将包含分类提示的文字放置于<li data-role="list-divider">标签，然后将分类标签(<li data-role="list-divider">)插入列表项目之间，以分隔不同类别的列表项目。在分类列表中，其他部分的内容和之前所介绍的列表视图是一样的。

【示例】 本示例设计一个分类信息列表，在列表中包含不同类别的信息，为了方便用户浏览，使用分类标签对列表信息进行了分类。

```
<div data-role="page" id="page">
    <div data-role="header">
        <h1> 分类信息 </h1>
    </div>
    <div data-role="content">
        <ul data-role="listview">
            <li><a href="#"> 苹果 / 三星 / 小米 </a></li>
            <li><a href="#"> 台式机 / 配件 </a></li>
            <li><a href="#"> 数码相机 / 游戏机 </a></li>
            <li><a href="#"> 计算机 </a></li>
            <li><a href="#"> 会计 </a></li>
            <li><a href="#"> 房屋出租 </a></li>
            <li><a href="#"> 房屋求租 </a></li>
        </ul>
    </div>
    <div data-role="footer">
        <h4> 脚注 </h4>
    </div>
</div>
```

在移动设备中预览 index.html 页面，可以看到如图 16.5 所示的分类列表效果。普通列表项的主题色为浅灰色，分类列表项的主题色为蓝色，通过主题颜色的区别形成层次上的包含效果。该列表项的主题颜色也可以通过修改 <ul> 标签中的 data-divider-theme 属性值进行修改。

图 16.5　设计分类列表效果

16.5 扩展功能

视频讲解

本节将介绍 jQuery Mobile 增强列表视图功能的一些特性。

16.5.1 添加拆分按钮

拆分按钮列表是 jQuery Mobile 列表的一种排版样式。在拆分按钮列表中，每个列表视图被分为两部分：前面部分是普通的列表内容，后面部分位于列表内容右侧，作为独立的一列，包含图标按钮等。列表视图前半部分的文字和后半部分的图标可以是相同的超级链接，也可以是不同的，完全基于应用的使用场景而定。

定义方法：在列表视图中，为每个 `<<li>` 标签包含两个 `<a>` 标签。

【示例】 本示例是一个简单的导航列表结构，在每个导航信息后面添加一个"更多"超级链接，代码如下，演示效果如图 16.6 所示。

```
<ul data-role="listview">
    <li><a href="#"> 今日聚焦 </a><a href="#" data-icon="plus"> 更多 </a></li>
    <li><a href="#"> 本地新闻 </a><a href="#" data-icon="plus"> 更多 </a></li>
    <li><a href="#"> 新闻观察 </a><a href="#" data-icon="plus"> 更多 </a></11>
</ul>
```

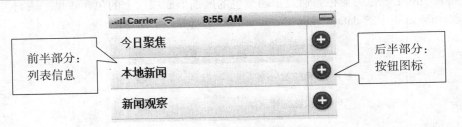

图 16.6 定义拆分按钮列表

如图 16.6 所示，两个超链接按钮之间通常有一条竖直的分割线，分割线左侧为缩短长度后的选项链接按钮，右侧为增加的 `<a>` 标签按钮。`<a>` 标签的显示效果为一个带图标的按钮，可以通过为 `<ul>` 标签添加 data-split-icon 属性，然后设置一个图标名称，来改变所有按钮的图标类型，也可以为每个超级链接都添加 data-split-icon 属性，定义单独的按钮图标类型。

16.5.2　添加缩微图和图标

缩略图列表是指在列表项的前面包含一个缩略图，实现时，只需在列表项文字之前加入一个缩略图即可，即在列表项目前面添加 <img> 标签，作为 <li> 标签的第一个子元素。jQuery Mobile 会将该图片自动缩放成边长为 80 像素的正方形，显示为缩略图。

如果 <img> 标签导入的图片是一个图标，需要给该标签添加一个 ui-li-icon 的类样式，才能在列表的最左侧正常显示该图标。

【示例】　本示例在普通列表视图的每个列表项中插入一个 <img> 标签，同时在第二个 <img> 标签中定义 class="ui-li-icon" 类，分别定义第一个列表项为缩微图，第二个列表项为图标，演示效果如图 16.7 所示。

```
<ul data-role="listview">
    <li><a href="#"><img src="images/1.png" /> 缩微图列表 </a></li>
    <li><a href="#"><img src="images/1.png" class="ui-li-icon" /> 图标列表 </a></li>
</ul>
```

图 16.7　定义缩微图和图标列表

> **提示**：从用户体验设计的角度而言，在列表视图中使用图标和缩略图存在一些细微的差别，具体说明如下。
> ☑　图标列表中的图标向右和向下缩进更多。
> ☑　在图标列表中，图标尺寸通常更小，不会撑高列表。在缩略图列表中，如果缩略图高度较大，则会撑高列表。

因此，<img> 标签导入的图标尺寸应该控制在 16 像素以内。如果图标尺寸过大，虽然会被自动缩放，但会与图标右侧的标题文本不协调，影响到用户的体验。

16.5.3　添加气泡提示

在列表视图中，可以加入提示数据或者一段短小的提示消息，用以指导用户操作，它们将被 jQuery Mobile 以气泡形式进行显示。实现气泡提示时，需要在列表的基础上完成两个步骤。

第 1 步，将列表内容文字置于超级链接标签 <a> 中，如 <a href="index.html"> 列表项文字 </a>。

第 2 步，在超级链接标签 <a> 内部列表文字之后添加气泡提示标签 <span class-"ui-li-count"> 气泡提示内容 </span>。

【示例】　本示例在嵌套列表视图中添加了两个气泡提示，分别用于显示提示文字和数字，演示效果如图 16.8 所示。

```
<ul data-role="listview">
    <li><a href="#"> 新品上架 <span class="ui-li-count">new</span></a>
        <ul>
            <li> 电器 </li>
            <li> 数码 </li>
            <li> 图书 </li>
            <li> 家居 </li>
        </ul>
    </11>
    <li><a href="#"> 特价大卖 <span class="ui-li-count">78</span></a> </li>
</ul>
```

◁》注意： 不建议在嵌套列表中使用气泡提示。如果使用嵌套列表，将会在下一级嵌套列表中显示气泡提示文字。这个提示文字的显示将会使得嵌套列表的标题看上去不知所云。如图 16.9 所示，在嵌套列表的标题中，新品上架是上一级列表的文字，new 则是气泡提示的文字。在嵌套列表中，这两部分文字都被显示了出来。

图 16.8　定义气泡提示信息　　　　　　　　图 16.9　在嵌套列表标题中会显示气泡信息

　　如果需要同时实现嵌套列表与气泡提示的呈现效果，可以开发多个列表页面，通过超级链接，而非嵌套列表的方式将这些列表组织起来。单击一个列表中的超级链接时，页面将跳转到新的页面。

💡提示： 气泡提示的内容既可以是数字，也可以是文字。如果是一段文字提示，通常只是短语，不建议放置大段文字。如果文字过长，因为移动设备的屏幕尺寸较小，界面会很难看。

16.5.4　添加过滤文本框

　　由于移动设备界面尺寸的限制，当列表条目很多的时候，用户很难快速定位到列表内容，过滤列表内容就是为这种场景设计的。随着用户的输入，包含用户输入文字的条目会被自动检索和显示，不论列表条目有多少。这个时候，用户输入列表中可能包含的是一个字母、词根或者单词，列表自动过滤出包含这段文字的内容，并将显示范围缩小到一个更精准的范围。这样，使用者就可以在这个有限的范围内快速定位所感兴趣的内容。

　　实现列表视图过滤功能的方法：在列表视图容器中声明 data-filter 属性为 true。声明之后，jQuery Mobile 将自动在列表开始的位置添加一个输入框，使用者可以基于这个输入框过滤列表的内容。

　　【示例 1】 本示例设计了一个简单的列表视图，为 <ul> 标签添加 data-filter="true" 属性，开启列表过滤功能，如图 16.10（左）所示。在搜索框中输入关键字"江"后，列表视图显示过滤后的列表信息，每条列表信息都包含"江"字，如图 16.10（右）所示。

```
<ul data-role="listview" data-filter="true">
    <li> 上海市 </li>
    <li> 江苏省 </li>
    <li> 浙江省 </li>
    <li> 安徽省 </li>
    <li> 福建省 </li>
    <li> 江西省 </li>
    <li> 山东省 </li>
</ul>
```

过滤前　　　　　　　　　　　　　　过滤后

图 16.10　列表信息过滤

如果列表中的内容比较多，即便使用过滤条件，依然需要从大量列表中进行人工筛选。如果在过滤列表的基础上增加分类功能，那么检索内容的效率会更快。

实现支持分类功能的过滤视图需要以下两步。

第 1 步，按照分类原则将列表条目排列在一起。

第 2 步，在各类列表条目之前添加分类类目。

【示例2】　本示例设计一个分类列表视图，列表信息包括华北、华东和东北三个地区的省市信息。在分类类目标签中添加 data-role="list-divider" 属性，效果如图 16.11 所示。

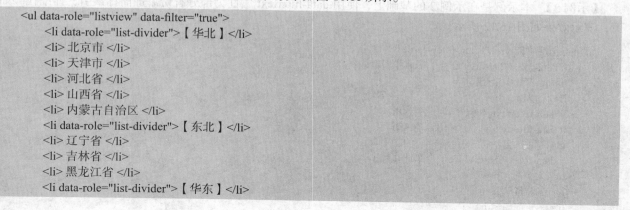
```
<ul data-role="listview" data-filter="true">
    <li data-role="list-divider">【华北】</li>
    <li> 北京市 </li>
    <li> 天津市 </li>
    <li> 河北省 </li>
    <li> 山西省 </li>
    <li> 内蒙古自治区 </li>
    <li data-role="list-divider">【东北】</li>
    <li> 辽宁省 </li>
    <li> 吉林省 </li>
    <li> 黑龙江省 </li>
    <li data-role="list-divider">【华东】</li>
```

```
        <li> 上海市 </li>
        <li> 江苏省 </li>
        <li> 浙江省 </li>
        <li> 安徽省 </li>
        <li> 福建省 </li>
        <li> 江西省 </li>
        <li> 山东省 </li>
    </ul>
```

过滤前   过滤后

图 16.11　分类列表信息过滤

从上图可以看到，在支持分类的过滤列表中，用户可以对不同类别的列表条目进行分类。在列表内容被呈现的时候，会显示分类类目。在输入过滤条件的时候，分类类目中的文字不会被过滤筛选。如果列表条目中的内容符合过滤条件，在呈现列表条目的时候，所属分类类目也将被一同呈现。

在很多情况下，列表中的条目有多种不同的表达方式，例如，山西简称晋，但在列表视图中只显示"山西"。jQuery Mobile 提供了一种隐藏数据过滤的方式，能够将所有这些信息作为索引条件进行数据过滤筛选。基于这样的方式所开发的移动应用，用户只需要输入相应的关键字。此时当用户查找"晋"的时候，就会得到"山西"这个列表条目。

实现隐含数据过滤，需要在列表条目上添加 data-filtertext 属性，并将相关的关键词数值列在这个属性值中，多个关键字之间通过空格进行分隔。

【示例 3】　本示例是在示例 2 的基础上，使用 data-filtertext 属性为部分省份添加简称索引，详细代码如下，演示效果如图 16.12 所示。

```
<ul data-role="listview" data-filter="true">
    <li data-role="list-divider">【华北 】</li>
    <li> 北京市 </li>
    <li> 天津市 </li>
    <li data-filtertext=" 冀 "> 河北省 </li>
    <li data-filtertext=" 晋 "> 山西省 </li>
    <li> 内蒙古自治区 </li>
    <li data-role="list-divider">【东北 】</li>
    <li> 辽宁省 </li>
    <li> 吉林省 </li>
    <li> 黑龙江省 </li>
```

```
        <li data-role="list-divider">【华东】</li>
        <li data-filtertext=" 沪 ">上海市 </li>
        <li> 江苏省 </li>
        <li> 浙江省 </li>
        <li data-filtertext=" 皖 ">安徽省 </li>
        <li data-filtertext=" 闽 ">福建省 </li>
        <li data-filtertext=" 赣 ">江西省 </li>
        <li data-filtertext=" 鲁 ">山东省 </li>
    </ul>
```

过滤前

过滤后

图 16.12　分类列表信息过滤

视频讲解

16.6　优化列表

本节将介绍 jQuery Mobile 对列表视图的外观进行优化的一些特性。

16.6.1　插页列表

插页列表是在 jQuery Mobile 1.2 中增加的新特性，在列表视图的外边呈现一个圆角矩形框，用户可以很清楚地知道列表视图的范围，这样的界面呈现很适合内容相对较多的页面。

实现插页列表效果的方法：在列表容器中声明 data-inset 属性值为 true。

【示例】　本示例是为一个普通的列表视图容器添加 data-inset="true" 属性，如图 16.13 所示。

```
<div data-role="content">
    <ul data-role="listview" data-inset="true">
        <li> 上海市 </11>
        <li> 北京市 </11>
        <li> 天津市 </11>
        <li> 重庆市 </11>
    </ul>
</div>
```

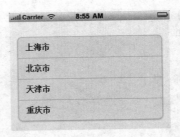

图 16.13　设计插页列表视图

插页列表是以内联方式呈现的，所以插页列表的内容显得比较宽松，而普通的列表视图因为不是以内联方式呈现的，所以列表信息会挤成一行，显得很局促。

插页列表可以与几乎所有其他列表视图集成，以呈现如下不同的插页列表样式。

- ☑ 普通插页列表。
- ☑ 数字插页列表。
- ☑ 气泡提示插页列表。
- ☑ 缩略图插页列表。
- ☑ 拆分按钮插页列表。
- ☑ 图标插页列表。
- ☑ 支持检索内容的插页列表。
- ☑ 分组插页列表（jQuery Mobile 1.2.0 开始提供）。

这些列表视图在没有超级链接的时候，也都呈现为只读插页列表的样式。

📢 注意：jQuery Mobile 1.2.0 和之前版本呈现的只读插页列表只是略微有点差异。在 jQuery Mobile 1.2.0 的只读插页列表中，列表字体、间距、列表背景颜色等发生了一些调整。经过调整，jQuery Mobile 1.2.0 的插页列表更方便用户阅读内容。

16.6.2　折叠列表

折叠列表视图是列表视图的一种，它能够将列表折叠起来，仅显示列表的名称，如果需要可以单击列表的名称将折叠的列表展开。

实现折叠列表的方法：在列表视图之外增加一个 data-role 为 collapsible 的 div 容器。在容器中，通过标题标签声明折叠视图的名称。注意，jQuery Mobile 1.2.0 之前的版本不支持折叠列表。

【示例 1】　本示例定义了一个简单的折叠列表，列表标题为"直辖市"，列表内容包含 4 条列表项，效果如图 16.14 所示。

```
<div data-role="collapsible">
    <h1> 直辖市 </h1>
    <ul data-role="listview">
        <li> 上海市 </11>
        <li> 北京市 </11>
        <li> 天津市 </11>
        <li> 重庆市 </11>
    </ul>
</div>
```

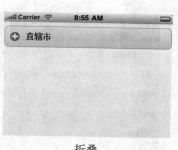

折叠   展开

图 16.14   设计简单的折叠列表效果

> **提示**：折叠列表包含的列表视图可以是之前介绍的各种列表视图。例如，分类列表、数字列表、拆分按钮列表、缩略图和图标列表、气泡提示列表、只读列表等。

如果需要将多个折叠列表视图以集合的形式排列在一起，可以使用折叠列表集合，这个折叠列表集合的呈现效果就好像多个列表标题又组成一个列表。打开每个折叠列表的标题之后，又会呈现其中的视图内容。

实现折叠列表集合的方法是首先建立 data-role 属性值为 collapsible-set 的 div 容器，在这个 div 容器中，顺序排列了各个折叠列表视图。

【示例2】 本示例演示了如何使用 <div data-role="collapsible-set"> 容器定义一个折叠列表集合，演示效果如图 16.15 所示。

```
<section id="mainPage" data-role="page" data-title=" 列表视图 ">
    <header data-role="header">
        <h1> 行政区划 </h1>
    </header>
    <div data-role="collapsible-set">
        <div data-role="collapsible">
            <h2>【 华北 】</h2>
            <ul data-role="listview">
                <li> 北京市 </li>
                <li> 天津市 </li>
                <li> 河北省 </li>
                <li> 山西省 </li>
                <li> 内蒙古自治区 </li>
            </ul>
        </div>
        <div data-role="collapsible">
            <h2>【 东北 】</h2>
            <ul data-role="listview">
                <li> 辽宁省 </li>
                <li> 吉林省 </li>
                <li> 黑龙江省 </li>
            </ul>
        </div>
    </div>
</section>
```

Note

折叠　　　　　　　　　　　　　　　　展开

图 16.15　设计折叠列表容器效果

在折叠列表集合中，各个折叠列表视图默认是折叠的。每次只能展开一个折叠列表视图，当展开第二个时，前一个会自动折叠起来。

【示例 3】 默认的折叠列表集合都是以内联样式呈现的，除非特别声明列表视图是非内联的。声明折叠列表集合为非内联方式时，需要在折叠列表集合的容器中将 data-inset 属性设置为 false。代码如下，演示效果如图 16.16 所示。

```
<div data-role="collapsible-set" data-inset="false">
    <div data-role="collapsible">
    ......
    </div>
    <div data-role="collapsible">
    ......
    </div>
</div>
```

图 16.16　设计折叠列表容器的非内联样式效果

提示： 折叠列表和折叠内容块从 HTML 的属性定义到呈现样式上都非常接近，折叠列表或折叠列表集合是面向列表视图设计的，而折叠内容块或折叠内容集合是面向文本、图片等内容设计的。

16.6.3　自动分类列表

从 1.2.0 版本开始，jQuery Mobile 提供了能够自动分类的列表视图。基于自动分类列表视图，对于列表条目相邻的内容，如果第一个字符或第一个汉字相同，那么将会被自动分类在一起，而分类标签就是第一个字符或者第一个汉字。这样的功能设计有助于用户快速识别与定位所要查找的内容。如果与检索列表内容的功能配合使用，或者将折叠列表与自动分类列表视图混合使用，可能明显改善列表内容查找的用户体验。实现自动分类列表视图，需要以下两个步骤。

第 1 步，在输出列表内容的时候，需要将其排序之后再输出到列表视图。否则，两个不相邻的列表条目，即使它们的首字母或第一个汉字相同，也无法实现自动分类之后再一起呈现的效果。

第 2 步，在列表视图容器中，声明 data-autodividers 属性值为 true。

```
<ul data-role="listview" data-autodividers="true">
```

【示例1】　本示例是一个简单的列表视图，使用 data-autodividers="true" 属性开启自动分类功能，演示效果如图 16.17 所示。

```
<section id="mainPage" data-role="page" data-title=" 列表视图 ">
    <header data-role="header">
        <h1> 自动分类列表 </h1>
    </header>
    <div data-role="content">
        <ul data-role="listview" data-autodividers="true">
            <li>border-width</li>
            <li>border-style</li>
            <li>border-color</li>
            <li>flex-shrink</li>
            <li>flex-basis</li>
            <li>flex-flow</li>
        </ul>
    </div>
</section>
```

提示：自动分类列表视图和上面介绍的列表视图有两个不同之处：
- ☑ 在列表视图容器中，自动分类列表视图增加了 data-autodividers="true" 属性，这在列表视图中是没有的。
- ☑ 在列表视图中，可以在列表项目中通过设定 data-role 属性值为 list-divider 来标记这个条目是分类标签，这在自动分类列表视图中是不需要的。

【示例2】　自动分类列表可以与折叠列表混合使用，以方便用户快速定位内容。在本示例中，折叠列表的 div 容器被定义在外层，自动分类列表的 ul 容器被定义在内层，代码如下，演示效果如图 16.18 所示。

```
<div data-role="collapsible">
    <h2> 盒模型属性 </h2>
    <ul data-role="listview" data-autodividers="true">
        <li>border-width</li>
        <li>border-style</li>
        <li>border-color</li>
        <li>flex-shrink</li>
        <li>flex-basis</li>
        <li>flex-flow</li>
    </ul>
</div>
```

图 16.17 设计自动分类列表　　　　　图 16.18 混合使用自动分类列表和折叠列表

> **注意：** 在生成自动分类列表视图的列表内容时，最好根据首字母或者第一个汉字进行排序。如果列表内容不按照首字母或者第一个汉字排序，可能会出现两个首字母或第一个汉字名称相同的分组，且位于自动分类列表的不同位置。

16.7　案例实战

视频讲解

　　列表视图常用于移动应用的列表内容管理，它以列表的方式将内容有序地排列和管理起来。此外，列表视图也可以作为页面导航使用。在有限的移动设备屏幕尺寸下，用户可以使用列表视图方便地实现导航菜单的功能。

16.7.1　设计登录表单

　　列表视图可以用来美化表单样式，经过美化之后，表单元素的布局更加规整，表单操作起来更加方便。在众多列表视图样式中，使用最多的是插页列表视图和只读列表视图。对于表单元素的排列方法，一般情况下设计每行显示一个表单元素。

　　【示例】　本示例设计了一个简单的登录表单，代码如下，演示效果如图 16.19 所示。

```
<div data-role="page" id="page">
    <div data-role="header">
        <h1> 登录表单 </h1>
    </div>
    <div data-role="content">
        <form>
            <ul data-role="listview" data-inset="true" id="listViewForm">
                <li data-role="fieldcontain">
                    <label for="name"> 登录名 :</label>
                    <input type="text" name="name" id="name" value=""/>
                </li>
                <li data-role="fieldcontain">
                    <label for="name"> 密码 :</label>
                    <input type="password" name="password" id="password" value="" />
```

```
            </li>
            <li data-role="fieldcontain">
                <fieldset class="ui-grid-a">
                    <div class="ui-block-a">
                        <button type="submit" data-theme="d"> 取消 </button>
                    </div>
                    <div class="ui-block-b">
                        <button type="submit" data-theme="a"> 提交 </button>
                    </div>
                </fieldset>
            </li>
        </ul>
    </form>
</div>
</div>
```

图 16.19　设计登录表单

在上面的代码中，在列表容器中添加 data-inset="true" 属性，使用内联样式进行布局，然后通过声明布局的样式进行布局管理。首先，在 fieldset 中通过 ui-grid-a 声明每行包含两栏，然后在各个按钮中声明 ui-block-a 为第一栏内容，ui-block-b 为第二栏内容。

16.7.2　设计产品列表页

在列表视图中，使用 HTML 和 CSS 来美化排版样式，可以设计出很多有趣的列表页面效果。jQuery Mobile 格式化了 HTML 的部分标签，使其符合移动页面的语义化显示的需求。

例如，为 <span> 标签添加 ui-li-count 类样式，可以在列表项的右侧设计一个计数器；使用 <h> 标签可以加强列表项中部分显示文本，而使用 <p> 标签可以减弱列表项中部分显示文本。配合使用 <h> 和 <p> 标签，可以定义列表项包含的内容更富层次化。如果为标签添加 ui-li-aside 类样式，可以设计附加信息文本。

【示例】 要实现这种经过 HTML 排版的界面样式，首先要在各个列表条目内部进行 HTML 排版。本示例将设计一个典型的电商产品页面。

```
<div data-role="content">
    <ul data-role="listview">
        <li data-role="list-divider"> 衣服精选榜
            <span class="ui-li-count">3</span>
```

```
        </li>
        <li><a href="#"><img class="img" src="images/1.jpg" alt=""/>
            <h3> 原价 :<span class="del">128.00</span></h3>
            <h3> 折扣价 :<span class="red">115.00</span></h3>
            <p>2013 秋季必备牛仔长裤 韩版猫爪破洞垮裤 乞丐裤 小脚牛仔裤 ...</p>
            <p> 喜欢数 :<b>3969</b></p>
            <p><img src="images/89.png" alt=""/></p>
            <p class="ui-li-aside"> 剩余时间：<b>4 天 </b></p>
        </a></li>
        <li><a href="#"><img class="img" src="images/2.jpg" alt=""/>
            <h3> 原价 :<span class="del">99.00</span></h3>
            <h3> 折扣价 :<span class="red">88.00</span></h3>
            <p>2013 秋冬新款女韩版公主名媛复古小香风细格子修身长袖毛呢连 ...</p>
            <p> 喜欢数 :<b>116</b></p>
            <p><img src="images/89.png"  alt=""/></p>
            <p class="ui-li-aside"> 剩余时间：<b>5 天 </b></p>
        </a></li>
        <li><a href="#"><img class="img" src="images/3.jpg" alt=""/>
            <h3> 原价 :<span class="del">140.00</span></h3>
            <h3> 折扣价 :<span class="red">133.00</span></h3>
            <p>韩模实拍秋冬新款韩国代购修身显瘦中长款毛呢大衣 毛呢外套 ...</p>
            <p> 喜欢数：<b>26</b></p>
            <p><img src="images/95.png" alt=""/></p>
            <p class="ui-li-aside"> 剩余时间：<b>3 天 </b></p>
        </a></li>
    </ul>
</div>
```

在移动设备中预览 index.html 页面，可以看到如图 16.20 所示的列表效果。通过对列表项中的内容进行格式化，可以将大量的信息层次清晰地显示在页面中。

默认显示效果

向上滑动页面

图 16.20　设计并应用 red 类样式

16.7.3　设计新闻列表页

本例将制作一款比较精美的新闻列表，演示效果如图 16.21 所示。

图 16.21　设计复杂的新闻列表页面

新闻列表一般要包括新闻的标题以及发生时间，同时还要显示新闻的一部分内容，比较标准的新闻列表页面结构如图 16.22 所示。

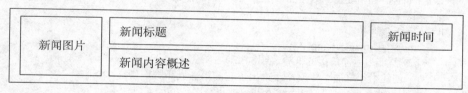

图 16.22　新闻列表标准结构

每一个新闻列表项由左、中和右 3 部分组成，左侧显示新闻图片，中间为新闻标题和新闻内容的开头或概述，右侧显示新闻发生的时间。除此之外，还应当根据新闻发生的时间对新闻进行分组。本例结构代码如下。

```
<div data-role="page">
    <div data-role="header" data-position="fixed" data-fullscreen="true">
        <a href="#"> 返回 </a>
        <h1> 每日新闻 </h1>
        <a href="#"> 设置 </a>
    </div>
    <ul data-role="listview" style="margin-top:45px;">
        <li data-role="list-divider">8 月 1 日 星期二 <span class="ui-li-count">3</span></li>
        <li><a href="#">
            <img src="images/1.jpg" />
            <h2> 谁会为中概股私有化留下的一地鸡毛买单？ </h2>
            <p> 聚美优品宣布收到来自 CEO 陈欧、红杉资本等递交的私有 ... </p>
```

```
            <p class="ui-li-aside"><strong>6:24</strong>PM</p>
        </a></li>
    <li><a href="#">
        <img src="images/2.jpg" />
        <h2> 王氏新政半年：止血的联通要有大动作 </h2>
        <p> 联通公布 2016 年 1 月运营数据称，移动业务发展势头良好 ... </p>
        <p class="ui-li-aside"><strong>6:24</strong>PM</p>
    </a></li>
    <li><a href="#">
        <img src="images/3.jpg" />
        <h2>2015 年终盘点 6：小巨头正在崛起 </h2>
        <p> 多为寄生在大阿里体系之上的互联网金融服务，这里面最 ... </p>
        <p class="ui-li-aside"><strong>6:24</strong>PM</p>
    </a></li>
    <li data-role="list-divider">8 月 2 日 星期三 <span class="ui-li-count">3</span></li>
    <li><a href="#">
        <img src="images/4.jpg" />
        <h2> 苹果与 FBI "互撕"：国内手机厂商集体失声背后 </h2>
        <p> 那么问题来了，这背后究竟反映出了什么。</p>
        <p class="ui-li-aside"><strong>6:24</strong>PM</p>
    </a></li>
    <li><a href="#">
        <img src="images/5.jpg" />
        <h2> 微信即将上线付费阅读，哪些内容可以卖钱？ </h2>
        <p> 微信内容体系已经与 WEB 内容和 App 内容三分天下，其尝试 ...</p>
        <p class="ui-li-aside"><strong>6:24</strong>PM</p>
    </a></li>
    <li><a href="#">
        <img src="images/6.jpg" />
        <h2> 豆瓣：精神角落的低吟浅唱 </h2>
        <p> 创建十年之后，豆瓣终于推出了它的第一支品牌广告。</p>
        <p class="ui-li-aside"><strong>6:24</strong>PM</p>
    </a></li>
    </ul>
<div data-role="footer" data-position="fixed" data-fullscreen="true">
    <div data-role="navbar">
        <ul>
            <li><a id="chat" href="#" data-icon="custom"> 今日新闻 </a></li>
            <li><a id="email" href="#" data-icon="custom"> 国内新闻 </a></li>
            <li><a id="skull" href="#" data-icon="custom"> 国际新闻 </a></li>
            <li><a id="beer" href="#" data-icon="custom"> 设置 </a></li>
        </ul>
    </div>
</div>
</div>
```

为了防止手机屏幕宽度不够而导致部分内容无法正常显示，建议设置 initial-scale 的值为 0.5，甚至更小。代码如下。

```
<meta name="viewport" content="width=device-width,initial-scale=0.5" />
```

可以在列表的分栏中加入消息气泡，显示该栏目中的栏目数量。另外，在使用时要充分考虑到列表内是否有足够的空间来显示全部的内容，必要时可对部分内容进行舍弃。

16.7.4 设计播放列表

【示例1】 本例的播放列表主要包含音乐的类别和名称，同时在名称的左侧插入了一张专辑图片，演示效果如图 16.23 所示。

图 16.23 音乐播放列表

主要代码如下。

```
<div data-role="page" data-theme="a">
    <div data-role="header" data-position="fixed" data-fullscreen="true">
        <a href="#"> 返回 </a>
        <h1> 播放列表 </h1>
        <a href="#"> 设置 </a>
    </div>
    <ul data-role="listview">
        <li><a href="#">
            <img src="images/1.jpg">
            <h2> 小猪歌 </h2>
            <p>SNH48</p></a>
        </li>
        <li><a href="#">
            <img src="images/2.jpg">
            <h2>Smooth Operator</h2>
            <p>G.Soul</p></a>
        </li>
        <li><a href="#">
            <img src="images/3.jpg">
            <h2> 直到那一天 </h2>
```

```
        <p> 刘惜君 </p></a>
    </li>
    <li><a href="#">
        <img src="images/4.jpg">
        <h2> 遗忘之前 </h2>
        <p> 徐佳莹 </p></a>
    </li>
    <li><a href="#">
        <img src="images/5.jpg">
        <h2> 飞光 </h2>
        <p> 河图 </p></a>
    </li>
    <li><a href="#">
        <img src="images/6.jpg">
        <h2> 老炮儿 音乐原声辑 </h2>
        <p> 电影原声 </p></a>
    </li>
    <li><a href="#">
        <img src="images/7.jpg">
        <h2> 燕归巢 </h2>
        <p> 许嵩 </p></a>
    </li>
    <li><a href="#">
        <img src="images/8.jpg">
        <h2> 望君歌 </h2>
        <p> 阿睿凌霓剑裳 </p></a>
    </li>
    </ul>
</div>
```

上面的代码很简单，相信读者都能够看明白。这里简单介绍一下，在 jQuery Mobile 的列表控件中，默认如果在 <li> 标签中的第一个位置插入图片将会把图片放大或缩小到 80×80 像素，并在列表左侧显示。也就是说想把专辑图片放在右边是不容易做到的。

还有一个问题，为什么表示歌曲名称与歌手的文字会自动换成两行显示呢？难道与专辑图片的显示类似，是由于 <li> 中的第 2 个和第 3 个子空间会自动换行吗？

当然不是，这里在显示歌手名字时，使用了 <p> 标签将文字包裹，而 <p> 标签本身就隐含了换行显示的作用，因此能够将歌手的名字在第 2 行显示出来。

💡 提示：jQuery Mobile 中保留了大量 HTML 中自带的属性，这些属性经常会带来意外的惊喜。

本节示例与 16.7.3 节的新闻列表页比较类似，实际上它们是相通的，这种列表结构除了可以用于音乐播放列表之外，在一些新闻列表中也常常会用到，在帖子列表中可以使用这种技术来实现。

【示例 2】 示例 1 制作了一个简单的音乐播放器播放列表，在实际开发中往往需要更加复杂的播放列表。例如，当前显示的是网络音乐列表，在列表的右侧有一个按钮，通过这个按钮可以将资源添加到本地播放列表进行保存，这就需要对上面的示例做一些改进。

首先，在页面视图中添加一个对话框容器：

```
<div data-role="popup" id="purchase" data-theme="d" data-overlay-theme="b" class="ui-content" style="max-width:340px;">
    <h3> 是否加入播放列表？ </h3>
```

```
        <a href="#" data-role="button" data-rel="back" data-theme="b" data-icon="check" data-inline="true" data-mini=
"true"> 是 </a>
        <a href="#" data-role="button" data-rel="back" data-inline="true" data-mini="true"> 否 </a>
    </div>
```

然后，在每个列表项目中添加一个超链接，绑定到对话框，实现单击该按钮时，会弹出对话框，询问是否执行进一步的播放操作。

```
<li><a href="#">
    <img src="images/1.jpg">
    <h2> 小猪歌 </h2>
    <p>SNH48</p></a>
    <a href="#purchase" data-rel="popup" data-position-to="window" data-transition="pop"></a>
</li>
```

本例的完整代码不再显示，用户可以参考本书附赠的示例源代码，演示效果如图 16.24 所示。

默认播放列表

询问进一步操作

图 16.24　优化音乐播放列表

实际上本例就是在列表中再加入一个链接，但是不要妄想再加入第 3 个链接，因为这与左侧的图标一样，都是 jQuery Mobile 为开发者早就设计好的，而且最后一个链接一定会自动显示在列表的右侧。

还可以利用本节示例获取网络资源，然后单击列表右侧的按钮将选中的资源加载到本地播放列表，而由于本地播放列表不再需要额外的按钮，因此可以使用示例 1 给出的代码，这样创作出的应用看上去就比较完整了。

16.7.5　设计通讯录

有序列表能够有效地对列表中的内容进行排列和查找。除了通过编号之外，还可以通过对列表进行分组来实现信息的分类，以提高查找效率。其中，一个非常经典的例子就是手机的通讯录。

一般用户手机里都存有很多号码，管理起来非常麻烦，因此对手机里的号码进行分组是非常有必要的。对号码分组的方式有很多，如安卓号码本身自带用姓名首字母对号码进行分组的功能。另外，按照用户的习惯，更多的是按照关系来分组，如按照家人、同学、朋友、陌生人的方式对号码进行分组，本节示例演示效果如图 16.25 所示。

图 16.25　设计通讯录

示例主要代码如下。

```
<div data-role="page">
    <div data-role="content">
        <ul data-role="listview" data-inset="true">
            <li data-role="list-divider"> 家人 </li>
            <li><a href="#">
                <h2> 老爸 </h2>
                <p>13512345678</p>
                </a> </li>
            <li><a href="#">
                <h2> 老妈 </h2>
                <p>13512345679</p>
                </a> </li>
            ……
        </ul>
    </div>
</div>
```

　　打开页面可以看到号码按照家人、同事、朋友、陌生人被分成了 4 组，并将组名与号码用不同的颜色显示。

　　对列表进行分组的方式也非常简单，只要在列表的某项加入属性 data-role="li st-divider"，该项就会成为列表中组与组之间的分隔符，以不同的样式显示出来。这种对列表分组的方式还可以用在导航类应用上，例如可以制作一款与 "hao123" 具有类似功能的应用，将目标网址按照网站的类别进行分类。

　　注意：如果在分隔符中加入链接，就不会被处理为按钮的样式，而仅给其中的文字加入链接。

第 17 章

栏目构件

（ 📹 视频讲解：30 分钟）

　　jQuery Mobile 提供了一套标准的栏目构件，极大地提高了开发效率，主要包括标题栏、页脚栏、导航栏，它们分别置于视图的顶部、底部和任意位置，并通过添加不同样式和属性，允许开发人员个性化定制，以满足不同的设计需求。

【学习重点】

▶▶ 设计标题栏和页脚栏。

▶▶ 设计导航栏。

▶▶ 设置栏目的属性、选项、方法和事件。

17.1　标题栏

标题栏是 Page 视图中的第一个容器，位于视图顶部，一般由标题和按钮组成。按钮可以使用后退按钮，也可以添加表单按钮，并通过设置相关属性控制按钮的相对位置。

17.1.1　定义标题栏

标题栏由标题文字和左右两侧的按钮构成，标题文字通常使用 <h> 标签定义，字数范围为 1～6，常用 <h1> 标签，无论字数是多少，在同一个移动应用项目中都要保持一致。标题文字的左右两边可以分别放置一个或两个按钮，用于导航操作。

【示例1】　由于移动设备的浏览器分辨率不尽相同，如果尺寸过小，而标题栏的标题内容又很长时，jQuery Mobile 会自动调整需要显示的标题内容，隐藏的内容以 "…" 的形式显示在标题栏中，如图 17.1 所示。

```
<div data-role="page" id="page">
    <div data-role="header">
        <h1> 标题栏文本长度过长 </h1>
    </div>
</div>
```

图 17.1　定义标题栏

【示例2】　标题栏的左右两侧可以分别放置一个按钮。在阻止自动生成的后退按钮后，就可以在后退按钮的位置自定义按钮了。

```
<div data-role="header" data-position="inline" data-backbtn="false" >
    <a href="index.html" data-icon="delete">Cancel</a>
    <h1> 标题 </h1>
    <a href="index.html" data-icon="check">Save</a>
</div>
```

提示：如果需要自定义默认的后退按钮中的文本，可以用 data-back-btn-text="previous" 属性来实现，或者通过扩展的方式实现：$.mobile.page.prototype.options.backBtnText = "previous"。如果当前页面没有可以后退的页面，那么即使添加了 data-add-back-btn 属性，也不会出现后退按钮。如果没有使用标准的结构创建标题栏，那么 jQuery Mobile 将不会自动生成默认的按钮。

17.1.2　定义按钮位置

在标题栏中，如果只放置一个按钮，不论放置在标题的左侧还是右侧，其最终显示在标题的左侧。如果想改变位置，需要添加 ui-btn-left 或 ui-btn-right 类样式，前者表示按钮居标题左侧（默认值），后者表示居右侧。

【示例】 本示例在标题栏中添加"上一张""下一张"两个按钮。在第一个 Page 容器中，仅显示"下一张"按钮，设置显示在标题栏右侧；切换到第二个 Page 容器中时，只显示"上一张"按钮，并显示在左侧，效果如图 17.2 所示。

标题栏按钮居右显示

标题栏按钮居左显示

图 17.2 定义标题栏按钮的显示位置

结构代码如下。

```
<div data-role="page" id="a">
    <div data-role="header" data-position="inline">
        <h1> 秀秀 </h1>
        <a href="#b" data-icon="arrow-r"   class="ui-btn-right"> 下一张 </a>
    </div>
    <div data-role="content">
        <img src="images/1.jpg" class="w100" />
    </div>
</div>
<div data-role="page" id="b">
    <div data-role="header" data-position="inline">
        <a href="#a" data-icon="arrow-l" class="ui-btn-left"> 上一张 </a>
        <h1> 嘟嘟 </h1>
    </div>
    <div data-role="content">
        <img src="images/2.jpg" class="w100" />
    </div>
</div>
```

提示：ui-btn-left 和 ui-btn-right 用来设置标题栏中按钮的位置，在只有一个按钮且想将其放置在标题右侧时非常有用。另外，可以将按钮的 data-add-back-btn 属性值设置为 false，以确保在 Page 容器切换时不会出现后退按钮，影响标题左侧按钮的显示效果。

Note

17.2　页脚栏

视频讲解

页脚栏位于页面视图的底部，使用 data-role="footer" 定义。与标题栏相比，页脚栏包含的对象更自由。

17.2.1　定义页脚栏

页脚栏可以嵌套导航按钮，jQuery Mobile 允许使用控件组容器（data-role="controlgroup"），且包含多个按钮，以减少按钮间距。同时，可以使用 data-type 属性设置按钮组的排列方式。

【**示例 1**】　本示例演示了如何快速设计页脚栏，以及定义包含按钮组，效果如图 17.3 所示。

```
<style type="text/css">
.center {text-align:center;}
</style>
<div data-role="page">
    <div data-role="header">
        <h1> 普吉岛 </h1>
    </div>
    <div data-role="content">
        <img src="images/1.png" class="w100" />
    </div>
    <div data-role="footer">
        <div data-role="controlgroup" data-type="horizontal" class="center">
            <a href="#" data-role="button" data-icon="home"> 首页 </a>
            <a href="#" data-role="button"> 业务合作 </a>
            <a href="#" data-role="button"> 媒体报道 </a>
        </div>
    </div>
</div>
```

在页脚栏设计一个控件组 <div data-role="controlgroup">，定义 data-type="horizontal" 属性，设计按钮组水平显示。然后在该容器中插入 3 个按钮超链接，使用 data-role="button" 属性声明按钮效果，使用 data-icon="home" 为第一个按钮添加图标。

在内部样式表中定义一个 center 类样式，设计对象内的内容居中显示，然后把该类样式绑定到 <div data-role="controlgroup"> 标签上。

【**示例 2**】　在示例 1 中，由于页脚栏中的按钮放置在 <div data-role="controlgroup"> 容器中，所以按钮之间没有任何空隙。如果想要给页脚栏中的按钮添加空隙，则不需要使用容器包裹，只需给页脚栏容器添加一个 ui-bar 类样式即可，代码如下，效果如图 17.4 所示。

```
<div data-role="footer" class="ui-bar">
    <a href="#" data-role="button" data-icon="home"> 首页 </a>
    <a href="#" data-role="button"> 业务合作 </a>
    <a href="#" data-role="button"> 媒体报道 </a>
</div>
```

提示，使用 data-id 属性可以让多个页面使用相同的页脚。

图 17.3　设计页脚栏按钮

图 17.4　设计不嵌套按钮组容器效果

17.2.2　包含表单

除了在页脚栏中添加按钮组之外，常会在页脚栏中添加表单对象，如下拉列表、文本框、复选框、单选按钮等。为了确保表单对象在页脚栏的正常显示，应该为页脚栏容器定义 ui-bar 类样式，为表单对象之间设计一定的间距，同时还要设置 data-position 属性值为 inline，以统一表单对象的显示位置。

【示例】　本示例演示了在页脚栏中插入一个下拉菜单，为用户提供服务导航功能，演示效果如图 17.5 所示。

图 17.5　设计表单

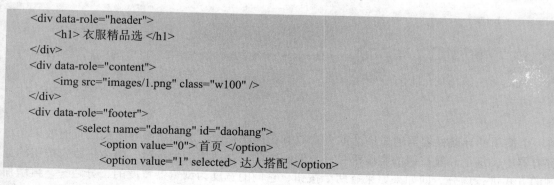

```
<div data-role="header">
    <h1> 衣服精品选 </h1>
</div>
<div data-role="content">
    <img src="images/1.png" class="w100" />
</div>
<div data-role="footer">
        <select name="daohang" id="daohang">
            <option value="0"> 首页 </option>
            <option value="1" selected> 达人搭配 </option>
```

```
            <option value="2"> 美妆 </option>
            <option value="3"> 社区 </option>
            <option value="4"> 团购 </option>
            <option value="4"> 海购 </option>
        </select>
    </div>
```

注意，移动终端与 PC 端浏览器在显示表单对象时，存在细微差异。例如，在 PC 端的浏览器中是以下拉列表框的形式展示，而在移动终端则是以弹出框的形式展示全部的列表内容。

17.3　导航栏

视频讲解

导航栏可以位于视图任意位置，使用 data-role="navbar" 定义。导航栏容器一般最多可以放置 5 个导航按钮，超出的按钮自动显示在下一行。导航栏中的按钮可以引用系统的图标，也可以自定义图标。

17.3.1　定义导航栏

导航栏一般位于页视图的标题栏或者页脚栏。在导航容器内，通过列表结构定义导航项目，如果需要设置某个导航项目为激活状态，只需在该标签添加 ui-btn-active 类样式即可。

【示例1】 新建 HTML5 文档，在标题栏添加一个导航栏，在其中创建 3 个导航按钮，分别在按钮上显示"采集""画板""推荐用户"文本，并将第一个按钮设置为选中状态，演示效果如图 17.6 所示。

图 17.6　定义导航栏

```
<div    data-role="navbar">
    <ul>
        <li><a href="page2.html"> 采集 </a></li>
        <li><a href="page3.html"> 画板 </a></li>
        <li><a href="page4.html"> 推荐用户 </a></li>
    </ul>
</div>
```

本示例将一个简单的导航栏容器通过嵌套的方式放置在标题栏中，形成顶部导航栏的页面效果。在导航栏的内部容器中，每个导航按钮的宽度都是一致的，因此，每增加一个按钮，都会将原先按钮的宽度按照等比例的方式进行均分。即如果原来有两个按钮，它们的宽度为浏览器宽度的二分之一，再增加

1 个按钮时，原先的两个按钮宽度又变成了三分之一，依此类推。当导航栏中按钮的数量超过 5 个时，将自动换行显示。

【示例2】 除了将导航栏放置在头部之外，也可以将它放置在底部，形成页脚导航栏。在头部导航栏中，标题栏容器可以保留标题和按钮，只需要将导航栏容器以嵌套的方式放置在标题栏即可。下面通过一个简单的实例介绍在标题栏中同时设计标题、按钮和导航栏组件。

```
<div data-role="page" id="page3">
    <div data-role="header">
        <h1> 花瓣 </h1>
        <div   data-role="navbar">
            <ul>
                <li><a href="#page"> 采集 </a></li>
                <li><a href="#page3" class="ui-btn-active"> 画板 </a></li>
                <li><a href="#page4"> 推荐用户 </a></li>
            </ul>
        </div>
    </div>
    <div data-role="content">
            <img src="images/2.jpg" class="w100" />
    </div>
    <div data-role="footer">
        <h4> 页面脚注 </h4>
    </div>
</div>
<div data-role="page" id="page4">
    <div data-role="header">
        <h1> 花瓣 </h1>
        <div   data-role="navbar">
            <ul>
                <li><a href="#page"> 采集 </a></li>
                <li><a href="#page3"> 画板 </a></li>
                <li><a href="#page4" class="ui-btn-active"> 推荐用户 </a></li>
            </ul>
        </div>
    </div>
    <div data-role="content">
            <img src="images/3.jpg" class="w100" />
    </div>
    <div data-role="footer">
        <h4> 页面脚注 </h4>
    </div>
</div>
```

在移动设备中预览该首页，可以看到如图 17.7 所示的导航效果。单击不同的导航按钮时，会自动切换到对应的视图页面。

在实际开发过程中，常常在标题栏中嵌套导航栏，而不仅仅显示标题内容和左右两侧的按钮，特别是在导航栏的选项按钮中添加了图标时，只显示页面标题栏中的导航栏，用户体验和视觉效果都是不错的。

第一页效果　　　　　　　　　　第二页效果　　　　　　　　　　第三页效果

图 17.7　标题栏和导航栏同时显示效果

17.3.2　定义导航图标

在导航栏中，每个导航按钮一般通过 <a> 标签定义，如果要给导航栏中的导航按钮添加图标，只需要在对应的 <a> 标签中增加 data-icon 属性，并在 jQuery Mobile 自带的图标集合中选择一个图标名作为该属性的值，图标名称和图标样式说明可参考 16 章的内容。

【示例】　针对 17.3.1 节示例，分别为导航栏每个按钮绑定一个图标，其中第一个按钮图标为信息图标，第二个按钮图标为警告图标，第三个按钮图标为车轮图标，代码如下，按钮图标预览效果如图 17.8 所示。

```html
<div data-role="page" id="page">
    <div data-role="header">
        <h1> 花瓣 </h1>
        <div    data-role="navbar">
            <ul>
                <li><a href="page2.html" data-icon="info" class="ui-btn-active"> 采集 </a></li>
                <li><a href="page3.html" data-icon="alert"> 画板 </a></li>
                <li><a href="page4.html" data-icon="gear"> 推荐用户 </a></li>
            </ul>
        </div>
    </div>
    <div data-role="content">
            <img src="images/1.jpg" class="w100" />
    </div>
    <div data-role="footer">
        <h4> 页面脚注 </h4>
    </div>
</div>
```

在上面示例的代码中，首先给链接按钮添加 data-icon 属性，然后选择一个图标名，在导航链接按钮上便添加了对应的图标。用户还可以手动控制图标在链接按钮中的位置并自定义按钮图标。

图 17.8 为导航栏按钮添加图标

17.3.3 定义图标位置

在导航栏中，图标默认放置在按钮文字的上面，如果需要调整图标的位置，只需要在导航栏容器标签中添加 data-iconpos 属性，使用该属性可以统一控制整个导航栏容器中图标的位置。

【示例】 data-iconpos 属性默认值为 top，表示图标在按钮文字的上面，还可以设置 left、right、bottom，分别表示图标在导航按钮文字的左边、右边和下面，效果如图 17.9 所示。

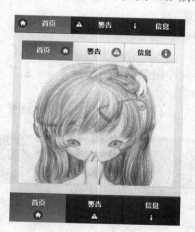

图 17.9 定义导航图标位置

```
<div data-role="page" id="page">
    <div data-role="header">
        <div  data-role="navbar"  data-iconpos="left">
            <ul>
                <li><a href="#page2" data-icon="home" class="ui-btn-active"> 首页 </a></li>
                <li><a href="#page3" data-icon="alert"> 警告 </a></li>
                <li><a href="#page4" data-icon="info"> 信息 </a></li>
            </ul>
        </div>
```

```
        </div>
        <div data-role="content">
            <div data-role="navbar"  data-iconpos="right">
                <ul>
                    <li><a href="#page2" data-icon="home" class="ui-btn-active">首页 </a></li>
                    <li><a href="#page3" data-icon="alert">警告 </a></li>
                    <li><a href="#page4" data-icon="info">信息 </a></li>
                </ul>
            </div>
            <img src="images/1.jpg" class="w100" />
        </div>
        <div data-role="footer">
            <div data-role="navbar"  data-iconpos="bottom">
                <ul>
                    <li><a href="#page2" data-icon="home" class="ui-btn-active">首页 </a></li>
                    <li><a href="#page3" data-icon="alert">警告 </a></li>
                    <li><a href="#page4" data-icon="info">信息 </a></li>
                </ul>
            </div>
        </div>
    </div>
```

data-iconpos 是一个全局性的属性，该属性针对的是整个导航栏容器，而不是导航栏内某个导航链接按钮图标的位置。data-iconpos 可以针对整个导航栏内的全部链接按钮，可改变导航栏按钮图标的位置。

17.3.4　自定义导航图标

用户可以根据开发需要自定义导航按钮的图标，实现方法：创建 CSS 类样式，自定义按钮图标，添加链接按钮的图标地址与显示位置，然后绑定到按钮标签即可。

【示例】 本示例具体演示如何在视图中定义导航图标，效果如图 17.10 所示。

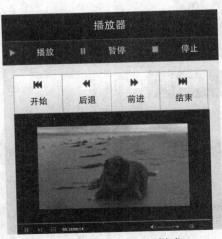 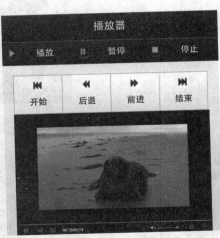

自定义导航按钮图标样式　　　　　　　　保留默认的按钮图标圆角阴影效果

图 17.10　示例效果

第17章 栏目构件

```
<div data-role="header">
    <h1> 播放器 </h1>
    <div    data-role="navbar" data-iconpos="left">
        <ul>
            <li><a href="#page1" data-icon="custom"> 播放 </a></li>
            <li><a href="#page2" data-icon="custom"> 暂停 </a></li>
            <li><a href="#page3" data-icon="custom"> 停止 </a></li>
        </ul>
    </div>
</div>
<div data-role="content">
    <div    data-role="navbar" data-iconpos="top">
        <ul>
            <li><a href="#page4" data-icon="custom"> 开始 </a></li>
            <li><a href="#page5" data-icon="custom"> 后退 </a></li>
            <li><a href="#page6" data-icon="custom"> 前进 </a></li>
            <li><a href="#page7" data-icon="custom"> 结束 </a></li>
        </ul>
    </div>
    <img src="images/1.png" class="w100" />
</div>
```

在文档头部位置使用 <style type="text/css"> 标签定义内部样式表，定义一个类样式 play，在该类别下编写 ui-icon 类样式。ui-icon 类样式有两行代码，第一行通过 background 属性设置自定义图标的地址和显示方式，第二行通过 background-size 设置自定义图标显示的长度与宽度。该类样式设计自定义按钮图标居中显示，禁止重复平铺，定义背景图像宽度为 16 像素，高度为 16 像素。如果背景图像已经设置好了尺寸，也可以不声明背景图像尺寸。整个类样式的代码如下。

```
.play .ui-icon {
    background: url(images/play.png) 50% 50% no-repeat;
    background-size: 16px 16px;
}
```

其中 play 是自定义类样式，ui-icon 是 jQuery Mobile 框架内部类样式，用来设置导航按钮的图标样式。重写 ui-icon 类样式，只需要在前面添加一个自定义类样式，然后把该类样式绑定到按钮标签 <a> 上面，代码如下。

```
<li><a href="#page1" data-icon="custom" class="play"> 播放 </a></li>
```

以同样的方式定义 pause、stop、begin、back、forward、end，除了背景图像的 URL 不同之外，声明的样式代码基本相同，代码如下。

```
.pause .ui-icon {
    background: url(images/pause.png) 50% 50% no-repeat;
    background-size: 16px 16px;
}
.stop .ui-icon {
    background: url(images/stop.png) 50% 50% no-repeat;
    background-size: 16px 16px;
}
.begin .ui-icon {
```

```
        background: url(images/begin.jpg) 50% 50% no-repeat;
        background-size: 16px 16px;
    }
    .back .ui-icon {
        background: url(images/back.jpg) 50% 50% no-repeat;
        background-size: 16px 16px;
    }
    .forward .ui-icon {
        background: url(images/forward.jpg) 50% 50% no-repeat;
        background-size: 16px 16px;
    }
    .end .ui-icon {
        background: url(images/end.jpg) 50% 50% no-repeat;
        background-size: 16px 16px;
    }
```

在文档头部的内部样式表中重写自定义图标的基础样式，清除默认的阴影和圆角特效，代码如下，然后为导航栏容器绑定 custom 类样式。

```
    .custom .ui-btn .ui-icon {
        box-shadow: none!important;
        -moz-box-shadow: none!important;
        -webkit-box-shadow: none!important;
        -webkit-border-radius: 0 !important;
        border-radius: 0 !important;
    }
```

视频讲解

17.4 设置栏目构件

标题栏、页脚栏和导航栏统称为工具栏，下面介绍工具栏包含的属性、显示模式、选项、方法和事件。

17.4.1 设置属性

常用属性说明如下。

☑ data-visible-on-page-show。

用于设置页面加载时是否显示固定工具栏。默认为 true，自动呈现固定工具栏；当设置为 false 时，则隐藏固定工具栏。例如：

```
<div data-role="footer" data-position="fixed" data-visible-on-page-show="false">……</div>
```

> 提示：如果设置 data-visible-on-page-show 属性，通常会一同设置标题栏和页脚栏，否则每次轻击屏幕时，一个工具栏被隐藏而另一个则被打开。

☑ data-disable-page-zoom。

用于设置页面是否允许被缩放。默认为 true，不允许对页面进行缩放；设置为 false 时，则允许对页面进行缩放。例如：

```
<div data-role="footer" data-position="fixed" data-disable-page-zoom="false">……</div>
```

☑ data-transition。

设置工具栏切换方式。默认为幻灯方式 slide；设置为 fade 时，为淡入淡出效果；设置为 none 时，为无动画效果。在一些操作系统上，data-transition 并不如预期的那样显示。例如：

```
<div data-role="footer" data-position="fixed" data-transition="slide">……</div>
```

☑ data-fullscreen。

设置以全屏方式显示固定工具栏。例如：

```
<div data-role="footer" data-position="fixed" data-fullscreen ="false">……</div>
```

☑ data-tap-toggle。

设置轻击屏幕之后是否隐藏与显示。默认为 true，轻击或用鼠标单击屏幕时，显示或隐藏固定工具栏；设置为 false 时，当轻击或者用鼠标单击屏幕时，固定工具栏始终不变。如果之前显示，则始终显示，反之亦然。例如：

```
<div data-role="footer" data-position="fixed" data-tap-toggle="false">……</div>
```

☑ data-update-page-padding。

设置固定工具栏的页面填充。默认值为 true；如果设置为 false，则可能在方向切换或其他尺寸调整中，不会更新页面的填充尺寸。

17.4.2 定义显示模式

jQuery Mobile 工具栏包含两种显示模式：固定模式和内联模式。在默认情况下，工具栏不会被设为固定模式，而是以内联模式呈现在界面上。如果需要以固定模式呈现工具栏，则需要为工具栏添加 data-position="fixed" 属性。

在固定模式的工具栏中，当用户轻击移动设备浏览器时，会显示或者隐藏。固定工具栏在浏览器屏幕中的位置也是固定的，标题栏总是位于浏览器屏幕最上方，而页脚栏总是处于浏览器屏幕最下方，如图 17.11 所示。

在内联模式的工具栏中，标题栏将出现在页面正文内容的上方，紧跟在正文之后的是页脚栏。并且随着正文内容的长短，工具栏的位置也会发生变化，效果如图 17.12 所示。

图 17.11 固定模式

图 17.12 内联模式

> 提示：如果工具栏被设置为固定模式，则每次单击浏览器，工具栏就会显示或者隐藏。如果工具栏是内联模式，则任何时候工具栏都会呈现在页面中。

17.4.3　设置选项

选项用 JavaScript 脚本设定固定工具栏。大多数固定工具栏选项和属性的使用方法类似，选项与属性的对照说明如下。

- ☑ visibleOnPageShow：对照属性 data-visible-on-page-show，设置页面被加载时，是否显示固定工具栏。
- ☑ disablePageZoom：对照属性 data-disable-page-zoom，设置页面是否允许被缩放。
- ☑ transition：对照属性 data-transition，设置工具栏切换方式。
- ☑ fullscreen：对照属性 data-fullscreen，设置以全屏方式显示固定工具栏。
- ☑ tapToggle：对照属性 data-tap-toggle，设置轻击屏幕之后是否隐藏与显示。
- ☑ updatePagePadding：对照属性 data-update-page-padding，设置固定工具栏的页面填充。

除上述与固定工具栏属性功能接近的选项之外，固定工具栏还有一些选项没有对应的属性，使用过程中需要通过 JavaScript 对其进行控制，具体说明如下。

- ☑ tapToggleBlacklist：如果在特定 CSS 样式轻击，则不会隐藏或展开固定工具栏。默认值为 "a, .ui-header-fixed, .ui-footer-fixed"。

【示例 1】　下面这段代码用于实现在 input 对象上轻击时，不会隐藏或展开固定工具栏。

```
$(".headerToolbar").fixedtoolbar({
    tapToggleBlacklist: "a, input, .ui-header-fixed, .ui-footer-fixed"
});
```

- ☑ hideDuringFocus：如果焦点落在特定 DOM 对象上，则自动隐藏固定工具栏。默认值为 "input, select, textarea"。

【示例 2】　下面这段代码实现焦点落在 input 时自动隐藏固定工具栏。

```
$(".headerToolbar").fixedtoolbar({
    hideDuringFocus:"input"
});
```

- ☑ supportBlacklist：反馈是否支持黑名单的布尔数值。
- ☑ initSelector：自定义 CSS 样式名称，用以声明固定工具栏。默认值为 ":jgmData(position='fixed')"，表示在包含 data-role 属性值为 header 或者 footer 的容器中声明属性 data-position 为 fixed，则这个容器为固定工具栏。

17.4.4　设置方法和事件

JavaScript 可以通过方法对固定工具栏进行展开、隐藏和销毁等操作，具体说明如下。

- ☑ show：打开指定的固定工具栏。例如，$("#footerToolbar").fixedtoolbar('show');。
- ☑ hide：隐藏指定的固定工具栏。例如，$("#footerToolbar").fixedtoolbar('hide');。
- ☑ toggle：切换固定工具栏的显示或隐藏状态。例如，$("#footerToolbar").fixedtoolbar('toggle');。
- ☑ updatePagePadding：更新页面填充。例如，$("#footerToolbar").fixedtoolbar('updatePagePadding');。

☑ destroy:恢复固定工具栏元素到初始状态。注意，这里不是销毁或者删除。例如,$("#footerToolbar").
fixedtoolbar('destory');。

注意:只有页面的内容高度超过屏幕高度时，固定工具栏的这些方法的使用效果才会表现出来；否则
固定工具栏将始终出现在浏览器上，不会消失。

【示例】 本示例演示了固定工具栏方法的使用方法，包括显示、隐藏、状态切换、更新填充、恢复到
初始状态等操作，演示效果如图 17.13 所示。

```
<script>
$(document).ready(function(e){
    $("#footerToolbar").fixedtoolbar({        // 扩展黑名单
        tapToggleBlacklist:"a, button, input, select, textarea,.ui-header-fixed,.ui-footer-fixed"
    });
});
function btnShowToolbar(){                    // 打开页脚的固定工具栏
    $("#footerToolbar").fixedtoolbar('show');
}
function btnHideToolbar(){                     // 隐藏页脚的固定工具栏
    $("#footerToolbar").fixedtoolbar('hide');
}
function btnToggleToolbar(){                   // 切换页脚的固定工具栏显示状态
    $("#footerToolbar").fixedtoolbar('toggle');
}
function btnUpdatePagePaddingToolbar(){        // 更新页脚栏填充区域
    $("#footerToolbar").fixedtoolbar('updatePagePadding');
}
function btnDestoryToolbar(){                  // 恢复页脚栏的初始状态
    $("#footerToolbar").fixedtoolbar('destory');
}
</script>
<section id="MainPage" data-role="page" data-title=" 导航工具栏 ">
    <div data-role="header" data-position="fixed">
        <h1> 固定工具栏方法 </h1>
    </div>
    <div data-role="content">
        <p> 通过自定义方法对固定工具栏执行操作。</p>
            <button onClick="btnShowToolbar();">Show 方法 </button>
            <button onClick="btnHideToolbar();">Hide 方法 </button>
            <button onClick="btnToggleToolbar();">Toggle 方法 </button>
            <button onClick="btnUpdatePagePaddingToolbar();">UpdatePagePadding 方法 </button>
            <button onClick="btnDestoryToolbar();">Destory 方法 </button>
    </div>
    <div data-role="footer" id="footerToolbar" data-position="fixed">
        <h2> 页脚栏 </h2>
    </div>
</section>
```

在该代码中，各个固定工具栏方法是通过按钮触发的。而按钮并不在固定工具栏 tapToggleBlacklist 选项

默认设定的范围内，这也就意味着每次触碰按钮时，除了执行固定工具栏方法之外，还会触发固定工具栏显示或者隐藏。为此，在程序中特别对 tapToggleBlacklist 进行扩展，将按钮、输入框、选择框和文本框等元素也添加到黑名单，以保证应用正确执行。

注意，建立固定工具栏将会触发 create 事件。

图 17.13   使用固定工具栏方法

视 频 讲 解

17.5   案例实战

下面通过几个案例介绍如何灵活使用这些 jQuery Mobile 工具栏。

17.5.1   设计播放器

本案例使用一组内联按钮设计一个简单播放器的控制面板。实现功能：选取页面中的一行，在其中并排放置 4 个大小相同的按钮，分别显示为后退、播放、暂停和后退。案例演示效果如图 17.14 所示。

图 17.14   设计播放器界面

本例使用按钮的分组功能设计了一个简单的音乐内容面板，其中包括正在播放音乐的名称、作者来源等消息。在界面偏下部分的音乐内容面板中，简单地将 4 个按钮分在一组，这一组按钮的外面包了一个 div 标签，将属性 data-role 设置为 controlgroup。在页面中可以清楚地看到 4 个按钮紧紧地链接在一起，最外侧加上了圆弧，看上去非常大气。

界面下是操作面板，依然是将 4 个按钮分在一组。不同的是，这次要给外面的 div 标签多设置一组属性 data-type="horizontal"，将排列方式设置成横向。示例主要代码如下。

```html
<div data-role="page" data-theme="a">
    <div data-role="header">
        <a href="#"> 返回 </a>
        <h1> 音乐播放器 </h1>
    </div>
    <div data-role="content">
        <div data-role="controlgroup">
            <a href="#" data-role="button">《想念你》</a>
            <a href="#" data-role="button">
                <img src="images/1.jpg" style="width:100%;"/>
            </a>
            <a href="#" data-role="button"> 李健 </a>
        </div>
        <div data-role="controlgroup" data-type="horizontal" data-mini="true">
            <a href="#" data-role="button"> 后退 </a>
            <a href="#" data-role="button"> 播放 </a>
            <a href="#" data-role="button"> 暂停 </a>
            <a href="#" data-role="button"> 后退 </a>
        </div>
    </div>
    <div data-role="footer">
        <h1> 暂无歌词 </h1>
    </div>
</div>
```

17.5.2 设计按钮组

在 jQuery Mobile 布局中，控件大多单独占据页面中的一行，按钮自然也不例外，但是仍然有一些方法能够让多个按钮组成一行。本例使用 data-inline="true" 属性定义按钮的行内显示，通过多个按钮设计一个简单的 QWER 键盘界面，效果如图 17.15 所示。

图 17.15　设计 QWER 键盘界面

示例主要代码如下。

```html
<div data-role="page">
    <div data-role="header">
        <h1> 设计 QWER 键盘 </h1>
    </div>
    <div data-role="content">
        <a href="#" data-role="button" data-corners="false" data-inline="true">Tab</a>
        <a href="#" data-role="button" data-corners="false" data-inline="true">Q</a>
        <a href="#" data-role="button" data-corners="false" data-inline="true">W</a>
        <a href="#" data-role="button" data-corners="false" data-inline="true">E</a>
        <a href="#" data-role="button" data-corners="false" data-inline="true">R</a>
        <a href="#" data-role="button" data-corners="false" data-inline="true">T</a>
        <a href="#" data-role="button" data-corners="false" data-inline="true">Y</a>
        <a href="#" data-role="button" data-corners="false" data-inline="true">U</a>
        <a href="#" data-role="button" data-corners="false" data-inline="true">I</a>
        <a href="#" data-role="button" data-corners="false" data-inline="true">O</a>
        <a href="#" data-role="button" data-corners="false" data-inline="true">P</a>
        <br/>
        <a href="#" data-role="button" data-corners="false" data-inline="true">Caps Lock</a>
        <a href="#" data-role="button" data-corners="false" data-inline="true">A</a>
        <a href="#" data-role="button" data-corners="false" data-inline="true">S</a>
        <a href="#" data-role="button" data-corners="false" data-inline="true">D</a>
        <a href="#" data-role="button" data-corners="false" data-inline="true">F</a>
        <a href="#" data-role="button" data-corners="false" data-inline="true">G</a>
        <a href="#" data-role="button" data-corners="false" data-inline="true">H</a>
        <a href="#" data-role="button" data-corners="false" data-inline="true">J</a>
        <a href="#" data-role="button" data-corners="false" data-inline="true">K</a>
        <a href="#" data-role="button" data-corners="false" data-inline="true">L</a>
        <a href="#" data-role="button" data-corners="false" data-inline="true">;</a>
        <br/>
        <a href="#" data-role="button" data-corners="false" data-inline="true">Shift</a>
        <a href="#" data-role="button" data-corners="false" data-inline="true">Z</a>
        <a href="#" data-role="button" data-corners="false" data-inline="true">X</a>
        <a href="#" data-role="button" data-corners="false" data-inline="true">C</a>
        <a href="#" data-role="button" data-corners="false" data-inline="true">V</a>
        <a href="#" data-role="button" data-corners="false" data-inline="true">B</a>
        <a href="#" data-role="button" data-corners="false" data-inline="true">N</a>
        <a href="#" data-role="button" data-corners="false" data-inline="true">M</a>
        <a href="#" data-role="button" data-corners="false" data-inline="true"><</a>
        <a href="#" data-role="button" data-corners="false" data-inline="true">></a>
        <a href="#" data-role="button" data-corners="false" data-inline="true">/</a>
    </div>
    <div data-role="footer">
        <h1> 设计键盘界面 </h1>
    </div>
</div>
```

属性 data-inline="true" 可以使按钮的宽度变得仅包含按钮中标题的内容，而不是占据整整一行。但是这样也会带来一个缺点，就是 jQuery Mobile 中的元素将不知道该在何处换行，本例使用
 标签强制按钮换行显示。另外，使用该属性之后，按钮将不再适应屏幕的宽度，可以看到图 17.15 右侧还有一定的空白，这是因为页面的宽度超出了按钮宽度的总和。而页面宽度不足以包含按钮宽度时，则会出现混乱结果。这是因为使用属性 data-inline="true" 之后，每个按钮已经将本身的宽度压缩到了最小，这时如果还要显示全部内容就只好自动换行了。在按钮中同时加入属性 data-comers="false"，定义按钮显示为方形，这样键盘按键显得更加好看、逼真。但是，不要在标题栏中使用这种方形的按钮，效果会很难看，而页面中的方形按钮还是很漂亮的。

第18章

按钮组件

（ 📺 视频讲解：15 分钟 ）

在 jQuery Mobile 中，按钮除了具有桌面网页中的按钮功能之外，一般超级链接也会以按钮的样式呈现，因为按钮提供了更大的目标，而且单击链接的时候比较适合手指触摸。本章重点介绍 jQuery Mobile 按钮的使用和设计技巧。

【学习重点】

▶▶ 定义按钮。

▶▶ 设置按钮的图标。

▶▶ 定义迷你按钮和按钮组。

▶▶ 自定义按钮。

18.1 定义按钮

视频讲解

在 jQuery Mobile 中，按钮有两种类型。

☑ 默认的按钮类型，如 <input type="reset" />，会自动转化为按钮样式。

☑ 对于超链接，如果设置 data-role="button" 属性，就可以将超级链接转化为按钮样式。

【示例】 下面代码分别把不同标签定义为按钮，效果如图 18.1 所示。

```
<a href="#about" data-role="button"> 超级链接 </a>
<button> 表单按钮 </button>
<input type="submit" value=" 提交按钮 " />
<input type="reset" value=" 重置按钮 " />
```

图 18.1 不同标签的按钮样式

> 提示：在 jQuery Mobile 中把一个链接变成按钮的效果，只需要在标签中添加 data-role="button" 属性即可。jQuery Mobile 会自动为该标签添加样式类属性，设计成可单击的按钮形状。

另外，对于表单按钮对象来说，无须添加 data-role 属性，jQuery Mobile 会自动把 <input> 标签中 type 属性值为 submit、reset、button、image 的对象设计成按钮样式。

18.2 定义内联按钮

视频讲解

在默认情况下，jQuery Mobile 按钮几乎占满整个屏幕，一行只能容纳一个按钮，这在屏幕较小的移动设备下便于触控操作，而在屏幕较大的移动设备中，按钮尺寸就显得过大，而内联按钮能有效改善用户体验。

在按钮标签中，将 data-inline 属性设置为 true，按钮宽度将为适应按钮文字宽度而缩小。而按钮的排列顺序也不再只是按照自上而下排列，在一行能够容纳多个按钮的情况下，按钮将按照自左向右的顺序依次排列。

【示例】 本示例代码定义 4 个内联按钮，呈现效果如图 18.2 所示。

```
<a href="#about" data-role="button" data-inline="true"> 超级链接 </a>
<button data-inline="true"> 表单按钮 </button>
<input type="submit" value=" 提交按钮 " data-inline="true" />
<input type="reset" value=" 重置按钮 " data-inline="true" />
```

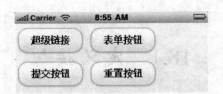

图 18.2　定义内联按钮样式

视频讲解

18.3　定义按钮图标

在 jQuery Mobile 中，使用 data-icon 属性可以设计标准化的按钮图标。

18.3.1　图标样式

data-icon 可以指定按钮的图标样式，具体说明如表 18.1 所示。

表 18.1　data-icon 属性值列表

属 性 值	说 明	样 式
data-icon="plus"	加号	✚
data-icon="minus"	减号	━
data-icon="delete"	删除	✖
data-icon="arrow-l"	左箭头	❯
data-icon="arrow-r"	右箭头	❮
data-icon="arrow-u"	上箭头	︿
data-icon="arrow-d"	下箭头	﹀
data-icon="check"	检查	✔
data-icon="gear"	齿轮	✿
data-icon="forward"	前进	↻
data-icon="back"	后退	↺
data-icon="grid"	网格	▦
data-icon="star"	星形	★
data-icon="alert"	警告	⚠
data-icon="info"	信息	i
data-icon="home"	首页	⌂
data-icon="search"	搜索	⚲

【示例】 本示例分别定义了 17 个按钮，分别应用不同的按钮图标，效果如图 18.3 所示。

```html
<button data-icon="plus" data-inline="true"> 加号：data-icon="plus"</button>
<button data-icon="minus" data-inline="true"> 减号：data-icon="minus"</button>
<button data-icon="delete" data-inline="true"> 删除：data-icon="delete"</button>
<button data-icon="arrow-l" data-inline="true"> 左箭头：data-icon="arrow-l"</button>
<button data-icon="arrow-r" data-inline="true"> 右箭头：data-icon="arrow-r"</button>
<button data-icon="arrow-u" data-inline="true"> 上箭头：data-icon="arrow-u"</button>
<button data-icon="arrow-d" data-inline="true"> 下箭头：data-icon="arrow-d"</button>
<button data-icon="check" data-inline="true"> 检查：data-icon="check"</button>
<button data-icon="gear" data-inline="true"> 齿轮：data-icon="gear"</button>
<button data-icon="forward" data-inline="true"> 前进：data-icon="forward"</button>
<button data-icon="back" data-inline="true"> 后退：data-icon="back"</button>
<button data-icon="grid" data-inline="true"> 网格：data-icon="grid"</button>
<button data-icon="star" data-inline="true"> 星形：data-icon="star"</button>
<button data-icon="alert" data-inline="true"> 警告：data-icon="alert"</button>
<button data-icon="info" data-inline="true"> 信息：data-icon="info"</button>
<button data-icon="home" data-inline="true"> 首页：data-icon="home"</button>
<button data-icon="search" data-inline="true"> 搜索：data-icon="search"</button>
```

图 18.3 定义按钮图标样式

18.3.2 图标位置

使用 data-iconpos 属性可以设置图标在按钮中的位置，取值说明如下。

- ☑ left：图标位于按钮左侧（默认值）。通常不用设置，因为默认位置就是屏幕左侧。
- ☑ right：图标位于按钮右侧。
- ☑ top：图标位于按钮上方正中。
- ☑ bottom：图标位于按钮下方正中。
- ☑ notext：只显示图标，而不显示按钮文字。

【示例】 本示例定义了 5 个按钮，添加加号按钮图标，然后分别设置在按钮的不同位置进行显示，效果如图 18.4 所示。

```html
<button data-icon="plus" data-iconpos="bottom"> 按钮图标位置：data-iconpos="bottom"</button>
<button data-icon="plus" data-iconpos="top"> 按钮图标位置：data-iconpos="top"</button>
<button data-icon="plus" data-iconpos="left"> 按钮图标位置：data-iconpos="left"</button>
<button data-icon="plus" data-iconpos="right"> 按钮图标位置：data-iconpos="right"</button>
<button data-icon="plus" data-iconpos="notext"> 按钮图标位置：data-iconpos="notext"</button>
```

Note

图 18.4　定义按钮图标位置

提示：如果只设置图标，而不希望包括任何文字，则可以设置属性 data-iconpos 为 notext。在图 18.4 中，最后一个按钮就是这种样式。

视 频 讲 解

18.4　定义迷你按钮

如果使用标准尺寸的按钮和表单组件，内容布局和呈现将变得拥挤而不便操作。为此，可以定义 data-mini 属性为 true 的方式，将按钮或者表单组件以 mini 方式呈现。

【示例】　本示例代码用于比较普通按钮与迷你按钮大小的不同，效果如图 18.5 所示。

```
<button data-icon="plus" data-iconpos="left">data-iconpos="left"</button>
<button data-icon="plus" data-iconpos="right">data-iconpos="right"</button>
<button data-icon="plus" data-iconpos="left" data-mini="true">data-mini="true"</button>
<button data-icon="plus" data-iconpos="right" data-mini="true">data-mini="true"</button>
```

图 18.5　比较迷你按钮和普通按钮的大小

提示：也可以将其他表单元素设置为 mini 尺寸，如文本框和复选框。从 Query Mobile 1.2.0 开始，工具栏中的按钮将默认以 mini 方式显示。而在之前的 jQuery Mobile 1.1.1 或更早的版本中，默认的是正常尺寸，除非开发者特别设置按钮为 mini 方式。涉及将 jQuery Mobile 早期程序迁移到 jQuery Mobile 1.2.0 或之后版本的时候，开发人员需要注意这个变化。

18.5 定义按钮组

把一组相关的按钮组织在一起，通过捆绑形成按钮组，按钮组中的按钮可以横向排列或纵向排列。

【示例1】 定义按钮组的方法：在 div 容器中，将 data-role 属性设置为 controlgroup。这样就可将一组按钮以纵向方式排列在一起。示例代码如下，效果如图 18.6 所示。

```
<div data-role="controlgroup">
    <a href="#about" data-role="button"> 超级链接 </a>
    <button> 表单按钮 </button>
    <input type="submit" value=" 提交按钮 " />
    <input type="reset" value=" 重置按钮 " />
</div>
```

超级链接
表单按钮
提交按钮
重置按钮

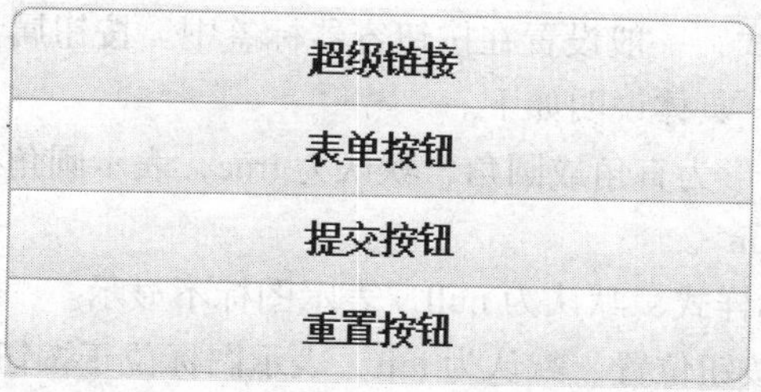

图 18.6　定义按钮组

【示例2】 如果希望以横向方式排列，只需设置 data-type 属性为 horizontal 即可。示例代码如下，效果如图 18.7 所示。

```
<div data-role="controlgroup" data-type="horizontal">
    <a href="#about" data-role="button"> 超级链接 </a>
    <button> 表单按钮 </button>
    <input type="submit" value=" 提交按钮 " />
</div>
```

超级链接	表单按钮	提交按钮

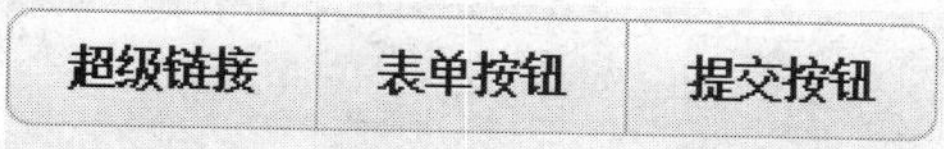

图 18.7　定义按钮组横向排列

💡 **提示：** 如果需要将按钮组设置为 mini 样式，则需要在按钮组容器中添加 data-mini="true" 属性即可，代码如下。

```
<div data-role="controlgroup" data-type="horizontal" data-mini="true">
    <a href="#about" data-role="button"> 超级链接 </a>
    <button> 表单按钮 </button>
    <input type="submit" value=" 提交按钮 " />
</div>
```

在按钮组中，也可以为按钮添加图标，或者使用纯粹的图标按钮。

Note

> **注意：** 在 jQuery Mobile 1.1.1 或者之前版本的移动 Web 应用中，不建议使用无文字的图标按钮。因为无文字的图标按钮尺寸非常小，不方便触控操作。这个问题在 jQuery Mobile 1.2.0 之后的版本得到改善。

视 频 讲 解

18.6　设置按钮

在编写 HTML 时，可以通过设定属性，以控制按钮的样式，也可以通过 JavaScript 根据上下文环境对按钮进行样式控制和事件响应。

18.6.1　定义属性

按钮属性用来定制按钮的样式，一般设置在按钮容器标签中。按钮属性包括按钮大小、按钮图标样式、按钮图标位置和按钮配色风格等，具体说明如下。

- ☑ data-corners：设置按钮外形为直角或圆角，默认为 true，表示圆角外形。例如，<button data-corners="false"> 直角按钮 </button>。
- ☑ data-icon：设置按钮图标样式，默认为 null，表示图标不显示。
- ☑ data-iconpos：设置图标按钮位置，默认为 left，表示图标位于按钮左侧。
- ☑ data-iconshadow：设置图标按钮是否呈现阴影效果，默认为 true，表示图标显示阴影效果。例如，<button data-iconshadow="false"> 无阴影图标 </button>。
- ☑ data-inline：设置按钮是否为内联按钮，默认为 null，表示不启用内联按钮样式。
- ☑ data-mini：设置按钮是否为 mini 尺寸，默认为 false，表示正常尺寸显示图标。
- ☑ data-shadow：设置按钮为阴影方式显示，默认为 true，表示显示按钮外侧阴影。例如，<button data-shadow="false"> 无阴影按钮 </button>。
- ☑ data-theme：设置按钮显示的主题风格，默认为 null，表示继承上层主题风格。例如，<button data-theme="b"> 蓝色按钮风格 </button>。

18.6.2　定义选项

大部分按钮选项与属性所实现的效果是相似的。通常，按钮选项通过 jQuery 筛选器选择，并将效果批量施加在特定 DOM 对象上。下面简单比较选项和属性的对照说明。

- ☑ corners：对应属性 data-corners，设置按钮外形为直角或者圆角。
- ☑ icon：对应属性 data-icon，设置按钮图标样式。
- ☑ iconpos：对应属性 data-iconpos，设置图标按钮位置。
- ☑ iconshadow：对应属性 data-iconshadow，设置图标按钮是否呈现阴影效果。
- ☑ inline：对应属性 data-inline，设置按钮是否为内联按钮。
- ☑ mini：对应属性 data-mini，设置按钮是否为 mini 尺寸。

☑ shadow：对应属性 data-shadow，设置按钮为阴影方式显示。

☑ theme：对应属性 data-theme，设置按钮显示 theme 风格。

💡 **提示**：在 jQuery Mobile 中，initSelector 选项是唯一没有按钮属性对应的选项，它用于美化特定 CSS 选择器指定的按钮。jQuery Mobile 会将 initSelector 的选择器所指向的 DOM 美化成按钮样式。

initSelector 默认值为以下 5 种按钮对象：

☑ button；

☑ [type='button']；

☑ [type='submit']；

☑ [type='reset']；

☑ [type='image']。

在没有设置 initSelector 选项的情况下，jQuery Mobile 会默认将这 5 种匹配对象美化成 jQuery Mobile 按钮样式。因此，用户可以通过设定 initSelector 选项值（jQuery 选择器字符串），实现对特定 DOM 对象的按钮化显示。

18.6.3 定义方法

Form 类型的按钮可以通过按钮方法执行启用、禁用或刷新操作，具体说明如下。

☑ enable：启用一个被禁用的按钮。

☑ disable：禁用一个 Form 按钮。

☑ refresh：刷新按钮，更新按钮显示样式。

【示例】 本示例设计两个按钮，为第一个按钮绑定 click 事件，定义当单击该按钮时，设置第二个按钮为禁用状态，完整代码如下，效果如图 18.8 所示。

```
<script>
$(function(){
    $("#control").click(function(){
        $("#btn").button('disable');
    })
})
</script>
<button id="control"> 控制按钮 </button>
<button data-theme="b" id="btn"> 蓝色按钮风格 </button>
```

图 18.8 调用方法禁用按钮

📢 **注意**：在 jQuery Mobile 中，按钮方法只能用于表单按钮，而不可用于按钮样式的超级链接。创建按钮将触发 create 事件。

18.7 　自定义按钮

jQuery Mobile 允许用户根据需求定制按钮，以满足特定场景的应用。

视频讲解

18.7.1 　自定义按钮图标

除可以使用 jQuery Mobile 提供的按钮图标之外，用户也可以自定义按钮图标，下面介绍如何自定义按钮图标。

【操作步骤】

第 1 步，使用 Photoshop 绘制 PNG-8 格式的 18×18 像素和 36×36 像素的图标文件。可以使用透明背景的格式，这样有利于与页面和按钮主题风格集成。

第 2 步，在自定义 CSS 样式中添加特定的图标样式。例如，在 <head> 标签中插入 <style type="text/css"> 标签，定义内部样式表，然后输入下面自定义电子邮件图标的 CSS 样式。

```
<style type="text/css">
.ui-icon-email{
    background-image: url(images/email18.png);
    background-size: 18px 18px;
}
</style>
```

◀)) **注意**：按钮图标样式命名需要以 .ui-icon 开头，这样便于 jQuery Mobile 识别，并将其作为按钮图标加载。

第 3 步，在按钮图标中应用自定义按钮图标样式，代码如下。

```
<button data-icon="email"> 电子邮件 </button>
```

◀)) **注意**：实现自定义按钮图标时，需要将样式名称的.ui-icon（前缀部分）去掉，将名称的 email（剩下部分）赋值给 data-icon 属性。

如果用户使用的是 iPhone 4 及其以上版本设备，由于这些设备采用高分辨屏幕，所以最好能够开发一套用于高分辨率的按钮，以保证用户体验良好。一般情况下，按钮的分辨率为 36×36 像素。

第 4 步，针对不同移动设备浏览器的分辨率，加载不同的 CSS 定义，这属于 CSS3 的媒体查询技术。具体演示代码如下。

```
@media only screen and(-webkit-min-device-pixel-ratio: 2){
    .ui-icon-email{
        background-image: url(images/email36.png);
        background-size: 18px 18px;
    }
}
```

提示，如果浏览器检测到当前显示设备的分辨率比较高，就会应用媒体查询中所指向的按钮图标样式。

第 5 步，保存 HTML 文档，在浏览器中预览，自定义图标效果如图 18.9 所示。

图 18.9 自定义按钮图标

18.7.2 文本换行显示

在很多应用场景中，可能需要在按钮上放置长文本，从而使得界面变得拥挤，甚至引起布局变化。此时就需要对超长的文字进行换行显示。

【示例】 jQuery Mobile 默认设定按钮文字不换行显示，超出的文本被省略。如果需要将按钮文字换行显示，可以重新定义 ui-btn-inner 样式。

```
<head>
<style type="text/css">
.ui-btn-inner{
    white-space: normal!important;
}
</style>
</head>
<body>
<button> 海水朝朝朝朝朝朝朝落 浮云长长长长长长长消 </button>
```

在 CSS 中，!important 表示 CSS 优先级，这里用以提升 white-space: normal 的优先级，从而使得按钮文字支持换行显示。比较效果如图 18.10 所示。

默认不换行显示

自定义换行显示

图 18.10 自定义按钮文字换行显示

18.8 案例实战

视 频 讲 解

使用 data-role="controlgroup" 可以定义按钮组容器，按钮组内的按钮可以按照垂直或水平方向显示。在默认情况下，按钮组是以垂直堆叠显示一组按钮列表，可以通过 data-type 属性重置按钮显示方式。

下面的示例将创建一个按钮组，并以水平方向的形式展示两个按钮列表，效果如图 18.11 所示。

图 18.11 示例效果

```
<div data-role="controlgroup" data-type="horizontal">
    <input type="reset" value=" 重置 " data-icon="refresh" />,
    <input type="submit" value=" 提交 " data-icon="check"    class="ui-btn-active" />
</div>
```

在该示例中，设置 data-type="vertical" 或者删除 data-type 属性声明，可以看到如图 18.12 所示的预览效果。

```
<div data-role="controlgroup" data-type="vertical">
    <input type="reset" value=" 重置 " data-icon="refresh" />
    <input type="submit" value=" 提交 " data-icon="check"    class="ui-btn-active" />
</div>
```

图 18.12　按钮组垂直分布效果

从上面示例可以看到，当按钮列表被按钮组标签包裹时，每个被包裹的按钮都会自动删除自身 margin 属性值，调整按钮之间的距离和背景阴影，并且只在第一个按钮上面的两个角和最后一个按钮下面的两个角使用圆角的样式，这样使整个按钮列表在显示效果上更加像一个组的集合。

第19章

表单组件

（ 视频讲解：34 分钟 ）

jQuery Mobile 对 HTML 表单进行封装，以适用触屏设备的操作。在 jQuery Mobile 视图页面中自动将 <form> 标签渲染成 jQuery Mobile 组件。表单实现的功能和以往的 HTML 表单完全一样，但是经过美化的界面更加简洁，操控起来也更加简单。

【学习重点】

▶▶ 使用文本框。

▶▶ 使用单选按钮和复选框。

▶▶ 使用滑块和开关按钮。

▶▶ 使用菜单和列表框。

19.1　使用表单

在 jQuery Mobile 中，所有表单对象被升级为 jQuery Mobile 组件，以便适合触摸操作。

【示例 1】　本示例设计一个登录表单，表单中各个元素经过 jQuery Mobile 封装之后，将呈现与移动页面风格一致的样式，如图 19.1 所示。

```html
<form>
    <input type-"text" name="name" id="name" placeholder=" 登录名 " />
    <input type="Password" name="password" id="password" placeholder=" 密码 " />
    <fieldset class="ui-grid-a">
        <div class="ui-block-a">
            <button type="reset" data-theme="d"> 取消 </button>
        </div>
        <div class="ui-block-b">
            <button type="submit" data-theme="a"> 提交 </button>
        </div>
    </fieldset>
</form>
```

图 19.1　设计登录表单

> 注意：由于在单个页面中可能会出现多个页面视图容器，为了保证表单在提交数据时的唯一性，必须确保每一个表单对象的 ID 值是唯一的。

【示例 2】　在某些情况下，可能需要使用 HTML 原生样式，这时设置 data-role="none"，可以阻止 jQuery Mobile 对表单的自动渲染。本示例设计登录表单保持 HTML 默认样式呈现，效果如图 19.2 所示。

```html
<form>
    <input type-"text" name="name" id="name" placeholder=" 登录名 " data-role="none" />
    <input type="Password" name="password" id="password" placeholder=" 密码 " data-role="none" />
    <fieldset class="ui-grid-a">
        <div class="ui-block-a">
            <button type="reset" data-theme="d"   data-role="none"> 取消 </button>
        </div>
        <div class="ui-block-b">
            <button type="submit" data-theme="a"   data-role="none"> 提交 </button>
        </div>
    </fieldset>
</form>
```

图 19.2　设计原生表单样式

jQuery Mobile 支持 HTML5 新的表单对象，如 search 和 range。同时，jQuery Mobile 还支持组合单选框和组合复选框。使用 `<fieldset>` 标签设置 data-role="controlgroup" 属性，可以创建一组单选按钮或复选框。jQuery Mobile 自动格式化样式，使其看上去更时尚。一般来说，用户仅需要以正常的方式创建表单，jQuery Mobile 会完成全部设计工作。

19.2　使用文本框

视频讲解

在 jQuery Mobile 中，不同 type 类型的文本框都会呈现一致的样式：高度增加、补白增大、圆角、润边、带阴影，这样文本框更易于触摸使用。

新建 HTML5 文档，设计 jQuery Mobile 单视图页面。在内容框中定义 3 个文本框。

```
<div data-role="content">
    <div data-role="fieldcontain">
        <label for="email"> 电子邮件 :</label>
        <input type="email" name="email" id="email" value=""   />
    </div>
    <div data-role="fieldcontain">
        <label for="search"> 搜索 :</label>
        <input type="search" name="search" id="search" value=""   />
    </div>
    <div data-role="fieldcontain">
        <label for="number"> 数字 :</label>
        <input type="number" name="number" id="number" value=""   />
    </div>
</div>
```

在移动设备中预览页面，可以看到如图 19.3 所示的文本输入框。

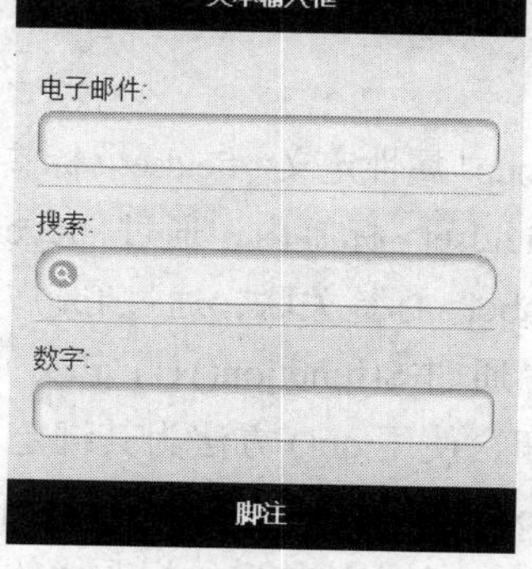

图 19.3　设计表单页面

从预览效果可以看到，搜索输入框最左侧有一个圆形的搜索图标。当输入框中有内容字符时，它的最右侧会出现一个圆形的叉号按钮，单击该按钮时，可以清空输入框中的内容。在数字输入框中，单击最右端的上下两个调整按钮，可以动态地改变文本框的值。

19.3 使用单选按钮

视频讲解

在没有选中状态下，jQuery Mobile 单选按钮呈现为灰色，而选中的单选按钮则会高亮显示。不管选中与否，按钮的文字都不会发生变化，如图 19.4 所示。

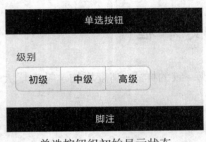

单选按钮组初始显示状态

当点击选中"高级"选项后的界面效果

图 19.4 单选按钮效果

设计的代码如下。

```
<div data-role="content">
    <div data-role="fieldcontain">
        <fieldset data-role="controlgroup" data-type="horizontal">
            <legend> 级别 </legend>
            <input type="radio" name="radio1" id="radio1_0" value="1" />
            <label for="radio1_0"> 初级 </label>
            <input type="radio" name="radio1" id="radio1_1" value="2" />
            <label for="radio1_1"> 中级 </label>
            <input type="radio" name="radio1" id="radio1_2" value="3" />
            <label for="radio1_2"> 高级 </label>
        </fieldset>
    </div>
</div>
```

在上面的代码中，data-role="controlgroup" 属性定义 <fieldset> 标签为单选按钮组容器，data-type="horizontal" 定义了单选按钮的水平排列方式。在 <fieldset> 标签内，通过 <legend> 标签定义单选按钮组的提示性文本，每个单选按钮 <input type="radio"> 与 <label> 标签关联，通过 for 属性实现绑定。

在头部位置输入以下脚本代码，通过 $(function(){}) 定义页面初始化事件处理函数。然后使用 $("input[type='radio']") 找到每个单选按钮，使用 on() 方法为其绑定 change 事件处理函数。在切换单选按钮时，在事件处理函数中先使用 $(this).next("label").text() 获取与当前单选按钮相邻的标签文本，然后使用该值加上"用户"，作为一个字符串，使用 text() 方法传递给标题栏的标题。

```
<script>
$(function(){
    $("input[type='radio']").on("change",
        function(event, ui) {
            $("div[data-role='header'] h1").text($(this).next("label").text() + " 用户 ");
        })
})
</script>
```

完成设计之后，在移动设备中预览该页面，可以看到：当切换单选按钮时，标题栏中的标题名称会随之发生变化，以提示当前用户的级别。

💡 **提示**：使用 <label> 标签包含 <input type="radio"> 标签，可以定义 jQuery Mobile 单选按钮，也可以通过 for 属性把 <label> 标签和 <input type="radio"> 标签捆绑在一起。jQuery Mobile 会把 <label> 标签放大显示，当用户触摸某个单选按钮时，单击的是该单选按钮对应的 <label> 标签。

在移动应用中，为方便用户做出选择，单选按钮通常以按钮组的形式呈现。要实现按钮组，需要将各个单选按钮置于 <fieldset> 容器中，并设置 data-role="controlgroup"。

通常，一个 fieldset 只作为一个按钮组使用。如果有多组不同的单选按钮，则可以在不同的 fieldset 容器中分别放置各组单选按钮。

当多个单选按钮被 <fieldset data-role="controlgroup"> 标签包裹后，无论是垂直分布，还是水平分布，单选按钮组四周都呈现圆角样式，以一个整体组的形式显示在页面中。

【示例】　单选按钮组有两种布局方式：垂直布局和水平布局。在默认情况下，单选按钮是自上而下依次排列的。如果想水平排列单选按钮，则需要在 <filedset> 容器中声明 data-type 属性为 horizontal。本示例为容器定义 data-type="vertical" 属性，设计单选按钮组垂直分布，效果如图 19.5 所示。

```
<fieldset data-role="controlgroup" data-type="vertical">
    <legend> 级别 </legend>
    <input type="radio" name="radio1" id="radio1_0" value="1" />
    <label for="radio1_0"> 初级 </label>
    <input type="radio" name="radio1" id="radio1_1" value="2" />
    <label for="radio1_1"> 中级 </label>
    <input type="radio" name="radio1" id="radio1_2" value="3" />
    <label for="radio1_2"> 高级 </label>
</fieldset>
```

图 19.5　设计单选按钮组垂直分布

🔊 **注意**：单选按钮水平分布会受浏览器分辨率的影响。如果一行文字较多，可能出现换行，影响呈现效果。

19.4 使用复选框

视频讲解

使用 <label> 标签包含 <input type="checkbox"> 标签，可以定义 jQuery Mobile 复选框。在移动应用中，为方便用户做出选择，复选框通常以按钮组的形式呈现。要实现按钮组，需要将多个复选框置于 <fieldset> 容器中，并设置 data-role="controlgroup"。设计方法与单选按钮组的设计方法相似。

【示例 1】 在单视图页面的内容区域插入一组复选框，代码如下。

```
<div data-role="content">
  <div data-role="fieldcontain">
    <fieldset data-role="controlgroup" data-type="horizontal">
      <legend> 技术特长 </legend>
      <input type="checkbox" name="checkbox1" id="checkbox1_0" class="custom" value="js" />
      <label for="checkbox1_0">JS</label>
      <input type="checkbox" name="checkbox1" id="checkbox1_1" class="custom" value="css" />
      <label for="checkbox1_1">CSS3</label>
      <input type="checkbox" name="checkbox1" id="checkbox1_2" class="custom" value="html" />
      <label for="checkbox1_2">HTML5</label>
    </fieldset>
  </div>
</div>
```

在上面的代码中，data-role="controlgroup" 属性定义 <fieldset> 标签为复选框组容器，data-type="horizontal" 定义了复选框水平排列方式。在 <fieldset> 标签内，通过 <legend> 标签定义复选框的提示性文本，每个复选框 <input type="checkbox"> 与 <label> 标签关联，通过 for 属性实现绑定。

在头部位置输入下面的脚本代码。设计思路：如果获取被选中的复选框按钮的状态，需要遍历整个按钮组，根据各个选项的选中状态，以递加的方式记录被选中的复选框值。由于也可以取消复选框的选中状态，因此，用户选中后又取消时，需要再次遍历整个按钮组，以重新递加的方式记录所有被选中的复选框值。

```
<script>
$(function(){
    $("input[type='checkbox']").on("change",
        function(event, ui) {
            var str=""
            $("input[type='checkbox']").each(function() {
                if (this.checked) {
                    str += $(this).next("label").text() + ",";
                }
            });
            if(str)
                str =" 特长: " +   str.slice(0,str.length-1);
            else
                str =" 复选框 " ;
            $("div[data-role='header'] h1").text( str);
        })
})
</script>
```

在上面的代码中，通过 $(function(){}) 定义页面初始化事件处理函数，然后使用 $("input[type='checkbox']") 找到每个复选框，使用 on() 方法为其绑定 change 事件处理函数，选择复选框时将触发事件处理函数，获取勾选复选框的文本信息，并显示在标题栏中。

在事件处理函数中，使用 each() 方法迭代每个复选框按钮，判断是否被点选。如果点选，则先使用 $(this).next("label").text() 获取与当前复选框按钮相邻的标签文本，并把该文本信息添加到变量 str 中。

最后，对变量 str 进行处理，如果 str 变量中存有信息，则清理掉最后一个字符（逗号）；如果没有信息，则设置默认值为"复选框"。使用 text() 方法把 str 变量存储的信息传递给标题栏的标题标签。

完成设计之后，在移动设备中预览该 index.html 页面，可以看到如图 19.6（a）所示的复选框组效果，当选中不同的复选框，标题栏中的标题名称会随之发生变化，提示当前用户的特长。

（a）复选框组初始显示状态　　　（b）当单击选中多个复选框后的界面效果

图 19.6　设计的复选框按钮组效果

在默认情况下，多个复选框组成的复选框按钮组放置在标题下面，通过 jQuery Mobile 自动删除每个按钮间的 margin 属性值，使其显示为一个紧密整体。

复选框组有两种布局方式：垂直布局和水平布局。复选框组默认是垂直显示，可以为容器添加 data-type="horizontal" 属性，定义为水平显示。

【示例2】　本示例为 <fieldset data-role="controlgroup"> 定义 data-type="vertical" 属性，设计复选框按钮组垂直显示，效果如图 19.7 所示。

图 19.7　垂直显示的复选框组效果

```
<div data-role="content">
    <div data-role="fieldcontain">
        <fieldset data-role="controlgroup" data-type="vertical">
            <legend> 技术特长 </legend>
            <input type="checkbox" name="checkbox1" id="checkbox1_0" class="custom" value="js" />
```

```
        <label for="checkbox1_0">JS</label>
        <input type="checkbox" name="checkbox1" id="checkbox1_1" class="custom" value="css" />
        <label for="checkbox1_1">CSS3</label>
        <input type="checkbox" name="checkbox1" id="checkbox1_2" class="custom" value="html" />
        <label for="checkbox1_2">HTML5</label>
      </fieldset>
    </div>
  </div>
```

水平布局和垂直布局显示样式存在明显不同。当水平显示时，以按钮组的形式呈现；而当垂直显示时，则以列表样式呈现。垂直显示添加复选框图标作为前缀，后面跟随标签文本，每个复选框占据一行，显示为单行按钮效果，多个复选框组成一组。

提示：虽然复选框和单选按钮在功能和样式上存在诸多不同，但是各个属性、选项、方法与事件的定义是完全一样的。除了 jQuery 选择器所指向的 DOM 对象不同之外，单选按钮和复选框的属性、选项、方法和属性都一样，所以不再重复介绍。

【示例3】 如果使用 JavaScript 修改某个复选框的状态，设置后必须对应整个复选框组进行刷新，以确保使对应的样式同步，实现的代码如下。

```
<script>
$(function(){
      $("input[type='checkbox']:lt(2)").attr("checked",true)
      .checkboxradio("refresh");
})
</script>
```

在上面的代码中，将设置第一个和第二个复选框按钮为被选中状态，然后刷新整个复选框组，以确保整体的样式与选中的复选框保持同步。页面显示效果如图 19.8 所示，页面初始化自动选中第一和第二个按钮。

图 19.8　页面初始化自动选中第一和第二个按钮

视 频 讲 解

19.5　使用滑块

使用 <input type="range"> 标签可以定义滑块组件。在 jQuery Mobile 中，滑块组件由两部分组成，一部分是可调整大小的数字输入框，另一部分是可拖动修改输入框数字的滑块。滑块元素可以通过 min 和 max

属性来设置滑块的取值范围。

【示例 1】 下面是一个简单的滑块示例。

```
<div data-role="content">
    <div data-role="fieldcontain">
        <label for="slider"> 值: </label>
        <input type="range" name="slider" id="slider" value="0" min="0" max="100" />
    </div>
</div>
```

在头部位置输入下面的脚本代码，通过 $(function(){}) 定义页面初始化事件处理函数，然后使用 $("#slider") 找到滑块组件，使用 on() 方法为其绑定 change 事件处理函数。在滑块值发生变化的事件处理函数中，先使用 $(this).val() 获取当前滑块的值，然后使用该值设置盒子宽度。

```
<script>
$(function(){
    $("#slider").on("change",function(){
        var val = $(this).val();
        $("#box").css("width",val + "%");
    })
})
</script>
```

完成设计之后，在移动设备中预览该 index.html 页面，可以看到如图 19.9 所示的滑块效果。当拖动滑块时，会实时改变滑块的值，从 0 ~ 100 变化，然后利用该值改变盒子的宽度，盒子的宽度在 0 ~ 100% 随之变化。

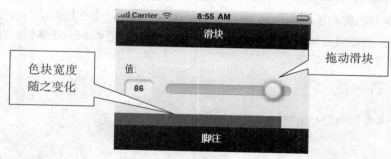

图 19.9 设计滑块效果

可以为滑块设置最小值和最大值，以约束滑块的数据范围。在滑块对象中，min 属性用于设定最小值，max 属性用于设定最大值，value 属性用于设定默认值。

拖动滑块或者单击数字输入框中的 + 号或 – 号可以修改滑块值。此外，在键盘上按方向键或 PageUp、PageDown、Home、End 键，也可以调节滑块值的大小。当然，通过 JavaScript 代码也可以设置滑块的值，但必须在完成设置后对滑块的样式进行刷新。

【示例 2】 本示例通过 JavaScript 设置滑块的值为 50。

```
<script>
$(function(){
    $("#slider").val(50).slider("refresh");
})
</script>
```

上述代码将当前滑块的值设置为 50，然后调用 slider("refresh") 方法，刷新滑块的样式，使其滑动到 50 的刻度上，与数字输入框的值相对应，效果如图 19.10 所示。

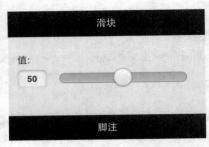

图 19.10　使用 JavaScript 脚本控制滑块的显示值

在与滑块相关的操作中，主要涉及启用、禁用和刷新功能，相关方法及作用说明如下。

☑　enable：启用滑块。

☑　disable：禁用滑块。

☑　refresh：刷新滑块样式。

【示例 3】　下面的代码将实现对某个滑块的禁用操作。

```
$('#mySlider').slider('disable');
```

在 jQuery Mobile 1.2.0 之前，滑块只支持 create 事件，这个事件在滑块创建时触发。在 jQuery Mobile 1.2.0 之后，滑块增加了两个新的事件：sliderstart 和 sliderstop，它们分别表示滑块调整开始和滑块调整结束。

【示例 4】　本示例代码实现了 sliderstart 和 sliderstop 这两个事件。当开始拖动滑块时，将触发 sliderstart 事件，并提示用户"开始移动滑块点"。当滑块移动停止时，将触发 sliderstop 事件，并提示用户"结束移动滑块点"，演示效果如图 19.11 所示。

```html
<script>
$(function(){
    $("#slider").bind('slidestart',function(event){
        $("#start").text(" 开始移动点: "+$(this).val());
    });
    $("#slider").bind('slidestop',function(event){
        $("#stop").text(" 结束拖动点: "+$(this).val());
    });
});
</script>
<input type="range" name="slider" id="slider" value="0" min="0" max="100" />
<div id="start"></div>
<div id="stop"></div>
```

图 19.11　应用 sliderstart 和 sliderstop 事件

19.6 使用开关

视频讲解

在 jQuery Mobile 中，当 <select> 标签定义了 data-role="slider" 属性，可以将该下拉列表的两个 <option> 选项样式变成一个开关按钮。第一个 <option> 选项为开状态，返回值为 true 或 1 等；第二个 <option> 选项为关状态，返回值为 false 或 0 等。

【**示例 1**】 本示例设计了当开关按钮打开时，将加粗显示字体；而当开关按钮关闭时，取消字体加粗显示，如图 19.12 所示。

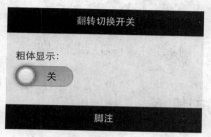
关闭开关时标签字体正常显示

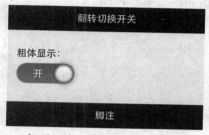
打开开关时标签字体加粗显示

图 19.12 应用开关按钮示例效果

新添加的翻转切换开关表单对象代码如下。

```
<div data-role="content">
    <div data-role="fieldcontain">
        <label for="flipswitch"> 选项 :</label>
        <select name="flipswitch" id="flipswitch" data-role="slider">
            <option value="off"> 关 </option>
            <option value="on"> 开 </option>
        </select>
    </div>
</div>
```

在头部位置输入下面的脚本代码，通过 $(function(){}) 定义页面初始化事件处理函数，然后使用 $("#flipswitch") 找到翻转切换开关表单组件，使用 on() 方法为其绑定 change 事件处理函数。在切换开关的值发生变化时触发的事件处理函数中，先使用 $(this).val() 获取当前切换开关的值，然后使用该值作为设置条件。如果打开开关，则加粗标签字体显示，否则以普通字体显示。

```
<script>
$(function(){
    $("#flipswitch").on("change",function(){
        var val = $(this).val();
        if(val == "on")
            $("#page label").css("font-weight","bold");
        else
            $("#page label").css("font-weight","normal");
    })
})
</script>
```

完成设计之后，在移动设备中预览该 index.html 页面，可以看到如图 19.12 所示的切换开关效果。当拖动滑块时，会实时打开或关闭开关，然后利用该值作为条件进行逻辑判断，以便决定是否加粗标签字体。

【示例 2】 选择开关按钮时，将会触发 change 事件，在该事件中可以获取切换后的值，即 ID 值为 flipswitch 的翻转开关中被选中项的值。注意，不是显示的文本内容。

如果使用 JavaScript 设置翻转开关的值，完成设置后必须进行刷新，代码如下。

```
(function(){
    $("#flipswitch")[0].selectedIndex = 1;
    $("#flipswitch").slider("refresh");
})
```

在上面的代码中，将第一个选项设置为选中状态，然后刷新组件，将显示更新结果。

19.7　使用菜单

视频讲解

下面介绍菜单组件的设计方法。

19.7.1　定义下拉菜单

jQuery Mobile 重新定制了 <select> 标签样式：整个菜单由按钮和菜单两部分组成。当用户单击按钮时，对应的菜单选择器会自动打开，选其中某一项后，菜单自动关闭，被单击的按钮的值将自动更新为菜单中用户所点选的值。

【示例 1】 本示例设计一个选择菜单，当选择菜单项目的值时，标题栏中的标题名称会随之发生变化，提示当前用户选择的日期值，如图 19.13 所示。

菜单组初始显示状态

当单击选中菜单后标题栏将实时显示信息

图 19.13　设计的选择菜单演示效果

设计代码如下。

```
<div data-role="content">
    <div data-role="fieldcontain">
        <label for="selectmenu" class="select"> 年 </label>
        <select name="selectmenu" id="selectmenu">
            <option value="2013">2013</option>
            <option value="2014">2014</option>
            <option value="2015">2015</option>
        </select>
        <label for="selectmenu2" class="select"> 月 </label>
        <select name="selectmenu2" id="selectmenu2">
            <option value="1">1 月 </option>
            <option value="2">2 月 </option>
            <option value="3">3 月 </option>
            ……
        </select>
        <label for="selectmenu3" class="select"> 日 </label>
        <select name="selectmenu3" id="selectmenu3">
            <option value="1">1</option>
            <option value="2">2</option>
            <option value="3">3</option>
            ……
        </select>
    </div>
</div>
```

在上面的代码中，<div data-role="fieldcontain"> 标签定义了一个表单容器，使用 <select> 标签定义 3 个
菜单项目，每个菜单对象与前面的 <label> 标签关联，通过 for 属性实现绑定。

在头部位置输入下面的脚本代码。设计思路：当菜单值发生变化，则逐一获取年、月、日菜单的值，然
后更新标题栏标题信息，以正确、实时地显示当前菜单框选择的日期值。

```
<script>
$(function(){
    var year,month,day,str;
    $("#selectmenu, #selectmenu2, #selectmenu3").on("change",
        function() {
            year = parseInt($("#selectmenu").val());
            month = parseInt($("#selectmenu2").val());
            day = parseInt($("#selectmenu3").val());
            if(year)
                str = year;
            if(month)
                str += "-" + month;
            if(day)
                str += "-" +day;
            $("div[data-role='header'] h1").text( str);
    })
})
</script>
```

Note

在上面的代码中，通过 $(function(){}) 定义页面初始化事件处理函数，然后使用 $("#selectmenu, #selectmenu2, #selectmenu3") 获取页面中年、月和日菜单选择框。使用 on() 方法为其绑定 change 事件处理函数，在选择菜单时将触发事件处理函数，把用户选择的年、月和日信息显示在标题栏中。

在事件处理函数中，逐一获取年、月和日菜单项目的显示值，然后把它们组合在一起递交给变量 str。最后，把 str 变量存储的信息传递给标题栏的标题标签。

【示例 2】 可以分组显示多个菜单，此时可以设计为水平布局或垂直布局。当水平显示时，菜单会显示为按钮组效果，并在右侧显示提示性的下拉图标，效果如图 19.14 所示。

图 19.14 设计菜单组布局样式

将多个菜单分组显示，只需要在多个 <select> 标签外面包裹 <fieldset data-type="horizontal"> 标签，并添加 data-role="controlgroup"，定义表单控件组容器。

```
<fieldset data-role="controlgroup" data-type="horizontal">
    <label for="selectmenu" class="select"> 年 </label>
    <select name="selectmenu" id="selectmenu"> </select>
    <label for="selectmenu2" class="select"> 月 </label>
    <select name="selectmenu2" id="selectmenu2"> </select>
    <label for="selectmenu3" class="select"> 日 </label>
    <select name="selectmenu3" id="selectmenu3"></select>
</fieldset>
```

提示：data-type 定义水平或者垂直布局显示，当值为 "horizontal" 时表示水平布局，当值为 "vertical" 时表示垂直布局。

【示例 3】 通过为选择菜单添加 ata-native-menu 属性，设置属性值为 false，可以设计更具个性的选择菜单。例如，在下面的代码中，为 <select> 标签添加 data-native-menu，设置值为 false，代码如下。

```
<fieldset data-role="controlgroup" data-type="vertical">
    <label for="selectmenu" class="select"> 年 </label>
    <select name="selectmenu" id="selectmenu" data-native-menu="false">
        ……
    </select>
    <label for="selectmenu2" class="select"> 月 </label>
    <select name="selectmenu2" id="selectmenu2" data-native-menu="false">
        ……
    </select>
    <label for="selectmenu3" class="select"> 日 </label>
```

```
        <select name="selectmenu3" id="selectmenu3" data-native-menu="false">
            ……
        </select>
    </fieldset>
```

当为选择菜单的 data-native-menu 属性值设置为 false 后，它就变成了一个自定义类型的选择菜单。用户单击年份按钮时，页面将弹出一个菜单形式的对话框，在对话框中选择某选项后，触发选择菜单的 change 事件，该事件将在页面中显示用户所选择的菜单选择值，同时对话框自动关闭，并更新对应菜单按钮中所显示的内容，显示效果如图 19.15 所示。

选择年份

选择月份

选择后的效果

图 19.15　设计自定义菜单样式

在设计选择菜单的 change 事件处理函数时，应先检查用户是否选择了某个选项，如果没有选择，应做相应的提示信息或检测，以确保获取数据的完整性。

19.7.2　定义列表框

当为 <select> 标签添加 multiple 属性后，选择菜单对象会转换为多项列表框。jQuery Mobile 支持列表框组件，允许在菜单基础上进一步设计多项选择的列表框。如果将某个选择菜单的 multiple 属性值设置为 true，单击该按钮，在弹出的菜单对话框中，全部菜单选项的右侧将出现一个可勾选的复选框，用户通过单击该复选框，可以选中任意多个选项。选择完成后，单击左上角的"关闭"按钮，关闭已弹出的对话框，对应的按钮自动更新为用户所选择的多项内容值。

【示例 1】 新建 HTML5 文档，设计单视图页面，在内容区域输入下面的代码。

```
<div data-role="content">
    <div data-role="fieldcontain">
        <label for="selectmenu" class="select"> 任务安排 </label>
        <select name="selectmenu" id="selectmenu"   multiple="true">
            <option value="1"> 周一 </option>
            <option value="2"> 周二 </option>
            <option value="3"> 周三 </option>
            <option value="4"> 周四 </option>
            <option value="5"> 周五 </option>
        </select>

    </div>
</div>
```

在上面的代码中，`<div data-role="fieldcontain">` 标签定义了一个表单容器，使用 `<select>` 标签定义 5 个菜单项目，每个菜单对象与前面的 `<label>` 标签关联，通过 for 属性实现绑定。

完成设计之后，在移动设备中预览该页面，可以看到如图 19.16 所示的菜单效果，当选择菜单项目的值时，标题栏中的标题名称会随之发生变化，提示当前用户选择的日期值。

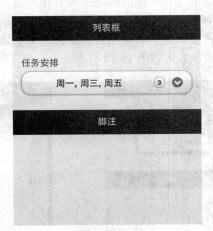

选择多项列表　　　　　　　　选中多项列表后的效果

图 19.16　设计的多选列表框效果

> **提示**：选择多项选择列表框对应的按钮时，不仅会显示所选择的内容值，而且超过 2 项选择时，在下拉图标的左侧还会有一个圆形的标签。在标签中显示用户所选择的选项总数。另外，在弹出的菜单选择对话框中，选择某一个选项后，对话框不会自动关闭，必须单击左上角圆形的"关闭"按钮，才算完成一次菜单的选择。单击"关闭"按钮后，各项选择的值将会变成一行用逗号分隔的文本，显示在对应按钮中。如果按钮长度不够，多余部分将显示成省略号。

【示例 2】 为了能够兼容不同设备和浏览器，建议为 `<select>` 标签添加 data-native-menu="false" 属性以激活菜单对话框，否则在部分浏览器中该组件显示无效果。当添加 data-native-menu="false" 属性声明之后，在 iPhone 5s 中的点选效果如图 19.17 所示，会展开一个菜单选择对话框，而不是系统默认的菜单选项视图。

【示例 3】 与所有的表单组件对象一样，无论是选择菜单还是多项选择列表框，如果使用 JavaScript 代码控制选择菜单所选中的值，必须对该选择菜单刷新一次，从而使对应的样式与选择项同步，代码如下。

```
<script>
$(function(){
    $("#selectmenu")[0].selectedIndex = 1;
    $("#selectmenu").selectmenu("refresh");
})
</script>
```

上面的代码将设置第 2 个选项为选中状态，同时刷新整个选择列表框，使选择值与列表框样式同步，效果如图 19.18 所示。

图 19.17 打开菜单选择对话框

图 19.18 设置默认显示被选中的选项

19.7.3 设置选项分组

选择菜单中的内容可以分组显示，经过分组之后，同类内容被归纳在一起，这样有助于用户在不同分组中进行快速选择。每个分组菜单的标题和这个分组中的菜单项存在大致一个字符的缩进，这样使用者可以一目了然地识别出菜单的不同分组。如果分组之后的内容比较多，用户也可以通过上下滑动屏幕来看到更多菜单中的内容。

【示例】 要实现菜单内容的分组，需要将各个分组菜单项依次放置在 optgroup 容器中，然后再将 optgroup 按顺序放在 select 容器中就可以了。optgroup 的 label 属性值会作为分组名称显示在菜单分组的列表中。本示例代码如下。

```html
<div data-role="fieldcontain">
    <label for="select-choice" class="select"> 常用技术 :</label>
    <select name="select-choice" id="select-choice" data-native-menu="false">
        <optgroup label=" 页面开发 ">
            <option value="HTML">HTML</option>
            <option value="JavaScript">JavaScript</option>
            <option value="CSS">CSS</option>
        </optgroup>
        <optgroup label=" 应用服务器开发 ">
            <option value="ASP.NET MVC">ASP.NET MVC</option>
            <option value="PHP">PHP</option>
            <option value="JSP">JSP</option>
        </optgroup>
        <optgroup label=" 数据库 ">
            <option value="MySQL">MySQL</option>
            <option value="SQL Server">SQL Server</option>
            <option value="SQLite">SQLite</option>
        </optgroup>
        <optgroup label=" 操作系统 ">
            <option value="Linux">Linux</option>
            <option value="Windows">Windows</option>
            <option value="Android">Android</option>
        </optgroup>
    </select>
</div>
```

不同分组的内容会缩进显示，如图 19.19 所示。其中"页面开发"组内容包含 HTML、JavaScript 和 CSS 这 3 个菜单项，它们比"页面开发"这几个字向右缩进了几个像素。

图 19.19　为选择项目分组

19.7.4　设置禁用选项

如果需要禁用某个选择项目，可以为项目设置 disabled 属性。

【示例】　本示例禁用了第 3 个菜单项的功能，禁用之后，该项目显示为灰色，效果如图 19.20 所示。

```html
<div data-role="fieldcontain">
    <label for="select-choice" class="select">Web 技术 :</label>
    <select name="select-choice" id="select-choice" data-native-menu="false">
        <option value="HTML">HTML</option>
        <option value="JavaScript">JavaScript</option>
        <option value="CSS" disabled>CSS</option>
    </select>
</div>
```

图 19.20　禁用选择项目

视 频 讲 解

19.8　设置表单属性

下面介绍表单的一些常用属性。

19.8.1 禁用表单

如果要禁用某个表单元素，可以通过设置 CSS 为 ui-disabled 实现。

【示例】 在下面示例中，文本框和查询框被标记为 us-disabled，则表单对象呈现为灰色，无法输入或使用，如图 19.21 所示。表单元素被禁用之后，基于其上的输入、事件、方法等操作都将被一同禁用。

```
<div data-role="fieldcontain">
    <label for="name"> 文本框 :</label>
    <input type="text" name="name" id="name" value="" class="ui-disabled" />
</div>
<div data-role="fieldcontain" class="ui-disabled">
    <label for="search"> 查询框 :</label>
    <input type="search" name="search" id="search" value="" />
</div>
```

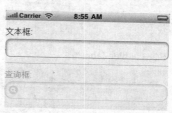

图 19.21 禁用表单对象

比较两个禁用对象，会发现它们略有不同：第一个输入框的文本不是灰色的，而第二个文本和输入框都是灰色的。这是由于第一个文本输入框的元素被禁用，而标签元素并没有被设置为 ui-disabled 样式，所以在第一个输入框中，只有文本输入框被禁用。

在第二个查询输入框的代码中，由于禁用样式 ui-disabled 被应用于 fieldcontain 容器上，所有包含在这个 fieldcontain 容器中的表单元素都是被禁用的状态，查询输入框的文本以及输入框都呈现为灰色。

19.8.2 隐藏标签

jQuery Mobile 提供了一种隐藏标签的功能，用来适应移动设备的屏幕的尺寸。使用该功能后，表单的标签就不会被独立显示，而是在输入框中显示。实现隐藏标签的方法如下。

第 1 步，在需要隐藏标签的 <div data-role="fieldcontain"> 容器中加入 class="ui-hide-label" 类。

第 2 步，在输入框中添加 placeholder 属性，并将标签的内容赋值给该属性。

【示例】 本示例将做一个对比，设计两组相同的表单对象，其中在第一组表单容器中添加 class="ui-hide-label"，而在第二组表单容器中没有添加 ui-hide-label 类，则比较效果如图 19.22 所示。

```
<h3> 包含 ui-hide-label 类 </h3>
<div data-role="fieldcontain" class="ui-hide-label">
    <label for="name"> 文本输入框： </label>
    <input type="text" name="name" id="name" value="" placeholder=" 文本输入框 " />
</div>
<div data-role="fieldcontain" class="ui-hide-label">
    <label for="search"> 查询输入框： </label>
```

```
        <input type="search" name="search" id="search" value="" placeholder=" 查询输入框 " />
</div>
<h3> 不包含 ui-hide-label 类 </h3>
<div data-role="fieldcontain">
        <label for="name"> 文本输入框: </label>
        <input type="text" name="name" id="name" value="" placeholder=" 文本输入框 " />
</div>
<div data-role="fieldcontain">
        <label for="search"> 查询输入框: </label>
        <input type="search" name="search" id="search" value="" placeholder=" 查询输入框 " />
</div>
```

包含ui-hide-label类

文本输入框

🔍 查询输入框

不包含ui-hide-label类

文本输入框:

文本输入框

查询输入框:

🔍 查询输入框

图 19.22　隐藏标签效果比较

19.8.3　定义迷你表单

　　jQuery Mobile 提供了一套小尺寸的表单元素，方便用于特定的应用场景，如折叠内容块、工具栏或列表视图中，它们就是 mini 尺寸的表单样式。在这些特定应用场景中，如果使用正常尺寸的表单元素，布局会变得拥挤，而将小号表单对象放入折叠内容块、工具栏或者列表视图中，界面呈现效果将会更加舒适。

📢 **注意**：在 jQuery Mobile 1.1.1 及其之前的版本中，工具栏按钮默认为正常尺寸。自 jQuery Mobile 1.2.0 之后，工具栏按钮将默认为 mini 尺寸。

　　要实现 mini 尺寸的表单元素，可以在表单元素中设置 data-mini 属性为 true。
　　【示例】　本示例使用 data-mini="true" 设计一个 mini 尺寸的登录表单，如图 19.23 所示。

```
<div data-role="fieldcontain">
        <input type="text" id="name" value="" placeholder=" 登录名 " data-mini="true" />
        <input type="password" id="password" value="" placeholder=" 密码 " data-mini="true" />
        <div style="margin-top:16px">
            <fieldset class="ui-grid-a">
                <div class="ui-block-a">
                    <button type="reset" data-theme="d"> 取消 </button>
                </div>
```

```
            <div class="ui-block-b">
                <button type="submit" data-theme="a"> 提交 </button>
            </div>
        </fieldset>
    </div>
</div>
```

图 19.23　设计迷你表单

19.9　案例实战

视频讲解

本节将通过多个案例练习表单组件的具体应用。

19.9.1　设计验证表单

本例设计只有输入的登录内容符合规则，如登录名和密码都不能为空，登录表单的内容才会被提交到服务器。主要借助 jQuery Validation 插件，为表单提供验证功能，让客户端表单验证变得更简单，同时提供了大量的定制选项，满足应用程序的各种需求。

该插件是由 Jörn Zaefferer 编写和维护的，他是 jQuery 团队的一员，是 jQuery UI 团队的主要开发人员，也是 QUnit 的维护人员。该插件在 2006 年 jQuery 早期的时候就已经开始出现，并一直更新至今。

【操作步骤】

第 1 步，新建 HTML5 文档，保存文档为 index.html。

第 2 步，在页面头部区域引入 jQuery 和 Query Mobile 库文件。

```
<script src="jquery-mobile/jquery.min.js" type="text/javascript"></script>
<script src="jquery-mobile/jquery.mobile.min.js" type="text/javascript"></script>
```

第 3 步，访问 jQuery Validation 插件官网（http://jqueryvalidation.org/），下载 jquery.validate.js 插件文件，然后在文档中引入。

```
<script src="js/jquery.validate.js" type="text/javascript"></script>
```

第 4 步，在需要进行验证的表单元素中通过 class 设置规则。例如，内容不得为空，则设置 class 为 required。

```
<form id="signupForm" method="get" action="">
    <p>
        <label for="name"> 姓名: </label>
        <input id="name" name="name" class="required" />
    </p><p>
```

Note

```
            <label for="email">E-Mail</label>
            <input id="email" name="email" class="required email" />
        </p><p>
            <input class="submit" type="submit" value=" 提交 "/>
        </p>
    </form>
```

第 5 步，在 JavaScript 脚本中调用 validate() 方法，激活插件，同时可以根据需要有选择性地汉化错误提示信息，方法是通过插件扩展的方式覆盖默认的错误提示信息。

```
<script>
jQuery.extend(jQuery.validator.messages, {
    required: " 必填字段 ",
    email: " 请输入正确格式的电子邮件 "
});
$(function(){
    $("#signupForm").validate();
})
</script>
```

第 6 步，在内部样式表中，可以有选择性地重新定义错误提示信息的显示样式，代码如下。

```
<style type="text/css">
label.error{
    color: red;
    font-size: 12px;
}
</style>
```

第 7 步，保存文档，然后在移动设备中预览，显示效果如图 19.24 所示。

图 19.24　验证表单

提示，jQuery Validate 插件用法复杂，详细说明和用法请参考官方网站 API 文档。

19.9.2　设计上传表单

jQuery Mobile 应用可以实现基于表单的文件上传操作。但是与桌面浏览器实现文件上传有所不同。由于 jQuery Mobile 默认通过 Ajax 方式实现页面加载，而文件上传则需要将内容提交到服务器上。所以需要在表单中设置 data-ajax 为 false，以禁用 Ajax 方式进行表单提交。

同桌面浏览器文件上传一样，也需要设置内容上传的编码方式 enctype 为 multipart/form-data。在进行内容选择的时候，受到操作系统安全性限制，并不是任何文件都可能会被选中并上传，只有特定的用户文件才可能被选中上传。

【示例】 本示例设计一个文件上传表单，在该表单中包含一个 <input type="file"> 控件，为该控件设置 data-ajax="false" 属性，同时插入一个提交按钮。这样当在本地选择一个文件之后，单击提交按钮，就可以把本地文件上传到服务器端，演示效果如图 19.25 所示。最后，用户只需要在服务器端编写 upload_file.php 文件代码，使用 PHP 接收文件数据就可以了。

```
<div data-role="page" id="upload" >
    <div data-role="header"   >
        <h1> 内容上传 </h1>
        <a href="#pageone" data-role = button data-icon="home" class="ui-btn-left" > 首页 </a> </div>
    <div data-role="content" >
        <form action="upload_file.php" method="post" enctype="multipart/form-data" data-ajax="false">
            <input   id="uploadimg"   name="file"   type="file"   runat="server"   method="post"   enctype="multipart/
form-data" data-inline="true"    data-ajax="false" />
            <center>
                <button    data-inline="true"    > 上传 </button>
            </center>
        </form>
    </div>
    <div data-role="footer" data-position="fixed" data-fullscreen="true">
        <h1> 版权信息 </h1>
    </div>
</div>
```

图 19.25　文件上传

19.9.3　设计登录表单

本例设计登录表单，表单结构简单，由一个图片、两个文本框、一个按钮以及若干个复选框组成，演示效果如图 19.26 所示。

在使用表单元素前，首先需要在页面中加入一个表单标签，只有这样，标签内的控件才会被 jQuery Mobile 默认读取为表单元素。action 属性指向的是接受提交数据的地址，当数据被提交时，就会发送到这里；method 属性标注了数据提交的方法，有 post 和 get 两种方法可供选用。设计的表单结构如下。

```
<div data-role="page">
    <div data-role="content" class="bg"> <img src="images/qq.png" />
        <form action="#" method="post">
            <input type="text" name="zhanghao" id="zhanghao" value=" 账号： "   />
```

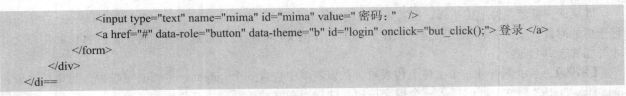

```
                <input type="text" name="mima" id="mima" value=" 密码： "  />
                <a href="#" data-role="button" data-theme="b" id="login" onclick="but_click();"> 登录 </a>
            </form>
        </div>
    </di==
```

图 19.26　设计 QQ 登录界面

　　编写 JavaScript 脚本，利用文本框的 id 来获取控件，然后再利用 val() 方法获取文本框中的内容。这里限制文本框中的值不能为空，实际上还应该利用正则表达式来限制账号只能为数字，并且使密码内容隐藏。但是由于这些内容与本节内容关系不大，因此不做过多讲解。

```
<script>
function but_click(){
    var temp1=$("#zhanghao").val();
    if(temp1==" 账号： "){
        alert(" 请输入 QQ 号码！ ")
    }else{
        var zhanghao=temp1.substring(3,temp1.length);
        var temp2=$("#mima").val();
        if(temp2==" 密码： "){
            alert(" 请输入密码！ ");
        }else{
            var mima=temp2.substring(3,temp2.length);
            alert(" 提交成功 "+", 你的 QQ 号码为 "+zhanghao+", 你的 QQ 密码为 "+mima);
        }
    }
}
</script>
```

　　提示：jQuery Mobile 实际上已经为用户封装了一些用来限制文本框中内容的控件，如将账号文本框的 type 改成 number。虽然外表看不出有什么区别，但当在手机中运行该页面，对该文本框输入时，手机将会自动切换到数字键盘，而当将 type 属性修改为 password 时，手机则会自动将文本框中的内容转化为圆点，以防止你的密码被旁边的人看到。

　　单击"登录"按钮，会弹出一个对话框，显示了文本框中的账号和密码信息，如图 19.27 所示。

图 19.27 提示登录信息

19.9.4 设计调查表单

本节案例设计制作一个简单的调查问卷，练习使用各种文本框。控件 textarea 是一种定义了多行文本的文本编辑控件，它可以根据其中的内容自动调整自身的高度，同时也可以通过拖曳的方式对其大小进行调整。本例主要结构代码如下。

```
<div data-role="page">
    <div data-role="header">
        <h1> 调查问卷 </h1>
    </div>
    <div data-role="content">
        <form action="#" method="post">
            <!-- placeholder 属性的内容会在编辑框内以灰色显示 -->
            <input type="text" name="xingming" id="xingming" placeholder=" 请输入你的姓名: "/>
            <!-- 当 data-clear-btn 的值为 true 时，该编辑框被选中 -->
            <!-- 可以单击右侧的按钮将其中的内容清空 -->
            <input type="tel" name="dianhua" id="dianhua" data-clear-btn="true" placeholder=" 请输入你的电话号码: ">
            <label for="adjust"> 请问您对本书有何看法？ </label>
            <!-- 这里用到了 textarea 而不是 input-->
            <textarea name="adjust" id="adjust"></textarea>
            <!-- 通过 for 属性与 textarea 进行绑定 -->
            <label for="where"> 请问您是在哪里得到这本书的？ </label>
            <!-- 使用 label 时要使用 for 属性指向其对应控件的 id-->
            <textarea name="where" id="where"></textarea>
            <a href="#" data-role="button"> 提交 </a>
        </form>
    </div>
</div>
```

运行结果如图 19.28 所示。当在文本框中输入内容时，页面会发生一定的变化，如页面上方输入姓名和电话的两个文本框中的文字会自动消失；要求填写电话信息的文本框右侧会出现一个删除的图标，单击该图标，文本框中的内容会被自动删除。另外，页面下方两个文本框的内容会随着内容行数的增加而自动增加高度。

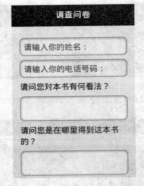

图 19.28　设计调查问卷

19.9.5　设计设置表单

本节案例设计一个调色板，介绍如何利用滑块来控制数据。其中，视图底部的 3 个滑块分别代表 RGB 颜色中的一个，通过拖动它们可以改变红、绿、蓝这 3 种颜色的值，从而改变整体的颜色，运行结果如图 19.29 所示。

图 19.29　设计调色板

在手机设置界面中，滑块是一个非常重要的组件。当给予用户某些自定义选择的权力时，如音量、屏幕亮度，滑块控件是非常好的选项。本例主要结构代码如下。

```
<script>
function set_color(){
    var red = $("#red").val();                          // 获取红色数值
    var green = $("#green").val();                       // 获取绿色数值
    var blue =$("#blue").val();                          // 获取蓝色数值
    var color = "RGB("+red+","+green+","+blue+")";       // 生成 rgb 表示的颜色字符串
    $(".color").css("background-color",color);           // 设计内容框背景色

}
</script>
```

```
<style type="text/css">
.color{height:100%; min-height:400px;}
</style>
<div data-role="page" onclick="al();">
    <div data-role="header">
        <h1> 调色板 </h1>
    </div>
    <div data-role="content" class="color">
    </div>
    <div data-role="footer" data-position="fixed">
        <form>
            <input name="red" id="red" min="0" max="255" value="0" type="range" onchange="set_color();" />
            <input name="green" id="green" min="0" max="255" value="0" type="range" onchange="set_color();" />
            <input name="blue" id="blue" min="0" max="255" value="0" type="range" onchange="set_color();" />
        </form>
    </div>
</div>
```

19.9.6　设计弹出表单

本节案例设计一个弹出对话框，当用户单击页面中央的"登录"按钮后，就会弹出一个对话框，如图 19.30 所示。这个对话框包含两个文本框和一个"登录"按钮。

登录按钮

登录对话框

图 19.30　设计登录对话框

示例的主要结构代码如下。

```
<div data-role="page">
    <div data-role="header">
        <h1> 请单击登录按钮 </h1>
    </div>
    <div data-role="content">
        <a href="#popupLogin" data-rel="popup" data-role="button"> 登录 </a>
        <div data-role="popup" id="popupLogin" data-theme="a" class="ui-corner-all">
            <form>
                <div style="padding:10px 20px;">
```

```
            <h3> 请输入用户名和密码 </h3>
            <label for="un" class="ui-hidden-accessible"> 用户名 :</label>
            <input name="user" id="un" value="" placeholder=" 用户名 " type="text">
            <label for="pw" class="ui-hidden-accessible">Password:</label>
            <input name="pass" id="pw" value="" placeholder=" 密码 " type="password">
            <button type="submit" data-icon="check" data-theme="b"> 登录 </button>
        </div>
      </form>
    </div>
  </div>
</div>
```

　　本实例的实现方法非常简单，只是将表单所用到的内容全部移到了对话框所在的 div 标签中即可。还可以通过修改 div 的 style 属性来设置对话框的高度和宽度。

第 20 章

主题样式

（ 🖳 视频讲解：18 分钟）

jQuery Mobile 使用 CSS 控制视图和组件的外观，CSS 包含以下两部分。

▶▶ 结构（jquery.mobile.structure-1.4.5.css）：用于控制对象（如按钮、表单、列表等）在视图中的显示位置、内外间距等空间样式。

▶▶ 主题（jquery.mobile.theme-1.4.5.css）：用于控制可视元素的视觉效果，如字体、颜色、渐变、阴影、圆角等。

jQuery Mobile 的 CSS 结构和主题是分离的，因此只要定义一套结构就可以反复与一套或多套主题配合或混合使用，从而实现页面布局和组件主题多样化设计效果。为了减少背景图的使用，jQuery Mobile 使用 HTML5+CSS3 新功能替代传统的背景图创建按钮等组件。

【学习重点】

▶▶ 使用内置主题。

▶▶ 自定义主题。

▶▶ 定义 jQuery Mobile 组件主题。

20.1　jQuery Mobile 主题

jQuery Mobile 1.4.5 内置两套主题配色方案：黑色和灰色。jQuery Mobile 1.4.5 之前的版本内置了 5 套主题配色方案，如果希望应用 5 套配色方案，应该引入 jQuery Mobile 1.4.5 之前版本的主题样式文件。

jQuery Mobile 1.4.5 主题样式系统有以下几个特点。

☑ 文件的轻量级：使用 CSS3 来处理圆角、阴影和颜色渐变的效果，而没有使用图片，大大减轻了服务器的负担。

☑ 主题的灵活度高：框架系统提供了多套可选择的主题和色调，并且每套主题之间都可以混搭，丰富视觉设计。

☑ 自定义主题便捷：除使用系统框架提供的主题之外，还允许开发者自定义主题，用于保持设计的多样性。

☑ 图标的轻量级：在整个主题框架中，使用了一套简化的图标集，它包含绝大部分在移动设备中使用的图标，极大减轻了服务器对图标处理的负荷。

jQuery Mobile 1.4.5 的 CSS 默认包含两个主题：a 和 b。其中，主题 a 是优先级最高的，默认为黑色，如图 20.1 所示。

在 jQuery Mobile 1.4.5 之前内置 5 种主题，具体说明如下。

☑ a：最高优先级，黑色。

☑ b：优先级次之，蓝色。

☑ c：基准优先级，灰色。

☑ d：可选优先级，灰白色。

☑ e：表示强调，黄色。

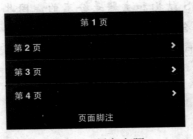

图 20.1　黑色主题

除内置主题之外，开发者还可以方便地修改系统主题，并快捷地自定义主题，相关内容将在下面小节中进行详细介绍。

20.2　使用主题

使用 data-theme 属性可以控制 jQuery Mobile 主题。如果不指定 data-theme 属性，将默认采用 a 主题。以下代码定义了一个默认主题的页面。

```
<div data-role="page" id="page">
    <div data-role="header">
        <h1> 简单页面 </h1>
    </div>
    <div data-role="content">
        <p> 简单内容显示 </p>
    </div>
</div>
```

使用不同的主题：

```
<div data-role="page" id="page" data-theme="e">
    <div data-role="header">
        <h1> 简单页面 </h1>
    </div>
    <div data-role="content">
        <p> 简单内容显示 </p>
    </div>
</div>
```

使用一个 data-theme="e" 便可以将整个页面切换为黄色色调，如图 20.2 所示。

在默认情况下，页面上所有的组件都会继承 Page 主题，这意味着只需设置一次便可以更改整个页面的视图效果：

```
<div data-role="page" id="page" data-theme="e">
```

【示例 1】　也可以为不同组件独立设置不同的主题，方法是为不同的容器定义不同的 data-theme 属性来实现，例如，在下面的代码中，分别为标题栏、内容栏、页脚栏、按钮、折叠框和列表视图设计不同的主题样式，预览效果如图 20.3 所示。

```
<div data-role="page" id="page">
    <div data-role="header" data-theme="c">
        <h1> 标题栏 </h1>
    </div>
    <div data-role="content" data-theme="d">
        <p> 内容栏 </p>
        <ul data-role="listview" data-theme="b">
            <li><a href="#page1"> 列表视图 </a> </li>
        </ul>
        <p> <a href="#page4" data-role="button" data-icon="arrow-d" data-iconpos="left" data-theme="c"> 跳转按钮 </a></p>
        <div data-role="collapsible-set">
            <div data-role="collapsible" data-collapsed="true" data-theme="e">
                <h3> 折叠框 </h3>
                <p> 内容 </p>
            </div>
        </div>
    </div>
    <div data-role="footer">
        <h4> 页脚栏 </h4>
    </div>
</div>
```

图 20.2　设计黄色主题的页面效果　　　　　　图 20.3　为页面内不同组件设计不同的主题效果

【示例 2】　在本示例中，将新建一个页面视图，并在内容区域创建一个下拉列表框，用于选择系统自带的 5 种类型主题，当用户通过下拉列表框选择某一主题时，使用 cookie 方式保存所选择的主题值，并在刷新页面时，将内容区域的主题设置为 cookie 所保存的主题值，效果如图 20.4 所示。

默认主题预览效果　　　　　　　　　　　　选择主题 e 的效果

图 20.4　示例效果

输入下面的代码段，通过脚本实现交互控制页面主题切换。

```
<script type="text/javascript">
$(function() {
    var selectmenu = $("#selectmenu");
    selectmenu.bind("change", function() {
        if (selectmenu.val() != "") {
            $.cookie("theme", selectmenu.val(), {
                path: "/",
                expires: 7
            })
            window.location.reload();
        }
    })
})
```

```
if ($.cookie("theme")) {
    $.mobile.page.prototype.options.theme = $.cookie("theme");
}
</script>
```

导入 jquery.cookie.js 插件文件之后，就可以在客户端存储用户的选择信息。在 <select name="selectmenu"> 标签的 Change 事件中，当用户选择的值不为空时，调用插件中的方法，将用户选择的主题值保存至名称为 theme 的 cookie 变量中。当页面刷新或重新加载时，如果名称为 theme 的 cookie 值不为空，则通过访问 $.mobile.page.prototype.options.theme，把该 cookie 值写入页面视图的原型配置参数中，从而实现将页面内容区域的主题设置为用户所选择的主题值。

由于使用 cookie 方式保存页面的主题值，即使关闭了浏览器，再重新再打开时，用户所选择的主题依然有效，除非手动清除 cookie 值，或对应的 cookie 值到期后自动失效，页面才会自动恢复到默认的主题值。

20.3　自定义主题

视频讲解

更改 jQuery Mobile 默认主题有两种方法：一是直接修改原 CSS 主题样式文件，这样可能导致 CSS 代码不易管理，尤其在 jQuery 更新版本的时候；二是充分利用 CSS 的扩展性功能，仅创建独立的主题文件，这样可以不用修改原 CSS 文件，这样自定义的 CSS 文件也更容易维护。

jQuery Mobile 提供了一套通过 CSS 样式设定主题风格的方法。用户可以通过声明 CSS 样式的方式设定页面和页面元素的主题。主要的 CSS 样式定义如下。

- ☑ ui-bar-(a-z)：用于设定工具栏的主题风格，如 ui-bar-a。
- ☑ ui-body-(a-z)：用于设定页面和页面元素的主题风格，如 ui-body-a。
- ☑ ui-btn-up-(a-z)：用于设定按钮的主题风格，如 ui-btn-up-a。
- ☑ ui-corner-all：用于设定圆角矩形边框。
- ☑ ui-shadow：用于设定阴影效果。
- ☑ ui-disabled：用于设定为禁用效果。

【操作步骤】

第 1 步，新建新的 CSS 文件，保存为 jquery.mobile.swatch.i.css。将原 CSS 文件中 a 主题的代码复制过来。

第 2 步，粘贴到 jquery.mobile.swatch.i.css 文件中，更改每一个 class 的名字中的后缀，如将 ui-bar-a 更改为 ui-bar-i，然后保存并修改具体的样式。

可以更改任何想更改的代码，本例将更改按钮的背景，涉及的 class 有：

```
.ui-btn-up-i
.ui-btn-hover-i
.ui-btn-down-i
```

可以看到代码组织结构都是相同的，原始的 .ui-btn-down-i 代码如下。

```
.ui-btn-down-i {
    border: 1px solid #000;
    background: #3d3d3d;
    font-weight: bold;
    color: #fff;
```

```
    text-shadow: 0 -1px 1px #000;
    background-image: -moz-linear-gradient( top, #333333, #5a5a5a);
    background-image: -webkit-gradient( linear, left top, left bottom, color-stop(0, #333333), color-stop(1, #5a5a5a));
    -ms-filter: "progid:DXImageTransform.Microsoft.gradient(startColorStr='#333333', EndColorStr='#5a5a5a')";
}
```

第 3 步，每个按钮都采用了渐变的背景，如需修改颜色，修改包含 background、background-image 和 -ms-filter 属性的值。对于 background-image 和 -ms-filter 属性而言，需要设置渐变色的开始值和结束值，如从浅绿（66FF79）渐变到深绿（00BA19）：

```
.ui-btn-down-i {
    border: 1px solid #000;
    background: #00BA19;
    font-weight: bold;
    color: #fff;
    text-shadow: 0 -1px 1px #000;
    background-image: -moz-linear-gradient(top, #66FF79, #00BA19);
    background-image: -webkit-gradient(linear, left top, left bottom, color-stop(0, #66FF79), color-stop(1, #00BA19));
    -ms-filter: "progid:DXImageTransform.Microsoft.gradient(startColorStr='#66FF79', EndColorStr='#00BA19')";
}
```

提示：每个主题都包含 20 余个 class 可以修改，无须全部更改。在大多数情况下只须修改想要修改的部分样式就可以了。jQuery Mobile 最大的优势就是它仅使用 CSS 来控制显示效果，这使得用户可以在最大程度上灵活控制网站的显示。例如，示例包含的 f 主题 (jquery-mobile-swatch-f.css) 使用 @font-face 在页面中嵌入了许多字体。

第 4 步，新建 HTML5 文档，保存文档为 index.html。在文档头部导入下面的文件。

```
<link rel="stylesheet" type="text/css" href=" jquery.mobile.css "/>
<link rel="stylesheet" type="text/css" href="jquery-mobile-swatch-i.css"/>
<link rel="stylesheet" type="text/css" href="jquery-mobile-swatch-r.css"/>
```

第 5 步，使用 data-theme 属性定义不同模块的主题。设置页面视图的主题为 e，标题栏主题为 b，内容框主题为自定义主题 r，页脚栏主题为 d，折叠块和按钮主题为 f，详细说明如图 20.5 所示。

第 6 步，在头部位置添加如下元信息，定义视图宽度与设备屏幕宽度保持一致。

```
<meta name="viewport" content="width=device-width,initial-scale=1" />
```

第 7 步，完成设计之后，在移动设备中预览 index.html 页面，可以看到如图 20.6 所示的不同组件的主题效果。

提示：在程序执行期间，动态调整页面主题的步骤如下。

第 1 步，获取需要调整主题设定的 DOM 对象以及这个 DOM 对象当前的主题设定。

第 2 步，重新设置 DOM 对象的主题，并移除 CSS 样式中当前设置的色版。

第 3 步，添加新色版对应的 CSS 样式到 DOM 对象中。

第 4 步，通过 create 事件使得主题设定与 CSS 样式设定生效。

```
15  <body>
16  <div data-role="page" id="page"  data-theme="e">          页面视图主题为默认 e
17      <div data-role="header"  data-theme="b">
18          <h1>自定义主题</h1>                          标题栏主题为默认 b
19      </div>
20      <div data-role="content"  data-theme="r">
21          <div data-role="collapsible-set"  data-content-theme="f">   折叠块主题为自定义 f
22              <div data-role="collapsible">
23                  <h3>折叠标题1</h3>          内容栏主题为自定义 r
24                  <p>段落文本1</p>
25              </div>
26              <div data-role="collapsible" data-collapsed="true">
27                  <h3>折叠标题2</h3>
28                  <p>段落文本2</p>                        按钮主题为自定义 f
29              </div>
30          </div>
31          <p><a href="#" data-role="button" data-icon="arrow-d" data-iconpos="left" data-theme="f">按钮</a></p>
32      </div>
33      <div data-role="footer"  data-theme="d">
34          <h4>脚注</h4>
35      </div>                          页脚栏主题为默认 d
36  </div>
37  </body>
```

图 20.5　为不同模块设置主题

图 20.6　示例效果

视频讲解

20.4　使用 ThemeRoller

ThemeRoller 是一个在线服务，用户可以在线进行 jQuery Mobile 主题定制、阅览、下载与分享，也可以将开发完成的色版文件导入 ThemeRoller 以进行再编辑。

20.4.1　认识 ThemeRoller

ThemeRoller（http://themeroller.jquerymobile.com/）工具界面如图 20.7 所示。

在使用 ThemeRoller 进行界面定义的时候，首先需要注意所使用的 jQuery Mobile 版本号。在 ThemeRoller 上方，有选择 jQuery Mobile 版本的下拉列表，如图 20.8 所示。

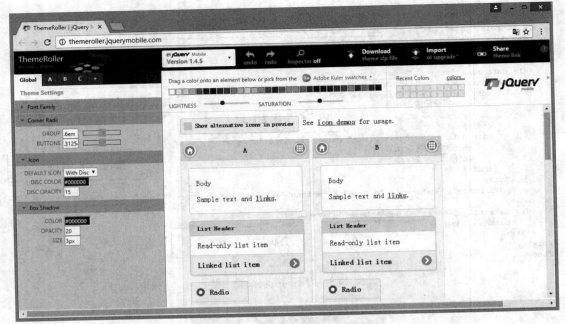

图 20.7　ThemeRoller 工具界面

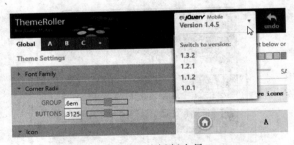

图 20.8　选择版本号

　　注意，ThemeRoller 中 jQuery Mobile 的版本号需要和生产系统中 jQuery Mobile 的版本号一致。如果开发者使用 jQuery Mobile 1.1.0 版本，则在 ThemeRoller 中要选择 Version 1.1.0。

　　ThemeRoller 界面主要由 4 个部分组成，具体说明如下。

☑　功能按钮：位于 ThemeRoller 最上方，用于实现版本号的选择、恢复与重做，打开与关闭 Inspector，下载主题文件，导入主题文件，分享自定义主题链接与帮助功能。

☑　检查窗格（Inspector）：位于窗口左侧，用于实现全局设置和特定色版设置。

☑　QuickSwatch 栏：位于窗口右侧，功能按钮和预览窗格之间，用于将颜色拖曳到特定页面元素中，实现快速设置色版的功能。

☑　预览窗格：窗口右侧大片区域，默认包含了 3 个移动应用界面，用于预览所设定主题风格的呈现样式。

20.4.2　设置 ThemeRoller

　　在检查窗格部分可以进行主题的全局设置和特定色版的设置，如图 20.9 所示。

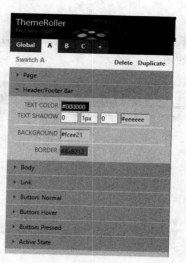

图 20.9　检查窗格

通过全局设置，用户可以设置如下内容。
- ☑ 字体。
- ☑ 圆角样式，例如，分组和按钮的圆角尺寸。
- ☑ 图标样式。
- ☑ 阴影。

在 jQuery Mobile 中，默认包含 3 种不同的色版，分别以 a~c 表示。通过 ThemeRoller，可以自定义 26 种色版，分别以 a~z 来表示。

单击检查窗格右侧的 "+" 按钮，可以添加新的色版。检查窗格上的色版 A、B、C、D 等分别对应程序中所使用的色版。例如，在页面中加载自定义色版 F 中的样式的代码如下。

```
<div data-role="header" data-theme="F">
</div>
```

当一个色版定义完成后，希望复制当前色版，并在当前色版的基础上开发新的色版，此时直接单击色版上方的 Duplicate 链接即可。

如果需要删除当前色版，单击 Delete 链接即可。

基于 ThemeRoller 进行色版设计，可以定义以下内容。
- ☑ 页眉和页脚。
- ☑ 页面内容。
- ☑ 按钮样式。
- ☑ 激活状态，例如，文字颜色、阴影效果、背景颜色和边框颜色等。

jQuery Mobile 初学者在色版开发中往往容易混淆全局设置和特定色版设置，这是因为它们都有关于一些特定界面颜色的设置。如果设置错误，可以使用功能按钮中的 undo 恢复之前的操作。

20.4.3　应用自定义色版

对编辑完的色版进行再次编辑，可以将主题 css 文件导入 ThemeRoller 中进行。编辑完成后，可以将其直接下载到本地。

单击 import or upgrade 按钮，打开 Import Theme 对话框，将之前定义好的色版 css 内容复制到对话框，然后单击 Import 按钮实现导入操作，如图 20.10 所示。

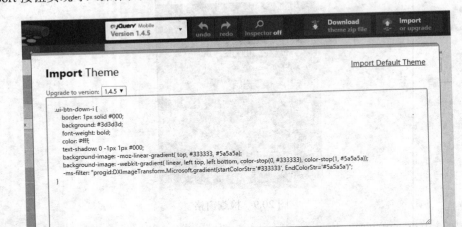

图 20.10　导入样式

完成色版设置后，可以在 ThemeRoller 的下载界面输入 Theme Name，然后将其打包为 ZIP 格式进行下载，如图 20.11 所示。

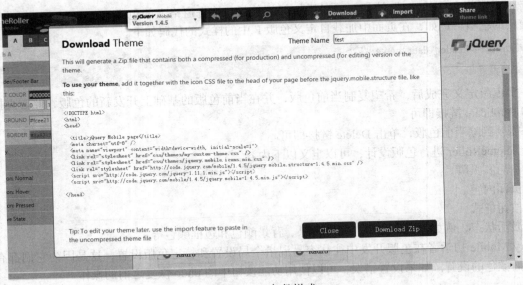

图 20.11　备份样式

另外，在下载主题的界面中，ThemeRolle 改用黄色粗体高亮显示集成定制主题层叠样式表的方法。需要注意的是，在使用自定义主题时，一定要引用 jQuery.mobile.structure.css 这个层叠样式表定义，该文件可以在 jQuery Mobile 压缩文件中找到。

主题的设计也可以通过超级链接分享。单击 Share 按钮，ThemeRolle 就会保存当前主题的设定，并呈现分享链接，而开发者可以将生成的超级链接发送给其他人。接收这个分享链接并打开时，ThemeRoller 将自动呈现前次分享的内容，而接收者可以基于这样的分享继续进行编辑和设计。

20.5　案例实战

视频讲解

本节通过两个案例演示 jQuery Mobile 主题设计，以及定义个性样式。

20.5.1　定义多视图主题

本示例设计一个多页面视图，使用 data-theme 属性为每个页面视图定义不同的色块样式，然后通过按钮 `<a href="#page_n" data-role="button">` 在多个页面视图之间进行切换，显示效果如图 20.12 所示。

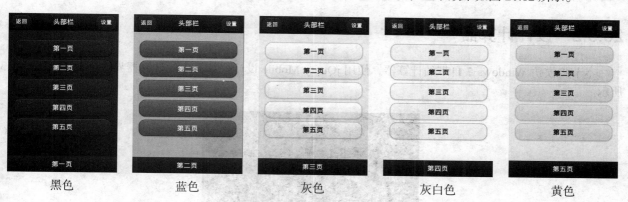

黑色　　　　蓝色　　　　灰色　　　　灰白色　　　　黄色

图 20.12　在多页面中应用色块主题

jQuery Mobile 主题具有继承性，本例为每个视图页中的 `<div data-role="page">` 标签定义 data-theme 属性，除了头部栏和脚注栏之外，页面中所有对象将继承该主题样式。不过，用户可以通过 data-theme 属性为页面中的特定对象定义其他主题样式。

本示例完整代码如下。

```
<div data-role="page" data-theme="a" id="page_1" data-title="page_1">
    <div data-role="header" data-position="fixed">
        <a href="#"> 返回 </a>
        <h1> 头部栏 </h1>
        <a href="#"> 设置 </a>
    </div>
    <div data-role="content">
        <a href="#page_1" data-role="button">第一页 </a>
        <a href="#page_2" data-role="button">第二页 </a>
        <a href="#page_3" data-role="button">第三页 </a>
        <a href="#page_4" data-role="button">第四页 </a>
        <a href="#page_5" data-role="button">第五页 </a>
    </div>
```

```
        <div data-role="footer" data-position="fixed">
            <h1> 第一页 </h1>
        </div>
    </div>
    <div data-role="page" data-theme="b" id="page_2" data-title="page_2">
        <!-- 与第一页结构相同 -->
    </div>
    <div data-role="page" data-theme="c" id="page_3" data-title="page_3">
        <!-- 与第一页结构相同 -->
    </div>
    <div data-role="page" data-theme="d" id="page_4" data-title="page_4">
        <!-- 与第一页结构相同 -->
    </div>
    <div data-role="page" data-theme="e" id="page_5" data-title="page_5">
        <!-- 与第一页结构相同 -->
    </div>
```

20.5.2　设计计算器

本节将模仿 Windows 7 自带的计算器，使用 jQuery Mobile 设计一款简单的计算器界面，效果如图 20.13 所示。

图 20.13　设计计算器界面

本例利用 jQuery Mobile 的布局功能，使用 <fieldset class="ui-grid-d"> 标签定义一个 5 列网格容器，实现平均分配各个按键的大小和位置。用户也可以利用按钮分组的方式来实现类似的效果。

然后使用 <div class="ui-block-a">、<div class="ui-block-b">、<div class="ui-block-c">、<div class="ui-block-d">、<div class="ui-block-e">5 个标签定义列项目，并列显示，其中包含按钮标签 <a href="#" data-role="button" >。

当然通过本例也可以看到 jQuery Mobile 的弱点，即在某些特定场合下缺乏灵活性。例如，在计算器布局中，按钮 "0" 和按钮 "=" 分别占用了两个键位，扰乱了整个页面的布局，如果纯粹使用 HTML 实现这样的布局非常麻烦，但是一旦实现之后就很容易理解。但是在 jQuery Mobile 中如果想实现这样的布局不但麻烦，而且还会大大降低代码的可读性。主要代码如下。

```
<style type="text/css">
.ui-grid-d .ui-block-a { width: 20%; }          /* 定义第 1 列宽度 */
.ui-grid-d .ui-block-b { width: 20%; }          /* 定义第 2 列宽度 */
.ui-grid-d .ui-block-c { width: 20%; }          /* 定义第 3 列宽度 */
.ui-grid-d .ui-block-d { width: 20%; }          /* 定义第 4 列宽度 */
.ui-grid-d .ui-block-e { width: 20%; }          /* 定义第 5 列宽度 */
</style>
<div data-role="page" data-theme="a">
    <div data-role="header" data-position="fixed">
        <h1> 计算器 </h1>
    </div>
    <div data-role="content">
        <form>
            <input type="text" />
        </form>
        <fieldset class="ui-grid-d">
            <div class="ui-block-a"> <a href="#" data-role="button" >MC</a> </div>
            <div class="ui-block-b"> <a href="#" data-role="button" >MR</a> </div>
            <div class="ui-block-c"> <a href="#" data-role="button" >MS</a> </div>
            <div class="ui-block-d"> <a href="#" data-role="button" >M+</a> </div>
            <div class="ui-block-e"> <a href="#" data-role="button" >M-</a> </div>
            <!-- 第 2 行 -->
            <div class="ui-block-a"> <a href="#" data-role="button" > </a> </div>
            <div class="ui-block-b"> <a href="#" data-role="button" >CE</a> </div>
            <div class="ui-block-c"> <a href="#" data-role="button" >C</a> </div>
            <div class="ui-block-d"> <a href="#" data-role="button" >+/-</a> </div>
            <div class="ui-block-e"> <a href="#" data-role="button" > √ </a> </div>
            <!-- 第 3 行 -->
            <div class="ui-block-a"> <a href="#" data-role="button" >7</a> </div>
            <div class="ui-block-b"> <a href="#" data-role="button" >8</a> </div>
            <div class="ui-block-c"> <a href="#" data-role="button" >9</a> </div>
            <div class="ui-block-d"> <a href="#" data-role="button" >/</a> </div>
            <div class="ui-block-e"> <a href="#" data-role="button" >%</a> </div>
            <!-- 第 4 行 -->
            <div class="ui-block-a"> <a href="#" data-role="button" >4</a> </div>
            <div class="ui-block-b"> <a href="#" data-role="button" >5</a> </div>
            <div class="ui-block-c"> <a href="#" data-role="button" >6</a> </div>
            <div class="ui-block-d"> <a href="#" data-role="button" >*</a> </div>
            <div class="ui-block-e"> <a href="#" data-role="button" >1/x</a> </div>
            <!-- 第 5 行 -->
            <div class="ui-block-a"> <a href="#" data-role="button" >1</a> </div>
            <div class="ui-block-b"> <a href="#" data-role="button" >2</a> </div>
            <div class="ui-block-c"> <a href="#" data-role="button" >3</a> </div>
            <div class="ui-block-d"> <a href="#" data-role="button" >-</a> </div>
            <div class="ui-block-e"> <a href="#" data-role="button" >=</a> </div>
            <!-- 第 6 行 -->
            <div class="ui-block-a"> <a href="#" data-role="button" >0</a> </div>
            <div class="ui-block-b"> <a href="#" data-role="button" >.</a> </div>
            <div class="ui-block-c"> <a href="#" data-role="button" >+</a> </div>
```

```
                <div class="ui-block-d"> <a href="#" data-role="button" >^</a> </div>
                <div class="ui-block-e"> <a href="#" data-role="button" >Del</a> </div>
            </fieldset>
        </div>
        <div data-role="footer" data-position="fixed">
            <h1> 计算器 </h1>
        </div>
    </div>
```

💡 提示：使用 jQuery Mobile 进行页面布局时，建议一定要尽量保证页面各元素的平均和整齐。

20.5.3 设计键盘

本节示例将设计一个黑色键盘，示例效果如图 20.14 所示。考虑到每个键的宽度不统一，有一定的交叉，无法使用分栏布局实现。因此本例将依靠按钮本身的特性来实现，如为按钮加入宽度的属性进行设计。示例的主要代码如下。

图 20.14 设计键盘界面

```
<div data-role="page" data-theme="a">
    <div data-role="header">
        <h1> 设计键盘界面 </h1>
    </div>
    <div data-role="content">
        <a href="#" data-role="button" data-inline="true">~</a>        <!-- 第一排 -->
        <a href="#" data-role="button" data-inline="true">1</a>
        <a href="#" data-role="button" data-inline="true">2</a>
        <a href="#" data-role="button" data-inline="true">3</a>
        <a href="#" data-role="button" data-inline="true">4</a>
        <a href="#" data-role="button" data-inline="true">5</a>
        <a href="#" data-role="button" data-inline="true">6</a>
        <a href="#" data-role="button" data-inline="true">7</a>
        <a href="#" data-role="button" data-inline="true">8</a>
        <a href="#" data-role="button" data-inline="true">9</a>
        <a href="#" data-role="button" data-inline="true">0</a>
        <a href="#" data-role="button" data-inline="true">-</a>
        <a href="#" data-role="button" data-inline="true">+</a>
        <a href="#" data-role="button" data-inline="true">Del</a> <br/>
        <a href="#" data-role="button" data-inline="true">Tab</a>        <!-- 第二排 -->
```

```
    <a href="#" data-role="button" data-inline="true">Q</a>
    <a href="#" data-role="button" data-inline="true">W</a>
    <a href="#" data-role="button" data-inline="true">E</a>
    <a href="#" data-role="button" data-inline="true">R</a>
    <a href="#" data-role="button" data-inline="true">T</a>
    <a href="#" data-role="button" data-inline="true">Y</a>
    <a href="#" data-role="button" data-inline="true">U</a>
    <a href="#" data-role="button" data-inline="true">I</a>
    <a href="#" data-role="button" data-inline="true">O</a>
    <a href="#" data-role="button" data-inline="true">P</a>
    <a href="#" data-role="button" data-inline="true">[</a>
    <a href="#" data-role="button" data-inline="true">]</a>
    <a href="#" data-role="button" data-inline="true">\</a><br/>
    <a href="#" data-role="button" data-inline="true">Caps Lock</a>        <!-- 第三排 -->
    <a href="#" data-role="button" data-inline="true">A</a>
    <a href="#" data-role="button" data-inline="true">S</a>
    <a href="#" data-role="button" data-inline="true">D</a>
    <a href="#" data-role="button" data-inline="true">F</a>
    <a href="#" data-role="button" data-inline="true">G</a>
    <a href="#" data-role="button" data-inline="true">H</a>
    <a href="#" data-role="button" data-inline="true">J</a>
    <a href="#" data-role="button" data-inline="true">K</a>
    <a href="#" data-role="button" data-inline="true">L</a>
    <a href="#" data-role="button" data-inline="true">;</a>
    <a href="#" data-role="button" data-inline="true">'</a>
    <a href="#" data-role="button" data-inline="true">Enter</a><br/>
    <a href="#" data-role="button" data-inline="true" data-icon="arrow-u" style="width:130px;">Shift</a>
                                                    <!-- 第四排 -->
    <a href="#" data-role="button" data-inline="true">Z</a>
    <a href="#" data-role="button" data-inline="true">X</a>
    <a href="#" data-role="button" data-inline="true">C</a>
    <a href="#" data-role="button" data-inline="true">V</a>
    <a href="#" data-role="button" data-inline="true">B</a>
    <a href="#" data-role="button" data-inline="true">N</a>
    <a href="#" data-role="button" data-inline="true">M</a>
    <a href="#" data-role="button" data-inline="true"><</a>
    <a href="#" data-role="button" data-inline="true">></a>
    <a href="#" data-role="button" data-inline="true">/</a>
    <a href="#" data-role="button" data-inline="true" data-icon="arrow-u" style="width:130px;">Shift</a> <br/>
                                                    <!-- 最后一排 -->
    <a href="#" data-role="button" data-inline="true" style="width:130px;">Ctrl</a>
    <a href="#" data-role="button" data-inline="true">Fn</a>
    <a href="#" data-role="button" data-inline="true">Win</a>
    <a href="#" data-role="button" data-inline="true">Alt</a>
    <a href="#" data-role="button" data-inline="true" style="width:300px;">Space</a>
    <a href="#" data-role="button" data-inline="true">Alt</a>
    <a href="#" data-role="button" data-inline="true">Ctrl</a>
    <a href="#" data-role="button" data-inline="true">PrintScr</a>
  </div>
</div>
```

本例使用了以下 3 种方式来调节按钮的宽度。

☑ 利用按钮的标题长度控制按钮的宽度，如为 Del 按钮由于有 3 个字母，因此按钮宽度明显比单个数字或字母要大一些。

☑ 通过增设按钮图标来增加按钮宽度，如为 Shift 键加入了图标，因此就比其他按钮要宽。

☑ 通过直接修改 CSS 来修改按钮宽度，如直接将空格键的宽度设为 300px。

下面简单比较一下自定义样式和分栏布局的区别，如表 20.1 所示。

表 20.1　比较自定义样式和分栏布局

	自 定 义 样 式	分 栏 布 局
灵活性	高，可根据个人需要设计各元素的尺寸	低，仅能将元素以一定的规律进行排列
整齐度	低	高
适应性	低，当屏幕空间被占满后自动换行	高，具有较好的屏幕自适应能力
适用范围	有一定秩序，但总体布局杂乱，如全尺寸键盘、瀑布流的结构等	整齐的网状结构，如表格、棋盘等

通过比较可以看到，分栏布局与自定义样式各有优缺点，都有自己的适应场景，用户应该根据自己的需求决定到底应该使用哪一种方法。

第21章

脚本开发

（▶ 视频讲解：39分钟）

jQuery Mobile 为开发者提供了可扩展的 API 接口。通过这些接口可以拓展 jQuery Mobile 的功能，如自定义事件、调用方法、配置选项和自定义默认效果等。本章结合实例介绍 jQuery Mobile 脚本开发的一些方法和实战技巧。

【学习重点】

▶▶ jQuery Mobile 事件。

▶▶ 调用 jQuery Mobile 方法。

▶▶ 配置 jQuery Mobile 选项。

视频讲解

线上阅读

21.1　自定义事件

在移动终端设备中，鼠标事件、窗口事件失效，jQuery Mobile 专门为移动设备定义特殊事件，如触摸、设备翻转和页面切换等。详细说明请扫码了解。

21.1.1　触摸事件

在 jQuery Mobile 中，触摸事件包括 5 种类型，详细说明如下。

- ☑　tap（轻击）：一次快速完整的轻击页面屏幕后触发。
- ☑　taphold（轻击不放）：轻击并不释放（大约一秒）后触发。
- ☑　swipe（划动）：一秒内水平拖曳大于 30px，同时纵向拖曳小于 20px 的事件发生时触发。
- ☑　swipeleft（左划）：划动事件为向左的方向时触发。
- ☑　swiperight（右划）：划动事件为向右的方向时触发。

触发 swipe 事件时，会包含下面的事件属性。

- ☑　scrollSupressionThreshold：该属性默认值为 10px，水平拖曳时大于该值则停止。
- ☑　durationThreshold：该属性默认值为 1000ms，划动时超过该值则停止。
- ☑　horizontalDistanceThreshold：该属性默认值为 30px，水平拖曳超出该值时才能滑动。
- ☑　verticalDistanceThreshold：该属性默认值为 75px，垂直拖曳小于该值时才能滑动。

这 4 个默认配置属性可以通过下面的方法进行修改。

```
$(document).bind("mobileinit", function(){
    $.event.special.swipe.scrollSupressionThreshold ("10px")
    $.event.special.swipe.durationThreshold ("1000ms")
    $.event.special.swipe.horizontalDistanceThreshold ("30px");
    $.event.special.swipe.verticalDistanceThreshold ("75px");
});
```

【示例】　在本示例中使用 swipeleft 和 swiperight 事件类型设计图片滑动预览效果。

```
<script>
$(function() {
    var swiptimg = {
        $index: 0,
        $width: 160,
        $swipt: 0,
        $legth: 5
    }
    var $imgul = $("#pic_box");
    $(".pic").each(function() {
        $(this).swipeleft(function() {
            if (swiptimg.$index < swiptimg.$legth) {
                swiptimg.$index++;
                swiptimg.$swipt = -swiptimg.$index * swiptimg.$width;
```

```
                $imgul.animate({ left: swiptimg.$swipt }, "slow");
            }
        }).swiperight(function() {
            if (swiptimg.$index > 0) {
                swiptimg.$index--;
                swiptimg.$swipt = -swiptimg.$index * swiptimg.$width;
                $imgul.animate({ left: swiptimg.$swipt }, "slow");
            }
        })
    })
})
</script>
<style>
.outer { height: 220px; position: relative;}
.outer .inner { height: 100%; overflow: visible; position: relative}
.outer ul {width: 3000px; list-style: none; overflow: hidden; position: absolute; top: 0px; left: 0; margin: 0; padding: 0}
.outer li {height: 100%; display: inline; float: left; position: relative; margin-right: 15px }
.outer li .pic { height: 100%; cursor: pointer;}
</style>
<div data-role="content">
    <div class="outer" >
        <div class="inner">
            <ul id="pic_box">
                <li><img src="images/1.jpg" class="pic" alt=""/></li>
                <li><img src="Images/2.jpg" class="pic" alt=""/></li>
                <li><img src="Images/3.jpg" class="pic" alt=""/></li>
                <li><img src="Images/4.jpg" class="pic" alt=""/></li>
                <li><img src="Images/5.jpg" class="pic" alt=""/></li>
            </ul>
        </div>
    </div>
</div>
```

　　在本示例中，首先在类名为 outer 的 <div> 容器中（<div class="outer" >）添加一个 <ul> 列表，并将全部滑动浏览的图片添加至列表的 <li> 标签中。

　　然后，在页面初始化事件回调函数中，先定义了一个全局性对象 swiptimg，在该对象中设置需要使用的变量，并将获取的图片加载框架标签（<ul id="pic_box">）保存在 $imgul 变量中。

　　最后，无论是将图片绑定 swipeleft 事件还是 swiperight 事件，都要调用 each() 方法遍历全部图片。在遍历时，通过 "$(this)" 对象获取当前的图片元素，并将它与 swipeleft 和 swiperight 事件相绑定。

　　在 swipeleft 事件中，先判断当前图片的索引变量 swiptimg.$index 值是否小于图片总值 swiptimg.$legth。如果成立，索引变量自动增加 1，然后将需要滑动的长度值保存到变量 swiptimg.$swipt 中；最后，通过前面保存元素的 $imgul 变量调用 jQuery 的 animate() 方法，以动画的方式向左边移动指定的长度。

　　在 swiperight 事件中，由于是向右滑动，因此先判断当前图片的索引变量 swiptimg.$index 的值是否大于 0。如果成立，说明整个图片框架已向左边滑动过，索引变量自动减少 1；然后，获取滑动时的长度值并保存到变量 swiptimg.$swipt 中。最后，前面保存的 $imgul 变量调用 jQuery 的 animate() 方法，以动画的方式向右边移动指定的长度。

　　在移动设备中预览页面，当使用手指向左滑动图片时，会显示如图 21.1（a）所示的效果，如果向右滑动则显示如图 21.1（b）所示的效果。

（a）向左滑动图片　　　　　　　　　（b）向右滑动图片

图 21.1　范例效果

> 💡 **提示：** 这说明每次滑动的长度值都与当前图片的索引变量相连，因此，每次的滑动长度都会不一样。另外，图片加载完成后，根据滑动的条件，必须按照先从右侧滑动至左侧，然后再从左侧滑动至右侧的顺序进行，其中每次滑动时的长度和图片总数变量可以自行修改。

21.1.2　翻转事件

在智能手机等移动设备中，都有对方向变换的自动感知功能，如当手机方向从水平方向切换到垂直方向时，会触发该事件。在 jQuery Mobile 事件中，如果手持设备的方向发生变化，即手持方向为横向或纵向时，将触发 orientationchange 事件。在 orientationchange 事件中，通过获取回调函数中返回对象的 orientation 属性，可以判断用户手持设备的当前方向。orientation 属性取值包括 portrait 和 landscape，其中 portrait 表示纵向垂直，landscape 表示表示横向水平。

【**示例**】　本示例根据 orientationchange 事件判断用户移动设备的手持方向，并及时调整页面布局，以适应不同宽度的显示需求。

```
<script>
$(function() {
    var $pic = $(".news_pic");
    $('body').bind('orientationchange', function(event) {
        var $oVal = event.orientation;
        if ($oVal == 'portrait') {
            $pic.css({
                "width" : "100%",
                "margin-right" :0,
                "margin-bottom" :0,
                "float" : "none"
            });
```

・390・

```
        } else {
            $pic.css({
                "width" : "50%",
                "margin-right" :12,
                "margin-bottom" :12,
                "float" : "left"
            });
        }
    })
})
</script>
<div data-role="page" id="page">
    <div data-role="content">
        <h2> 比特币：终将消失在历史的尘埃中 </h2>
        <img src="images/1.jpg" class="news_pic"   />
        <p>……</p>
    </div>
</div>
```

在加载页面时，为 <body> 标签绑定 orientationchange 事件，在该事件的回调函数中，通过事件对象传回的 orientation 属性值检测用户移动设备的手持方向。如果为 "portrait"，则定义图片宽度为 100%，图片右侧和底部边界为 0，禁止浮动显示；反之，则定义图片宽度为 50%，图片右侧和底部边界为 12 像素，向左浮动显示，从而实现根据不同的移动设备的手持方向，动态地改变图片的显示样式，以适应屏幕宽度的变化。

完成设计之后，在移动设备中预览 index.html 页面，当纵向手持设备时，会显示如图 21.2（a）所示的效果；如果横向手持设备时，则显示如图 21.2（b）所示的效果。

（a）纵向手持

（b）横向手持

图 21.2　范例效果

提示：在页面中，orientationchange 事件的触发前提是必须将 $.mobile.orientationChangeEnabled 配置选项设为 true。如果改变该选项的值，将不会触发该事件，只会触发 resize 事件。

Note

21.1.3 滚屏事件

当用户在设备上滚动页面时，jQuery Mobile 提供了滚动事件进行监听。jQuery Mobile 屏幕滚动事件包含两个类型：开始滚动事件（scrollstart）和结束滚动事件（scrollstop）。这两种类型的事件其主要区别在于触发时间不同，前者是用户开始滚动屏幕中页面时触发，而后者是用户停止滚动屏幕中的页面时触发。

【示例】 本示例介绍了如何在移动项目的页面中绑定这两个事件。

```
<script>
$('div[data-role="page"]').live('pageinit', function(event, ui) {
    var div = $('div[data-role="content"]');
    var h2 = $('h2');
    $(window).bind('scrollstart', function() {
        h2.text(" 开始滚动屏幕 ").css("color","red");
        div.css('background-image', 'url(images/3.jpg)');
    })
    $(window).bind('scrollstop', function() {
        h2.text(" 停止滚动屏幕 ").css("color","blue");
        div.css('background-image', 'url(images/2.jpg)');
    })
})
</script>
```

在触发 pageinit 事件时，为 window 对象绑定 scrollstart 和 scrollstop 事件。window 屏幕开始滚动时触发 scrollstart 事件，在该事件中将 <h2> 标签包含的文字设为 "开始滚动屏幕" 字样，设置字体颜色为红色，同时设置内容框背景图像为 images/3.jpg；当 window 屏幕停止滚动时，触发 scrollstop 事件，在该事件中将 <h2> 标签包含的文字设为 "停止滚动屏幕" 字样，设置字体颜色为蓝色，同时设置内容框背景图像为 images/2.jpg。

在移动设备中预览 index.html 页面，当使用手指向下滚动屏幕时，会显示如图 21.3（a）所示的效果，如果停止滚动屏幕，则显示如图 21.3（b）所示的效果。

（a）开始滚动屏幕　　　　　　　　　　　　（b）停止滚动屏幕

图 21.3　范例效果

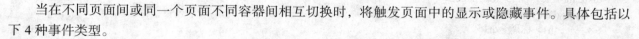
提示：iOS 系统中的屏幕在滚动时将停止 DOM 的操作，停止滚动后再按队列执行已终止的 DOM 操作，因此，在这样的系统中，屏幕的滚动事件无效。

21.1.4　页面事件

当在不同页面间或同一个页面不同容器间相互切换时，将触发页面中的显示或隐藏事件。具体包括以下 4 种事件类型。

- ☑ pagebeforeshow：页面显示前事件，当页面显示之前、实际切换正在进行时触发。该事件回调函数传回的数据对象中包含一个 prevPage 属性，该属性是一个 jQuery 集合对象，它可以获取正在切换远离页的全部 DOM 元素。
- ☑ pagebeforehide：页面隐藏前事件，当页面在隐藏之前、实际切换正在进行时触发，该事件回调函数传回的数据对象中包含一个 nextPage 属性，该属性是一个 jQuery 集合对象，它可以获取正在切换目标页的全部 DOM 元素。
- ☑ pageshow：页面显示完成事件，当页面切换完成时触发，此事件回调函数传回的数据对象包含一个 prevPage 属性，该属性是一个 jQuery 集合对象，它可以获取正在切换远离页的全部 DOM 元素。
- ☑ pagehide：页面隐藏完成事件，当页面隐藏完成时触发，此事件回调函数传回的数据对象中有一个 nextPage 属性，该属性是一个 jQuery 集合对象，它可以获取正在切换目标页的全部 DOM 元素。

【示例】　在本示例中将新建一个 HTML 页面，在页面中添加两个 Page 容器，在每个容器中添加一个 <a> 标签，然后在两个容器间进行切换。在切换过程中绑定页面的显示和隐藏事件，通过浏览器的控制台显示各类型事件执行的详细信息。

```
<script>
$(function() {
    $('div').live('pagebeforehide', function(event, ui) {
        console.log('1. ' + ui.nextPage[0].id + ' 正在显示中…');
    });
    $('div').live('pagebeforeshow', function(event, ui) {
        console.log('2. ' + ui.prevPage[0].id + ' 正在隐藏中…');
    });
    $('div').live('pagehide', function(event, ui) {
        console.log('3. ' + ui.nextPage[0].id + ' 显示完成！');
    });
    $('div').live('pageshow', function(event, ui) {
        console.log('4. ' + ui.prevPage[0].id + ' 隐藏完成！');
    })
})
</script>
<div data-role="page" id="page">
    <div data-role="header">
        <h1> 标题 </h1>
    </div>
    <div data-role="content">
        <a href="#page2"> 下一页 </a>
```

```
                <img src="images/1.jpg" alt=""/>
        </div>
        <div data-role="footer">
            <h4> 脚注 </h4>
        </div>
</div>
<div data-role="page" id="page2">
        <div data-role="header">
            <h1> 标题 </h1>
        </div>
        <div data-role="content">
            <a href="#page"> 上一页 </a>
            <img src="images/2.jpg" alt=""/>
        </div>
        <div data-role="footer">
            <h4> 脚注 </h4>
        </div>
</div>
```

在上面的代码中，将 <div> 容器与各类型的页面显示和隐藏事件相绑定。在这些事件中，通过调用 console 的 logo 方法，记录每个事件中回调函数传回的数据对象属性，这些属性均是 jQuery 对象。在显示事件中，该对象可以获取切换之前页面（prevPage）的全部 DOM 元素。在隐藏事件中，该对象可以获取切换之后页面（nextPage）的全部 DOM 元素。各事件中获取的返回对象不同。

在移动设备中预览 index.html 页面，会显示如图 21.4（a）所示的效果，如果单击链接，页面则显示如图 21.4（b）所示的效果。

（a）在 iPhone 5 中的预览效果　　　　　（b）在 Chrome 控制台中查看信息

图 21.4　范例效果

视 频 讲 解

Note

21.2　调用方法

jQuery Mobile 通过 API 拓展了很多事件，同时 jQuery Mobile 也借助 $.mobile 对象提供了不少简单的方法，其中有些方法在前面章节已经介绍过，本节重点介绍 URL 地址的转换、验证、域名比较，以及纵向滚动的相关方法。

21.2.1　转换路径

有时需要将文件的访问路径统一转换，将一些不规范的相对地址转换为标准的绝对地址，jQuery Mobile 允许通过调用 $.mobile 对象的 makePathAbsolute() 来实现该项功能，该方法的语法格式如下。

```
$.mobile.path.makePathAbsolute(relPath, absPath)
```

makePathAbsolute() 方法包含两个必填参数，其中参数 relPath 为字符型，表示相对文件的路径；参数 absPath 为字符型，表示绝对文件的路径。

该方法的功能是以绝对路径为标准，根据相对路径所在目录级别，将相对路径转换成一个绝对路径，返回值是一个转换成功的绝对路径字符串。

与 makePathAbsolute() 类似，makeUrlAbsolute() 方法是将一些不规范的 URL 地址转换成统一标准的绝对 URL 地址，该方法调用的格式如下。

```
$.mobile.path.makeUrlAbsolute(relUrl, absUrl)
```

该方法的参数与 makePathAbsolute() 方法的参数功能相同。

【示例】　下面通过一个示例比较两个方法的用法和不同。

```
<script>
$("#page1").live("pagecreate", function() {
    $("#page1-txt").bind("change", function() {
        var strPath = $("#page1-a").html();
        var absPath = $.mobile.path.makePathAbsolute($(this).val(), strPath);
        $("#page1-b").html(absPath)
    })
})
$("#page2").live("pagecreate", function() {
    $("#page2-txt").bind("change", function() {
        var strPath = $("#page2-a").html();
        var absPath = $.mobile.path.makeUrlAbsolute($(this).val(), strPath);
        $("#page2-b").html(absPath)
    })
})
</script>
<div data-role="header">
    <div data-role="navbar">
        <ul>
            <li><a href="#page1" class="ui-btn-active"> 转换路径 </a></li>
            <li><a href="#page2"> 转换 Url</a></li>
```

```
        </ul>
    </div>
</div>
<div data-role="content">
    <p>绝对路径：<span id="page1-a">/mysite/index.html</span></p>
    <p>相对路径：</p>
    <input id="page1-txt" type="text"/>
    <p>转换结果：</p>
    <span id="page1-b"></span>
</div>
```

在上面的代码中分别为视图 1 和视图 2 绑定 pagecreate 事件，该事件在视图页被创建时触发。该事件回调函数为文本框绑定 change 事件，当在文本框中输入字符时，将触发该事件。在事件回调函数中使用 $.mobile.path.makePathAbsolute() 和 $.mobile.path.makeUrlAbsolute() 方法把用户输入的文件名转换为绝对路径表示形式。

在移动设备中预览页面，然后在第一个视图的文本框中输入文件名，则在下面会显示被转换为绝对路径的字符串，如图 21.5（a）所示的效果。单击导航条中的第二个按钮，切换到第二个视图，在其文本框中输入文件名，将会被转换为绝对路径，效果如图 21.5（b）所示效果。

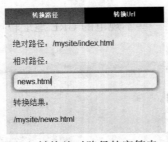

（a）转换绝对路径的字符串　　　　（b）转换为绝对 URL

图 21.5　范例效果

21.2.2　比较域名

在 jQuery Mobile 中，除提供 URL 地址验证的方法之外，还可以通过 isSameDomain() 方法比较两个任意 URL 地址字符串内容是否为同一个域名，该方法的语法格式如下。

```
$.mobile.path.isSameDomain (url1, url2)
```

参数 url1、url2 为字符型，且为必填项目，其中，参数 url1 是一个相对的 URL 地址，另一个参数 url2 是一个相对或绝对的 URL 地址。当 url1 与 url2 的域名相同时，该方法返回 true，否则返回 false。

【示例】　在本示例中将新建一个 HTML 页面，添加一个 Page 容器，并在容器中增加两个文本框。当用户在两个文本框中输入不同的 URL 地址后，将调用 isSameDomain() 方法对这两个地址进行比较，如果是相同域名，则在页面中显示提示信息。

```
<script>
$("#page1").live("pagecreate", function() {
    $("#txt1,#txt2").live("change", function() {
```

Note

```
            var $txt1 = $("#txt1").val();
            var $txt2 = $("#txt2").val();
            if ($txt1 != "" && $txt2 != "") {
                var blnResult = $.mobile.path.isSameDomain($txt1, $txt2) ? " 域名相同 " : " 不在同一域名下 ";
                $("#bijiao").html(blnResult)
            }
        })
    });
</script>
<div data-role="content">
    <p> 地址 1：<input id="txt1" type="text"/></p>
    <p> 地址 2：<input id="txt2" type="text"/></p>
    <p> 比较结果：<span id="bijiao"></span></p>
</div>
```

在上面的代码中分别为视图 1 绑定 pagecreate 事件，该事件在视图页被创建时触发。在该事件回调函数中，为文本框 1 和文本框 2 绑定 change 事件，当在文本框中输入字符时，将触发该事件。在事件回调函数中使用 $.mobile.path.isSameDomain() 方法，比较用户输入的两个文件名所在域是否相同，并进行提示。

用户在移动设备中预览页面，然后在第一个视图的文本框中分别输入不同的文件路径，则在下面会显示是否为同一域名文件，如图 21.6 所示。

（a）不同的域名　　　　　　　　　　（b）相同的域名

图 21.6　范例效果

21.2.3　纵向滚动

jQuery Mobile 在 $.mobile 对象中定义了一个纵向滚动的方法 silentScroll()，该方法在执行时不会触发滚动事件，但是可以滚动至 Y 轴的一个指定位置，语法格式如下。

$.mobile.silentScroll (yPos)

参数 yPos 为整数，默认值为 0，用来指定在 Y 轴上滚动的位置。如果参数值为 10，则表示整个屏幕向上滚动到 Y 轴的 10 像素的位置。

【示例】 在本示例中将新建一个 HTML 页面，添加一个 <span> 标签，并将它的初始内容设置为"开始"，然后定义为按钮。单击该按钮时，它的内容变成不断增加的动态数值，并且整个屏幕也按照该值的距离不断向上滚动，直到该值显示为 50 时停止。

```
<script>
var interval, n = 0;
$("#page1").live("pagecreate", function() {
    $("#a1").live("click", function() {
        interval = window.setInterval(autoScroll, 500);
    })
})
function autoScroll() {
    if (n < 51) {
        $.mobile.silentScroll(n);
        $("#a1").html(n);
        n = n + 1;
    } else {
        window.clearInterval(interval);
    }
}
</script>
<div data-role="content">
    <span id="a1" data-role="button"> 开始滚动屏幕 </span>
</div>
```

在上面的代码中分别为视图 1 绑定 pagecreate 事件，该事件在视图页被创建时触发。在该事件回调函数中，为按钮绑定 click 事件，当单击按钮时将触发该事件。在单击事件回调函数中使用 window.setInterval() 方法设计一个定时器，定义每半秒钟调用一次 autoScroll 函数，在该函数中使用 $.mobile.silentScroll(n) 方法滚动设备屏幕到指定的位置。

在移动设备中预览 index.html 页面，然后单击"开始滚动屏幕"按钮，可以看到屏幕不断向上滚动，并显示滚动的 Y 轴位置，如图 21.7 所示。

（a）开始滚动前　　　　　　（b）向上滚动 35 像素的位置

图 21.7　范例效果

21.3 HTML5 应用

视频讲解

jQuery Mobile 构建在 HTML5 基础之上，因此对于 HTML5 特性提供了完全支持，本节将通过 3 节的应用案例介绍如何使用 jQuery Mobile 支持 HTML5 功能。

21.3.1 离线访问

jQuery Mobile 能借助 HTML5 离线功能实现应用的离线访问。离线访问就是将一些资源文件保存在本地。这样后续的页面重新加载将使用本地资源文件，在离线情况下可以继续访问应用，同时通过一定的手法可以更新、删除离线存储等操作。

【示例】 下面通过一个简单的离线页面详细介绍该功能的实现过程。新建一个 HTML 页面，在正文内容框中增加一个新闻文章，该页面在网络正常时和在离线时都可以访问。如果是离线访问，那么在标题栏中会显示网络状态为"离线状态"，否则显示"在线状态"。

```html
<script>
$("#page").live("pagecreate", function() {
    if (navigator.onLine) {
        $("div[data-role='header'] h1").html("<img src='images/on.png' /> 在线状态 ");
    } else {
        $("div[data-role='header'] h1").html("<img src='images/off.png' /> 离线状态 ");
    }
})
</script>
<div data-role="content">
    <h2> 读懂苹果的护城河 </h2>
    <p><img src="images/4.jpg" alt=""/></p>
    <p>……</p>
</div>
```

在上面的代码中分别为当前视图绑定 pagecreate 事件，该事件在视图页被创建时触发。在该事件回调函数中，调用 HTML5 的离线应用 API 状态属性 onLine，以此判断当前网络是否在线，如果在线，则在标题栏中显示在线提示信息和图标，否则显示离线状态和图标。

新建缓存文件（文本文件），另存为 cache.manifest，扩展名为 .manifest，在这个文本文件中输入下面的代码：

```
CACHE MANIFEST
#version 0.0.1

NETWORK:
*
CACHE:
jquery-mobile/jquery.mobile.theme-1.3.0.min.css
jquery-mobile/jquery.mobile.structure-1.3.0.min.css
jquery-mobile/jquery-1.8.3.min.js
jquery-mobile/jquery.mobile-1.3.0.min.js
images/on.png
images/off.png
images/4.jpg
```

HTML5 离线存储使用一个 manifest 文件来标明哪些文件是需要存储的。在使用页面中引入一个 manifest 文件，这个文件的路径可以是相对的，也可以是绝对的。对于 manifest 文件的要求：文件的 mime-type 必须是 text/cache-manifest 类型。如果需要设置服务器，则应该在 web.xml 中配置请求后缀为 manifest 的格式。

在页面的 <html> 标签中使用 manifest 属性引入该缓存文件，代码如下。

```
<!doctype html>
<html manifest="cache.manifest">
<head>
<meta charset="utf-8">
```

当首次在线访问该页面时，浏览器将请求返回文件中全部的资源文件，并将新获取的资源文件更新至本地缓存中。当浏览器再次访问该页面时，如果 cache.manifest 文件没有发生变化，将直接调用本地的缓存响应用户的请求，从而实现浏览页面的功能。

在移动设备中预览页面，如果在线预览则会看到如图 21.8（a）所示的效果，当在离线状态下预览则会显示如图 21.8（b）所示的效果。

（a）在线状态

（b）离线状态

图 21.8　范例效果

提示：目前主要手机端浏览器对页面离线功能的支持并不好，仅有少数浏览器支持，但是随着各手机浏览厂商的不断升级，对应用程序离线功能的支持会越来越好。

21.3.2　使用 Web Storage 传递参数

HTML5 的 Web Storage 包含两部分：sessionStorage 和 localStorage。在 jQuery Mobile 中实现页面间的参数传递时，一般不使用 localStorage，而是使用 sessionStorage。因为 localStorage 将内容持久化在本地，这在页面间传递参数通常是不必要的。

【示例】　本示例使用 sessionstorage 传递多页视图中各个页面间的参数。

```
<script>
$('#page2').live('pageshow', function(event, ui){
    alert(" 传递给第二个页面的参数： " + sessionStorage.name);
});
</script>
```

```
<div data-role="page" id="page1">
    <div data-role="header">
        <h1> 第一页 </h1>
    </div>
    <div data-role="content">
        <a href="#page2" onclick="sessionStorage.name=1" data-role="button"> 下一页 1</a>
        <a href="#page2" onclick="sessionStorage.name=2" data-role="button"> 下一页 2</a>
    </div>
</div>
<div data-role="page" id="page2">
    <div data-role="header">
        <h1> 第二页 </h1>
    </div>
    <div data-role="content">
        <a href="#page1" data-role="button"> 返回 </a>
    </div>
</div>
```

21.3.3　HTML5 画板

jQuery Mobile 支持 HTML5 的新增特征和元素，<canvas> 画布就是其中之一，jQuery Mobile 支持该标签绝大多数的触摸事件。因此，可以很轻松地绑定画布的触摸事件，获取用户在触摸时返回的坐标数据信息。

【示例】　在本示例中详细介绍了在画布中指定位置绘制触摸点的方法。新建 HTML 页面，在内容栏添加一个画布（<canvas> 标签）。触摸画布时，将在触摸处绘制一个半径为 1 的实体小圆点，同时在画布的最上面显示此次触摸时的坐标数据信息。

```
<script>
$(function() {
    var cnv = $("#blackboard");
    var cxt = cnv.get(0).getContext('2d');
    var w = window.innerWidth / 1.2;
    var h = window.innerHeight / 1.2;
    var $tip = $('div[data-role="header"] h1');
    cnv.attr("width", w);
    cnv.attr("height", h);
    // 绑定画布的 tap 事件
    cnv.bind('tap', function(event) {
        var obj = this;
        var t = obj.offsetTop;
        var l = obj.offsetLeft;
        while (obj = obj.offsetParent) {
            t += obj.offsetTop;
            l += obj.offsetLeft;
        }
        tapX = event.pageX;
        tapY = event.pageY;
```

```
        cxt.beginPath();
        cxt.arc(tapX - l, tapY - t, 1, 0, Math.PI * 2, true);
        cxt.closePath();
        cxt.fillStyle = "#666";
        cxt.fill();
        $tip.html("X: " + (tapX - l) + " Y: " + tapY);
    })
})
</script>
```

在上面的 JavaScript 代码中，首先获取页面中的画布元素，并保存在变量中，然后通过画布变量取得画布的上下文环境对象。根据文档显示区的宽度与高度计算出画布显示时的宽度与高度，然后通过 jQuery 的 attr() 方法将宽度和高度赋予画布，设计画布的宽度和高度，如图 21.9（a）所示。

通过 bind() 方法绑定画布元素的 tap 事件，在该事件中计算画布元素在屏幕中的坐标距离并保存到变量中。通过 offsetLeft 属性获取画布元素的左边距离，如果画布元素还存在于父容器，则通过 while 语句将父容器的左边距离与画布元素的左边距离相累加，计算出画布上边距离最终值，另外通过 tapX 和 tapY 变量分别记录触摸画布时返回的横坐标与纵坐标的值。

最后开始画画，点的横坐标为触摸事件返回的横坐标值 tapX 减去画布在屏幕中的横坐标值。同理，可以获取画布中点的真实纵坐标值，根据获取点坐标位，以 1 像素为半径在画布中调用 arc() 方法绘制一个 360° 的圆点，通过 fill() 方法为圆形填充设置的颜色，并将圆点的坐标位置信息显示在标题栏中。在移动设备中预览页面，如果使用手指触摸画布，就可以在上面点画了，如图 21.9（b）所示的效果。

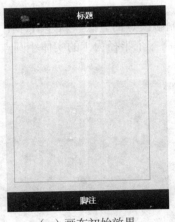

（a）画布初始效果

（b）在画布上写字

图 21.9　范例效果

视频讲解

21.4　配置 jQuery Mobile

jQuery Mobile 把所有配置都封装在 $.mobile 中，作为它的属性，因此改变这些属性值就可以改变 jQuery Mobile 的默认配置。当 jQuery Mobile 开始执行时，它会在 document 对象上触发 mobileinit 事件，并且这个事件远早于 document.ready 发生，因此用户需要通过如下形式重写默认配置。

```
$(document).bind("mobileinit", function(){
    // 新的配置
});
```

由于 mobileinit 事件会在 jQuery Mobile 执行后马上触发，因此用户需要在 jQuery Mobile 加载前引入这个新的默认配置，若这些新配置保存在一个名为 custom-mobile.js 的文件中，则应该按如下顺序引入 jQuery Mobile 的各个文件。

```
<script src="jquery.min.js"></script>
<script src="custom-mobile.js"></script>
<script src="jquery-mobile.min.js"></script>
```

【示例1】 下面以 Ajax 导航为例说明如何自定义 jQuery Mobile 的默认配置。jQuery Mobile 以 Ajax 的方式驱动网站，如果某个链接不需要 Ajax，可以为某个链接添加 data-ajax="false" 属性，这是局部的设置，如果用户需要取消默认的 Ajax 方式（即全局取消 Ajax），可以自定义默认配置：

```
$(document).bind("mobileinit", function(){
    $.mobile.ajaxEnabled = false;
});
jQuery Mobile 是基于 jQuery 的，因此也可以使用 jQuery 的 $.extend 扩展 $.mobile 对象：
$(document).bind("mobileinit", function(){
    $.extend($.mobile, {
        ajaxEnabled: false
    });
});
```

【示例2】 使用上面的第二种方法可以很方便地自定义多个属性，如在示例1的基础上同时设置 activeBtnClass，即为当前页面分配一个 class，原本的默认值为 "ui-btn-active"，现在设置为 "new-ui-btn-active"，可以这样写：

```
$(document).bind("mobileinit", function(){
    $.extend($.mobile, {
        ajaxEnabled: false,
        activeBtnClass: "new-ui-btn-active"
    });
});
```

上面的例子介绍了简单的同时也是最基本的 jQuery Mobile 事件，它反映了 jQuery Mobile 事件需要如何使用，同时也要注意触发事件的对象和顺序。

对于 $.mobile 对象的常用配置选项及其默认值可以扫码了解。

线上阅读

提示：在 jQuery Mobile 中，实现页面预加载的方法有以下两种。
- ☑ 在需要链接页面的标签中添加 data-prefetch 属性，设置属性值为 true，或不设置属性值。设置该属性值之后，jQuery Mobile 将在加载完成当前页面以后，自动加载该链接元素所指的目标页面，即 href 属性的值。
- ☑ 调用 JavaScript 代码中的全局性方法 $.mobile.loadPage() 预加载指定的目标 HTML 页面，其最终的效果与设置元素的 data-prefetch 属性一样。

在实现页面的预加载时，会同时加载多个页面，从而导致预加载的过程需要增加 HTTP 访问请求压力，这可能会延缓页面访问的速度，因此，应谨慎使用页面预加载功能，不要把所有外部链接都设置为预加载模式。

如果将页面内容写入文档缓存中，则 jQuery Mobile 提供了以下两种方法。

- ☑ 在需要被缓存的视图页标签中添加 data-dom-cache 属性，设置该属性值为 true，或不设置属性值。该属性的功能是将对应的容器内容写入缓存中。
- ☑ 通过 JavaScript 代码设置一个全局性的 jQuery Mobile 属性值为 true：

```
$.mobile.page.prototype.options.domCache = true;
```

上面一行代码可以将当前文档全部写入缓存中。

📢 注意：开启页面缓存功能会使 DOM 内容变大，可能导致某些浏览器打开的速度变得缓慢。因此，开启缓存功能之后，应及时清理缓存内容。

21.5　案例实战

视频讲解

下面结合多个示例练习 jQuery Mobile 脚本编写。

21.5.1　侦测用户动作

在 jQuery Mobile 应用中，页面会出现中途改变的情况，而页面的改变往往是由于接受了来自用户的某种操作，而触发事件则是为了获取用户的这些操作准备的。21.2 节有详细说明，这里不再重复介绍。

本示例介绍了如何快速侦测用户动作，这里主要侦测用户点按和长按两个动作，并及时给出提示。演示效果如图 21.10 所示，代码如下。

点按

长按

图 21.10　用户动作侦测

```
<script>
$(document).ready(function(){
    $("div").bind("tap", function(event) {          // 绑定点按事件
        alert(" 屏幕被单击了 ");
    });
});
```

```
$(document).ready(function(){
    $("div").bind("taphold", function(event) {        // 绑定长按事件
        alert(" 屏幕被长按 ");
    });
});
</script>
<div data-role="page" data-theme="c">
    <div data-role="content">
        <h1> 用户事件侦测 </h1>
    </div>
</div>
</html>
```

📢 **注意**：jQuery Mobile 事件之间可能会产生冲突，滑动这一行为本身就要求先单击屏幕，于是 swipe 就与 tap 产生了冲突，而完成滑动之时实际上也完成了一段连续按在屏幕上的行为，只不过位置产生了移动，于是又与 taphold 发生了冲突。在使用 jQuery Mobile 事件时，一定要考虑事件之间是否会产生冲突，对于 tap 这样的操作，在大多数情况下完全可以靠 jQuery 自带的 click（虽然也会造成冲突，但是可以限定一部分范围）方法来实现。

21.5.2　划动面板

本节案例将设计一个左右划开面板。当用户在屏幕上向左或向右轻轻滑动时，就会打开左侧面板或右侧面板，演示效果如图 21.11 所示。

默认界面

划开左侧面板

划开右侧面板

图 21.11　划开面板

本节示例用到了之前介绍过的面板控件 `<div data-role="panel" id="mypanel1">`。然后在 JavaScript 脚本中使用 jQuery 的 bind() 方法绑定事件。

```
$("div").bind("swiperight", function(event) {}
```

在前面的触发事件中曾经提到过 swiperight，它表示屏幕被向右滑动时，运行事件函数中的脚本，打开一个 id 为 mypanel1 的面板：

```
$( "#mypanel1" ).panel( "open" );
```

以同样的方式定义 JavaScript 脚本，为向左滑动事件绑定打开右侧面板的行为。

主要代码如下。

```
<script>
$( "#mypanel1" ).trigger( "updatelayout" );          // 声明一个面板
$( "#mypanel2" ).trigger( "updatelayout" );          // 声明另一个面板
// 监听向右滑动事件
$(document).ready(function(){
    $("div").bind("swiperight", function(event) {
        $( "#mypanel1" ).panel( "open" );            // 向右滑动，打开左侧面板
    });
});
// 监听向左滑动事件
$(document).ready(function(){
    $("div").bind("swipeleft", function(event) {
        $( "#mypanel2" ).panel( "open" );            // 向左滑动，打开右侧面板
    });
});
</script>
<div data-role="page" data-theme="c">
    <div data-role="panel" id="mypanel1" data-theme="a">
        <h1> 左侧面板 </h1>
    </div>
    <div data-role="panel" id="mypanel2" data-theme="a" data-position="right">
        <h1> 右侧面板 </h1>
    </div>
    <div data-role="content">
        <h1> 尝试左右滑动屏幕 </h1>
    </div>
</div>
```

21.5.3　页面初始化

页面初始化是指页面下载完成、DOM 对象被加载到浏览器之后触发的初始化事件，这个初始化操作通过 $(document).ready() 事件实现。

$(document).ready() 事件会在所有 DOM 对象加载完成后触发，但是整个 HTML 网页文件只触发一次，而不管网页是否为多页视图。在实际应用中，往往需要针对多页模板中的不同页面执行不同页面级别的初始化。当第一次呈现每个页面视图时，都将执行一次 pageinit 初始化事件。此外，在启动 jQuery Mobile 的时候，会触发 mobileinit 事件。

在 jQuery Mobile 中，这 3 种初始化事件是有区别的，具体说明如下。

☑ mobileinit：启动 jQuery Mobile 时触发该事件。

☑ $(document).ready()：HTML 页面 DOM 对象加载完成时触发此事件。

☑ pageinit：初始化完成某个视图页面时，触发此事件。

初始化事件的触发顺序。

第 1 步，首先触发 mobileinit。

第 2 步，触发 $(document).ready()。

第 3 步，每当第一次打开某个视图页面时，触发 pageinit 事件。例如，打开第一个视图页面时，会触发其 pageinit 事件；当跳转到第二个视图页面时，会触发第二个页面的 pageinit 事件。

注意： mobileinit、$(document).ready() 和 pageinit 只能触发一次。如果从当前 HTML 文件的另一个页面模板跳转回之前已经访问过的页面，则不会重复触发初始化事件。

如果希望多次触发初始化事件的目的，可以使用 trigger() 函数触发。例如：

```
<a href="#" onClick="$(document).trigger('mobileinit')"> 触发 mobileinit 事件 </a>
```

提示： jQuery Mobile 也支持 onload 事件，它表示当所有相关内容加载完成时，会触发 onload 事件。因为受到图片等内容的影响，onload 事件的触发时间比较晚。虽然在页面开发中也会用到 onload 事件，但在 jQuery Mobile 开发中，主要使用的是 mobileinit、$(document).ready() 和 pageinit 这 3 种初始化事件。

【示例】 本示例设计包含两个页面视图的 HTML 文档，通过内部链接把两个页面链接在一起。然后在 JavaScript 脚本中分别测试 mobileinit、$(document).ready() 和 pageinit 事件的触发时机。详细代码如下，演示效果如图 21.12 所示。

```
<script>
$(document).ready(function(e){
    alert(" 触发 $(document).ready 事件 ");
})
$(document).live("mobileinit", function(){
    alert(" 触发 mobileinit 事件 ");
});
$(document).delegate("#page1", "pageinit", function(){
    alert(" 触发页面 1 的 pageinit 事件 ");
})
$(document).delegate("#page1", "pageshow", function(){
    alert(" 触发页面 1 的 pageshow 事件 ");
})
$(document).delegate("#page2", "pageinit", function(){
    alert(" 触发页面 2 的 pageinit 事件 ");
})
</script>
<div data-role="page" id="page1">
    <div data-role="header">
        <h1> 第一页 </h1>
    </div>
    <div data-role="content">
        <ul data-role="listview" data-inset="true">
            <li><a href="#" onClick="$(document).trigger('mobileinit')"> 触发 mobileinit 事件 </a></li>
            <li><a href="#page2"> 进入第 2 页 </a></li>
        </ul>
    </div>
</div>
```

```
<div data-role="page" id="page2">
    <div data-role="header">
        <h1> 第二页 </h1>
    </div>
    <div data-role="content"> <a data-role="button" href="#page1"> 返回第 1 页 </a> </div>
</div>
```

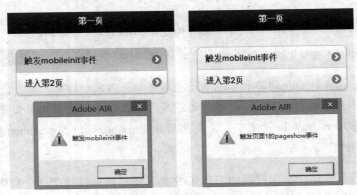

图 21.12　页面初始化事件演示效果

21.5.4　以 GET 方式传递参数

通过 HTTP GET 方式将需要传递的参数附加在页面跳转的 URL 后面，然后在下一个页面中从 URL 地址中将相应参数值解析出来，并将相应参数赋值到相应 JavaScript 变量上，以实现参数传递。

【示例】下面结合一个示例，详细解释如何实现以 GET 方式传递参数，示例代码如下。

```
<script>
// 获取 GET 字符串参数，name 表示需要查询的字段
function getParameterByName(name){
    // 获取 URL 字符串 "?" 后面的子串，然后通过正则表达式匹配出查询字符串中的名值对。
    var match = RegExp('[?&]' + name + '=([^&]*)').exec(window.location.search);
    // 返回匹配的字符串，并进行转码，替换其中的加号 "+"
    return match && decodeURIComponent(match[1].replace(/\+/g, ' '));
}
// 在显示第二个页面时，调用该事件函数，在事件函数中调用上面的函数，获取指定参数值
$('#page2').live('pageshow',   function(event, ui){
    alert(" 传递给第二个页面的参数: " + getParameterByName('parameter'));
});
</script>
<div data-role="page" id="page1">
    <div data-role="header">
        <h1> 第一页 </h1>
    </div>
    <div data-role="content">
        <a href="?parameter=1#page2" re1="external" data-role="button"> 下一页 1</a>
        <a href="?parameter=2#page2" rel="external" data-role="button"> 下一页 2</a>
```

```
        </div>
    </div>
    <div data-role="page" id="page2">
        <div data-role="header">
            <h1> 第二页 </h1>
        </div>
        <div data-role="content">
            <a href="#page1" id="anchor" data-role="button"> 返回 </a>
        </div>
    </div>
```

首先定义超级链接，生成 HTTP GET 方式的 URL 地址和进行参数赋值的代码结构通常会是这样的形式：

```
<a href="?parameter=1#page2" re1="external" data-role="button"> 下一页 1</a>
```

在基于 GET 方式进行参数传递的时候，参数定义在前，而 Ajax 指向的页面 DOM 对象 id 在后。在这段示例代码中，参数传递数值 1 在前，而跳转到的 # page2 这个页面的 Ajax 页面信息放在参数值之后。

下一个页面在接受来自前一个页面的参数传递时，可以通过正则表达式解析以问号（？）开始的部分。问号通常是 URL 页面和参数之间的分割符号，问号之前为页面地址，问号之后为参数部分。将参数部分的内容解析出来，就可以获得相应的参数名称和内容。

保存页面，在移动设备下预览，则显示如图 21.13 所示的效果。这种参数处理方式在大多数支持 HTML4 和 HTML5 的浏览器环境下可正常运行，而在移动设备中的兼容性会比较好。

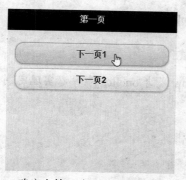

确定向第二个页面传递参数

显示从第一个页面获取的参数

图 21.13　使用 GET 方式传递参数

注意：访问的页面形式为外部链接形式 rel="external"，否则页面间的参数传递将无法正常执行。

21.5.5　自定义加载消息

在默认情况下，加载的消息内容为 loading，加载错误消息的内容为 Error Loading Page。用户可以根据需要定制加载消息的内容，例如，使用中文呈现页面加载错误消息，这可以通过绑定 mobileinit 事件对 loadingMessage 和 pageLoadErrorMessage 重新赋值来实现。

【示例 1】 定义加载消息为中文字符的脚本代码如下。

```
$(document).bind("mobileinit", function(){
    $.mobile.pageLoadErrorMessage=" 页面加载错误 ";
    $.mobile.loadingMessage=" 页面正在加载中 ";
    $.mobile.loadingMessageTextVisible=true;
    $.mobile.loadingMessageTheme="d";
});
```

📢 **注意**：由于 mobileinit 在 jQuery Mobile JavaScript 库加载之后马上进行加载，所以定义 pageLoadErrorMessage 的 JavaScript 代码段需要放在引用 jQuery Mobile 的 JavaScript 文件之前，否则将无法正常运行。

【示例 2】 本示例通过 mobileinit 初始化事件绑定实现 pageLoadErrorMessage 的自定义消息。需要注意的是，mobileinit 的绑定必须在引用 jQuery 库之后且引用 Query Mobile 库之前的位置。

```
<script>
$(document).bind("mobileinit", function(){
    $.mobile.pageLoadErrorMessage=" 页面加载错误 ";
});
</script>
<script src="jquery-mobile/jquery.mobile.min.js" type="text/javascript"></script>
<div data-role="page">
    <div data-role="header">
        <h1> 页面加载 </h1>
    </div>
    <div data-role="content">
        <p> 返回首页面：<a href="notexisting.html">index.html<a></p>
    </div>
</div>
```

💡 **提示**：加载错误的消息也可以绑定在 pageinit、pageshow 或者 onclick 事件以实现定制化错误消息。下面的代码基于 pageinit 事件自定义加载消息。

```
$("#page").live("pageinit", function(){
    $.mobile.pageloadErrorMessage=" 页面加载错误 .";
    $.mobile.loadingMessage=" 页面加载过程中 ";
});
```

　　除了能够自定义文字内容之外，还可以设定加载消息是否支持动画，以及加载消息和加载错误消息的风格样式。加载消息的风格样式可以分别基于加载中的消息和加载错误的消息两类属性进行定制。常用的加载消息属性如表 21.1 所示。常用的加载错误消息属性如表 21.2 所示。

表 21.1　常用加载消息属性

属　　性	说　　明
loadingMessage	设置自定义加载消息，默认为 loading
loadingMessageTextVisible	如果将该属性设置为 true，则表示任何情况下加载消息均会被显示
loadingMessageTheme	设置加载消息呈现的风格，默认风格为 a

Note

表 21.2　加载错误消息属性

属　性	说　明
pageLoadErrorMessage	当通过 Ajax 加载页面发生错误时呈现的页面加载错误消息，默认值为 Error Loading Page
pageLoadErrorMessageTheme	设置加载错误消息的呈现风格，默认风格为 e，表示淡黄色背景的消息框

21.5.6　管理加载消息

在某些情况下，需要根据应用场景触发不同的消息。例如，当在 jQuery Mobile 中通过延迟加载从服务器获取某个列表信息时，可能会显示个性化信息 "列表加载中…"，而不是统一的 "页面加载中…" 消息。

【示例 1】　如果想通过程序触发加载消息，可以使用 $.mobile.showPageLoadingMsg() 方法。

```
<div data-role="page">
    <div data-role="header">
        <h1> 标题 </h1>
    </div>
    <div data-role="content">
        <a href="#" onClick="$.mobile.showPageLoadingMsg('b', ' 显示自定义消息框 ', true); "> 启动自定义消息框 </a>
    </div>
</div>
```

showPageLoadingMsg() 方法包含 3 个参数，具体说明如下：

☑　theme：第一个参数定义加载消息时界面呈现的风格，默认为 a。

☑　msgText：第二个参数定义加载消息显示的文字。

☑　textonly：第三个参数如果为 true，则只显示文字，否则只显示图标。

上面示例的演示效果如图 21.14 所示。

图 21.14　使用脚本显示自定义消息框

如果不需要实现自定义消息，而仅仅在程序需要的时候触发加载消息框，此时使用不带任何参数的 $.mobile.showPageLoadingMsg() 方法就可以了。

【示例 2】　与页面跳转过程中的加载消息不同，通过程序触发的加载消息框是不会自动关闭的，如果没有通过程序加以控制，消息框将始终在页面上。要想关闭消息框，可以使用 $.mobile.hidePageLoadingMsg()，示例代码如下。

```
<div data-role="page">
    <div data-role="header">
        <h1> 标题 </h1>
    </div>
    <div data-role="content">
        <a href="#" onClick="$.mobile.showPageLoadingMsg('b', ' 显示自定义消息框 ', true); " data-role="button"> 启动
自定义消息框 </a>
        <a href="#" onClick="$.mobile.hidePageLoadingMsg();" data-role="button"> 单击关闭消息框 </a>
    </div>
</div>
```

提示：使用 JavaScript 调用 $.mobile.showPageloadingMsg()，通过参数自定义的消息框在 jQuery Mobile
1.0 和 1.1.0 这两个版本下的呈现是不同的。在 jQuery Mobile 1.0 中，通常只能呈现默认消息框，
而在 1.1.0 中可以实现自定义消息。如果在 jQuery Mobile 1.0 下进行自定义消息实现，则需要封
装到相对复杂的 JavaScript 函数中来实现。

第22章

发布移动 APP

　　jQuery Mobile 应用项目的发布方法有两种，一种是利用第三方工具进行打包，然后发布到相应的应用商店；另一种是直接以 Web 的形式进行发布。本章采用 Cordova 和 Ant 将网页封装成 Android APP，Cordova 是免费的、开放源代码的移动开发框架，本章将介绍如何利用 Cordova 将写好的网页程序封装成 Android APP。

【学习重点】
▶▶ 将 HTML 页面打包成多平台应用的方法。
▶▶ 了解 Cordova 用法。

22.1　Web 应用发布基础

　　不同的平台需要创建不同的软件包，因此用户需要把所有的文件，如 HTML、JavaScript、CSS 和 jQuery Mobile 框架的文件，复制到不同的项目中，然后创建不同的软件包。

　　把 Web 应用当作原生应用来打包，应用可以调用到一些非 HTML5 的 API，这些 API 包括相机、联系人列表、加速度传感器 API，要打包应用到商店进行发布，可以选择下列方式。

- ☑ 为每个平台创建一个原生应用项目，把 Web 应用的文件作为本地资源加入项目中，用 Web View 组件绑定应用的 HTML 内容，这种方式有时被叫作混合应用。
- ☑ 使用某个官方的 Web 应用平台，这时往往会把项目文件打包成一个 zip 压缩包。
- ☑ 使用原生应用编译工具，帮助为各个平台编译相应的软件包。

　　注意，把 Web 应用编译成原生软件包往往需要掌握各平台原生应用代码和 SDK 工具的专业知识。

　　打包应用的第一步是明确应用要针对什么平台、在哪个应用商店发布。表 22.1 列举了可以用来发布应用的商店，用户应该在各个平台上创建一个应用发布账号。

表 22.1　可以发布应用的商店列表

商　店	所　有　者	平　台	文件格式	发布费用
AppStore	Apple	iOS（iPhone、iPod、iPad）	ipa	每年 99 美元
Android Market	Google	Android	apk	一次 20 美元
AppWorld	RIM BlackBerry	Smartphones/PlayBook	cod/bar	免费
Nokia Store	Nokia	Symbian/N9	wgz/deb bar	1 欧元
Amazon AppStore	Amazon	Android/Kindle Fire	apk	每年 99 美元
MarketPlace	Microsoft	Windows Phone		每年 99 美元

　　针对每个平台，可以根据各自的参考文档检查应用商店要求提供哪些元数据，例如：

- ☑ 高分辨率的图标（通常都是 512×512px）。
- ☑ 应用描述。
- ☑ 所属分类的选择。
- ☑ 每个平台上的应用截图。
- ☑ 发布兼容设备列表。
- ☑ 发布国家和语言。
- ☑ 市场营销口号。

22.2　下载、安装 Cordova

　　Cordova 的前身是 PhoneGap，PhoneGap 核心捐给了 Apache 基金会，改名为 Apache Cordova。下面将介绍以 Cordova 创建 Android APP 的方法。

　　Cordova 提供了将 HTML5+JavaScript+CSS3 开发的程序代码包装成跨平台的 APP。Cordova 包含许多

Note

移动设备的 API 接口，通过调用这些 API，就能够让 HTML5 制作出来的 Mobile APP 也像原生应用程序（Native APP）一样具有使用相机、扫描 / 浏览影片或者听音乐等功能。

　　Cordova 有多种安装方式，笔者使用的是 Apache Cordova 官网提供的 NPM（Node Package Manage）安装方式，使用 NodeJS 的 NPM 套件通过 Command-Line Interface（命令行接口，简称 CLI）输入安装命令。下面介绍安装的必要工具以及安装方法。

22.2.1　安装 JAVA JDK

　　JAVA JDK 是 Java 语言的软件开发工具包，主要用于移动设备、嵌入式设备上的 Java 应用程序。JDK 是整个 Java 开发的核心，它包含了 Java 的运行环境（JVM+Java 系统类库）和 Java 工具。

【操作步骤】

　　第 1 步，JAVA JDK 的下载地址为 http://www.oracle.com/technetwork/java/javase/downloads/index.html，进入网页后，单击左边的 Java Platform (JDK) 10 按钮，如图 22.1 所示。

图 22.1　下载 Java Platform (JDK)

　　第 2 步，进入下载页面之后，先单击 Accept License Agreement 单选按钮。再根据本地操作系统单击要下载的版本。例如，笔者的计算机为 64 位 Windows 系统，就单击 jdk-10.0.1_windows-x64_bin.exe 下载文件，如图 22.2 所示。

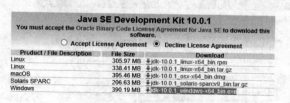

图 22.2　设置下载版本

　　第 3 步，只需要按照提示步骤操作就可以完成安装。安装时请留意安装路径，默认路径是 C:\ Program Files\Java\jdkl.8.0-20\。

　　第 4 步，Java JDK 安装完成后，还必须在系统环境变量中指定 JDK 路径。由于其他两项工具 Android SDK 和 Apache Ant 也必须设置变量，等到 3 项工具都安装完成之后，一次性设置好变量就可以了。有关变量的设置方式稍后进行说明。

22.2.2　安装 Android SDK

Android SDK 的具体安装步骤如下。

【操作步骤】

第 1 步，进入网页之后，单击 VIEW ALL DOWNLOADS AND SIZES 链接，再单击 installer_r24.4.1-windows.exe 下载并安装。

第 2 步，安装时请注意安装路径，默认安装在 C:\Program Files (x86)\Android\android-sdk。安装完成之后，默认会打开 SDK Manager。也可以在 android-sdk 文件夹中找到 SDK Manager.exe 文件。

第 3 步，弹出 Android SDK Manager 对话框之后，会看到 Android SDK Tools、Android SDK Platform-tools 和 Android SDK Build-tools 的复选框已被勾选，这些项目是默认安装的。如果还想安装其他版本项目，可以一起勾选之后再单击 Install 13 packages 按钮，如图 22.3 所示。注意，13 是一个动态数字，勾选的项目不同，该值也会随时变化。

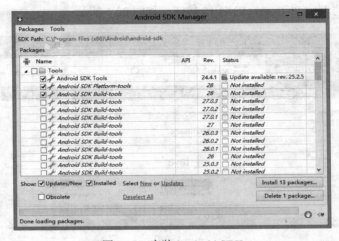

图 22.3　安装 Android SDK

第 4 步，出现了选择的项目，让用户核对安装项目是否正确，如图 22.4 所示。如果正确无误请单击 Accept License 单选按钮，再单击 Install 按钮就会开始安装。

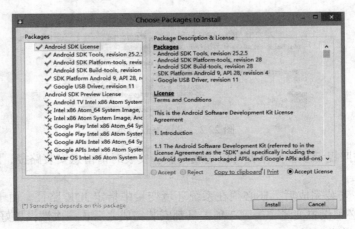

图 22.4　确认要安装的项目

第 5 步，安装需要一点时间，请不要关闭安装中的对话框，安装完成后会弹出如图 22.5 所示的对话框，表示已经安装完成。单击 Close 按钮将对话框关闭，再关闭 Android SDK Manager 对话框。

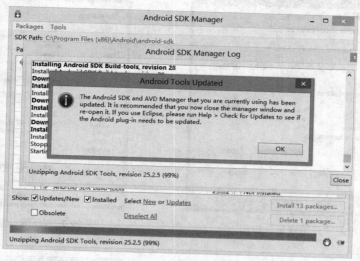

图 22.5　安装成功

22.2.3　安装 Apache Ant

Apache Ant 的下载地址为 https://ant.apache.org/bindownload.cgi。进入网页之后，单击 apache-ant-1.10.3-bin.zip 链接即可下载文件。

下载之后解压缩会得到 apache-ant-1.10.3 文件夹，Apache Ant 不需要安装，只要将 ant.bat 所在的路径加入系统的 Path 变量中，让程序在运行时能够找到所需的文件即可。为了方便管理，笔者将 apache-ant-1.10.3 文件夹与 android SDK 放在同一个文件夹下，也就是 C:\Program Files (x86)\Android\。

22.2.4　设置用户变量

将 Java JDK、Android SDK 和 Apache Ant 安装完成之后，必须在系统环境变量中指定工具的路径，具体安装步骤如下。

【操作步骤】

第 1 步，在"控制面板"中找到"系统"功能项，单击"高级系统设置"按钮，打开"系统属性"对话框，再单击"环境变量"按钮，如图 22.6 所示。

第 2 步，在用户变量区单击"新建"按钮，如图 22.7 所示。

第 3 步，打开"编辑用户变量"对话框，在"变量名"文本框中输入 JAVA_HOME，在"变量值"文本框中输入 JDK 的安装路径，再单击"确定"按钮，如图 22.8 所示。

第 4 步，设置 Android SDK 的用户变量。在用户变量区再次单击"新建"按钮，在"变量名"文本框中输入 ANDROID_SDK，然后在"变量值"文本框中输入 Android SDK 安装路径，再单击"确定"按钮，如图 22.9 所示。

图 22.6　单击"环境变量"按钮

图 22.7　"环境变量"对话框

图 22.8　新建环境变量

图 22.9　设置 ANDROID SDK 环境变量

第 5 步，设置 Apache Ant 的用户变量。同样在用户变量区单击"新建"按钮，在"变量名"文本框中输入 ANT_HOME，然后在"变量值"文本框中输入 Apache Ant 的存放路径，如图 22.10 所示。

第 6 步，必须设置系统变量区中 Path 变量的变量值。注意系统变量区有没有 Path 变量，如图 22.11 所示。如果没有 Path 变量，则单击"新建"按钮，新建 Path 变量；如果已经存在 Path 变量，则单击"编辑"按钮，保留原来的变量值，直接添加要新增的变量。

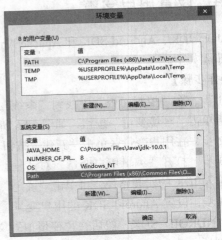

图 22.11　Path 变量

图 22.10　设置 ANT_HOME 环境变量

第7步，在"变量名"文本框中输入 PATH，然后在"变量值"文本框中输入如下 4 个路径，每个路径变量之间以分号分隔。

- ☑ %JAVA_HOME%\bin\。
- ☑ %ANT_HOME%\bin\。
- ☑ %ANDROID_SDK%\tools\。
- ☑ %ANDROID_SDK%\platform-tools\。

第8步，输入完成后的界面如图 22.12 所示，单击"确定"按钮完成设置。

%JAVA_HOME%\bin\ ;%ANT_HOME%\bin\ ;%ANDROID_SDK%\tools\ ;%ANDROID_SDK%\platform-tools\ ;

图 22.12　设置 Path 变量

注意，如果是编辑原来的 Path 变量，别忘了新变量与原来的变量之间同样要以分号分隔。

22.2.5　测试工具

安装必备工具之后，用户可以在"命令提示符"窗口（简称 CMD 窗口）测试工具是否安装成功。

【操作步骤】

第1步，右击桌面左下角的"开始"图标，在弹出的菜单中选择"命令提示符"命令，就会打开 CMD 窗口。

第2步，输入下面的命令，测试 JAVA JDK 是否安装成功。如果安装成功会显示版本信息，如图 22.13 所示。如果安装失败，则会显示"不是内部或外部命令，也不是可运行的程序或批处理文件"。

```
> java -version
```

图 22.13　测试 JAVA JDK

第3步，输入下面命令，测试 Android SDK 是否安装成功。

```
> adb version
```

第4步，输入下面的命令，测试 Apache Ant 是否安装成功。

```
> ant -version
```

Note

执行上述命令后，如果找不到命令，通常的原因是变量设置的路径不正确，请再次检查用户变量的设置是否有错误或遗漏。可以直接复制安装路径到系统变量和用户变量的 Path 值后面，注意在前面加上分号分隔。

22.2.6 通过 npm 安装 Cordova

下面介绍如何通过 npm 安装 Cordova，具体操作步骤如下。

【操作步骤】

第 1 步，安装 Node.JS，下载地址为 http://nodejs.org/。进入网页之后，下载并安装 Node.JS，如图 22.14 所示。建议下载左侧的 LTS 版本，推荐大部分用户使用。

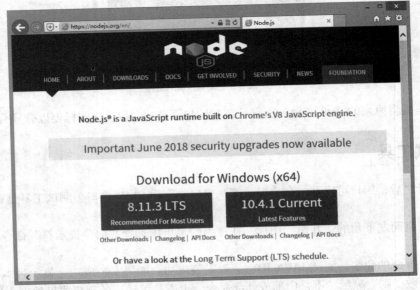

图 22.14　下载并安装 Node.JS

第 2 步，Node.JS 安装完成之后，就可以使用 npm 命令安装 Cordova 了，由于命令都是在命令行（Command Line）中输入并执行的，所以要先打开 CMD 窗口。为了避免安装出现错误，建议以管理员身份打开"命令提示符"窗口。

第 3 步，单击桌面左下角的"开始"图标，在弹出的菜单中选择"命令提示符（管理员）"命令，就会打开 CMD 窗口，如图 12.15 所示。

图 22.15　选择"命令提示符（管理员）"命令

第 4 步，在命令行窗口输入下列语法安装 Cordova，运行结果如图 22.16 所示。

```
npm install -g cordova
```

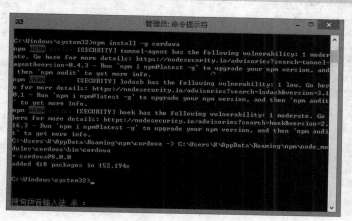

图 22.16　安装 Cordova

Node.JS 安装完成时会自动增加环境变量。如果上述命令无法执行，请检查用户变量或系统变量的 Path 变量是否已经设置好正确路径，默认为 C:\Program Files\nodejs\。

22.2.7　设置 Android 模拟器

Android 模拟器（Android Virtual Device）用来模拟移动设备，大部分移动设备的功能都可以模拟操作。

【操作步骤】

第 1 步，在 android-sdk 文件夹中找到 AVD Manager.exe 文件。

第 2 步，单击并运行，稍等一下会显示如图 22.17 所示的对话框，单击 Create 按钮。

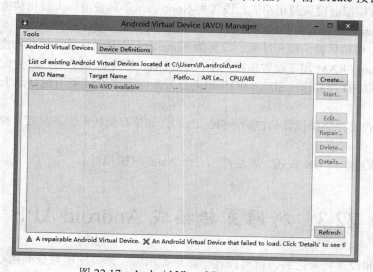

图 22.17　Android Virtual Device Manager

第 3 步，在出现如图 22.18 所示的对话框后，设置模拟设备所需的软硬件规格，请参考下面的说明。

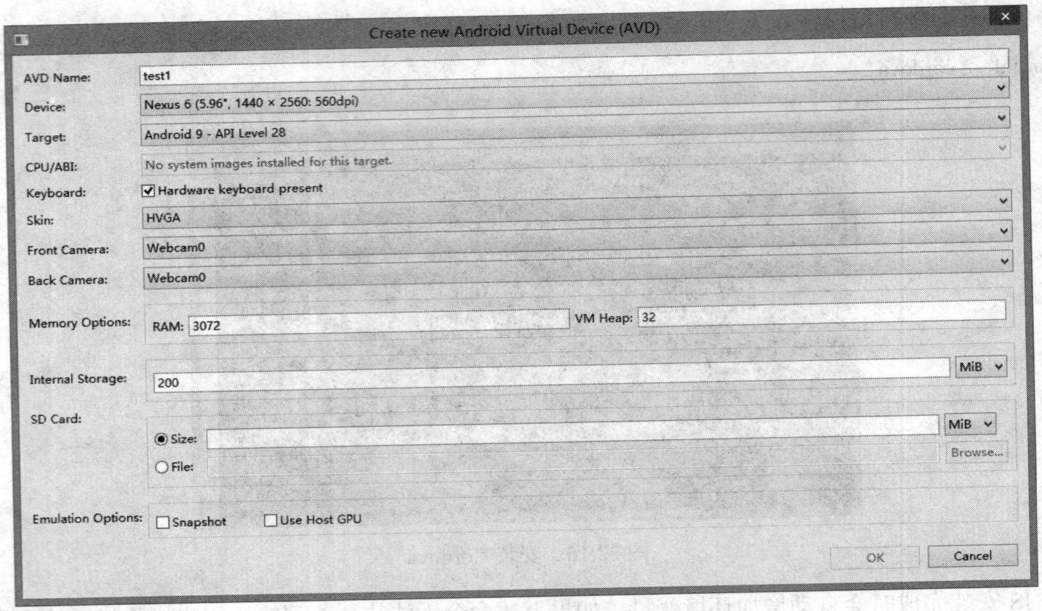

图 22.18　设置模拟设备

☑ AVD Name：自定义模拟器的名称，便于识别。

☑ Device：选择想要模拟的设备。

☑ Target：模拟器的 Android 操作系统版本。这里会显示 SDK Manager 已安装的版本，如果找不到想要的版本，只需打开 SDK Manager 并下载之后，再进行设置就可以了。

☑ CPU/ABI：处理器规格。

☑ Keyboard：是否显示键盘。

☑ Skin：设置模拟设备的屏幕分辨率。

☑ Front Camera：模拟前镜头照相功能，设置为 None 表示不具备前镜头照相功能，还有 Emulated（虚拟）和 webCam（取用计算机的摄像头，当然计算机必须安装了摄像头）。

☑ Back Camera：模拟后镜头照相功能，设置为 None 表示不具备后镜头照相功能。

☑ Memory Options：RAM 用于设置内存大小，VM Heap 是限制 APP 运行时分配的内存最大值。

☑ SD Card：模拟 SD 存储卡（SD Card），如果要开发的程序有可能用到存储卡，可以输入需要的存储卡容量。

☑ Snapshot：是否要存储模拟器的快照（Snapshot），如果存储快照，下次打开模拟器时就能缩短打开时间。

第 4 步，设置完成后单击 OK 按钮，就会产生一个 Android 模拟器。

22.3　将网页转换成 Android APP

相关的工具安装和设置完成之后，就可以在"命令提示符"窗口使用命令调用 Cordova 把网页构置成 APP 了。

Android 操作系统的软件安装文件必须是 APK 文件（Android Package），也就是 Android 安装包（Android

Package）的缩写，只要将 APK 文件加入 Android 模拟器或者在 Android 移动设备中运行就可以进行安装。

利用 Cordova Command-line Interface (CLI)，只需要以下 4 个步骤就能将网页程序包装成 APK。

第 1 步，创建项目。

```
cordova create hello com.example.hello HelloWorld
```

上述命令用于创建名为 HelloWorld 的项目。在"命令提示符"窗口中切换到要放置项目的文件夹，例如 D:\test\，再执行上述命令，就会创建 HelloWorld 项目，在 D:\test\ 下会生成 HelloWorld 文件夹。

在 cordova create 后面添加以下 3 个参数。

☑ 文件夹名称 (hello)。

☑ APP id（com.example.hello）。

☑ APP 名称（Hello World）。

除了文件夹名称之外，其他两个参数可以省略，其中第二个参数 APP id 名称是自定义的，其格式类似于 Java 的 package name，最少两层。由于 APP id 在同一个手机中或 Google Play 商店都不能重复，因此大多数会用到 3 层，如 com.example.hell 定义了 3 层的 id 名称。

创建好的项目下共有 5 个文件夹，分别是 .hooks、merges、platforms、plugins 以及 www 文件夹。其中 www 就是网页程序放置的文件夹。

第 2 步，添加 Android 平台。

创建项目之后，必须指定使用的平台，如 Android 或 iOS。首先必须在 CMD 窗口中切换到项目所在文件夹（切换文件夹的命令为"cd 文件夹名称"），输入下列语法即可创建 Android 平台。

```
cordova platform add android
```

第 3 步，导入网页程序。

接着就可以将制作好的网页文件，包含 HTML 文件、图形文件等所有相关文件，复制到 www 文件夹中，首页文件名默认为 index.html。用户可以使用记事本等文本编辑器打开项目文件夹中的 config.xml 文件，找到以下语句，将 index.html 改为首页文件名。

```
<content src="index.html"/>
```

第 4 步，创建 APP。

在 CMD 窗口中先切换到项目所在文件夹（切换文件夹的命令为"cd 文件夹名称"），执行下面的命令创建 APP，并在模拟器中运行 APP。

```
cordova run android
```

上述程序语句包含"创建 APP"和"模拟器预览"两个操作。还可以分开运行，如果只想创建 APP，不想从模拟器预览的话，可以只执行下列命令。

```
cordova build
```

运行完成之后，在项目文件夹下的 platforms/android/ant-build 文件夹中就可以找到"APP 名称——debug.apk"文件，例如 HelloWorld-debug.apk 文件，将它放到移动设备中运行，就会安装了。

如果创建 APP 之后想修改项目名称和 APK 文件名，可以打开项目文件夹下 platforms/android 文件夹下的 build.xml 文件，以及 www 文件夹下的 config.xml 文件进行修改。

第 5 步，将 platforms/android/ant-build/First-debug.apk 发送到智能手机进行安装。当 APK 文件存放在智能型手机中运行并安装之后，就会像普通的原生 APP 一样创建程序图标，单击图标就会打开程序。

第 23 章

实战开发：移动版记事本项目
（ 📹 视频讲解：32 分钟）

　　移动 Web 应用的类型越来越多，用户对客户端存储的需求也越来越高，最简单的方法是使用 cookie，但是作为真正的客户端存储，cookie 则存在很多缺陷。针对这种情况，HTML5 提出了更加理想的解决方案：如果存储复杂的数据，可以使用 Web Database，该方法可以像客户端程序一样使用 SQL；如果需要存储简单的 key/value（键值对）信息，可以使用 Web Storage。

　　本章将通过一个完整项目介绍记事本移动应用的开发，详细介绍在 jQuery Mobile 中使用 localStorage 对象开发移动项目的方法与技巧。为了加快开发速度，本章借助 Dreamweaver CC 可视化操作界面，快速完成 jQuery Mobile 界面设计，当然用户也可以手写代码完成整个项目开发。

【学习重点】
▶▶ 了解 Web Database 和 Web Storage。
▶▶ 能够在 jQuery Mobile 应用项目中使用 localStorage。
▶▶ 结合 jQuery Mobile 和 JavaScript 设计交互界面，实现数据存储。

视频讲解

23.1　项目分析

整个记事本项目应用主要包括如下几个需求。

☑ 进入首页后，以列表的形式展示各类别记事数据的总量信息，单击某类别选项进入该类别的记录列表页。

☑ 在分类记事列表页中展示该类别下的全部记事标题内容，并增加根据记事标题进行搜索的功能。

☑ 如果单击类别列表中的某记事标题，则进入记事信息详细页。该页面展示了记事信息的标题和正文信息。该页面添加一个删除按钮，以删除该条记事信息。

☑ 如果在记事信息的详细页中单击"修改"按钮，则进入记事信息编辑页，在该页中可以编辑标题和正文信息。

☑ 无论在首页还是在记事列表页中，单击"记录"按钮，就可以进入记事信息增加页，在该页中可以增加一条新的记事信息。

记事应用程序定位目标是方便、快捷地记录和管理用户的记事数据。在总体设计时，重点把握操作简洁、流程简单、系统可拓展性强的原则。因此本示例的总体设计流程如图23.1所示。

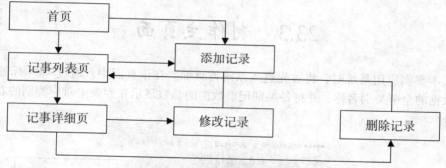

图23.1　记事本流程图

上面的流程图列出了本案例应用程序的功能和操作流程。整个系统包含5大功能：分类列表页、记事列表页、记事详细页、修改记事页和增加记事页。当用户进入应用系统时，首先进入 index.html 页面浏览记事分类列表，然后选择记事分类，即可进入列表页面。在分类和记事列表页中都可以进入增加记事页，只有在记事列表页中才能进入记事详细页。在记事详细页中进入修改记事页。最后，在完成增加或者修改记事的操作时，都返回相应类别的记事列表页。

23.2　框架设计

视频讲解

根据设计思路和设计流程，本案例灵活使用 jQuery Mobile 技术框架设计了5个功能页面，具体说明如下。

☑ 首页（index.html）。

在本页面中，利用 HTML 本地存储技术，使用 JavaScript 遍历 localStorage 对象，读取其保存的记事数据。在遍历过程中，以累加方式记录各类别下记事数据的总量，并通过 <ul> 列表显示类别名称和对应记事数据总量。当单击 <ul> 列表中的某选项时，则进入该类别下的记事列表页（list.html）。

　　☑　记事列表页（list.html）。

　　本页将根据 localStorage 对象存储的记事类别，获取该类别名称下的记事数据，并通过列表的方式将记事标题信息显示在页面中。同时，将列表元素的 data-filter 属性值设置为 true，使该列表具有根据记事标题信息进行搜索的功能。当单击 <ul> 列表中的某选项时，则进入该标题下的记事详细页（notedetail.html）。

　　☑　记事详细页（notedetail.html）。

　　在该页面中，根据 localStorage 对象存储的记事 ID 编号，获取对应的记事数据，并将记录的标题与内容显示在页面中。在该页面中单击头部栏左侧"修改"按钮时，进入修改记事页。单击头部栏右侧"删除"按钮时，弹出询问对话框，单击"确定"按钮后，将删除该条记事数据。

　　☑　修改记事页（editnote.html）。

　　在该页面中，以文本框的方式显示某条记事数据的类别、标题和内容。用户可以对这 3 项内容进行修改。修改后，单击头部栏右侧的"保存"按钮，便完成了该条记事数据的修改。

　　☑　增加记事页（addnote.html）。

　　在分类列表页或记事列表页中，当单击头部栏右侧的"写日记"按钮时，进入增加记事页中。在该页面中，用户可以选择记事的类别，输入记事标题、内容。然后，单击该页面中的头部栏右侧的"保存"按钮，便完成了一条新记事数据的增加。

23.3　制作主页面

视频讲解

　　当用户进入本案例应用系统时，将首先进入系统首页面。在该页面中，通过 <ul> 标签以列表视图的形式显示记事数据的全部类别名称，并将各类别记事数据的总数显示在列表中对应类别的右侧，效果如图 23.2 所示。

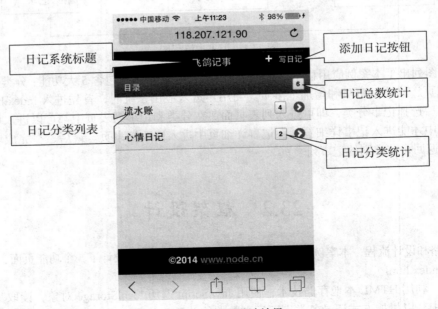

图 23.2　首页设计效果

新建一个 HTML5 页面，在页面 Page 容器中添加一个 <ul> 列表标签。在列表中显示记事数据的分类名称与类别总数，单击该列表选项进入记事列表页。

【操作步骤】

第 1 步，启动 Dreamweaver CC，选择"文件"→"新建"菜单命令，打开"新建文档"对话框。在该对话框中选择"空白页"项，设置页面类型为 HTML，设置文档类型为 HTML5，然后单击"确定"按钮，完成文档的创建操作。

第 2 步，按 Ctrl+S 快捷键，保存文档为 index.html。选择"插入"→"jQuery Mobile"→"页面"菜单命令，打开"jQuery Mobile 文件"对话框，保留默认设置，单击"确定"按钮，完成在当前文档中插入视图页，设置如图 23.3 所示。

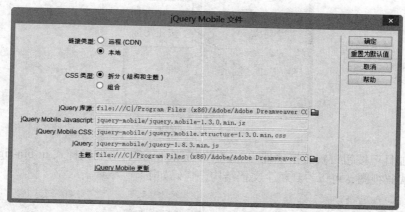

图 23.3　设置"jQuery Mobile 文件"对话框

第 3 步，单击"确定"按钮，关闭"jQuery Mobile 文件"对话框，然后打开"页面"对话框，在该对话框中设置页面的 ID 值为 index，同时设置页面视图包含标题栏和页脚栏，单击"确定"按钮，完成在当前 HTML5 文档中插入页面视图结构，设置如图 23.4 所示。

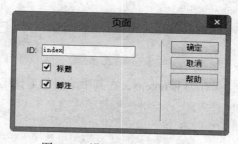

图 23.4　设置"页面"对话框

第 4 步，按 Ctrl+S 快捷键，保存当前文档 index.html。此时，Dreamweaver CC 会弹出对话框，提示保存相关的框架文件。

此时，在编辑窗口中可以看到 Dreamweaver CC 新建了一个页面，页面视图包含标题栏、内容框和页脚栏，同时在"文件"面板的列表中可以看到复制的相关库文件。

第 5 步，选中内容栏中的"内容"文本，清除内容栏内的文本，然后选择"插入"→"结构"→"项目列表"菜单命令，在内容栏插入一个空项目列表结构。为 <ul> 标签定义 data-role="listview" 属性，设计列表视图。

第 6 步，为标题栏和页脚栏添加 data-position="fixed" 属性，定义标题栏和页脚栏固定在页面顶部和底部显示，同时修改标题栏标题为"飞鸽记事"。

第 7 步，选择"插入"→"jQuery Mobile"→"按钮"菜单命令，打开"按钮"对话框，设置如图23.5 所示，单击"确定"按钮，在标题栏右侧插入一个添加日记的按钮。

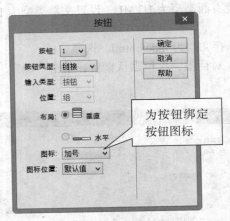

图 23.5　插入按钮

第 8 步，为添加日记按钮设置链接地址为 href="addnote.html"，绑定类样式 ui-btn-right，让其显示在标题栏右侧。切换到代码视图，可以看到整个文档结构，代码如下。

```html
<div data-role="page" id="index">
    <div data-role="header" data-position="fixed" data-position="inline">
        <h2> 飞鸽记事 </h2>
            <a href="addnote.html" class="ui-btn-right" data-role="button" data-icon="plus"> 写日记 </a> </div>
    <div data-role="content">
        <ul data-role="listview"></ul>
    </div>
    <div data-role="footer" data-position="fixed" >
        <h1>©2014 <a href="http://www.node.cn/" target="_blank">www.node.cn</a></h1>
    </div>
</div>
```

第 9 步，新建 JavaScript 文件，保存为 js/note.js，在其中编写如下代码。

```javascript
//Web 存储对象
var myNode = {
    author: 'node',
    version: '2.1',
    website: 'http://www.node.cn/'
}
myNode.utils = {
    setParam: function(name, value) {
        localStorage.setItem(name, value)
    },
    getParam: function(name) {
        return localStorage.getItem(name)
```

```
        }
    }
    // 首页页面创建事件
    $("#index").live("pagecreate", function() {
        var $listview = $(this).find('ul[data-role="listview"]');
        var $strKey = "";
        var $m = 0, $n = 0;
        var $strHTML = "";
        for (var intI = 0; intI < localStorage.length; intI++) {
            $strKey = localStorage.key(intI);
            if ($strKey.substring(0, 4) == "note") {
                var getData = JSON.parse(myNode.utils.getParam($strKey));
                if (getData.type == "a") {
                    $m++;
                }
                if (getData.type == "b") {
                    $n++;
                }
            }
        }
        var $sum = parseInt($m) + parseInt($n);
        $strHTML += '<li data-role="list-divider"> 目录 <span class="ui-li-count">' + $sum + '</span></li>';
        $strHTML += '<li><a href="list.html" data-ajax="false" data-id="a" data-name=" 流水账 "> 流水账 <span class="ui-li-count">' +
$m + '</span></li>';
        $strHTML += '<li><a href="list.html" data-ajax="false" data-id="b" data-name=" 心情日记 "> 心情日记 <span class=
"ui-li-count">' + $n + '</span></li>';
        $listview.html($strHTML);
        $listview.delegate('li a', 'click', function(e) {
            myNode.utils.setParam('link_type', $(this).data('id'))
            myNode.utils.setParam('type_name', $(this).data('name'))
        })
    })
```

在上面的代码中，首先定义一个 myNode 对象，用来存储版权信息，同时为其定义一个子对象 utils，该对象包含两个方法：setParam() 和 getParam()，其中 setParam() 方法用来存储记事信息，而 getParam() 方法用来从本地存储中读取已经写过的记事信息。

然后，为首页视图绑定 pagecreate 事件，在页面视图创建时执行其中的代码。在视图创建事件回调函数中，先定义一些数值和元素变量，供后续代码的使用。由于全部的记事数据都保存在 localStorage 对象中，需要遍历全部的 localStorage 对象，根据键值中前 4 个字符为 note 的标准，筛选对象中保存的记事数据，并通过 JSON.parse() 方法，将该数据字符内容转换成 JSON 格式对象，再根据该对象的类型值，将不同类型的记事数量进行累加，分别保存在变量 $m 和 $n 中。

最后，在页面列表 <ul> 标签中组织显示内容，并保存在变量 $strHTML 中，调用列表 <ul> 标签的 html() 方法，将内容赋值于页面列表 <ul> 标签中。使用 delegate() 方法设置列表选项触发单击事件时需要执行的代码。

由于本系统的数据全部保存在用户本地的 localStorage 对象中，读取数据的速度很快，当将字符串内容赋值给列表 <ul> 标签时，已完成样式加载，无须再调用 refresh() 方法。

第 10 步，在头部位置添加如下元信息，定义视图宽度与设备屏幕宽度保持一致。同时使用 <script> 标签加载 js/note.js 文件，代码如下。

```
<meta name="viewport" content="width=device-width,initial-scale=1" />
<script src="js/note.js" type="text/javascript" ></script>
```

第 11 步，完成设计之后，在移动设备中预览 index.html 页面，效果如图 23.2 所示。

23.4 制作列表页

视 频 讲 解

用户在首页单击列表中某类别选项时，将类别名称写入 localStorage 对象的对应键值中。当从首页切换至记事列表页时，再将这个已保存的类别键值与整个 localStorage 对象保存的数据进行匹配，获取该类别键值对应的记事数据，并通过 <ul> 列表将数据内容显示在页面中，页面演示效果如图 23.6 所示。

图 23.6 列表页设计效果

新建一个 HTML5 页面，在页面 Page 容器中添加一个 <ul> 列表标签，在列表中显示指定类别下的记事数据，同时开放列表过滤搜索功能。

【操作步骤】

第 1 步，启动 Dreamweaver CC，选择"文件"→"新建"菜单命令，打开"新建文档"对话框。在该对话框中选择"空白页"项，设置页面类型为 HTML，设置文档类型为 HTML5，然后单击"确定"按钮，完成文档的创建操作。

第 2 步，按 Ctrl+S 快捷键，保存文档为 list.html。选择"插入"→"jQuery Mobile"→"页面"菜单命令，打开"jQuery Mobile 文件"对话框，保留默认设置，在当前文档中插入视图页。

第 3 步，单击"确定"按钮，关闭"jQuery Mobile 文件"对话框，然后打开"页面"对话框，在该对话框中设置页面的 ID 值为 list，同时设置页面视图包含标题栏和页脚栏，单击"确定"按钮，完成在当前 HTML5 文档中插入页面视图结构，设置如图 23.7 所示。

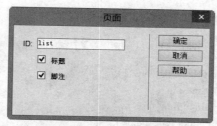

图 23.7 设置"页面"对话框

第 4 步，按 Ctrl+S 快捷键，保存当前文档为 list.html。此时，Dreamweaver CC 会弹出对话框，提示保存相关的框架文件。

第 5 步，选中内容栏中的"内容"文本，清除内容栏内的文本，然后选择"插入"→结构"→""项目列表"菜单命令，在内容栏插入一个空项目列表结构。为 <ul> 标签定义 data-role="listview" 属性，设计列表视图。

为列表视图开启搜索功能，方法是在 <ul> 标签中添加 data-filter="true" 属性，然后定义 data-filter-placeholder=" 过滤项目 ..." 属性，设置搜索框中显示的替代文本的提示信息，完整代码如下。

```
<div data-role="content">
    <ul data-role="listview" data-filter="true" data-filter-placeholder=" 过滤项目 ..."></ul>
</div>
```

第 6 步，为标题栏和页脚栏添加 data-position="fixed" 属性，定义标题栏和页脚栏固定在页面顶部和底部显示，同时修改标题栏标题为"记事列表"。选择"插入"→"图像"→"图像"菜单命令，在标题栏标题标签中插入一个图标 images/node3.png，设置类样式为 class="h_icon"。

第 7 步，选择"插入"→"jQuery Mobile"→"按钮"菜单命令，打开"按钮"对话框，设置如图 23.8 所示，单击"确定"按钮，在标题栏插入两个按钮。然后在代码中修改按钮的标签字符和属性，设置第一个按钮的字符为"返回"，标签图标为 data-icon="back"，链接地址为 href="index.html"；设置第二个按钮的字符为"写日记"，链接地址为 "addnote.html"，完整代码如下。

```
<div data-role="header" data-position="fixed" data-position="inline">
    <h2><img src="images/node3.png" class="h_icon" alt="" />  记事列表 </h2>
    <a href="index.html" data-role="button"  data-icon="back"  data-inline="true"> 返回 </a>
    <a href="addnote.html" data-role="button" data-icon="plus"  data-inline="true">写日记 </a>
</div>
```

图 23.8 设置"按钮"对话框

Note

第 8 步，打开 js/note.js 文档，编写如下代码。

```
// 列表页面创建事件
$("#list").live("pagecreate", function() {
    var $listview = $(this).find('ul[data-role="listview"]');
    var $strKey = "", $strHTML = "", $intSum = 0;
    var $strType = myNode.utils.getParam('link_type');
    var $strName = myNode.utils.getParam('type_name');
    for (var intI = 0; intI < localStorage.length; intI++) {
        $strKey = localStorage.key(intI);
        if ($strKey.substring(0, 4) == "note") {
            var getData = JSON.parse(myNode.utils.getParam($strKey));
            if (getData.type == $strType) {
                if(getData.date)
                    var date = new Date(getData.date);
                if(date)
                    var _date = date.getFullYear() +  "-" +  date.getMonth() +  "-" +  date.getDate();
                else
                    var _date = "";
                $strHTML += '<li data-icon="false" data-ajax="false"><a href="notedetail.html" data-id="' + getData.
nid + '">' + getData.title + '<p class="ui-li-aside">' + _date + '</p></a></li>';
                $intSum++;
            }
        }
    }
    var strTitle = '<li data-role="list-divider">' + $strName + '<span class="ui-li-count">' + $intSum + '</span></li>';
    $listview.html(strTitle + $strHTML);
    $listview.delegate('li a', 'click', function(e) {
        myNode.utils.setParam('list_link_id', $(this).data('id'))
    })
})
```

上面的代码先定义一些字符和元素对象变量，并通过自定义函数的方法 getParam() 获取传递的类别字符和名称，分别保存在变量 $strType 和 $strName 中。然后遍历整个 localStorage 对象，筛选记事数据。在遍历过程中，将记事的字符数据转换成 JSON 对象，再根据对象的类别与保存的类别变量相比较。如果符合，则将该条记事的 ID 编号和标题信息追加到字符串变量 $strHTML 中，并通过变量 $intSum 累加该类别下的记事数据总数。

最后，将获取的数字变量 $intSum 放入列表 <ul> 元素的分割项，并将保存分割项内容的字符变量 strTitle 和保存列表项内容的字符变量 $strHTML 组合，通过元素的 html() 方法将组合后的内容赋值给列表对象。同时，使用 delegate() 方法设置列表选项被单击时执行的代码。

第 9 步，在头部位置添加如下元信息，定义视图宽度与设备屏幕宽度保持一致。

```
<meta name="viewport" content="width=device-width,initial-scale=1" />
```

第 10 步，完成设计之后，在移动设备中预览 index.html 页面，然后单击记事分类项目，则会跳转到 list.html 页面，显示效果如图 23.6 所示。

视频讲解

23.5　制作详细页

当用户在记事列表页中单击某记事标题选项时，将该记事标题的 ID 编号通过 key/value 的方式保存在 localStorage 对象中。当进入记事详细页时，先调出保存的键值作为传回的记事数据 ID 值，并将该 ID 值作为键名获取对应的键值，然后将获取的键值字符串数据转成 JSON 对象，再将该对象的记事标题和内容显示在页面指定的元素中，页面演示效果如图 23.9 所示。

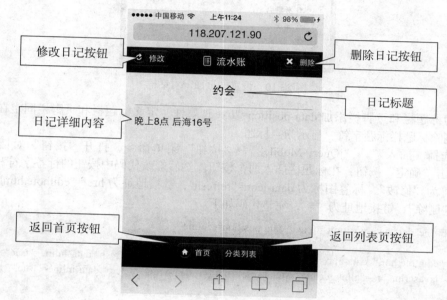

图 23.9　详细页设计效果

新建一个 HTML 页面，在 Page 容器的正文区域中添加一个 <h3> 和两个 <p> 标签，分别用于显示记事信息的标题和内容，单击头部栏左侧的"修改"按钮，进入记事编辑页；单击头部栏右侧的"删除"按钮，可以删除当前的记事数据。

【操作步骤】

第 1 步，启动 Dreamweaver CC，选择"文件"→"新建"菜单命令，打开"新建文档"对话框。在该对话框中选择"空白页"项，设置页面类型为 HTML，设置文档类型为 HTML5，然后单击"确定"按钮，完成文档的创建操作。

第 2 步，按 Ctrl+S 快捷键，保存文档为 notedetail.html。选择"插入"→"jQuery Mobile"→"页面"菜单命令，打开"jQuery Mobile 文件"对话框，保留默认设置，在当前文档中插入视图页。

第 3 步，单击"确定"按钮，关闭"jQuery Mobile 文件"对话框，然后打开"页面"对话框，在该对话框中设置页面的 ID 值为 notedetail，同时设置页面视图包含标题栏和页脚栏，单击"确定"按钮，完成在当前 HTML5 文档中插入页面视图结构，设置如图 23.10 所示。

第 4 步，按 Ctrl+S 快捷键，保存当前文档 notedetail.html。此时，Dreamweaver CC 会弹出对话框提示保存相关的框架文件。

第 5 步，选中内容栏中的"内容"文本，清除内容栏内的文本，然后插入一个三级标题和两个段落文

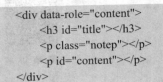

本，设置标题的 ID 值为 title，段落文本的 ID 值为 content，具体代码如下。

```
<div data-role="content">
    <h3 id="title"></h3>
    <p class="notep"></p>
    <p id="content"></p>
</div>
```

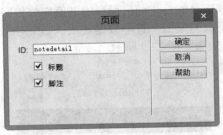

图 23.10　设置"页面"对话框

第 6 步，为标题栏和页脚栏添加 data-position="fixed" 属性，定义标题栏和页脚栏固定在页面顶部和底部显示，同时删除标题栏标题字符，显示为空标题。

第 7 步，选择"插入"→"jQuery Mobile"→"按钮"菜单命令，打开"按钮"对话框，设置如图 23.11 所示，单击"确定"按钮，在标题栏插入两个按钮。然后修改代码中按钮的标签字符和属性，设置第一个按钮的字符为"修改"，标签图标为 data-icon="refresh"，链接地址为 href="editnote.html"，设置第二个按钮的字符为"删除"，链接地址为"#"，完整代码如下。

```
<div data-role="header" data-position="fixed" data-position="inline">
    <h4></h4>
    <a href="editnote.html" data-ajax="false" data-role="button" data-icon="refresh" data-inline="true"> 修改 </a>
    <a href="javascript:" id="alink_delete"    data-role="button" data-icon="delete" data-inline="true"> 删除 </a>
</div>
```

图 23.11　设置"按钮"对话框

第 8 步，以同样的方式在页脚栏插入两个按钮，然后修改代码中按钮的标签字符和属性，设置第一个按钮的字符为"首页"，标签图标为 data-icon="home"，链接地址为 href="index.html"，设置第二个按钮的字符为"分类列表"，链接地址为 list.html，完整代码如下。

```
<div data-role="footer" data-position="fixed" >
    <h1 data-role="controlgroup" data-type="horizontal">
        <a href="index.html" data-role="button" data-icon="home"> 首页 </a>
        <a href="list.html" data-role="button"> 分类列表 </a>
    </h1>
</div>
```

第 9 步，打开 js/note.js 文档，编写如下代码。

```
// 详细页面创建事件
$("#notedetail").live("pagecreate", function() {
    var $type = $(this).find('div[data-role="header"] h4');
    var $strId = myNode.utils.getParam('list_link_id');
    var $title = $("#title");
    var $content = $("#content");
    var listData = JSON.parse(myNode.utils.getParam($strId));
    var strType = listData.type == "a" ? " 流水账 " : " 心情日记 ";
    $type.html('<img src="images/node5.png" class="h_icon" alt=""/> ' + strType);
    $titile.html(listData.title);
    $content.html(listData.content);
    $(this).delegate('#alink_delete', 'click', function(e) {
        var yn = confirm(" 确定要删除吗？ ");
        if (yn) {
            localStorage.removeItem($strId);
            window.location.href = "list.html";
        }
    })
})
```

在上面的代码中先定义一些变量，通过自定义方法 getParam() 获取传递的某记事 ID 值，并保存在变量 $strId 中。然后将该变量作为键名，获取对应的键值字符串，并将键值字符串调用 JSON.parse() 方法转换成 JSON 对象，在该对象中依次获取记事的标题和内容，显示在内容区域对应的标签中。

通过 delegate() 方法添加单击事件，当单击 "删除" 按钮时触发记录删除操作。在该事件的回调函数中，先通过变量 yn 保存 confirm() 函数返回的 true 或 false 值，如果为真，将根据记事数据的键名值使用 removeItem() 方法，删除指定键名的全部对应键值，实现删除记事数据的功能，删除操作之后页面返回记事列表页。

第 10 步，在头部位置添加如下元信息，定义视图宽度与设备屏幕宽度保持一致。

```
<meta name="viewport" content="width=device-width,initial-scale=1" />
```

第 11 步，完成设计之后，在移动设备中预览记事列表页面（list.html），然后单击某条记事项目，则会跳转到 notedetail.html 页面，显示效果如图 23.9 所示。

23.6　制作修改页

视 频 讲 解

用户在记事详细页中单击标题栏左侧的 "修改" 按钮时，进入修改记事内容页。在该页面中，可以修改某条记事数据的类、标题和内容信息，修改完成后返回记事详细页，页面演示效果如图 23.12 所示。

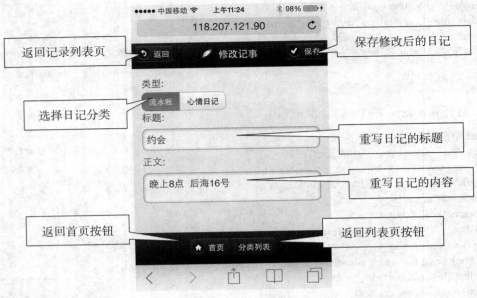

图 23.12　修改页设计效果

　　新建 HTML5 页面，在 Page 视图容器的正文区域中，通过水平式的单选按钮组显示记事数据的所属类别。一个文本框和一个文本区域框显示记事数据的标题和内容，用户可以重新选择所属类别、编辑标题和内容数据。单击"保存"按钮，则完成数据的修改操作，并返回列表页。

　　【操作步骤】

　　第 1 步，启动 Dreamweaver CC，选择"文件"→"新建"菜单命令，打开"新建文档"对话框。在该对话框中选择"空白页"项，设置页面类型为 HTML，设置文档类型为"HTML5"，然后单击"确定"按钮，完成文档的创建操作。

　　第 2 步，按 Ctrl+S 快捷键，保存文档为 editnote.html。选择"插入"→"jQuery Mobile"→"页面"菜单命令，打开"jQuery Mobile 文件"对话框，保留默认设置，在当前文档中插入视图页。

　　第 3 步，单击"确定"按钮，关闭"jQuery Mobile 文件"对话框，然后打开"页面"对话框，在该对话框中设置页面的 ID 值为 editnote，同时设置页面视图包含标题栏和页脚栏，单击"确定"按钮，完成在当前 HTML5 文档中插入页面视图结构，设置如图 23.13 所示。

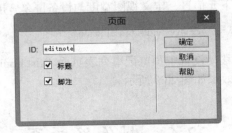

图 23.13　设置"页面"对话框

　　第 4 步，按 Ctrl+S 快捷键，保存当前文档 notedetail.html。此时，Dreamweaver CC 会弹出对话框，提示保存相关的框架文件。

　　第 5 步，选中内容栏中的"内容"文本，清除内容栏内的文本。选择"插入"→"jQuery Mobile"→"单选按钮"菜单命令，打开"单选按钮"对话框，设置名称为 rdo-type，设置单选按钮个数为 2，水平布局，设置如图 23.14 所示。

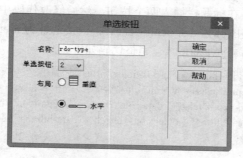

图 23.14 设置"单选按钮"对话框

第 6 步，单击"确定"按钮，在内容区域插入一个单选按钮组，为每个单选按钮设置 ID 值，修改单选按钮的标签，以及绑定属性值，并在该单选按钮中插入一个隐藏域，ID 为 hidtype，值为 a，完整代码如下所示。

```
<div data-role="fieldcontain">
    <fieldset data-role="controlgroup" data-type="horizontal"  id="rdo-type" data-mini="true" >
        <legend for="rdo-type" > 类型 :</legend>
        <input type="radio" name="rdo-type" id="rdo-type-0" value="a" />
        <label for="rdo-type-0" id="lbl-type-0"> 流水账 </label>
        <input type="radio" name="rdo-type" id="rdo-type-1" value="b" />
        <label for="rdo-type-1" id="lbl-type-1"> 心情日记 </label>
        <input type="hidden" id="hidtype"    value="a"/>
    </fieldset>
</div>
```

第 7 步，选择"插入"→"jQuery Mobile"→"文本"菜单命令，在内容区域插入单行文本框，修改文本框的 ID 值，以及 <label> 标签的 for 属性值，绑定标签和文本框，设置 <label> 标签包含字符为"标题"，完成后的代码如下。

```
<div data-role="fieldcontain">
    <label for="txt-title"> 标题: </label>
    <input type="text" name="txt-title" id="txt-title" value="" />
</div>
```

第 8 步，选择"插入"→"jQuery Mobile"→"文本区域"菜单命令，在内容区域插入多行文本框，修改文本区域的 ID 值，以及 <label> 标签的 for 属性值，绑定标签和文本区域，设置 <label> 标签包含字符为"正文"，完成后的代码如下。

```
<div data-role="fieldcontain">
    <label for="txta-content"> 正文 :</label>
    <textarea cols="40" rows="8" name="txta-content" id="txta-content"></textarea>
</div>
```

第 9 步，为标题栏和页脚栏添加 data-position="fixed" 属性，定义标题栏和页脚栏固定在页面顶部和底部显示，同时修改标题栏标题为"修改记事"。选择"插入"→"图像"→"图像"菜单命令，在标题栏标题标签中插入一个图标 images/node.png，设置类样式为 class="h_icon"。

　　第 10 步，选择"插入"→"jQuery Mobile"→"按钮"菜单命令，打开"按钮"对话框，设置如图 23.15 所示，单击"确定"按钮，在标题栏插入两个按钮。然后修改代码中按钮的标签字符和属性，设置第一个按钮的字符为"返回"，标签图标为 data-icon="back"，链接地址为 href="notedetail.html"；设置第二个按钮的字符为"保存"，链接地址为"javascript:"，完整代码如下。

```
<div data-role="header" data-position="fixed" data-position="inline">
    <h2><img src="images/node.png" class="h_icon" alt=""/> 修改记事 </h2>
    <a href="notedetail.html" data-ajax="false" data-role="button" data-icon="back" data-inline="true"> 返回 </a>
    <a href="javascript:" data-role="button" data-icon="check" data-inline="true"> 保存 </a>
</div>
```

图 23.15　设置"按钮"对话框

　　第 11 步，打开 js/note.js 文档，在其中编写如下代码。

```
// 修改页面创建事件
$("#editnote").live("pageshow", function() {
    var $strId = myNode.utils.getParam('list_link_id');
    var $header = $(this).find('div[data-role="header"]');
    var $rdotype = $("input[type='radio']");
    var $hidtype = $("#hidtype");
    var $txttitle = $("#txt-title");
    var $txtacontent = $("#txta-content");
    var editData = JSON.parse(myNode.utils.getParam($strId));
    $hidtype.val(editData.type);
    $txttitle.val(editData.title);
    $txtacontent.val(editData.content);
    if (editData.type == "a") {
        $("#lbl-type-0").removeClass("ui-radio-off").addClass("ui-radio-on ui-btn-active");
    } else {
        $("#lbl-type-1").removeClass("ui-radio-off").addClass("ui-radio-on ui-btn-active");
    }
    $rdotype.bind("change", function() {
        $hidtype.val(this.value);
    });
    $header.delegate('a', 'click', function(e) {
        if ($txttitle.val().length > 0 && $txtacontent.val().length > 0) {
```

```
                    var strnid = $strId;
                    var notedata = new Object;
                    notedata.nid = strnid;
                    notedata.type = $hidtype.val();
                    notedata.title = $txttitle.val();
                    notedata.content = $txtacontent.val();
                    var jsonotedata = JSON.stringify(notedata);
                    myNode.utils.setParam(strnid, jsonotedata);
                    window.location.href = "list.html";
                }
            })
        })
```

在上面的代码中，先调用自定义的 getParam() 方法获取当前修改的记事数据 ID 编号，并保存在变量 $strId 中。然后将该变量值作为 localStorage 对象的键名，通过该键名获取对应的键值字符串，并将该字符串转换成 JSON 格式对象。在对象中，通过属性的方式获取记事数据的类、标题和正文信息，依次显示在页面指定的表单对象中。

当通过水平单选按钮组显示记事类型数据时，先将对象的类型值保存在 ID 属性值为 hidtype 的隐藏表单域中。再根据该值的内容，使用 removeClass() 和 addClass() 方法修改按钮组中单个按钮的样式，使整个按钮组的选中项与记事数据的类型一致。为单选按钮组绑定 change 事件，在该事件中，当修改默认类型时，ID 属性值为 hidtype 的隐藏表单域的值也随之发生变化，以确保记事类型修改后，该值可以实时保存。

最后，设置标题栏中右侧"保存"按钮 click 事件。在该事件中，先检测标题文本框和正文文本区域的字符长度是否大于 0，从而检测标题和正文是否为空。当两者都不为空时，实例化一个新的 Object 对象，并将记事数据的信息作为该对象的属性值，保存在该对象中。然后，通过调用 JSON.stringify() 方法将对象转换成 JSON 格式的文本字符串，使用自定义的 setParam() 方法，将数据写入 localStorage 对象对应键名的键值中，最终实现记事数据更新的功能。

第 12 步，在头部位置添加如下元信息，定义视图宽度与设备屏幕宽度保持一致。

```
<meta name="viewport" content="width=device-width,initial-scale=1" />
```

第 13 步，完成设计之后，在移动设备中预览详细页面（notedetail.html），然后单击某条记事项目，则会跳转到 editnote.html 页面，显示效果如图 23.12 所示。

23.7　制作添加页

视 频 讲 解

在首页或列表页中，单击标题栏右侧的"写日记"按钮后，将进入添加记事内容页。在该页面中，用户可以通过单选按钮组选择记事类型，在文本框中输入记事标题，在文本区域输入记事内容，单击该页面头部栏右侧的"保存"按钮后，便把写入的日记信息保存起来，在系统中新增了一条记事数据，页面演示效果如图 23.16 所示。

新建 HTML5 页面，在 Page 视图容器的正文区域插入水平单选按钮组用于选择记事类型。同时插入一个文本框和一个文本区域，分别用于输入记事标题和内容，当用户选择记事数据类型，同时输入记事数据标题和内容时，单击"保存"按钮则完成数据的添加操作，随即返回列表页。

返回记录列表页

保存新添加的日记

选择日记分类

输入日记的标题

输入日记的内容

图 23.16　添加页设计效果

【操作步骤】

第 1 步，启动 Dreamweaver CC，选择"文件"→"新建"菜单命令，打开"新建文档"对话框。在该对话框中选择"空白页"项，设置页面类型为 HTML，设置文档类型为 HTML5，然后单击"确定"按钮，完成文档的创建操作。

第 2 步，按 Ctrl+S 快捷键，保存文档为 addnote.html。选择"插入"→"jQuery Mobile"→"页面"菜单命令，打开"jQuery Mobile 文件"对话框，保留默认设置，在当前文档中插入视图页。

第 3 步，单击"确定"按钮，关闭"jQuery Mobile 文件"对话框，然后打开"页面"对话框。在该对话框中设置页面的 ID 值为 addnote，同时设置页面视图包含标题栏和页脚栏，单击"确定"按钮，完成在当前 HTML5 文档中插入页面视图结构，设置如图 23.17 所示。

图 23.17　设置"页面"对话框

第 4 步，按 Ctrl+S 快捷键，保存当前文档 addnote.html。此时，Dreamweaver CC 会弹出对话框，提示保存相关的框架文件。

第 5 步，选中内容栏中的"内容"文本，清除内容栏内的文本。选择"插入"→"jQuery Mobile"→"单选按钮"菜单命令，打开"单选按钮"对话框，设置名称为 rdo-type，设置单选按钮个数为 2，水平布局，设置如图 23.18 所示。

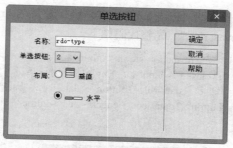

图 23.18 设置 "单选按钮" 对话框

第 6 步，单击 "确定" 按钮，在内容区域插入一个单选按钮组。为每个单选按钮设置 ID 值，修改单选按钮的标签，以及绑定属性值，并在该单选按钮中插入一个隐藏域，ID 为 hidtype，值为 a，完整代码如下所示。

```
<div data-role="fieldcontain">
    <fieldset data-role="controlgroup" data-type="horizontal"  id="rdo-type" data-mini="true"  data-mini="true" >
        <legend for="rdo-type" > 类型 :</legend>
        <input type="radio" name="rdo-type" id="rdo-type-0" value="a" checked="checked"  />
        <label for="rdo-type-0" id="lbl-type-0"> 流水账 </label>
        <input type="radio" name="rdo-type" id="rdo-type-1" value="b" />
        <label for="rdo-type-1" id="lbl-type-1"> 心情日记 </label>
        <input type="hidden" id="hidtype"  value="a"/>
    </fieldset>
</div>
```

第 7 步，选择 "插入" → "jQuery Mobile" → "文本" 菜单命令，在内容区域插入单行文本框，修改文本框的 ID 值，以及 <label> 标签的 for 属性值，绑定标签和文本框，设置 <label> 标签包含字符为 "标题"，完成后的代码如下。

```
<div data-role="fieldcontain">
    <label for="txt-title"> 标题 :</label>
    <input type="text" name="txt-title" id="txt-title" value=""  />
</div>
```

第 8 步，选择 "插入" → "jQuery Mobile" → "文本区域" 菜单命令，在内容区域插入多行文本框，修改文本区域的 ID 值，以及 <label> 标签的 for 属性值，绑定标签和文本区域，设置 <label> 标签包含字符为 "正文"，完成后的代码如下。

```
<div data-role="fieldcontain">
    <label for="txta-content"> 正文 :</label>
    <textarea name="txta-content" id="txta-content"></textarea>
</div>
```

第 9 步，为标题栏和页脚栏添加 data-position="fixed" 属性，定义标题栏和页脚栏固定在页面顶部和底部显示，同时修改标题栏标题为 "增加记事"。选择 "插入" → "图像" → "图像" 菜单命令，在标题栏标题标签中插入一个图标 images/write.png，设置类样式为 class="h_icon"。

第 10 步，选择 "插入" → "jQuery Mobile" → "按钮" 菜单命令，打开 "按钮" 对话框，设置如图 23.19 所示，单击 "确定" 按钮，在标题栏插入两个按钮。然后修改代码中按钮的标签字符和属性，设置第一个按钮的字符为"返回"，标签图标为 data-icon="back"，链接地址为 href="javascript:"，设置第二个按钮的字符为"保存"，链接地址为 "javascript:"，完整代码如下。

```
<div data-role="header" data-position="fixed" data-position="inline">
    <h2><img src="images/write.png" class="h_icon" alt=""/> 增加记事 </h2>
    <a href="javascript:" data-ajax="false"  data-role="button"  data-icon="back"  data-inline="true"> 返回 </a>
    <a href="javascript:" data-role="button"  data-icon="check"  data-inline="true"> 保存 </a>
</div>
```

图 23.19　设置"按钮"对话框

第 11 步，打开 js/note.js 文档，编写如下代码。

```
// 增加页面创建事件
$("#addnote").live("pagecreate", function() {
    var $header = $(this).find('div[data-role="header"]');
    var $rdotype = $("input[type='radio']");
    var $hidtype = $("#hidtype");
    var $txttitle = $("#txt-title");
    var $txtacontent = $("#txta-content");
    $rdotype.bind("change", function() {
        $hidtype.val(this.value);
    });
    $header.delegate('a', 'click', function(e) {
        if ($txttitle.val().length > 0 && $txtacontent.val().length > 0) {
            var strnid = "note_" + RetRndNum(3);
            var notedata = new Object;
            notedata.nid = strnid;
            notedata.type = $hidtype.val();
            notedata.title = $txttitle.val();
            notedata.content = $txtacontent.val();
            notedata.date = new Date().valueOf();
            var jsonotedata = JSON.stringify(notedata);
            myNode.utils.setParam(strnid, jsonotedata);
            window.location.href = "list.html";
        }
    });
    function RetRndNum(n) {
        var strRnd = "";
```

```
        for (var intI = 0; intI < n; intI++) {
            strRnd += Math.floor(Math.random() * 10);
        }
        return strRnd;
    }
})
```

在上面的代码中，先通过定义一些变量保存页面中的各元素对象，并设置单选按钮组的change事件。在该事件中，当单选按钮的选项发生变化时，保存选项值的隐藏型元素值也将随之变化。然后，使用delegate()方法添加标题栏右侧的"保存"按钮的单击事件。在该事件中，先检测标题文本框和内容文本域的内容是否为空。如果不为空，那么调用一个自定义的按长度生成随机数的数，生成一个3位数的随机数字，并与note字符一起组成记事数据的ID编号保存在变量strnid中。最后，实例化一个新的Object对象，将记事数据的ID编号、类型、标题、正文内容都作为该对象的属性值赋值给对象。使用JSON.stringify()方法将对象转换成JSON格式的文本字符串，通过自定义的setParam()方法，保存在以记事数据的ID编号为键名的对应键值中，实现添加记事数据的功能。

第12步，在头部位置添加如下元信息，定义视图宽度与设备屏幕宽度保持一致。

```
<meta name="viewport" content="width=device-width,initial-scale=1" />
```

第13步，完成设计之后，在移动设备的首页（index.html）或列表页（list.html）中单击"写日记"按钮，则会跳转到addnote.html页面，显示效果如图23.16所示。

23.8 小结

本章通过一个完整的移动记事本的开发，详细介绍了在jQuery Mobile框架中，如何使用localStorage实现数据的增加、删除、修改和查询。localStorage对象是HTML5新增加的一个对象，用于在客户端保存用户的数据信息，它以key/value的方式进行数据的存取，并且该对象目前被绝大多数新版移动设备的浏览器支持。因此，使用localStorage对象开发项目越来越多。

第 24 章

实战开发：移动博客项目

（ 视频讲解：22 分钟）

　　本章将介绍一个个人博客系统的开发项目，该实例除了介绍静态页面的设计之外，同时还讲解了如何获取服务器端的响应信息，为应用增加更多的交互性。服务器技术以 PHP+MySQL 为基础，本章还将简单铺垫 PHP 服务器环境的搭建，如果读者有一定的 PHP 基础，学习起来会更为轻松。除新增加的网络功能之外，本章还将介绍更复杂的网页布局样式。

【学习重点】

▶▶ 在 jQuery Mobile 中使用 PHP。

▶▶ 使用 PHP 连接数据库。

▶▶ 使用 jQuery Mobile 开发应用的基本流程。

视频讲解

24.1　项目分析

本项目的主要目标是开发一款手机版的博客系统。由于是 Web 系统，因此需要服务器的支持，在这里选择了 PHP 语言。由于 PHP 并不是本书的重点，笔者就假设读者已经有现成的后台管理程序，本章仅展示如何利用 jQuery Mobile 和 PHP 显示数据库中文章的部分。

本项目是一套个人博客系统，因此文章列表是必不可少的一部分，于是在开始该项目之前，首先参考一些同类型的应用，如 QQ 空间的日志模块等。在人机交互可用性上分析，QQ 空间的文章列表无疑是最好的，所以本项目也以 QQ 空间的设计为基础进行布局。

视频讲解

24.2　主页设计

在完成项目的设计之后，开始对页面的前端进行设计。首先是主界面的设计。主界面的设计比较简单，可以将屏幕分为上下两部分：头部显示一张大图，大图下面则是栏目列表，示意如图 24.1 所示。

图 24.1　主界面布局示意图

由于是 Web 版，因此不需要考虑纵向高度与屏幕的关系。实际应用上，可能还要考虑这点，只不过在本例中，由于文章列表的数量是未知的，因此无法对此做过多要求。如果一定要对此做要求的话，可以限制栏目的数量，如规定本博客中仅有 4 个栏目，或者是在有限数目的栏目中加入二级栏目。

设计顶部大图，首先获取屏幕的宽度，使大图的宽度与屏幕宽度相同，然后按照一定比例设置图片的高度。下方的栏目列表可以使用列表控件来实现，主界面实现代码如下（index.html）。

```
<!DOCTYPE html>
<html>
<head>
<meta charset="utf-8">
<meta name="viewport" content="width=device-width, initial-scale=1">
<!-- 框架 -->
<link href="jquery-mobile/jquery.mobile.min.css" rel="stylesheet" type="text/css"/>
```

```
<script src="jquery-mobile/jquery-1.7.1.min.js" type="text/javascript"></script>
<script src="jquery-mobile/jquery.mobile.min.js" type="text/javascript"></script>
<script>
$(document).ready(function(){
    $screen_width=$(window).width();              // 获取屏幕宽度
    $pic_height=$screen_width*1/2;                 // 设计顶部图片的高度
    $pic_height=$pic_height+"px";
    $("div[data-role=top_pic]").width("100%").height($pic_height);
});
</script>
</head>
<body>
<div data-role="page" data-theme="c">
    <div data-role="top_pic" style="background-color:#000; width:100%;">
        <img src="images/top.jpg" width="100%" height="100%"/>
    </div>
    <div data-role="content">
        <ul data-role="listview" data-inset="true">
            <li><a href="#"><h1> 精品原创 </h1></a></li>
            <li><a href="#"><h1> 经验分享 </h1></a></li>
            <li><a href="#"><h1> 琐事记忆 </h1></a></li>
        </ul>
    </div>
</div>
</body>
</html>
```

运行效果如图 24.2 所示，3 个栏目正好使布局完整，而且显得非常有条理。而在实际使用时就不一定是这样了，可能会包含更多栏目，一个屏幕可能装不下它们。设计时需要考虑各种可能情况。

图 24.2　主界面布局效果图

24.3　列表页设计

视频讲解

文章列表有多种呈现形式，单纯的文章列表只使用了一个列表控件将文章标题平铺下来，非常简单。如果界面中没有多余的空间放置导航按钮组，可以考虑使用侧栏面板实现，通过 jQuery Mobile 的滑动事件进行交互。由于使用习惯，本例选择了当手指向右滑动时，展开面板。

实际上，目前更流行的是使用底部的选项卡来实现栏目间的切换，但是本例舍弃这一方案。虽然使用 jQuery Mobile 可以很容易地在底部栏中实现选项卡的样式，却也导致了底部最多仅能容纳 5 项栏目，并且一些栏目会由于字数过多而无法正常显示，因此不得不舍弃此方案。

列表页设计代码如下（list1.html）。

```
<script>
$( "#mypanel" ).trigger( "updatelayout" );              // 激活侧栏面板控件
$(document).ready(function(){
    $("div").bind("swiperight", function(event) {        // 监听向右滑动事件
        $( "#mypanel" ).panel( "open" );                 // 向右滑动时，展开侧栏面板
    });
});
</script>

<div data-role="page" data-theme="c">
    <div data-role="panel" id="mypanel" data-theme="a">
        <ul data-role="listview" data-inset="true" data-theme="a">
            <li><a href="#"> 精品原创 </a></li>
            <li><a href="#"> 经验分享 </a></li>
            <li><a href="#"> 琐事记忆 </a></li>
        </ul>
    </div>
    <div data-role="content">
        <ul data-role="listview" data-inset="true">
            <li><a href="content.html">jQuery Mobile 测试 1</a></li>
            <li><a href="content.html">jQuery Mobile 测试 2</a></li>
            <li><a href="content.html">jQuery Mobile 测试 3</a></li>
            <li><a href="content.html">jQuery Mobile 测试 4</a></li>
            <li><a href="content.html">jQuery Mobile 测试 5</a></li>
            ……
        </ul>
    </div>
</div>
```

运行效果如图 24.3 所示。用户在页面中向右滑动屏幕即可呼出栏目列表，如图 24.4 所示。

为了区分不同的界面，设计栏目列表和文章列表时应使用不同的主题，给栏目列表加入了另一种主题，使之显示为黑色。

本页使用 swiperight 来监听向右滑动屏幕的事件，按照原本的设计还应有相应的 swipeleft 事件来使栏目面板再度消失，但是在实际使用中，在面板弹出状态下，单击右侧内容，会自动隐藏面板。

由于每行仅包含标题，为了使文章列表看起来更丰满，下面对该页面的布局进行修改，代码如下（list2.html）。

jQuery Mobile测试1	❯
jQuery Mobile测试2	❯
jQuery Mobile测试3	❯
jQuery Mobile测试4	❯
jQuery Mobile测试5	❯
jQuery Mobile测试6	❯
jQuery Mobile测试7	❯
jQuery Mobile测试8	❯
jQuery Mobile测试9	❯
jQuery Mobile测试10	❯

图 24.3　文章列表

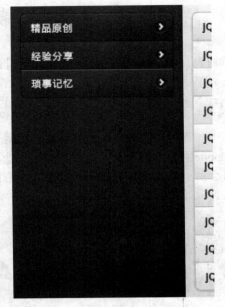

图 24.4　滑出侧栏面板效果

```html
<div data-role="page" data-theme="c">
    <div data-role="panel" id="mypanel" data-theme="a">
        <ul data-role="listview" data-inset="true" data-theme="a">
            <li><a href="#"> 精品原创 </a></li>
            <li><a href="#"> 经验分享 </a></li>
            <li><a href="#"> 琐事记忆 </a></li>
        </ul>
    </div>
    <div data-role="content">
        <ul data-role="listview" data-inset="true">
            <li>
                <a href="content.html"><h4>jQuery Mobile 测试 1</h4>
                    <p>jQuery Mobile 项目开发测试 ......</p>
                </a>
            </li>
            <li>
                <a href="content.html"><h4>jQuery Mobile 测试 2</h4>
                    <p>jQuery Mobile 项目开发测试 ......</p>
                </a>
            </li>
            ......
        </ul>
    </div>
</div>
```

运行结果如图 24.5 所示。这样看上去就舒服多了，当然也可以在列表的左侧插入一些图片，由于本例只开发一个轻量级的博客系统，因此不计划加入太复杂的功能。

图 24.5　完善文章列表页面效果图

视频讲解

24.4　内容页设计

文章内容页面比较简单，首先是给文章页的头部栏加入一个"返回"按钮，然后在尾部栏加入"上一篇"和"下一篇"两个按钮，最后需要在阅读文章时可以随时呼出文章列表，这就又用到了 24.3 节的面板控件。用户在屏幕上向右滑动时，文章列表会从左侧滑出，由于这里仅仅需要题目，因此列表的副标题可以省略，这样看上去比较简洁。

在内容页中，还需要附加文章的作者和发布时间。由于手机屏幕空间有限，如果单独为它们留出两行空间的话，太占用空间，本例计划只用一行，在一个空间中将它们全部显示出来。

内容页面设计代码如下（content.html）。

```html
<script>
$( "#mypanel" ).trigger( "updatelayout" );
$(document).ready(function(){
    $("div").bind("swiperight", function(event) {
        $( "#mypanel" ).panel( "open" );
    });
});
</script>
<div data-role="page" data-theme="c">
    <div data-role="panel" id="mypanel" data-theme="a">
        <ul data-role="listview" data-inset="true" data-theme="a">
            <li><a href="#"> 精品原创 </a></li>
            <li><a href="#"> 经验分享 </a></li>
            <li><a href="#"> 琐事记忆 </a></li>
        </ul>
    </div>
    <div data-role="header" data-position="fixed" data-theme="c">
        <a href="#" data-icon="back"> 返回 </a>
        <h1>jQuery Mobile 的作用 </h1>
    </div>
```

Note

```
    <div data-role="content">
        <h4 style="text-align:center;"><small> 作者：石头 发表日期：2016/9/18 19:27</small></h4>
        <p> 最近研究一下 jQuery Mobile，这是一个很强大的创建移动 Web 应用程序的框架。用它来制作手机端网
页是非常方便的。jQuery Mobile 使用 HTML5 和 CSS3 通过很少的东西就可以对页面进行布局。</p>
        <p> 给大家推荐一个网址：http://www.w3school.com.cn/jquerymobile/。这个网址全面地介绍了 jQuery Mobile，
在这个网站中我们找到 jQuery Mobile 实例，这些实例为我们详细地介绍了各种样式，我们只需将其复制到我们的网
站上就可以使用。非常适合我们进行快捷开发手机端网站。
        </p>
    </div>
    <div data-role="footer" data-position="fixed" data-theme="c">
        <div data-role="navbar">
            <ul>
                <li><a id="chat" href="#" data-icon="arrow-l"> 上一篇 </a></li>
                <li><a id="email" href="#" data-icon="arrow-r"> 下一篇 </a></li>
            </ul>
        </div>
    </div>
</div>
```

运行结果如图 24.6 所示。打开页面可以直接看到文章的内容，当内容超出屏幕范围时可以通过上下拖动来进行阅读，利用底部的"上一篇"和"下一篇"按钮进行文章的切换，也可以单击顶部的"返回"按钮，回到上一节所完成的页面。

为头部栏和尾部栏设置了主题 c，这是为了让文章内容页的颜色能够与侧面板的黑色形成对比，以便能够更好地加以区分。为了让文章内容能够以统一的字体来展示，本例统一为它们加入了 h4 标签，这样既能保证字体不会太大，又能保证字体在任何设备上都能被肉眼清楚地辨认。为了让日期和作者信息更加突出，本例为这两项设置了小字体（<small> 标签），并加入了 text-align 属性，让它们居中展示。

提示：一般建议用户将 CSS 样式写在样式表中。但是当使用 jQuery Mobile 进行开发时，如果仅需要使用少量的 CSS 样式，可以使用 style 属性将其写在标签中添加样式，这样能够降低阅读代码的难度。

内容页

侧栏面板

图 24.6　内容页面效果图

视频讲解

24.5　后台开发

前面几节重点介绍了个人博客系统的前台页面的布局和设计，本节将从后台开发的角度介绍如何进行功能的实现。

24.5.1　设计数据库

开发后台部分一般都要使用数据库，首先要新建一个数据库。

【操作步骤】

第 1 步，在浏览器中输入网址 http://localhost/phpmyadmin，打开 phpMyAdmin。找到数据库选项，新建一个名为 myblog 的数据库，如图 24.7 所示。

图 24.7　新建数据库

在"新建数据库"文本框中输入数据库的名称，一般用字母表示，如 db_test。在"排序规则"下拉菜单中选择数据库的类型，一般选择 gb2312_chinese_ci，表示简体中文并且不区分大小写。还有一个 gb2312_bin，表示简体中文以及二进制。当然，在设置数据库数据类型时要与页面和程序的字符编码保持一致。例如，这里设置数据库 db_test 的类型为 utf8_general_ci。

第 2 步，单击"创建"按钮会提示创建成功，在左侧的面板中多出一个名为 myblog 的选项，如图 24.8 所示。

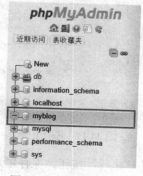

图 24.8　创建的数据库

第 3 步，单击 myblog 选项，出现如图 24.9 所示的界面，在"新建数据表"一栏的"名字"处填入 blog，在"字段数"处填入 5，单击"执行"按钮，将出现如图 24.10 所示的界面，按照图中的内容填入数据。

图 24.9　新建数据表

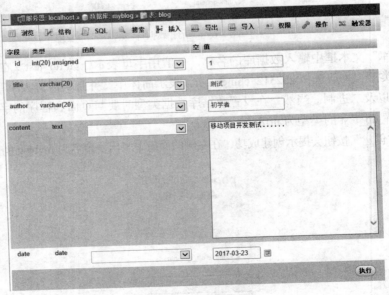

图 24.10　添加字段

第 4 步，单击底部的"保存"按钮，保存新设的字段。然后，单击顶部导航栏中的"插入"选项，为当前数据表插入一条记录，如图 24.11 所示。

图 24.11　添加记录

第 5 步，完成填写之后，单击底部的"执行"按钮，保存填入的记录。

第 6 步，以同样的方式，继续插入多条记录，为方便测试，本例在其中插入了 4 组数据，如图 24.12 所示。

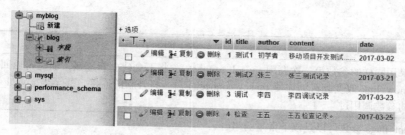

图 24.12 添加 4 条记录

第 7 步，为了实现栏目的功能，再创建一个新表，并为其命名为 lanmu，添加两个字段，分别为 pid 和 name，设置如图 24.13 所示。

名字	类型	长度/值	默认	排序规则	属性	空	索引	A_I
pid	INT	20	无	utf8_bin		□	PRIMARY	☑
name	VARCHAR	20	无	utf8_bin		□	---	□

图 24.13 添加新表

第 8 步，在其中插入 3 组数据，id 的值分别为 1、2 和 3，name 字段的内容如图 24.14 所示。

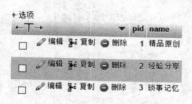

图 24.14 添加记录

24.5.2 连接数据库

完成数据库设计操作之后，本节介绍如何使用 PHP 连接数据库的方法。数据库并不是建好了就能用的，在使用之前首先要进行连接，这就用到了一个函数：

```
mysql_connect(server,user,pwd,newlink,clientflag)
```

参数说明如表 24.1 所示。该函数如果成功，则返回一个 MySQL 连接标识，如果失败则返回 FALSE。

表 24.1　参数说明

参 数	说 明
server	可选，规定要连接的服务器 可以包括端口号，例如 "hostname:port"，或者到本地套接字的路径，例如对于 localhost 的 ":/path/to/socket" 如果 PHP 指令 mysql.default_host 未定义（默认情况），则默认值是 'localhost:3306'
user	可选，用户名。默认值是服务器进程所有者的用户名
pwd	可选，密码。默认值是空密码

续表

参　数	说　明
newlink	可选。如果用同样的参数第二次调用 mysql_connect()，将不会建立新连接，而是将返回已经打开的连接标识。参数 new_link 改变此行为并使 mysql_connect() 总是打开新的连接，甚至当 mysql_connect() 曾在前面被用同样的参数调用过
clientflag	可选。client_flags 参数可以是以下常量的组合。 ☑ MYSQL_CLIENT_SSL：使用 SSL 加密 ☑ MYSQL_CLIENT_COMPRESS：使用压缩协议 ☑ MYSQL_CLIENT_IGNORE_SPACE：允许函数名后的间隔 ☑ MYSQL_CLIENT_INTERACTIVE：允许关闭连接之前的交互超时非活动时间

　　本例由于使用默认配置，因此默认的 servername 为 localhost，用户名为 root，密码为 11111111。用户可以根据本地安装 MySQL 时的配置进行修改。

　　在连接数据库之后，还要选择已经创建的数据库，如本节创建的 myblog，具体实现方法如下（connect.php）。

```php
<?php
$con=mysql_connect("localhost","root","11111111");        // 建立到数据库的连接命令
mysql_query("set names utf8");                             // 执行连接命令
if(!$con){
    echo "failed connect to database";        // 如果连接失败则输出信息
}else{
    echo "succeed connect to database";       // 连接成功
    echo "</br>";
    mysql_select_db("myblog", $con);          // 选择数据库
    // 从表 wenzhang 中读取数据
    $result=mysql_query("SELECT * FROM `blog`",$con);
    // 将读取到的数据进行整理
    while($row = mysql_fetch_array($result)){
        echo "id      ==>";                   // 输出文章编号
        echo $row[0];
        echo "</br>";
        echo " 题目      ==>";                // 输出文章题目
        echo $row[1];
        echo "</br>";
        echo " 作者      ==>";                // 输出文章作者
        echo $row[2];
        echo "</br>";
        echo " 内容      ==>";                // 输出文章内容
        echo $row[3];
        echo "</br>";
        echo " 日期      ==>";                // 输出文章发表日期
        echo $row[4];
        echo "</br>";
    }
    mysql_close($con);                        // 终止对数据库的连接
}
?>
```

使用 mysql connect() 函数连接到数据库，由于不知道能否成功，因此一般需要 if 语句来判断是否成功连接。如果不成功就会输出连接失败的信息，如果成功则继续操作。

成功后就要进行下一步的操作，然后使用 $result=mysql_query("SELECT * FROM `blog`",$con); 查询记录集，* 表示任何字符，SELECT 是选择的意思，blog 是数据库的表名，那么合起来的意思就是在一个叫作 blog 的表格中选择所有内容。

取出记录之后，使用 while($row = mysql_fetch_array($result)) 遍历记录集，逐一读取每条记录，array 是数组的意思，再结合前面可知 $result 中包含了表中的所有内容，即每次取数组中的一个元素，将它们显示出来，如果还有下一条则继续取，直到全部取完为止。

最后，使用 mysql_close($con); 关闭数据库。在 PHP 中，是不会自动断开与 MySQL 的连接的，而当重新刷新页面的时候，则又会建立一个连接，因此及时地与 MySQL 断开连接是一个好习惯。

运行结果如图 24.15 所示。

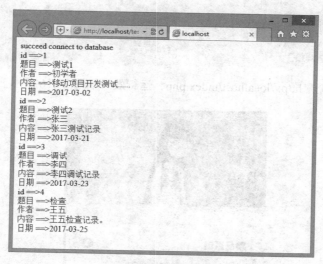

图 24.15　查询记录

24.5.3　首页功能实现

下面开始设计首页功能，根据前台设计的模板结构，直接嵌入 PHP 代码，从数据库中读取 lanmu 数据表中的记录，然后绑定到列表视图中即可。

【操作步骤】

第 1 步，打开 24.2 节设计的首页模板页，把 index.html 另存为 index.php，然后放到本地站点根目录下。

第 2 步，清除 `<ul data-role="listview" data-inset="true">` 标签下所有静态列表项目，输入下面 r PHP 代码。

```php
<?php
//连接到数据库
$con=mysql_connect("localhost","root","11111111");
if(!$con){
    echo "failed";                    //连接失败则报错
}else{
    //设置页面编码方式
```

```
        mysql_query("set names utf8");
        // 选择数据库
        mysql_select_db("myblog", $con);
        // 生成查询命令
        $sql_query="SELECT * FROM lanmu";
        // 执行查询操作
        $result=mysql_query($sql_query,$con);
    }
while($row = mysql_fetch_array($result)){
    // 显示栏目列表
    echo "<li><a href='list.php?pid=";
    echo $row['pid'];
    echo "'><h1>";
    echo $row['name'];
    echo "</h1></a></li>";
}
?>
```

第 3 步，在浏览器中输入 http://localhost/index.php，运行效果如图 24.16 所示。

图 24.16　首页动态功能实现

24.5.4　列表页功能实现

列表页承接首页，显示选定栏目下所有文章的列表。为了绑定栏目与文章之间的关系，还需要在 blog 数据表中添加字段，索引 lanmu 数据表的 pid 字段，以便分类查询，具体实现功能如下。

【操作步骤】

第 1 步，在浏览器中输入网址 http://localhost/phpmyadmin，打开 phpMyAdmin。选择 myblog 的数据库，再选择 blog 数据表，如图 24.17 所示。

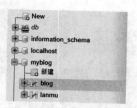

图 24.17　选择数据表

第2步，在右侧导航栏中选择"结构"项目，切换到 blog 数据表结构设计视图，如图 24.18 所示。

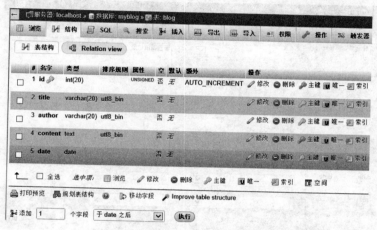

图 24.18　切换到数据表结构视图

第3步，在底部"添加"项目后单击"执行"按钮，添加一个字段，在打开的视图中添加一个字段信息，设置如图 24.19 所示。

图 24.19　添加字段

第4步，完成字段添加之后，切换到"浏览"选项卡下，选择所有记录，然后单击"编辑"命令，为所有记录的 pid 字段绑定栏目 id 信息，这里把所有记录绑定到"琐事记忆"栏目下，即设置每条记录的 pid 字段值为3，如图 24.20 所示。

第5步，单击"执行"按钮，完成记录字段的填写操作。

第6步，把列表页模板（list2.html）另存为 list.php。

第7步，连接到数据库，读取 lanmu 数据表信息。

```php
<?php
$pid=$_GET["pid"];
$con=mysql_connect("localhost","root","11111111");
if(!$con){
```

```
    echo "failed";
}else{
    mysql_query("set names utf8");
    mysql_select_db("myblog", $con);
    $sql_query="SELECT * FROM lanmu";
    $result=mysql_query($sql_query,$con);
}
?>
```

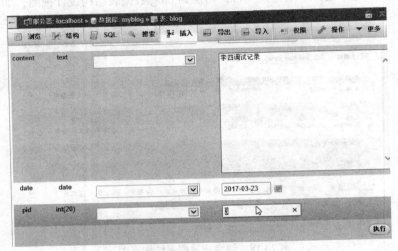

图 24.20　绑定栏目

第 8 步，在侧栏面板结构中清除 <ul data-role="listview" data-inset="true" data-theme="a"> 标签的所有代码，输入下面的 PHP 代码，动态生成侧栏导航信息。

```
<?php
while($row = mysql_fetch_array($result)){
    echo "<li><a href='''";
    echo "list.php?pid=";
    echo $row['pid'];
    echo "'>";
    echo $row['name'];
    echo "</a></li>";
}
?>
```

第 9 步，清除文章列表结构 <ul data-role="listview" data-inset="true"> 标签的所有代码，输入下面的 PHP 代码，动态生成文章列表信息。

```
<?php
$sql_query="SELECT * FROM blog WHERE pid=$pid";
$result=mysql_query($sql_query,$con);
while($row = mysql_fetch_array($result)){
    echo "<li>";
    echo "<a href='";
```

```
      echo "content.php?id=";
      echo $row['id'];
      echo "&pid=";
      echo "$pid";
      echo "'><h4>";
      echo $row['title'];
      echo "</h4>";
      echo "<p>";
      echo $row['content'];;
      echo "</p>";
      echo "</a>";
      echo "</li>";
    }
    ?>
```

第 10 步，在浏览器中输入 http://localhost/index.php，在首页选择第 3 个选项，进入列表页面，运行效果如图 24.21 所示。

在首页选择项目

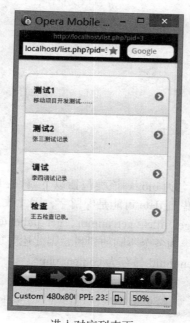

进入对应列表页

滑出侧栏面板

图 24.21　列表页动态功能实现

24.5.5　内容页功能实现

内容页功能实现相对复杂，下面详细进行介绍。

【操作步骤】

第 1 步，新建文件，保存为 blog.php。在该文件中新建 PHP 类型 blog，用以临时存储从数据库中检索的数据，并提供快速访问这些数据的方法，具体代码如下。

```php
<?php
class blog{
    public $id;                                   // 文章编号
    public $pid;                                  // 栏目编号
    public $title;                                // 文章标题
    public $author;                               // 文章作者
    public $content;                              // 文章内容
    public $pubdate;                              // 文章发布日期
    public function get_id(){                      // 获取文章编号
        return $this->id;
    }
    public function get_pid(){                      // 获取文章所属栏目编号
        return $this->pid;
    }
    public function get_title(){                    // 获取文章标题
        return $this->title;
    }
    public function get_author(){                   // 获取文章作者
        return $this->author;
    }
    public function get_content(){                  // 获取文章内容
        return $this->content;
    }
     public function get_date(){                    // 获取文章发布日期
        return $this->pubdate;
    }
}
?>
```

在上面的代码中设计一个类，类名为 blog。该类包括以下属性：编号 id、文章题目 title、作者 author、文章内容 content、发布日期 date。考虑到 date 可能是保留字，因此改为 pubdate。为了使维护更加便利，还应创建几个相应的方法，即 get_id、get_title、get_author、get_pubdate 和 get_neirong，用来获取属性的值。另外，在设计时还考虑到应将文章分类为各个不同的栏目，因此还要加入一个 pid 属性。

第 2 步，把内容页模板文件 content.html 另存为 content.php。

第 3 步，导入类型文件 blog.php。

```php
<?php include("blog.php"); ?>
```

第 4 步，使用 $_GET 获取查询字符串中的 id 和 pid 值，然后连接到数据库，根据 id 和 pid 查询 blog 数据表中对应记录的信息，最后再把信息存储到 blog 类型中。

```php
<?php
$id=$_GET["id"];
$pid=$_GET["pid"];
$con=mysql_connect("localhost","root","11111111");    // 连接数据库
if(!$con){
    echo "failed";
}else{
    mysql_query("set names utf8");
```

```
        mysql_select_db("myblog", $con);
        $sql_query="SELECT * FROM blog WHERE id=$id";// 在 blog 数据表中查询文章信息
        $result=mysql_query($sql_query,$con);
        $row = mysql_fetch_array($result);          // 把记录集转换为数组格式
        $show=new blog();                            // 实例化 blog 类型
        // 把记录集的数据转存到实例对象 $show
        $show->id=$row["id"];
        $show->pid=$row["pid"];
        $show->title=$row["title"];
        $show->content=$row["content"];
        $show->pubdate=$row["date"];
        $show->author=$row["author"];
    }
    ?>
```

第 5 步，生成侧栏面板列表信息，在该面板中动态显示指定栏目下的所有文章列表信息，效果如图 24.22 所示。清除 <ul data-role="listview" data-inset="true" data-theme="a"> 标签的所有代码，输入下面的 PHP 代码。

```php
<?php
$sql_query="SELECT * FROM blog WHERE pid=$pid";
$result=mysql_query($sql_query,$con);
while($row = mysql_fetch_array($result)){
    echo "<li><a href='content.php?id=";
    echo $row["id"];
    echo "&pid=";
    echo $row["pid"];
    echo "'>";
    echo $row["title"];
    echo "</a></li>";
}
?>
```

第 6 步，调用 blog 类型的相关方法，读取并显示指定文章的相关字段信息，代码如下，效果如图 24.23 所示。

```php
<div data-role="header" data-position="fixed" data-theme="c">
    <a href="list.php?pid=<?php echo $show->get_pid(); ?>" data-icon="back"> 返回 </a>
    <h1><?php echo $show->get_title(); ?></h1>
</div>
<div data-role="content">
    <h4 style="text-align:center;"><small> 作者: <?php echo $show->get_author(); ?> 发表日期: <?php echo $show->get_date(); ?></small></h4>
    <h4>
        <?php echo $show->get_content(); ?>
    </h4>
</div>
```

第 7 步，在页脚栏目中绑定"上一篇"和"下一篇"按钮的动态链接信息，具体代码如下，演示效果如图 24.24 所示。

图 24.22　文章列表

图 24.23　显示文章内容信息

```php
<?php
$show->id=$show->id-1;
$sql_query="SELECT * FROM blog WHERE pid=$show->pid and id=$show->id";
$result=mysql_query($sql_query,$con);
$row = mysql_fetch_array($result);
// 显示上一篇链接
if(!$row){
    echo "<li><a id='chat' href='#' data-icon='arrow-l'> 没有上一篇 </a></li>";
}else{
    echo "<li><a id='pre' href='content.php?id=";
    echo $row["id"];
    echo "&pid=";
    echo $row["pid"];
    echo "' data-icon='arrow-l'> 上一篇 </a></li>";
}
// 显示下一篇链接
$show->id=$show->id+2;
$sql_query="SELECT * FROM blog WHERE pid=$show->pid and id=$show->id";
$result=mysql_query($sql_query,$con);
$row = mysql_fetch_array($result);
if(!$row){
    echo "<li><a id='chat' href='#' data-icon='arrow-l'> 没有下一篇 </a></li>";
}else{
    echo "<li><a id='pre' href='content.php?id=";
    echo $row["id"];
    echo "&pid=";
    echo $row["pid"];
    echo "' data-icon='arrow-r'> 下一篇 </a></li>";
}
?>
```

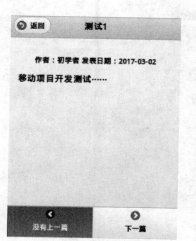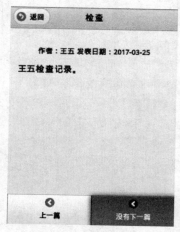

第一篇文章　　　　　　显示对应文章信息　　　　　　最后一篇文章

图 24.24　切换文章内容

24.6　小结

本章简单实现了一个个人博客系统，但是系统功能比较单一，仅供初学使用。读者可以根据需要，或者随着学习的提升，可以进一步完善本项目功能。例如：

☑　本例仅包含显示模块，还可以增加文章的上传、发布等内容模块。

☑　本例文章的显示方式单一，读者可以根据需要添加多媒体的展示。

☑　后台功能比较弱，无法适应各种特殊情况的处理要求，如没有考虑到连接数据库失败的情况。

☑　列表简单，实际应用时还可以考虑使用异步加载等功能。